핵심 기초부터 응용까지 쉽게 배우는

디 지 털 전 자 회 로

핵심 기초부터 응용까지 쉽게 배우는

디 지 털 전 자 회 로

공학박사 오정균 저

도서출판 석학당

머리말

4차 산업혁명 시대는 모든 학문의 각 분야가 융합되어 분야별 경계가 모호해졌으며 하이테크 하였다. 기술의 결정체라고 할 수 있는 ICT분야는 최첨단 산업으로 각광을 받으며, 핵심 산업으로 급부상하였다. 특히 전기, 디지털 전자회로 분야는 모든 첨단 산업에서 가장 중요한 전문 분야로 인식되고 있다. 그간 교육현장에서 전기전자 기초, 전자회로, 전기전자 실험을 가르치며 이론과 실험에 도움이 될 수 있는 지침서의 필요성을 절감하여 본서를 집필하게 되었다.

본 교재는 전기, 전자, 통신분야를 전공하는 학생이나 ICT분야에 종사하는 엔지니어들에게 필수적으로 알아야할 핵심 기초부터 응용까지 가능한 쉽게 이해할 수 있도록 구성하였으며 융합 사회를 위한 다양한 주제에 대하여 현장에서 경험한 실무와 강의를 바탕으로 이론 및 기술적 배경이 부족한 사람들과 초보자들도 쉽게 이해할 수 있도록 그림과 도표를 많이 이용하여 기술했으며 각장을 공부하고 난 후 연습문제와 과년도 실전문제를 실어서 최종 정리를 할 수 있도록 편집하였다.

또한, 최근 국가기술자격 시험과목 중 전자회로 과목에 대한 해설을 수록하여 국가기술자격시험과 KT, 공중파 방송국, 종합유선방송국 등 각종 공채시험, 공무원시험 등에서 꼭 치러야 하는 디지털 전자회로 지침서로도 널리 활용될 수 있으리라 사료된다.

본 교재의 구성은

제1장 반도체 소자, 제2장 전원회로, 제3장 증폭회로, 제4장 발진회로, 제5장 변.복조회로, 제6장 펄스회로, 제7장 논리회로, 제8장 응용 논리회로로 구성되었다.

이 교재가 만들어진 후 여러 번 수정이나 삭제를 거듭했지만 지면상의 제약과 도면의 구성 편집상의 문제나 내용배열 예제의 적합성 등 여러부분에 미흡한 점이 많으리라 생각된다. 따라서 차후 계속 수정 보완할 것을 약속드리며 선배 제현들의 사랑스런 관심과 충고를 바라는 바이다.

마지막으로, 이 책이 출간을 흔쾌히 허락해주신 도서출판 석학당 윤용호 사장님과 이 책이 나오기까지 수고를 아끼지 않으신 출판사 편집자분들게 심심한 감사의 마음을 전합니다.

2019년 2월

공학박사 오정규

차 례

제 1 장 반도체소자

1.1 반도체(Semiconductor)

전기적인 물체의 성질은 크게 세 가지로 나누어 볼 수 있다.

일반적으로 동, 주석 같은 금속은 저항이 작아 전기를 잘 통하는 성질이 있어 도체(conductor)라 하며, 운모 같은 것은 저항이 커서 전기가 통하기 힘든 성질을 가지고 있어 절연체(insulator)라 한다. 반도체(semi-conductor)는 저항률이 도체와 절연체의 중간 범위에 있는 물질을 말한다. 게르마늄(germanium)이나 실리콘(silicon) 등은 도체와 절연물의 중간인 고유저항을 가지고 있기 때문에 반도체(semiconductor)라 하며 반도체는 온도에 의한 저항의 변화가 금속과는 반대이며, 금속은 온도가 올라가면 저항치가 증가하지만 반도체는 온도가 올라가면 저항치가 작아지는 부 온도 계수의 물질이다.

표 1.1 전기적 물질의 분류

종 류	성 질	비 고
도체 (conductor)	물체의 내부에 자유전자가 많아서 전류의 흐름에 저항이 적어 전기가 잘 통하는 물체	10^{-4} [Ω.m] 이하의 물질(은, 구리 등)
부도체 (insulator)	물체의 내부에 자유전자가 거의 없어서 전류의 흐름에 저항이 심해 전기가 거의 통하기 어려운 물체	10^{7} [Ω.m] 이상의 물질 (종이, 고무 등)
반도체 (semiconductor)	평상시에는 자유전자가 거의 없다가 외부에서 에너지가 공급되면 원자의 핵에 구속되었던 전자가 자기의 궤도에서 탈출되어 자유전자가 많아져 전류가 흐르기 쉬운 상태로 되는 물체	10^{8}~10^{-4} [Ω.m] 사이의 물질(Ge, Si 등)

1. 반도체 재료

IC나 트랜지스터에 많이 사용되고 있는 대표적인 반도체인 게르마늄(Ge)과 실리콘(Si)의 원자 구조이다. 4가 원소인 실리콘과 게르마늄의 원자 번호는 각각 14와 32이므로 전자수도 14개와 32개이다. 이들 원소의 성질은 금속과 비금속 즉 도체와 부도체의 중간적 성질을 가지고 있다.

반도체 재료는 대부분의 경우 단결정이 사용된다. 단결정이라는 것은 결정 전체에 걸쳐서 규칙적으로 배열되어 있는 것을 말하고, 원자가 불규칙적으로 배열되어 있는 것을 비 결정이라 한다. 반도체 재료는 규소(Si : 실리콘), 게르마늄(Ge), 셀렌(Se) 등과 같은 단원자 물질 이외에 몇 개의 원자의 조합으로 된 화합물이다. 원소형 반도체로 알려진 실리콘과 게르마늄은 각각 4개의 가전자를 가지고 있다. 게르마늄 원자는 실리콘 원자보다 하나의 궤도가 더 많으며 그 최외각의 궤도는 실리콘 원자보다 원자핵에서 훨씬 더 멀리 떨어져 있다.

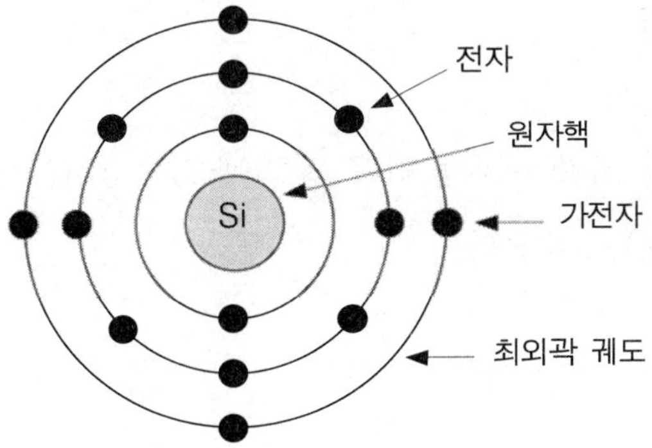

그림 1.1 실리콘 원자 구조

그림 1.1은 실리콘 원자의 구조를 나타내고 있다. 실리콘 원자는 최외각 궤도에 4개의 전자를 가지고 있다. 실리콘 결정은 그림 1.2와 같이 격자 구조로 되어 있다. 각각의 원자는 4개의 가전자를 이웃 원자로 공유하는데 이를 공유결합(covalent bonding)이라고 하며 이를 통해서 각 원자들은 서로 묶여지게 된다. 가운데 실리콘 원자는 4개의 다른 실리콘 원자 사이에 둘러싸여 있고 인접한 원자들의 가전자를 하나 씩 공유한다.

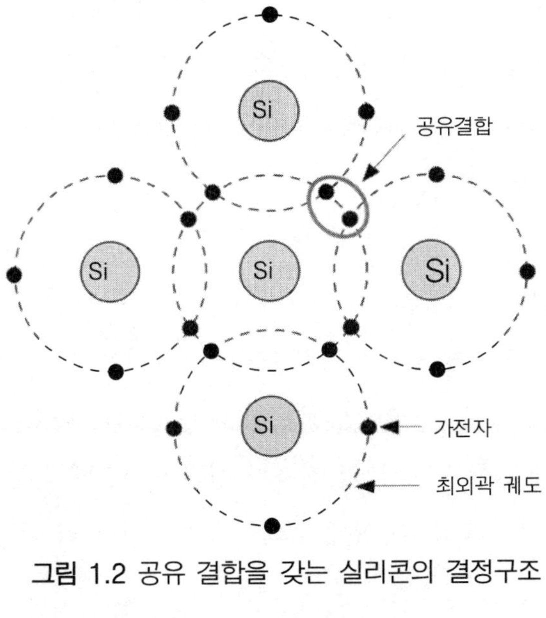

그림 1.2 공유 결합을 갖는 실리콘의 결정구조

2. 반도체의 종류

반도체는 불순물 포함 여부에 따라 진성 반도체 (intrinsic)와 불순물 반도체(extrinsic)로 나눈다.

(1) 진성 반도체(Intrinsic semiconductor)

불순물 원자나 결정 결함을 포함하지 않는 순수한 반도체를 진성 반도체라 한다. 진성 반도체에는 규소(Si), 게르마늄(Ge)이 있으며, 규소 이외의 다른 물질의 혼입이 없고 안정 된 상태에 있는 반도체를 말한다.

(2) 불순물 반도체(Impurity semiconductor)

순수한 반도체에서는 전기저항이 매우 크지만, 특별한 불순물을 내부에 소량 첨가시키면 전기 저항이 크게 낮아진다. 전기 저항을 낮출 목적 즉, 전도성을 좋게 하기 위해 진성 반도체에 특정의 불순물을 첨가시키는 것을 도핑(doping)이라 하며 불순물 도핑으로 인해 자유전자나 정공의 수가 크게 증가한다. 불순물 반도체 종류에는 n형 반도체(전자가 많음)와 p형 반도체(정공이 많음)가 있다.

1) *N* 형 반도체

전도 대의 전자의 수를 증가시키기 위해서 순수한 게르마늄이나 실리콘 4가의 원자에 불순물로 5가인 인(P), 안티몬 (Sb), 비소(As) 등을 혼합하면 원자 간의 결합 후 여분의 전자가 생긴다. 이 때 남는 전자는 자유전자처럼 자유롭게 이동할 수 있게 된다. 전압을 걸면 이 여분의 전자들이

움직이면서 전류가 흐르게 된다. 이러한 반도체를 *N*형 반도체(N-type semi conductor)라고 한다. *N*형 반도체를 만드는 5가 불순물은 전자를 외부에 공급한다고 하여 도너(donner)불순물이라 한다. *N*형 반도체에서는 음의 전자를 다수 캐리어(majority carrier)라 하며, 양의 정공을 소수 캐리어(minority carrier)라 한다.

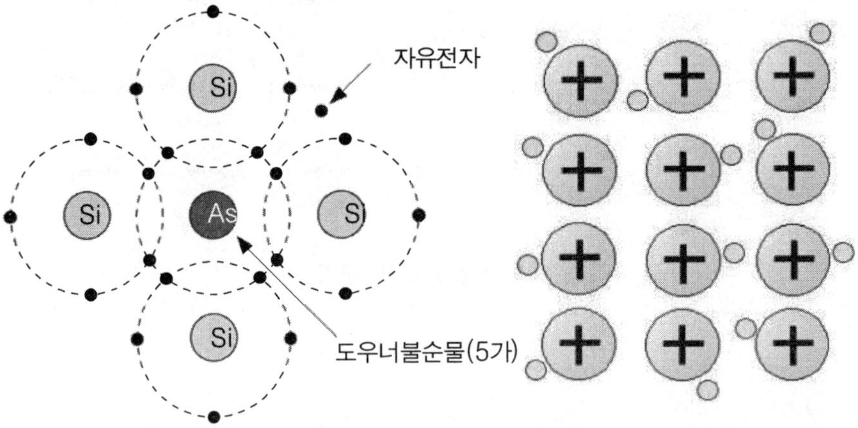

그림 1.3 *N* 형 반도체 구조

2) *P* 형 반도체

순수한 실리콘 결정 속에 가전자 대의 정공의 수를 증가시키기 위하여 불순물로서 3가의 인듐(In), 칼륨(Ca), 붕소(B), 알루미늄(Al) 등을 혼합하면 전자가 부족해져 전자가 들어갈 자리에 빈 구멍이 생기며 이 구멍은 겉보기에 (+) 전하를 갖는 구멍과 같다. 따라서 이 구멍을 정공 또는 홀(hole)이라 하고 이 결정체에 전압을 가하면 전자가 인접한 정공을 매우 게 되고 전자의 자리가 정공이 된다. 이와 같이 계속 전자가 매우 크게 되면 정공은 전기장 방향으로 이동해 가는 것이 되며 전류가 흐르게 된다. 이와 같이 정공이 이동해 감으로써 전류를 흐르게 하는 반도체를 *p*형 반도체(P-type semi conductor)라고 한다. *p*형 반도체에서 불순물에 의하여 만들어진 정공을 다수 캐리어라 하고 외부의 에너지에 의해서 생성된 미소량의 전자를 소수 캐리어라 부른다.

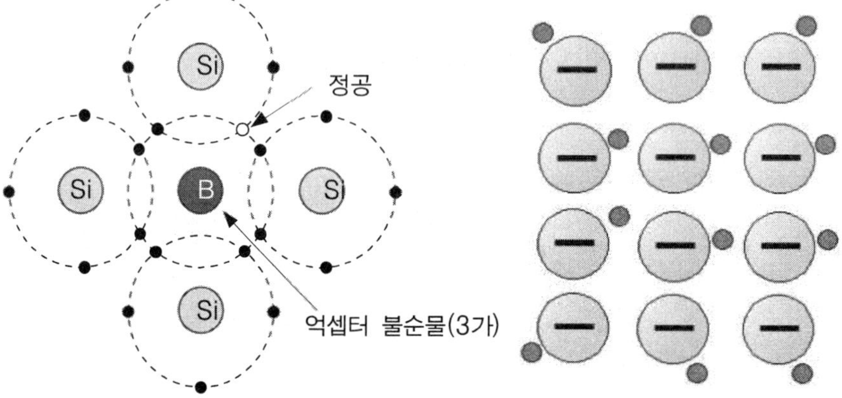

그림 1.4 *P*형 반도체 구조

1.2 *PN* 접합 다이오드(PN junction diode)

pn 접합(junction)은 반도체 단결정에 p와 n으로 도핑 (doping)하여 만든 두 종류의 단결정을 접합하여 만든 것이다. 접합의 종류는 p형에서 n형으로의 변화가 단결정 내에서 어떻게 일어나는가에 의해 분류된다. 다이오드 어원은 di-electrode의 의미에서 오고 있으며 반도체 2단자 소자이다. 다이오드는 정류 작용, 검파 작용 등 여러 가지 작용을 한다.

1. *PN* 접합 다이오드

*P*형과 *N*형의 반도체를 계단 형이나 경사 형으로 접합할 수 있는데 이를 *PN* 접합이라 한다. *P*형은 정공의 밀도가 높고, *N*형은 전자의 밀도가 높으므로 접합면에서는 *P*형의 정공이 *N*형 쪽으로, *N*형의 전자는 *P*형 쪽으로의 확산이 일어난다. 이 때 확산이 일어난 정공과 전자는 각각 상대 쪽 의 다수 캐리어와 결합하여 캐리어가 존재하지 않는 층을 형성하게 된다. 이 층을 공핍 층이라 하는데 더 이상의 다수 캐리어 확산을 방지하고 평형 상태를 유지한다. 또 이 공핍 층에 발생된 내부 전계로 인하여 *P*형과 *N*형 영역 사이에는 접촉 전위라고 불리는 정전 전위 차가 발생하는 데 실리콘 다이오드인 경우 약 0.7[V]정도이다.

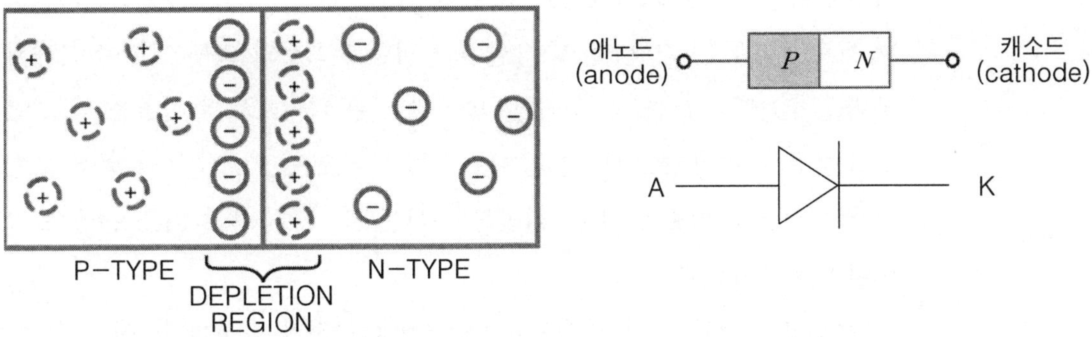

(a) *PN* 접합 구조 (b) 다이오드 기호

그림 1.5 *PN* 접합 다이오드 구조와 기호

2. 다이오드의 바이어스

다이오드에 전압을 인가할 때 이 전압을 바이어스 전압(bias voltage)라 한다.

(1) 순 방향 바이어스(Forward bias)

그림 1.6은 PN 접합 다이오드의 기호를 표시하고 있다. P형 쪽이 애노드이고 N형 쪽이 캐소드이다. 다이오드에 화살표는 전류의 방향을 표시한다. 또한 전자의 흐름의 방향은 화살표 방향과 반대이다.

다이오드에 직류 전원을 인가할 때에 전원의 +단자가 P형 반도체에 연결되고, 전원의 −단자가 N형 반도체에 연결 되었을 때 순 방향 바이어스(forward bias)가 되었다고 한다. 다이오드가 순 방향 바이어스 되었을 때 흐르는 전류는 P형 및 N형 물질의 저항과 회로의 외부 저항에 의해서 제한을 받는다. 그러므로 순 방향 바이어스 된 다이오드에 전압을 직접 연결하면 큰 전류가 흐르게 된다. 게르마늄 다이오드는 0.3[V]의 최소 순방향 바이어스를 필요로 하고, 실리콘 다이오드는 0.7[V]의 최소 순방향 바이어스가 필요하다.

다이오드가 도통하기 시작하고 나면 전압 강하가 발생한다. 이 전압 강하는 장벽 전압과 같으며, 순 방향 전압 강하(forward voltage drop, E_F)라 부른다. 게르마늄 다이오드는 0.3[V]이고 실리콘 다이오드는 0.7[V]이다. 순 방향 전류(I_F)의 양은 외부 전압(E), 순 방향 전압 강하(E_F) 및 외부 저항(R) 옴의 법칙을 이용하여 $I_F = \dfrac{E - E_F}{R}$ 을 구할 수 있다.

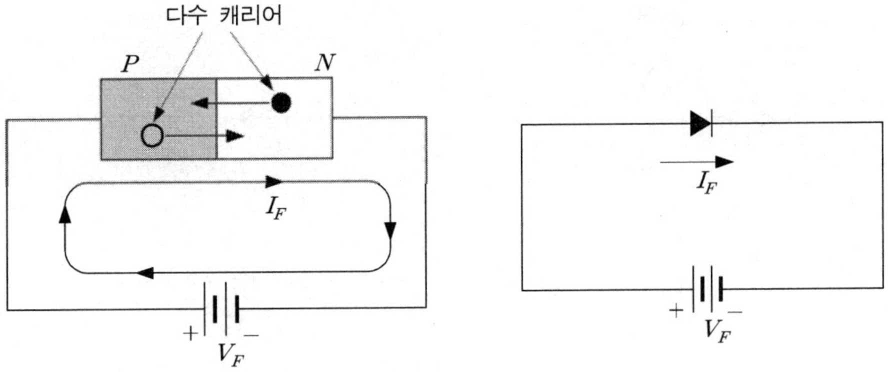

(a) 전압과 전류 방향 (b) 회로 적 표현

그림 1.6 순 방향 바이어스

예제 1.01

실리콘 다이오드가 100[Ω]의 저항을 12[V]외부 바이어스 전압을 가할시 전체 순 방향 바이어스 전류는 얼마인가?

해설

$$I_F = \frac{E - E_F}{R} = \frac{12 - 0.7}{100} = 0.113[\mathrm{A}] = 113[\mathrm{mA}]$$

(2) 역 방향(Reverse bias)

순 방향 바이어스와 반대로 전원의 극성을 +극은 N형 쪽에 −극은 P형 쪽에 연결 되었을 때 다이오드는 역 방향으로 바이어스 되었다고 한다. 역 방향 바이어스는 접합면에서 N형 영역의 자유전자를 멀어지게 하고 전원의 +단자 쪽으로 끌리게 한다.

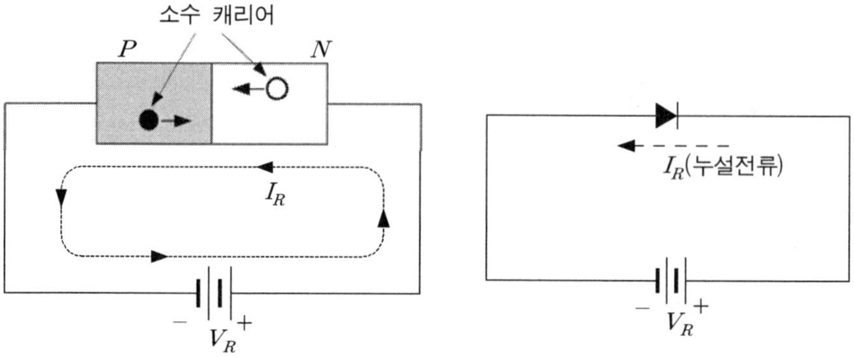

(a) 전압과 전류 방향 (b) 회로 적 표현

그림 1.7 역 방향 바이어스

2. 제너 다이오드(Zener diode)

제너 다이오드는 역 방향 항복 영역에서도 동작하도록 설계되었다는 점에서 일반 정류 다이오드와는 다른 실리콘 pn 접합 소자이다. 주로 부하에 일정한 전압을 공급하기 위한 정 전압 회로에 사용한다. 제너 항복(zener break- down)은 p형과 n형 양측의 도핑농도가 높고, 고 전압이 인가되었을 때 일어나는 현상이다. 일반적으로 여기 된(exciting) 전자가 전도대로 이동 후 역 바이어스 된 접합의 공핍 층을 따라 이동하는데 여기서는 공핍 층의 두께가 얇고, 고 전계가 걸린 상태에는 전자는 양자역학적인 터널 링(tunneling)에 의해 공핍 층을 통과하면서 생기는 절연파괴(항복) 현상이 제너 항복이다. 이런 현상을 이용한 다이오드이다.

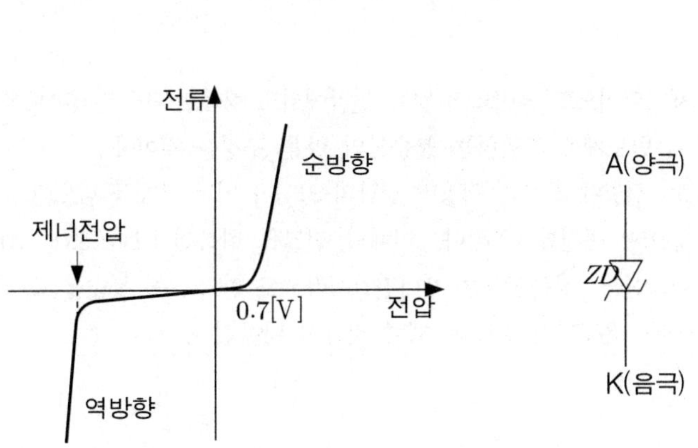

(a) 특성곡선 (b) 기호

그림 1.8 제너 다이오드

제너 다이오드의 특성에서 항복 전압 V_z에 도달하기까지 역 방향 전류는 무시할 수 있다. V_z에서는 급경사적으로 나타나므로 전류는 거의 수직적으로 나타난다. 대부분의 항복 영역 구간에 걸쳐 출력 전압은 V_z와 같게 된다.

제너 다이오드의 소비 전력 P_z는 다음 식이 성립된다.

$$P_z = V_z \times I_z$$

예제 1.02

제너다이오드에서 불순물의 도핑 레베렐을 높게 했을 때 나타나는 현상으로 틀린 것은?

① 역방향 제너전압이 감소한다.

② 매우 좁은 공핍층이 형성된다.

③ 강한 전계가 공핍층 내부에 존재하게 된다.

④ 역방향 제너저항이 감소한다.

해설 ④

정전압 (제너,Zener)다이오드

① 제너다이오드는 정전압이나 기준 전원을 얻기 위하여 사용하는 소자이다. 제너다이오드는 보통다이오드와 는 달리 역방향으로 전압을 걸어 사용한다.

② 제너다이오드는 비교적 낮은 전압에서도 항복현상이 일어나도록 하기 위하여 반도체에 혼합하는 불순물의 양을 조정한 것이다.

③ pn 접합에 가하는 역방향 전압의 크기가 어느 한계를 넘으면 , 전자사태를 일으켜 큰전류가흐른다. 이때의 전압을 항복전압(breakdown voltage) 이라한다. 항복전압은 제너전압이라고도 한다..즉, 불순물 도핑 농도가 클수록, 온도가 높을수록 제너 전압이 낮아진다.

예제 1.03

다음중 동일한 규격의 다이오드를 병렬로 연결하면 회로의 특성은 어떻게 변하는가?

① 순방향 전류를 증가 시킬 수 있다.

② 역 전압을 크게 할 수 있다.

③ 필터회로가 불필요하다.

④ 전 원변압기를 사용하도록 항상 사용할 수 있다.

해설 ①

① 병렬 연결 : 전류가 분산되어 과전류로부터 보호할 수 있어 부하전류가 많이 흐르는 경우에 사용한다.

② 직렬 연결 : 과전압으로부터 다이오드 보호

예제 1.04

제너다이오드에서 제너전압이 $10[V]$, 전력이 $5[W]$인 경우 최대전류의 크기는 ?

① $0.05[A]$② $0.5[A]$③ $0.05[mA]$④ $0.5[mA]$

해설 ②

$$I_{zmax} = \frac{P}{V_z} = \frac{5}{10} = 0.5[A]$$

3. 쇼트키 다이오드(Schottky diode).

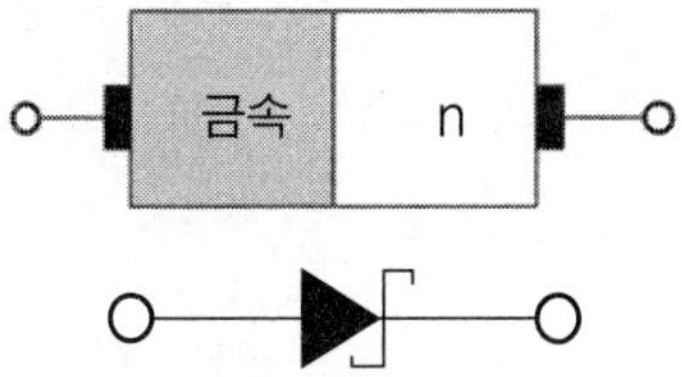

그림 1.9 쇼트키 다이오드

쇼트키 다이오드(Schottky Barrier Diode)는 금속과 반도체의 접촉 면에 생기는 장벽(소트키장벽)의 정류 작용에 의해 다수 전자가 이동하는 현상을 이용한 것이다. 내부저항이 작고 동작 속도가 빨라서 PC의 전원 장치와 같이 고속, 고 효율을 요구하는 환경에 많이 사용된다. 일반 다이오드에 비해 마이크로파에서의 특성이 좋다.

표 1.2 쇼트키 다이오드와 PN Junction Diode 장단점 비교

	Schottky Barrier Diode	PN Junction Diode
장 점	-TRR이 거의 없으므로 고주파용으로 사용하기 좋음 -낮은 순방향전압 강하 (VF)로 전력 손실 작음 -대전류 형을 만들기가 용이함	-높은 역내 전압 -극히 적은 IR -높은 신뢰성
단 점	-역내 전압이 낮음 -역 방향 누설 전류가 큼 -신뢰성이 낮음	-순방향전압 강하 (VF)가 커서 전력 손실이 많음 -Surge전류에 약함 -주파수 환경에 제약 받음

4. 터널 다이오드(Tunnel diode)

터널 다이오드는 순물 농도를 1025 ~ 1026 [개/m^2] 정도로 하여 pn 접합을 한 다이오드이다. 터널 다이오드의 동작은 순 방향 전압이 낮을 때 공간 전하 영역의 폭은 매우 좁아지고, n형 영역 중의 전자는 이 장벽의 반

대 쪽 p형 영역에 나타난다. 터널 효과(tunnel effect)를 갖는다. 전류-전압 특성은 어느 순 방향 전압 범위 내에서 터널 효과에 의한 전류가 흐르므로 부성 저항 특성을 갖는다. 터널 다이오드의 용도는 초 고주파의 발진 회로나 고속 스위칭 회로에 사용된다.

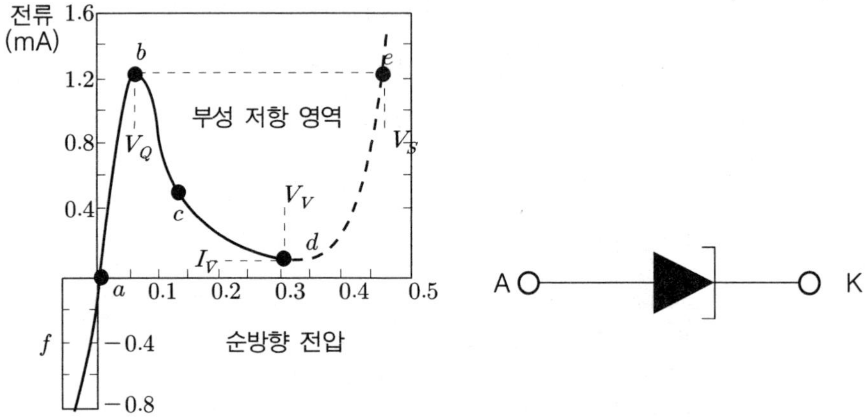

그림 1.10 터널 다이오드의 특성 및 기호

5. 가변 용량 다이오드(Variable capacitance diode)

그림 1.11 가변 용량다이오드

가변 용량 다이오드는 전압을 역 방향으로 가했을 경우에 다이오드가 가지고 있는 콘덴서 용량이 변화하는 것을 이용하여, 전압의 변화에 따라 발진주파수를 변화시키는 등의 용도에 사용한다. 역 방향의 전압을 높이면 접합 용량은 작아진다. 역 방향으로 *PN* 접합에 전압을 인가하면 역 전압이 커질수록 정전 용량이 감소하는 특성을 이용한 다이오드가 가변 용량 다이오드이다.

6. *P/N* 광 다이오드(PIN Photodiode)

PIN 접합(*pn* 접합 사이에 다소 넓은 진성 반도체 층이 있는 구조)을 갖는 광 검출용 다이오드이다.

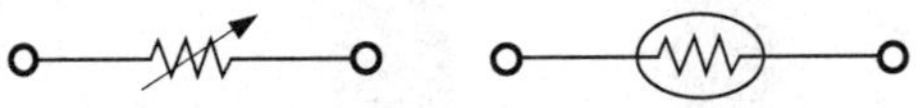

그림 1.12 *P/N* 광 다이오드

7. 서미스터(Thermistor)

온도 변화에 따라 저항 값 변하는 소자로서 음(−)의 온도 계수를 가진다. 서미스터는 저항 온도변화의 보상, 전력계, 자동제어, 온도계 등에 많이 쓰인다.

8. 발광 다이오드(LED)

발광 다이오드(light emitting diode)의 기본 동작은 순 방향 바이어스일 때 전자들이 p형에서 pn 접합을 지나 p형 영역 내에 있는 정공들과 재 결합하게 된다. 발광 다이오드 순 방향 바이어스가 되면 빛을 발생시킨다. 10~20[mA] 정도 흘렸을 때 발광하며 녹색, 적색, 황색, 백색 등이 사용된다.

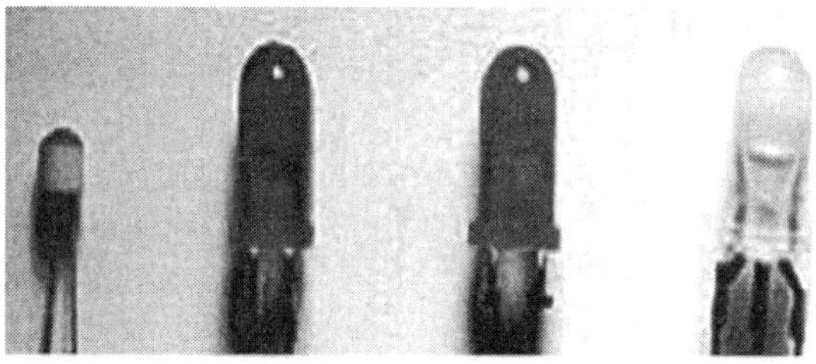

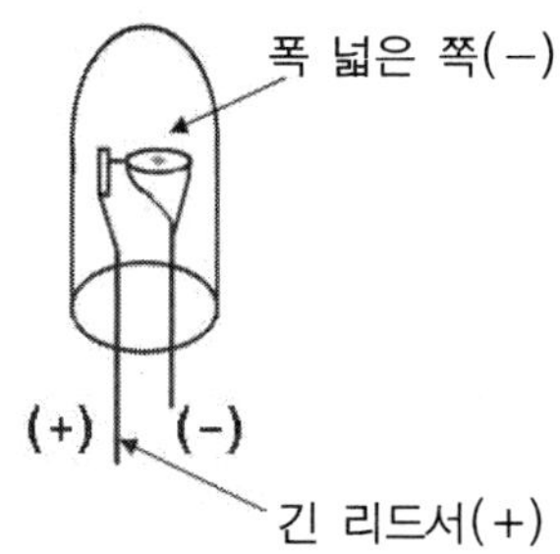

그림 1.13 발광 다이오드

9. 정류 다이오드(Rectification diode)

일반적으로 평균 전류 1[A] 이상의 것을 가리키며 전원의 정류회로에 이용한다. 소 전력으로부터 대 전력용까지 많은 종류가 있으며 패키지도 풍부하다. 가장 많이 생산되는 것은 소 전력용의 1[A] 클래스로 정류 다이오드의 약 70%를 차지하고 있다.

그림 1.14 정류 다이오드

1.3 트랜지스터(Transistor)

트랜지스터(bi polar transistors)는 접합 방식에 따라 *PNP*−type과 *NPN*−type으로 나눌 수 있다. 또한 만든 재료에 따라 실리콘 트랜지스터와 게르마늄 트랜지스터로 구분된다. 트랜지스터는 증폭, 발진, 주파수 변환, 스위칭 등 여러 가지의 기능 동작에 사용된다.

1. 트랜지스터의 구조

트랜지스터는 2개의 *PN* 접합으로 나누어지는 3개의 반도체 영역으로 구성되어 있으며, 1개의 반도체 결정 속에 얇은 *N*형 반도체를 2개의 *P*형 반도체 사이에 끼우거나, 또는 얇은 *P*형 반도체를 2개의 *N*형 반도체 사이에 끼워 2조의 접합을 형성한 소자이다.

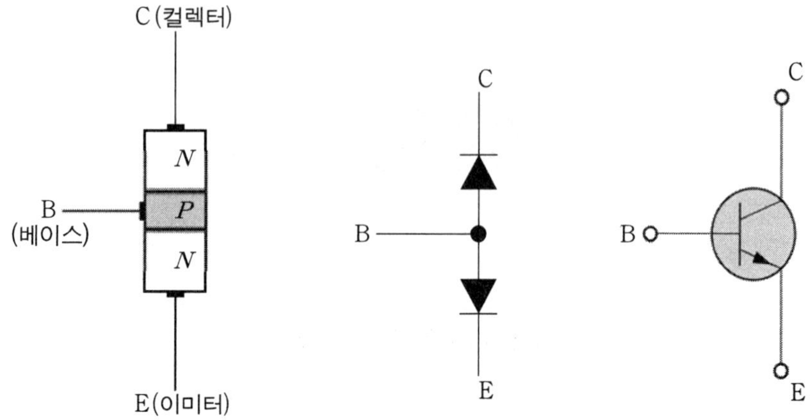

그림 1.15 *NPN* 트랜지스터 구조

(1) *NPN* 트랜지스터 구조

그림 1.15는 *NPN*형 트랜지스터 구조를 나타낸다. 그림 1.15에서 알 수 있듯이 중앙의 극히 엷은 층을 베이스(base)라고 하고, 양쪽의 층을 각각 이미터(emitter) 및 컬렉터(collector)라 한다. 이미터와 베이스 사이에 순 방향 바이어스를 가했을 때 화살표는 그 전류의 방향을 나타낸다.

(2) *PNP* 트랜지스터구조

그림 1.16은 *PNP*형 트랜지스터 구조를 나타낸다. 두 개의 *P*−type 반도체 사이에 얇은 *N*−type 반도체를 접합시킨 것이다. 왼쪽의 *P*−type 반도체를 에미터(emitter), 가운데 *N*−type 반도체를 베이스(base), 오른쪽의 *P*−type 반도체를 콜렉터(collector)라 한다. 화살표가 표시되어 있는 쪽이 에미터 이며 *PNP*형에서 화살표의 방향은 베이스 쪽을 향하며 *NPN*형에서서는 베이스에서 나오는 방향이다.

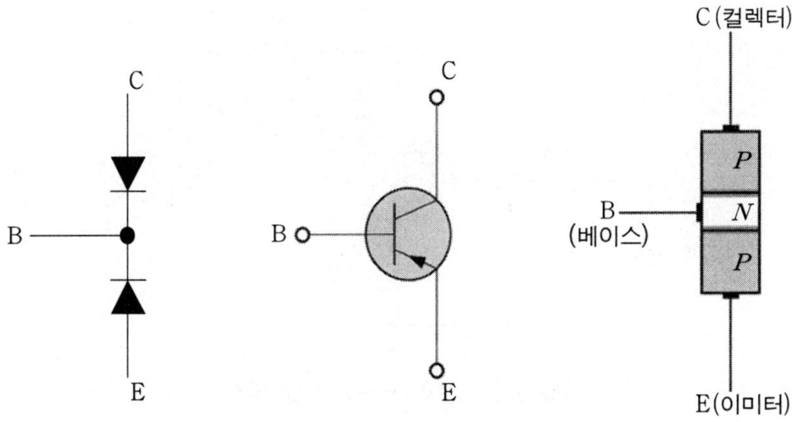

그림 1.16 *PNP* 트랜지스터 구조

2. 트랜지스터의 기본 동작 원리

*NPN*형 트랜지스터와 *PNP*형 트랜지스터를 동작시키기 위해서는 먼저 *PN*접합의 이미터와 베이스사이에 순 방향의 직류 전압을 가하고, 베이스와 컬렉터 사이에는 역 방향의 직류 전압을 가해야 한다. 이와 같이 트랜지스터에 직류 전압을 가하는 것을 바이어스 전압을 가한다고 한다. 트랜지스터는 베이스 전류가 흐를 때만 컬렉터 전류가 흐른다.

(1) *NPN* 트랜지스터의 동작 원리

그림 1.17은 *NPN* 트랜지스터 동작 특성을 보여준다. 순 방향 바이어스에 의해 전자가 *NPN* 트랜지스터로부터 흐르게 된다. 이미터 전류(I_E)는 베이스 전류(I_B)와 컬렉터 전류(I_C)의 합이다. 나머지 베이스 전류와 컬렉터 전류는 $I_E = I_B + I_C$의 관계가 성립된다.

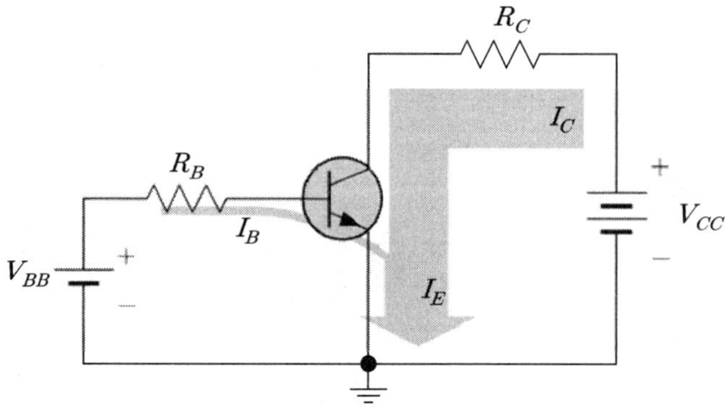

그림 1.17 *NPN* 트랜지스터 동작

1) *NPN* 트랜지스터의 전압, 전류 정의

V_{BB}는 베이스에 인가되는 외부 전압을 의미하며 V_{CC}는 베이스-컬렉터 접합을 역 방향으로 바이어스 시킨다.

$$V_{BE} \simeq 0.7\,[\mathrm{V}]$$

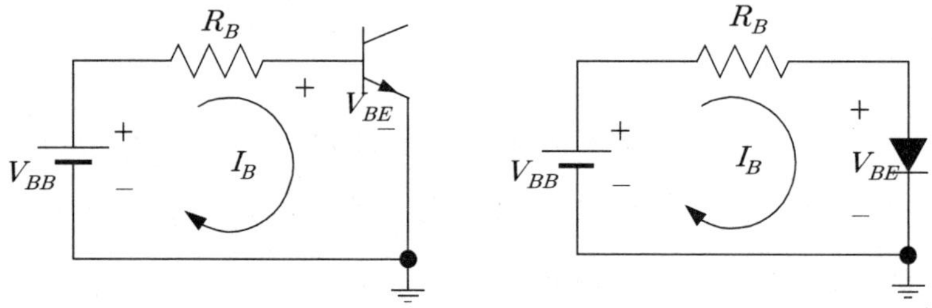

그림 1.18 B-E 루프

그림 1.18에서 이미터가 접지되어 있으므로 베이스 전압 $V_B = V_{BE}$이므로 베이스 루프를 흐르는 전류 I_B는 KVL 적용하면

$$V_{BB} = I_B R_B + V_{BE}$$

가 되어

$$I_B = \frac{V_{BB} - V_B}{R_B} = \frac{V_{BB} - 0.7}{R_B}$$

이 된다.

컬렉터와 이미터 사이의 전압 $V_{CE} = V_C - V_E$로 정의 되어 있는데 $V_C = V_{CC} - I_C R_C$이고 이미터가 접지 되어 있으므로 ($V_E = 0$), V_{CE}는 다음과 같이 된다.

$$V_{CE} = V_{CC} - V_{BE}$$

다음으로 직류 컬렉터 전류 (I_C)와 직류 베이스 전류(I_B)일 때 트랜지스터의 직류 전류 이득(β_{DC})은 다음 식과 같다.

$$\beta_{DC} = \frac{I_C}{I_B} = \frac{\text{출력전류}}{\text{입력전류}} \text{이며,}$$

β_{DC}의 값은 $20 \sim 200$

정도 범위이다.

또한 직류 컬렉터 전류(I_C)와 직류 이미터 전류(I_E)와의 비를 α_{DC}로 표시하며, 항상 1보다 작다.

$$\alpha_{DC} = \frac{I_C}{I_E}$$

트랜지스터의 $I_E = I_B + I_C$에서 양변을 I_C로 나누어주면

$$\frac{I_E}{I_C} = \frac{I_B}{I_C} + \frac{I_C}{I_C} = \frac{I_B}{I_C} + 1$$

$$\beta_{DC} = \frac{I_C}{I_B},\quad \alpha_{DC} = \frac{I_C}{I_E}$$

$$\frac{1}{\alpha_{DC}} = \frac{1}{\beta_{DC}} + 1 \therefore \beta_{DC} = \frac{\alpha_{DC}}{1-\alpha_{DC}}$$

식이 된다.

예제 1.05

이미터 전류를 $1[mA]$변화 시켰더니 컬렉터 전류의 변화는 $0.96[mA]$였다. 이 트랜지스터의 β는 얼마인가

① 0.96 ② 0.96 ③ 24 ④ 48

해설 ③

① 베이스접지 증폭률α 시 전류 증폭률

$$\alpha = \frac{\triangle I_C}{\triangle I_E} = \frac{0.96[mA]}{1[mA]} = 0.96$$

② 베이스접지 증폭률 α 과 이미터 접지 시 전류증폭률관계

$$\beta = \frac{\alpha}{1-\alpha} = \frac{0.96}{1-0.96} = 24$$

③ [참고] CB방식 시 전류증폭률

$$\alpha = \frac{\beta}{1-\beta}$$

예제 1.06

트랜지스터가 차단과 포화에서 동작될 때 무엇처럼 동작하는가?

① 스위치 ② 선형 증폭기 ③ 가변용량 ④ 발진기

해설 ①

· 트랜지스터의 동작 상태는 이미터(E), 베이스(B)와 컬렉터(C) 접합 사이 바이어스 전압에 의하여 동작 상태가 결정되며, 각 각의 동작 상태에 따라 이용되는 용도가 다르다. 차단과 포화상태에서는 스위치로 동작한다.

동작 영역	EB접합	CB접합	사용용도
포화 영역	순바이어스	순바이어스	스위칭회로
활성 영역	순바이어스	역바이어스	증폭기
차단 영역	역바이어스	역바이어스	스위칭회로
역활성 영역	역바이어스	순바이어스	사용하지 않음

예제 1.07

소신호 증폭이나 트랜지스터의 활성영역에서만 동작하게 만든 증폭기는?

① A급 증폭기 ② AB급 증폭기 ③ B급 증폭기 ④ C급 증폭기

해설 ①

· 바이어스 동작 점 위치에 따라 종류 구분하면 A급 증폭기, B급 증폭기, AB급 증폭기, C급 증폭기, D급 증폭기가 있다. D급 증폭기는 A ~ C급 증폭기와 달리 선형 동작을 위한 바이어스를 하는 대신에 스위치로 동작시킨다. 소 신호 증폭기의 트랜지스 터의 활성영역에서만 동작하는 증폭기는 A 급 증폭기이다.

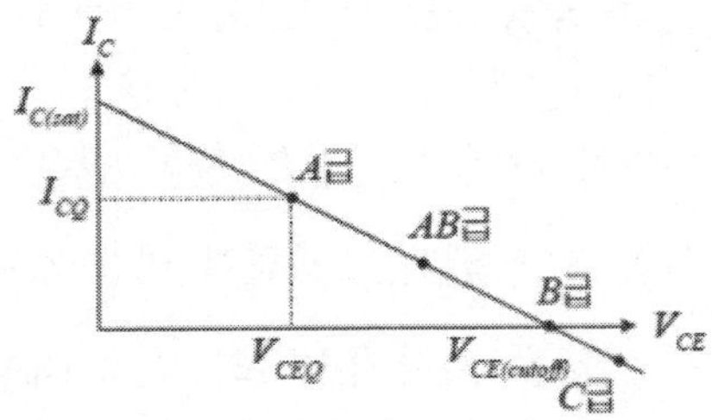

· A급 증폭기는 교류 부 하선의 활성영역(직선영역)중앙 근처에 직류 동작 점(Q점)이 설정된다.

· 트랜지스터를 포화시키거나 차단시키지도 않고, 입력 신호의 일그러짐(왜곡)이 없이, 최대 출력 범위 에 걸쳐 스윙이 가능하다.

(2) *PNP* 트랜지스터의 동작 원리

그림1.19에서 알 수 있듯이 베이스 전류(I_B)와 컬렉터 전류(I_C), 이미터 전류(I_E) 사이에는 다음식이 성립된다.

이미터 전류(I_E)=베이스 전류(I_B)+컬렉터 전류(I_C)가 되고 아래쪽에서 위쪽으로 전류가 흐르고 있다.

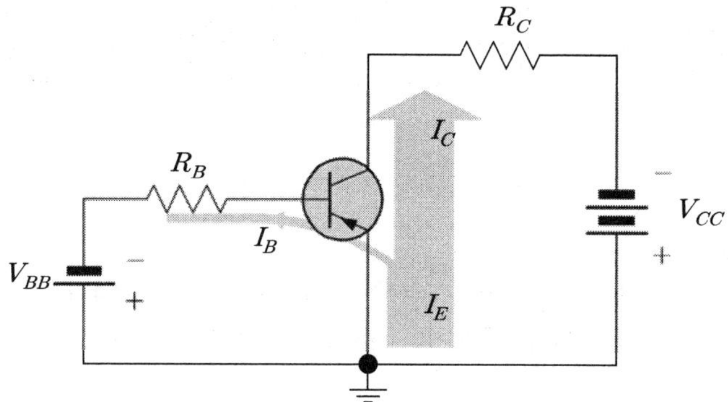

그림 1.19 *PNP* 트랜지스터 동작

1) *PNP* 트랜지스터의 전압, 전류 정의

베이스 전류(I_B)가 흘렀을 때 컬렉터 전류(I_C)가 몇 배로 되었는가가 전류 증폭률 $\beta_{DC}=\dfrac{I_C}{I_B}=\dfrac{\text{출력전류}}{\text{입력전류}}$가 된다. 이 전류 증폭률은

트랜지스터의 종류에 따라 값이 달라짐은 물론 같은 트랜지스터에서도 다소 각각 다른 값이 된다. 또한 베이스 전류를 바꿈으로써 컬렉터 전류의 크기를 증감할 수 있다. 이것을 트랜지스터의 증폭 작용이라 한다.

◆ *C*–*E* 루프

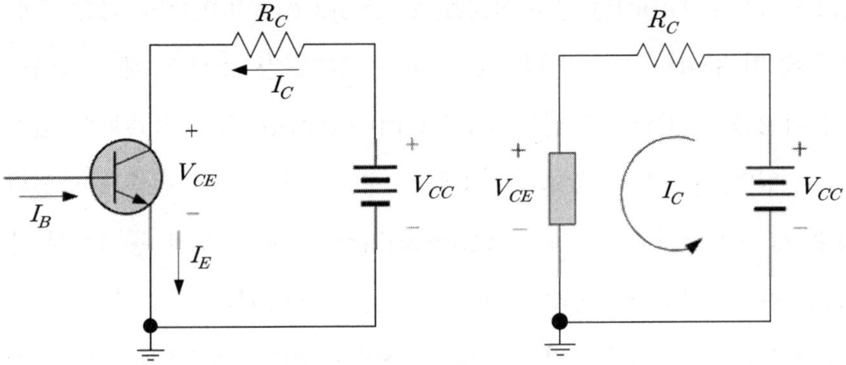

그림 1.20 *PNP C–E* 루프

$V_{CE} > 0$이므로 KVL 법칙을 적용하면 $V_{CC} = I_C R_C + V_{CE}$

$$V_{CE} = V_{CC} - I_C R_C > 0$$

컬렉터 및 베이스에 흐를 수 있는 최대 전류

$$I_{C(\max)} = \frac{V_{CC}}{R_C} = \beta I_{B(\max)}$$

베이스 전류는 항상 $I_F > 0$, $I_B > 0$이며, 이에 따라 컬렉터 전류(I_C)도 항상 $I_C > 0$이 된다.

$$\therefore I_{C(\min)} = 0\ ,\ \ I_{B(\min)} = 0$$

$$I_{C(\max)} = \frac{V_{CC}}{R_C}\ ,\ \ I_{B(\max)} = \frac{I_{C(\max)}}{\beta} = \frac{V_{CC}}{\beta R_C}$$

1.4 전계효과 트랜지스터(FET, field effect transistor)

FET는 BJT(Bipolar Junction Transistor, 바이폴라 접합 트랜지스터)에 비해 아주 작은 면적으로 만들 수 있고,전력소모도 매우 적어서 고집적 디지털 및 아날로그 반도체 IC (Integrated Circuit)에 폭 넓게 사용되고 있다.전자 또는 정공 한 종류의 캐리어에 의해서 전류가 형성되는 다수 캐리어 소자이므로 단극성(unipolar) 트랜지스터로 동작선형 증폭기뿐만 아니라 디지털 논리회로에도 폭 넓게 활용된다.

그림 1.21은 접합 FET의 구조를 나타낸 것이다. 게이트에 가하는 제어 전압의 크기에 따라서 공핍 층의 확산이 달라지며, 그 때문에 채널의 폭이 달라져서 드레인 전류가 제어된다. 전계효과 트랜지스터는 접합형 전계효과 트랜지스터(JFET : junction field-effect transistor)와 절연게이트 전계효과 트랜지스터(insulated gate field-effect transistor, 또는 metal-oxide semiconduct or field effect transistor : MOSFET)가 있다.

1.FET의 특징

① 제조가 쉽고 집적도가 좋다.

② 온도 유지 특성이 좋으며, 크기가 작다.

③ 단극형 트랜지스터: 전자, 정공 중1개 형의 전하(다수캐리어) 만에 의한 동작(다수캐리어 디바이스)된다.

④ 전압 제어 전류 원: 인가 전압에 의해 발생한 전계를 이용하여 전류를 제어한다.

예제 1.08

다음 중 전계효과 트랜지스터(FET)에 대하여 설명하시오?

해설 · 전계효과 트랜지스터 (FET, Field Effect Transistor)는

① 자유 전자나 정공 중 다수 캐리어만으로 동작하는 단극성소자이며 게이트의 역 전압에 의하여 드레인 전류를 제어하므로, 전 압제어방식이다.

② FET는 바이폴라 트랜지스터(BJT)에 비해서 입력 및 출력 임피던스가 높아서 전압 증폭소자로 적합하다.

③ FET는 BJT 보다 잡음이 적고, 열적으로 안정하다.

④ FET는 잡음 특성이 양호하며, 소 신호를 취급하기가 좋다.

⑤ FET는 전압 제어 전류 원 소자: 인가전압에 의해 발생한 전계를 이용하여 전류를 제어

⑥ 제조가 쉽고 집적도가 좋다.

⑦ 온도 유지 특성이 좋으며, 크기가 작다.

⑧ FET는 다수 케리어에 의한 증폭장용을 한다.

2. 접합 FET

접합 전계효과 트랜지스터(junction field effect transistor, JFET)는 다수 반송자에 의해서만 가능한 단극 트랜지스터이다. JFET는 전압으로 제어하는 소자이다. JFET는 N형 반도체 물질과 P형 반도체 물질로 구성되며, 전자 신호를 증폭할 수 있으나 쌍극 트랜지스터와는 다르게 만들며 또한 동작하는 원리도 다르다.

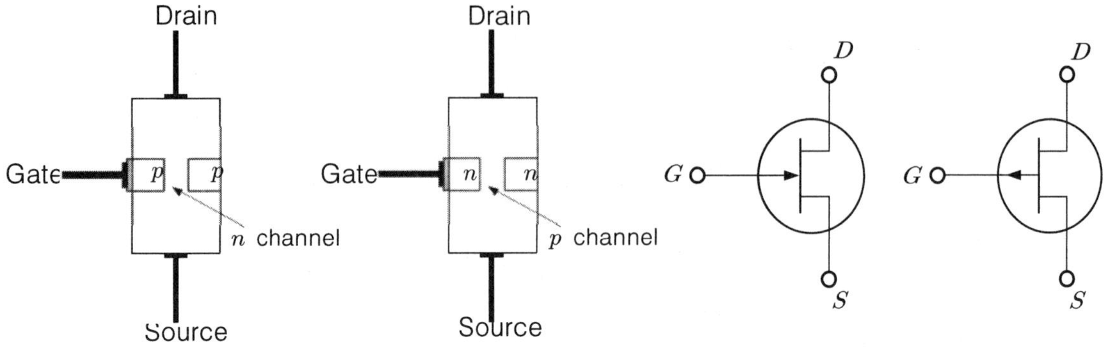

(a) n채널 (b) p채널 (c) JFET 기호

그림 1.21 JFET 구조

그림 1.21(a)는 n형 막대기에 p형을 확산시켜 각 단자에 리이드를 연결시킨 구조로 되어 있는데 이를 n채널 JFET라 한다. n형 막대는 전류 흐름의 통로가 되므로 채널(channel)이라 한다. 또 양단의 전극 부를 소스(source)및 드레인(drain)이라 한다. 또 양쪽의 영역은 전류를 제한한다는 의미로 게이트(gate)라 한다. 그림 1.21(b)는 p형 막대로 구성되어 있으므로 P채널(P-channel) JFET라 하며 게이트는 내부적으로 연결되어 있다.

(1) JFET 동작 특성

① JFET의 실제적인 동작은 D~S 사이를 흐르는 드레인 전류 ID가 게이트 전압 VGS에 의해서 제어된다.

② 게이트 접합이 역 바이어스가 되도록 게이트 전압(VGS<0)을 인가한다.

③ 역 바이어스 된 VGS가 증가하면 공간 전하 층은 더욱 넓어져서, 도전 통로인 채널 폭은 더욱 좁아진다.

④ 게이트 전압 VGS를 변화시키면 공간전하층의 폭이 변화하고, 따라서 채널 폭이 변화되어 D~S 사이의 전기 전도도(conductivity)가 변화 한다.

⑤ VGS를 증대시키면 공간전하층의 폭이 넓어져서 결국은 채널이 완전히 막히게 된다. 이러한 현상을 pinch-off라 한다. 이때의 게이트-소오스 전압 VGS를 pinch-off 전압 VP라고 한다.

3. 공핍 절연 게이트 FET(metal oxide semiconductor FET, MOSFET)

절연 게이트 FET에는 *PN* 접합을 이용하지 않는다. 그 대신 얇은 층의 산화물로 반도체 채널을 전기적으로 절연시키는 금속게이트를 사용한다. 이 소자는 금속 산화물 반도체(metal oxide semi conductor field effect transistor, MOSFET)라 한다.

MOSFET에는 N채널을 가진 *N*형 소자와 P채널을 가진 *P*형 소자의 두 가지 중요한 형태가 있다. N채널을 가진 *N*형 소자는 0[V]의 바이어스가 걸렸을 때 도통되므로 공핍 모드(depletion mode)소자라 부른다. 공핍 모드에서는 전자가 게이트 바이어스 전압에 의해서 공핍될 때까지 도통도 된다. 음(-)의 바이어스가 게이트에 인가되면 드레인 전류가 공핍된다.

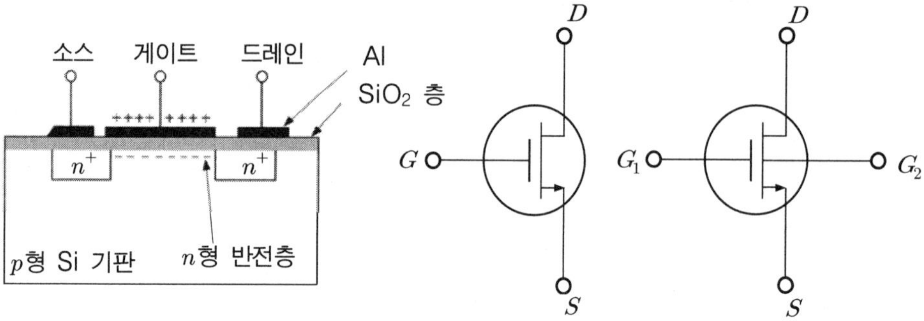

그림 1.22 Enhancement-type n채널 MOSFET 구조 및 기호

접합 전계효과 트랜지스터(Junction Field Effect Transistor ; JFET)는 채널의 전류를 제어하기 위하여 역 바이어스되는 접합으로 동작하는 전자 소자로서 구조에 따라 n채널 또는 p채널로 나누어진다. 그림 1.22에 JFET의 두 가지 가능한 구조 및 기호를 도시하였으며 여기서 게이트(G) 단은 내부적으로 서로 연결되어 있다.

✻ 연습문제 ✻

01 전자가 갖는 전하량은?

① $+2\times10^{-19}$[C]　　② -1.6×10^{-19}[C]
③ $+1.6\times10^{-21}$[C]　　④ -1.2×10^{-17}[C]

해설 전자의 전하량 $e=-1.602\times10^{-19}$[C]

02 1[mA]의 전류가 흐르고 있을 때 매초 몇 개의 전자가 이동하는가?

① 1.602×10^{15}[개]　　② 1.602×10^{19}[개]
③ 6.24×10^{19}[개]　　④ 6.24×10^{15}[개]

해설 전자 1개의 전하량이 1.602×10^{-19}[C]이므로 1[C]의
전하량이란 $\dfrac{1}{1.602\times10^{-19}}=6.24\times10^{18}$[개]에 해당되는 전자의 양이다.
한편 1[A]란 1[초]동안에 1[C]의 전하가 이동한 양이므로 전자가 6.24×10^{18}[개]이동하는 량에 해당된다.
$1[mA]=10^{-3}[A]=10^{-3}\times6.24\times10^{8}=6.24\times10^{15}$[개]의 전자에 해당된다.

03 0.2[sec]동안에 10^{10}개의 전자가 이동했을 때 전류는 몇 [A]인가?

① 0.16[μA]　② 1.6[μA]　③ 0.08[μA]　④ 0.008[μA]

해설 $Q=1.6\times10^{-19}\times10^{10}=1.6\times10^{-9}$[C]

$$\therefore I=\frac{Q}{t}=\frac{1.6\times10^{-9}}{0.2}=0.008[\mu A]$$

04 1 [eV]는 무엇을 나타내는가?

① 1.602×10^{-19} [C]　　② 1.602×10^{-19} [J]
③ 1.795×10^{11} [C/kg]　　④ 9.107×10^{-31} [kg]

해설 $1 [eV] = 1 \times 1.602 \times 10^{-19} [C] \times 1 [V] = 1.602 \times 10^{-19} [J]$

05 다음의 반도체 부품에 관한 설명으로서 틀린 것은?

① 더어미스터는 온도가 상승하면 저항 값이 감소한다.
② 바리스터는 전압에 의하여 저항이 변하는 소자로 보호 회로 등에 사용한다.
③ 바랙터 다이오드는 역 전압에 의하여 용량을 변화시키며, AFT회로 등에 사용한다.
④ 제너 다이오드는 양단의 전압에 관계없이 흐르는 전류는 항상 일정하며 정전압 회로 등에 쓰인다.

해설 제너 다이오드(Zenner diode)는 역 방향 전압을 서서히 증가시킬 때, 항복 전압에 달하면 역방향의 전류가 급격히 증가하는 현상을 일으켜 파괴될 때까지는 전압이 일정치로 유지되는 성질을 이용한 것으로 정 전압 회로에 기준 전압 설정을 위해 사용된다.

06 다음 소자 중에서 게이트가 없는 것은?

① SBS　　② DIAC　　③ TRIAC　　④ SCS

해설 다이악(DIAC)는 역 방향으로 통전, 차단상태를 가지는 스위칭소자로서 게이트가 없으며 5층 구조로서 쌍방향 대칭 형태로 되어 있다.

07 cds와 가장 관계가 깊은 것은?

① 광전도 자기 저항 소자　　② 태양전지
③ 광전도 소자　　④ 자전 변환 소자

해설 반도체에 빛을 비추면 도전율이 증가하여 전류가 잘 흐르는 현상을 이용한 것으로 광전도 소자인 cds가 있다.

08 펄스 발생 소자로서 성능이 가장 우수한 것은?

① MOS FET ② Thyristor ③ UJT ④ Varactor

해설 UJT는 부성저항 특성에 의한 발진작용으로 펄스 발생소자로 널리 사용된다.

09 반도체 고유 저항의 특성으로서 열에 민감성과 마이너스의 온도 계수를 가지는 것을 이용한 소자로서 온도 측정, 온도 제어, 계전기 등에 이용되는 것은?

① 바리스터 ② SCR ③ 서미스터 ④ 다이액

해설 서미스터는 온도에 따라 저항 값이 변하는 소자로서 음(−)의 온도계수를 가지며 이것을 이용하여 온도 측정, 온도 제어, 전력계, 저항 온도변화의 보상 등에 쓰인다.

10 드레인 전압이 20 [V]일 때 게이트 전압을 0.4 [V] 변화시켰더니 드레인 전류가 5 [mA] 변화되었다. 이 FET의 상호 콘덕턴스는?

① 0.25 [m℧] ② 0.4 [m℧] ③ 1.25 [m℧] ④ 12.5 [m℧]

해설 $gm = \dfrac{\triangle I_D}{\triangle V_G} = \dfrac{5 \times 10^{-3}}{0.4} = 12.5\,[\mathrm{m℧}]$

11 전계효과 트랜지스터의 상호콘덕턴스 g_m(mutual conductance)는 어느 것인가? (단, r_d : 드레인 저항, μ : 증폭 정수)

① $\dfrac{r_d}{\mu}$ ② $r_d \cdot \mu$ ③ $\dfrac{\mu}{r_d}$ ④ $\mu r d^2$

해설 $\mu = g_m \cdot r_d$의 관계가 있으므로 $g_m = \dfrac{\mu}{r_d}$이다.

12 20 [μA]에서 40 [μA]까지 변화할 때 컬렉터 전류가 2 [mA]에서 4 [mA]까지 변화했다. 이 때의 전류 증폭률은 얼마인가?

① 48 ② 98 ③ 99 ④ 100

해설 $hfe = \beta = \dfrac{\Delta I_C}{\Delta I_B} = \dfrac{(4-2)\times 10^{-3}}{(40-20)\times 10^{-6}} = 100$

13 이미터접지 트랜지스터 회로에서 컬렉터 전압이 10 [V]일 때 베이스 전류를 2 [mA]에서 4 [mA]로 변화하고, 컬렉터 전류가 50 [mA]에서 100 [mA]로 변화하였다면 이 때 전류 증폭률 β는?

① 25 ② 20 ③ 19 ④ 0.98

해설 $hfe = \beta = \dfrac{\Delta I_C}{\Delta I_B} = \dfrac{(100-50)\times 10^{-3}}{(4-2)\times 10^{-3}} = 25$

14 V_{CE}가 6 [V]로 일정한 상태에서 $I_B = 100 \sim 200$ [μA]변화시켰더니 $I_C = 3.4 \sim 6$ [mA]까지 변화하였다. 전류 증폭률은?

① 0.038 ② 0.096 ③ 26 ④ 13

해설 $hfe = \beta = \dfrac{\Delta I_C}{\Delta I_B} = \dfrac{(6-3.4)\times 10^{-3}}{(200-100)\times 10^{-6}} = 26$

15 트랜지스터에서 베이스 전류가 400 ~ 600 [μA]까지 변화시킬 때 컬렉터 전류가 45 ~ 70 [mA]까지 변화한다면 이때의 TR정수의 hfe를 구하면? (단, hfe는 전류 증폭률)

① 250 ② 25 ③ 125 ④ 12.5

해설 에미터 접지시 전류 증폭률

$$\beta = \frac{\Delta I_C}{\Delta I_B}\Bigg|_{V_{CE}=\text{일정}} \qquad hfe = \beta = \frac{\Delta I_C}{\Delta I_B} = \frac{(70-45)\times 10^{-3}}{(600-400)\times 10^{-6}} = 125$$

16 α가 0.99인 트랜지스터의 β의 값은?

① 97　② 98　③ 99　④ 100

해설 $\beta = \dfrac{\alpha}{1-\alpha} = \dfrac{0.99}{1-0.99} = 99$

17 바리스터(varister)의 주된 용도는 어느 것인가?

① 전압 증폭　② 온도 보상
③ 출력 전류 조절　④ 서어지(surge)전압에 대한 회로 보호

해설 바리스터는 가해진 전압에 따라 저항이 변하는 전압-전류 특성이 비 직선인 반도체 소자로서 고압 송전의 피뢰기, 전화기 및 통신기기의 불꽃잡음의 흡소회로의 조정, 서어지 전압에 대한 회로 보호용으로 많이 사용된다.

18 부성 저항 특성을 가진 다이오드는 어느 것인가?

① 정 전압 다이오드　② 전압 가변 용량 다이오드
③ 역 다이오드　④ 터널 다이오드

해설 터널 다이오드는 부성 저항 특성이 있어 발진작용을 하므로 극초단파 발진기에 이용된다.

19 다음 중 버랙터 혹은 바리캡 다이오드라 불리우는 것은 어느 것인가?

① 가변 용량 다이오드　② 쇼트키 배리어 다이오드
③ 터널 다이오드　④ 정 전압 다이오드

해설 가변 용량 다이오드는 역 전압의 변화에 의해 다이오드의 용량이 변화하여 콘덴서의 작용을 할 수 있도록 설계된 소자로써 바랙터 혹은 바리캡 다이오드라고도 한다.

20 제너 다이오드를 사용하는 회로는?

① 검파 회로　② 고압 정류 회로
③ 고주파 발진 회로　④ 전압 안정 회로

해설 제너 다이오드는 전압을 일정하게 유지하기 위한 전압 제어 소자로 전압 안정화 회로에 사용된다.

21 다음 중 P형 반도체를 만드는 불순물이 아닌 것은?

① 인듐(In) ② 갈륨(Ga) ③ 비소(As) ④ 붕소(B)

해설 P형 반도체를 만드는 불순물을 억셉터(accepter) 불순물이라 하며 B(붕소), Al(알루미늄), Ga(갈륨), In(인듐), Tl(탈륨) 등의 3가원소이다.

정 답	01 ② 02 ④ 03 ④ 04 ② 05 ④ 06 ② 07 ③ 08 ③ 09 ③ 10 ④ 11 ③ 12 ④ 13 ① 14 ③ 15 ③ 16 ③ 17 ④ 18 ④ 19 ① 20 ④ 21 ③

* 과년도문제 *

01 트랜지스터가 차단과 포화에서 동작될 때 무엇처럼 동작하는가?

① 스위치 ② 선형 증폭기 ③ 가변용량 ③ 가변용량

해설 트랜지스터의 동작 상태는 이미터(E), 베이스(B)와 컬렉터(C) 접합 사이 바이어스 전압에 의하여 동작 상태가 결정되며, 각각의 동작 상태에 따라 이용되는 용도가 다르다. 차단과 포화상태에서는 스위치로 동작한다.

동작 영역	EB접합	CB접합	사용용도
포화 영역	순바이어스	순바이어스	스위칭회로
활성 영역	순바이어스	역바이어스	증폭기
차단 영역	역바이어스	역바이어스	스위칭회로
역활성 영역	역바이어스	순바이어스	사용하지 않음

02 다음 중 다이오드의 종류에 따른 용도로 틀린 것은?

① PIN 다이오드 : RF 스위치용

② 버랙터(Varactiro) 다이오드 : 전압제어 발진기용

③ 임팻(IMPATT) 다이오드 : 디지털 표시장치용

④ 제너다이오드 : 전압안정화 회로용

해설 · 임팩트(IMPATT)다이오드

1. PN 접합에 역전압을 가하여, 항복 전압을 초과하면 캐리어의 애벌란시(avalanche)현 상이 일어난다.
2. 캐리어의 애벌란시(avanche)가 빠져나가는 영역의 길이에 의하여 정해지는 도착시간에 공진기의 주파수를 동조시키면, 3~300[GHz] 사이에서 큰 출력을 가지는 발진기나 증폭기가 된다.
3. IMPATT 다이오드는 고주파 다이오드이다.

03 FET에서 VGS= 0.7[V]로 일정히 유지하고 VDS를 6[V]에서 10[V]로 변화시켰을 때 ID가 10[mA]에서 12[mA]로 변하였다. 드레인 저항(rd)은 얼마인가?

① 0.5[kΩ] ② 1.45[kΩ] ③ 2[kΩ] ④ 5[kΩ]

해설 FET의 3정수$\mu = g_m \cdot r_d, r_d = \dfrac{(10-6)V}{(12-10)mA} = 2k\Omega$

정 답 1 ① 2 ③ 3 ③

제 2 장
전원회로

2.1 정류 회로(Rectification circuit)

1. 정류 회로의 개요

정류 회로는 교류로부터 직류를 얻어내는 회로로서 전류의 방향이나 신호 흐름의 방향을 단일 방향으로 제한하는 작용을 정류 작용이라 하며, 정류 회로에 공급되는 상용 전원의 단상 교류와 3상 교류의 2종류가 있으며, 그 교류원의 반주기를 이용하느냐 또는 전주기를 이용하는가에 따라서 반파 또는 전파로 구분된다.

(1) 정류 회로의 구성

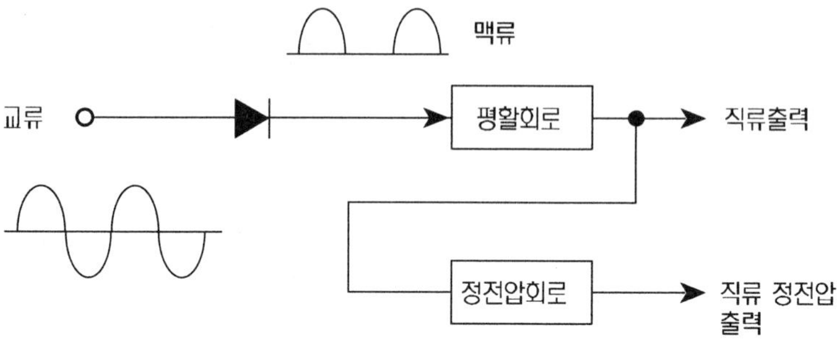

그림 2.1 정류 회로 구성

1) 정류회로 : 교류로부터 직류를 얻어내는 회로(다이오드)
2) 평활회로 : 완전한 직류를 얻기 위해 사용(콘덴서, 인덕터)
3) 정전압안정회로 : 출력 전압을 정해진 전압으로 일정하게 유지해줌 (정전압 IC)

2. 종류 및 특성

(1) 반파 정류회로(Half wave rectifier)

다이오드 등의 정류 소자를 사용하여 교류의 (+) 또는 (−)의 반 사이클만 전류를 흘려서 부하에 직류를 흘리도록 한 회로를 반파 정류회로라 한다.

① 순 방향 바이어스 일 때는 전류가 흐르면(on), 역방향 바이어스 일 때는 흐르는 전류는 극히 적으므로 (off) 무시할 수 있다.

② 그림 2.2 반파 정류회로에서 다이오드와 부하에 인가된 교류 전압은 (+)반주기 동안은 순 바이어스가 되어 통전 상태로 되고, (−)반주기 동안은 역 바이어스로 매우 큰 저항을 가지므로 전류가 잘 흐르지 못한다.

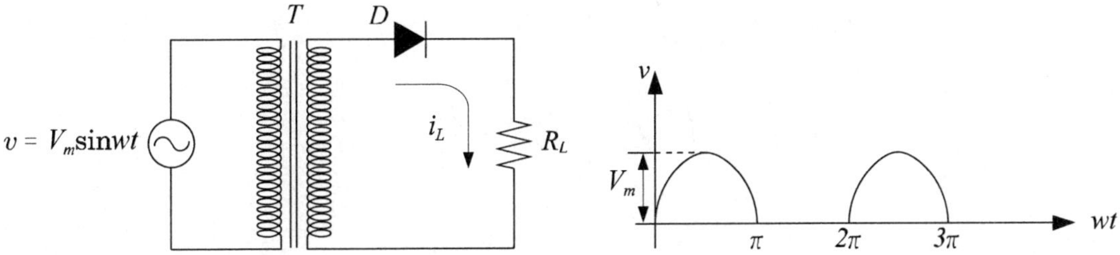

반파 정류회로 　　　　 반파정류회로의 출력파형

그림 2.2 반파 정류회로

1) 다이오드 및 부하 R_L에 흐르는 전류 i

입력 전압 $v = V_m \sin wt$라면

$$i(t) = \begin{cases} I_m \sin wt \, (0 \le wt \le \pi),\ I_m = \dfrac{v}{R_L + r_f} \\ 0 \, (\pi < wt < 2\pi) \end{cases}$$

여기서 r_f는 다이오드 순 방향 저항과 트랜스 권선 저항의 합이다.

2) 전류의 평균치 I_{av}

① 출력 전류의 $i(t)$의 평균값(직류 분)

직류 값이 평균값이며, 평균값은 최댓값의 31.8%가 되는 값을 말한다.

$$I_{dc} = \frac{1}{2\pi}\int_0^{2\pi} i(t)d(wt) = \frac{1}{2\pi}\int_0^{\pi} I_m \sin wt d(wt) = \frac{I_m}{\pi} = 0.318 I_m$$

② 출력 전류의 $i(t)$의 실효 값 (rms : Root mean square) I_{rms}

실효 값은 파형에 대한 자승평균 제곱근인 값으로 나타낸다.

$$I_{rms} = \sqrt{\frac{1}{2\pi}\int_0^{2\pi} i(t)^2 d(wt)}$$

$$= \sqrt{\frac{1}{2\pi}\int_0^{2\pi} I_m^2 \sin^2(wt)} = \frac{I_m}{2}$$

3) 정류 효율(rectification efficiency)

직류 출력 전력에 대한 교류 입력 전원의 비이다.

$$\eta = \frac{\text{부하에 전달되는 직류 출력 전력}}{\text{교류 입력 전력}} \times 100$$

① 정류기에 입력 교류 전력은 그 모두가 출력 직류 전력으로 전달되지는 못하고 그 일부는 정류기 자체가 소비한다.

② 정류 효율이란 : 직류 출력 전력에 대한 교류 입력 전원의 비이다.

$$\eta = \frac{P_{dc}}{P_{ac}} = \frac{\dfrac{R_L V_m^2}{\pi^2(R_L + r_f)}}{\dfrac{V_m^2}{4(R_L + r_f)}} = \frac{4R_L}{\pi^2(R_L + r_f)} = 0.406 \frac{1}{1/\dfrac{r_f}{R_L}}$$

$R_L \gg r_f$일 때 $\eta_{max} = 0.406 \times 100 = 40.6[\%]$

4) 맥동률(Ripple factor)

정류된 직류(전압)속에 포함되어 있는 교류 성분의 정도를 나타낸다.

$$\gamma = \frac{\text{출력 파형에 포함된 교류분의 실효값}}{\text{출력 파형의 평균값(직류성분)}}$$

① 실제 정류기의 출력은 순수한 직류 성분만이 있지 않고 약간의 교류 성분이 존재한다. 이것을 리플(ripple)이라 한다.

② 좋은 정류기 일수록 리플이 작다.

$$r = I_{rms}/I_{dc} = \sqrt{\frac{I_{rms}^2 - I_{dc}^2}{I_{dc}^2}} = \sqrt{(\frac{I_{rms}}{I_{dc}})^2 - 1} = 1.21$$

예제 2.01

맥동률이 2[%]인 정류 회로의 부하 양단의 평균 직류 전압이 10[V]이다. 교류분은 얼마나 포함되어 있는가?

해설 맥동률 $= \dfrac{\text{직류전압에 포함된 교류전압}}{\text{직류전압}} \times 100[\%]$

$$0.02 = \frac{V_{ac}}{10},\ V_{ac} = 0.2[V]$$

예제 2.02

정류 회로의 직류 전압이 300[V]이고 리플 전압이 3[V] 이다. 이 회로의 리플률은 몇 [%]인가?

해설 $r = \dfrac{V_r}{V_{dc}} = \dfrac{3}{300} \times 100 = 1[\%]$

V_{rms}: 리플전압의 실효 값

V_{dc} : 필터의 직류 출력전압의 직류(평균)값

5) 전압 변동률(Voltage regulation)

전압 변동률은 출력 전압인 V_{dc}가 부하에 따라 그 값이 변하게 된다. 부하의 변동에 대해 어느 정도 변화하는가를 나타내는 것으로 부하 전류의 변화에 따라 직류 출력 전압의 변화 정도를 나타내는 것이다.

$$\text{전압변동률} = \frac{\text{무부하시 직류전압}(V_N) - \text{전부하시}(V_L)}{\text{전부하시}(V_L)} \times 100[\%]$$

$$\Delta V = \frac{V_N - V_L}{V_L} \times 100[\%] = \frac{R_f}{R_L} \times 100[\%]$$

여기서 V_N은 무 부하 시의 출력 전압, V_L은 부하 시의 출력 전압을 나타낸다.

예제 2.03

직류 출력전압이 무부하일 때 300[V], 부하 일 대 200[V]이면 정류기의 전압변동률은 약 몇 [%]인가?

해설 전압변동률은 (Voltage Regulation Ratio)은 입력 전압 또는 부하 전류 변동에 따라 출력 전압이 변하는 비율을 말한다.

$$\Delta V = \frac{V_N - V_L}{V_L} \times 100[\%] = \frac{R_f}{R_L} \times 100[\%]$$

$$\frac{300 - 200}{200} \times 100 = 50[\%]$$

6) 최대 역 전압(PIV, Peak inverse voltage)

역 전압은 정류 회로에서 다이오드가 동작하지 않을 경우 다이오드에 걸리는 최대 역 방향 전압을 나타낸다.

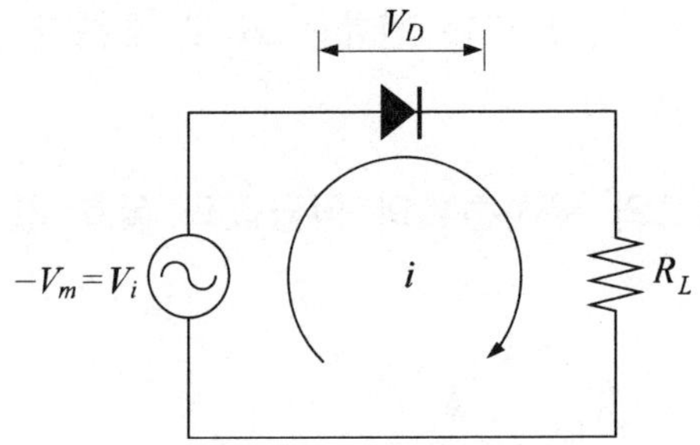

그림 2.3 역 전압 인가회로

그림 2.3 역 전압을 인가한 회로에 전압 방정식(KVL)을 적용하면

$$-V_m = V_i = V_D + iR_L$$

여기서 역 바이어스의 경우에 전류 $i=0$이므로 $-V_m = V_D$가 된다. 반파 정류 회로의 PIV은 입력 신호의 최댓 값 V_m은 실리콘인 경우

$$V_D + V_m = 0,\ \ V_m - 0.7\,[\mathrm{V}] = 0$$

에서 $V_m = 0.7\,[\mathrm{V}]$이다.

(2) 전파 정류 회로(Full wave rectifier)

다이오드를 사용하여 교류의 +, − 어느 반 사이클에 대해서도 정류를 하고, 부하에 직류 전류를 흘리도록 한 회로를 전파 정류 회로라 하며, 중간 탭이 있는 트랜스가 필요하다.

① 전파 정류 회로는 그림 2.4와 같이 2개의 다이오드를 사용한다.

② 변압기 2차 권선의 중간 탭에서 부하와 연결하면 (+)의 반 주기 동안에는 다이오드 D_1을 통해서 흐르고 D_2는 차단 상태가 된다. 또, 음(−)의 반주기 동안은 다이오드 D_2를 통하여 전류가 흐르고 D_1이 차단 상태가 된다. 따라서, 양(+), 음(−)의 반주기마다 D_1과 D_2가 교대로 통전하게 되고 모든 전류는 R_L로 흐른다.

1) 전파 정류 회로의 부하전류의 평균값과 실효 값

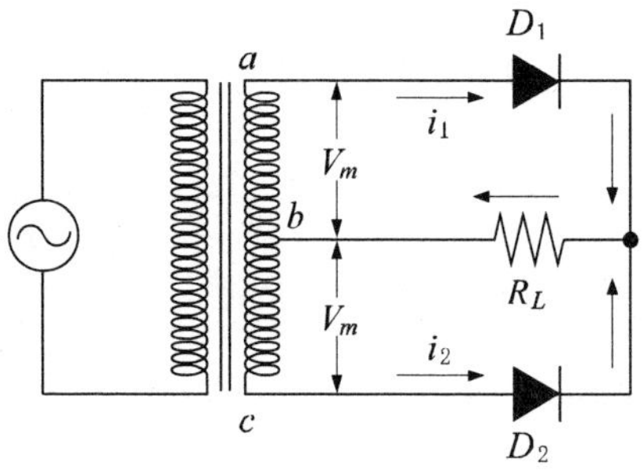

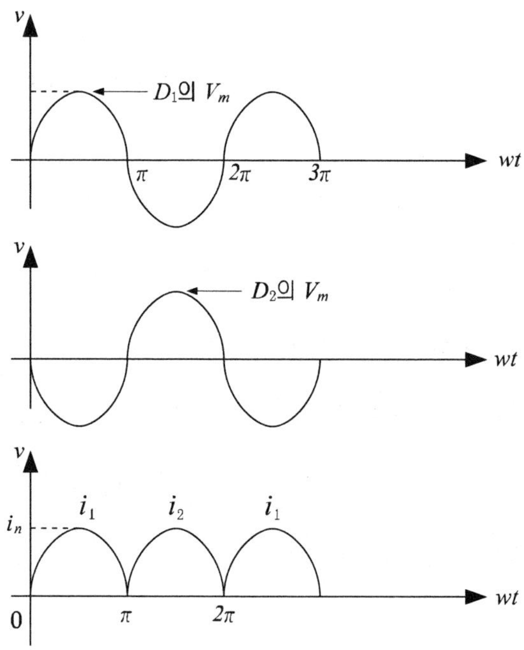

그림 2.4 전파 정류 회로

① 전류의 평균치 I_{av}

반송파 정류 회로를 분석하기 위해서 기본적으로 필요한 값으로 시간에 따라 변화는 평균값은

출력 전류의 직류분(평균치) : $I_{dc}=\frac{2}{\pi}I_m=\frac{2V_m}{\pi(R_L+r_f)}$

② 전류의 실효치(rms : Root mean square) 전류 I_{rms}

$$I_{rms}=\sqrt{\frac{1}{T}\int_0^T i^2(t)dt}=\frac{1}{\sqrt{2}}I_m=\frac{1}{\sqrt{2}}\frac{V_m}{(R_f+R_L)}$$

여기서 I_m은 전원 변압기 2차 코일의 단자와 중간 탭 사이의 교류 전류의 최댓값이다.

2) 직류 출력 전력

$$P_{dc}=R_L\times I_{dc}^2=(\frac{2}{\pi})^2\frac{R_L}{(R_L+r_f)^2}V_m^2$$

3) 정류 효율(Rectification efficiency)

$$\eta=\frac{P_{dc}}{P_i}=\frac{81.2}{1+\frac{r_f}{R_L}}$$

4) 맥동률(Ripple factor)

$$\gamma=\sqrt{(\frac{I_s}{I_{dc}})^2-1}=\sqrt{(\frac{\frac{1}{\sqrt{2}}}{\frac{2}{\pi}})^2-1}=0.482$$

$$\times 100[\%]=48.2\%$$

로 반파 정류 회로보다 리플율이 적다.

5) 최대 역 전압(PIV,peak inverse voltage)

역 전압은 정류 회로에서 다이오드가 동작하지 않을 경우 다이오드에 걸리는 최대 역 방향 전압을 나타낸다. 실리콘 다이오드인 경우

$$-2V_m = V_D,\ \ V_D + 2V_m = 0$$

$$2V_m - 0.7[\mathrm{V}] = 0$$

이 된다. 전파 정류회로에서 최댓값은 $2V_m$이며 반파 정류보다 2배가 된다.

$$\Delta V = \frac{V_N - V_L}{V_L} \times 100[\%] = \frac{R_f}{R_L} \times 100[\%]$$

예제 2.04

단상 전파 정류 회로의 이론 상 최대 효율은?

해설

$$\eta = \frac{P_{DC}}{P_{AC}} = 0.812 \frac{1}{1/\frac{r_f}{R_L}}$$

$R_L \gg r_f$일 때 $\eta_{\max} = 0.812 \times 100 = 81.2[\%]$

[핵심정리] 정류회로 간 맥동률(ripple rate)비교

	단상반파 정류회로	단상전파 정류회로	3상 반파 정류회로	3상 전파 정류회로
맥동률	1.21	0.482	0.183	0.042
맥동주파수	60[Hz]	120[Hz]	180[Hz]	360[Hz]

[핵심정리] 정류회로 별 주요 정수(parameter)값 비교

	반파정류회로	전파정류회로	브리지전파정류회로
평균값	$\frac{V_m}{\pi} = 0.318\,V_m$	$\frac{2\,V_m}{\pi} = 0.637\,V_m$	$\frac{2\,V_m}{\pi} = 0.637\,V_m$
실효 값	$\frac{V_m}{2}$	$\frac{V_m}{\sqrt{2}}$	$\frac{V_m}{\sqrt{2}}$
맥동률	$\frac{실효값}{평균값} = 1.21$	$\frac{실효값}{평균값} = 0.482$	$\frac{실효값}{평균값} = 0.482$
전압변동률	$\frac{무부하시전압 - 부하시전압}{부하시전압}$		
정류효율	0.406	0.812	0.812
최대 역 전압	V_m	$2\,V_m$	V_m

(3) 브리지 정류 회로(Bridge rectifier)

전파 정류회로의 일종으로, 다이오드 4개를 브리지 모양으로 접속하여 교류 입력 전압의 전 주기를 이용하므로 정류하는 회로이다. 중간 탭이 있는 트랜스를 사용하지 않아도 되면 전파 정류 회로와 거의 같다.

① 브리지 정류 회로는 그림 2.5와 같이 4개의 다이오드를 이용한다.

② 양(+)의 반 주기 동안에 전류의 방향은 $a \to D_1 \to R_L \to D_3 \to b$로 흐른다($D_2$, D_4은 off).

③ 음(−)의 반 주기 동안에 전류의 방향은 $b \to D_4 \to R_L \to D_2 \to a$로 흐른다($D_1$, D_3은 off).

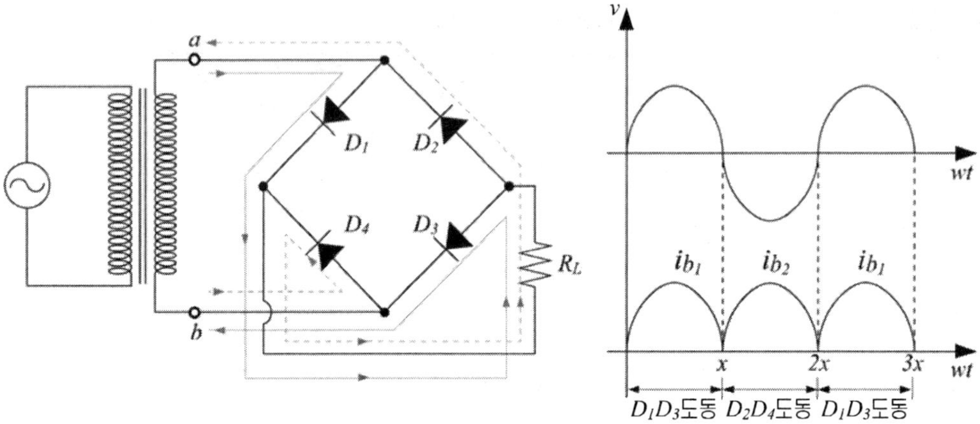

브리지 정류회로

브리지 정류회로의 출력파형

그림 2.5 브리지 정류 회로

1) 특징

▶ 장점

① 작은 트랜스가 사용된다.

② 큰 전압의 정류가 가능하다.

③ 피크 역 전압이 2차 전압의 값 V_m 밖에 안 되므로 고압 정류 회로에 적합하다.

④ 전원 변압기의 2차 코일에 센터 탭이 필요하지 않다.

▶ 단점

① 정류 효율이 낮다.

② 많은 다이오드가 필요하므로 값이 비싸다.

③ 낮은 전압은 사용할 수 없다.

(4) 배 전압 정류 회로(Voltage multiplying rectifier)

입력 교류 전압 최댓 값의 거의 2배의 직류 출력 전압이 얻어지는 정류 회로를 말하며, 반파 배 전압 정류 회로, 전파 배 전압 정류 회로가 있으며, 큰 전원 변압기를 사용하지 않는 회로 등에 쓰인다.

1) 반파 배 전압 정류 회로

① 입력 파형의 반 사이클만 이용

② 그림에서 처음 반 주기 동안 D_2를 통해서 전류가 흐르고 C_1에 최댓 값 V_m이 되게 충전된다.

③ 다음 반 주기 동안에 입력 전압과 C_1의 전압을 합한 양이 C_2에 충전된다.

④ 부하 R_L이 거의 무한대에 가까우므로 C_1의 단자 전압은 계속 V_m으로 유지한다.

⑤ 부하에서 전류를 이용하면 전압이 떨어지지만 계속 교류가 입력되므로 충전된다.

⑥ $V_o = 2V_m$의 전압을 얻을 수 있다.

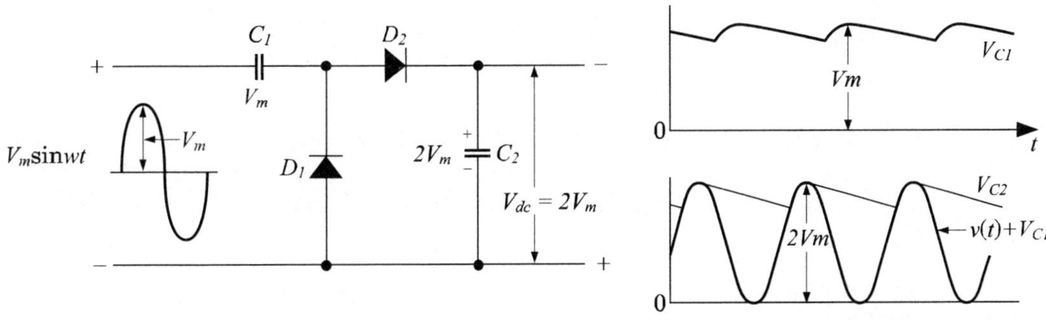

반파 배전압 정류회로　　　　C1 및 C2 양단의 전압파형

그림 2.6 반파 배 전압 정류 회로

2) 전파 배 전압 정류 회로

① 입력 교류 전압의 양의 반 주기에서는 다이오드 D_1에 의하여 정류되어 C_1의 양단에는 직류 전압 V_{ce}가 걸려 거의 교류의 최댓 값까지 충전된다.

② 음의 반 주기에서는 다이오드 D_2에 의해서 정류되어 C_2에 거의 교류

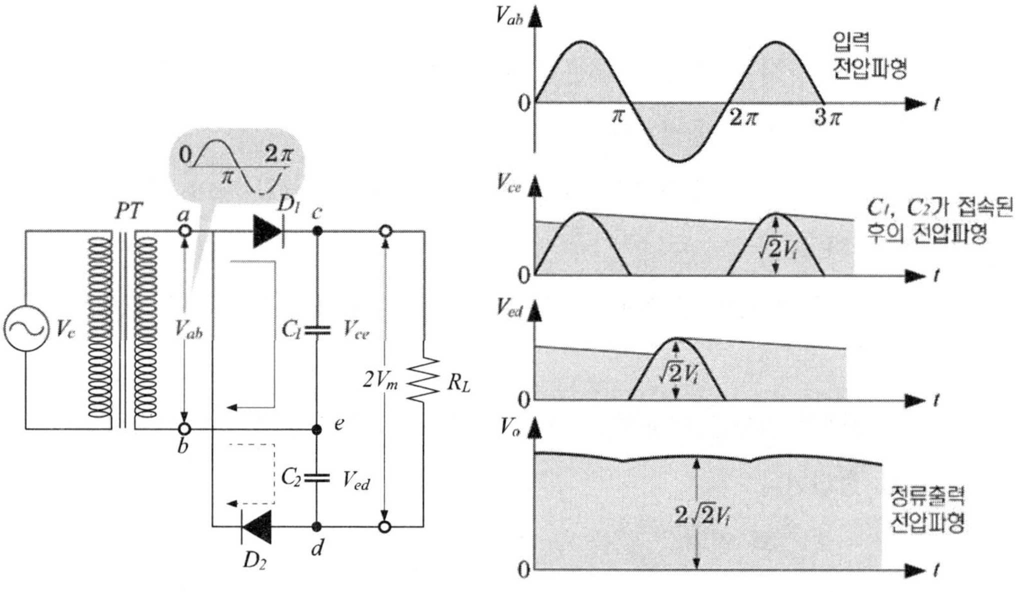

(a) 전파 정류 배 전압 정류 회로 (b) 동작 파형

그림 2.7 전파 배 전압 정류 회로

② 최댓 값인 직류 전압이 충전된다. 따라서 부하 저항 R에 나타나는 출력 전압 V_o는 교류의 최댓 값의 거의 2배의 크기인 직류 전압으로 된다.

3) 특징

① 승압 변압기가 필요하지 않다.

② 고전압이 얻어진다.

③ 큰 전류를 흘릴 수 없다.

④ 전압 변동률이 다소 나쁘다.

(5) *n* 배 전압 정류회로(Voltage multiplier)

클램핑(clampping) 작용을 이용하여 변압기의 정격 전압을 증대시키지 않고도 정류 전압을 얻을 수 있다. 다이오드를 n개 연결했을 때 nV_m의 최대치 전압을 얻을 수 있다.

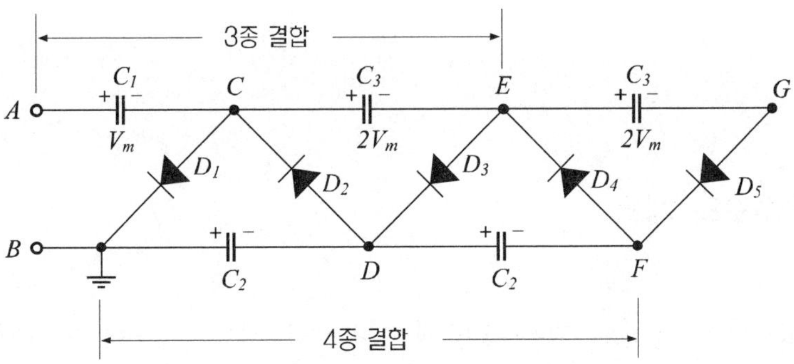

그림 2.8 *n*배 전압 정류 회로

6) 브리지형 전파 배 전압 정류 회로

① 처음 반 주기 동안 D_1을 거쳐 C_1에 V_m의 전압이 충전된다.

② 다음 반 주기 동안 D_2를 통하여 C_2에 V_m의 전압이 충전된다.

③ R_L 양 끝의 전압은 C_1과 C_2의 전압을 합해 $2V_m$이 된다.

④ 큰 용량의 콘덴서를 사용하지 않으면 전압 변동률이 나쁘다.

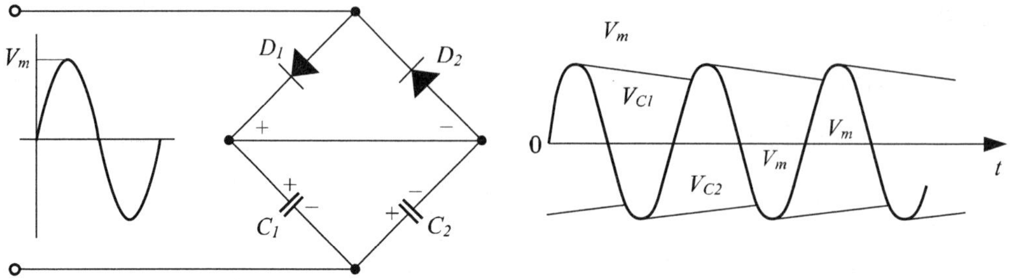

브리지형 전파 배전압의 정류회로　　　　　　　　브리지형 전파 배전압의 파형

그림 2.9 브리지형 전파 배 전압 정류 회로

2.2 평활회로(Smoothing circuit)

1. 평활회로의 개요

정류회로에서 정류된 직류 성분에는 완전한 직류가 아닌, 약간의 교류 성분인 맥류(ripple)를 포함하게 되는데, 이 맥류를 제거하기위하여 사용하는 회로를 평활회로라 하며, 또한, 필터회로(low pass filter, smoothing 회로)라고도 한다. 평활회로에는 용량성 평활회로, 유도성 평활회로, 초크 입력형 평활회로, 콘덴서 입력형 평활회로 등이 있다.

2. 평활회로의 종류 및 특성

(1) 용량성 평활회로

평활회로의 커패시터는 한꺼번에 쏟아 부은 물을 일정하게 나오게 하는 물탱크의 역할과 같다. 용량성 평활회로는 정류회로와 병렬로 부하에 콘덴서를 연결하여 구성하며, 정류회로의 다이오드가 동작할 때 콘덴서에 에너지를 축적하며, 동작하지 않을 때는 부하(R_L)을 통하여 에너지를 방출한다.

특징으로 초크 입력형 필터보다 큰 출력 전압을 얻을 수 있으나 , 부하 전류 변화에 대한 출력 전압의 변동이 비교적 크다.

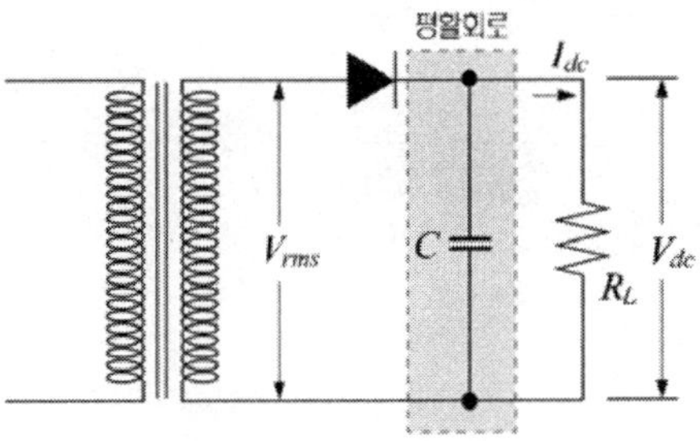

(a) 콘덴서 여파기 회로

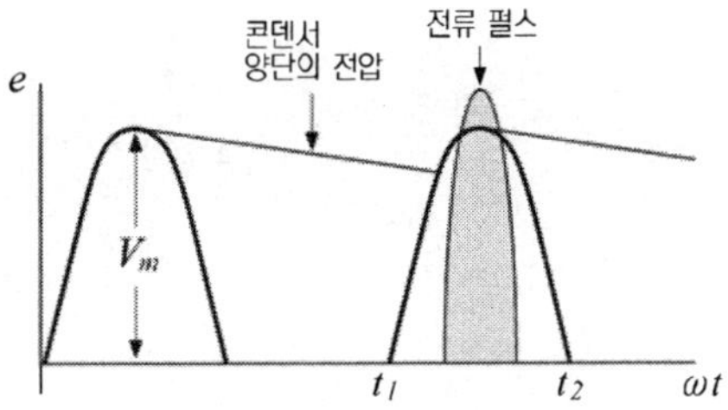

(b) 콘덴서 여파기 출력 파형

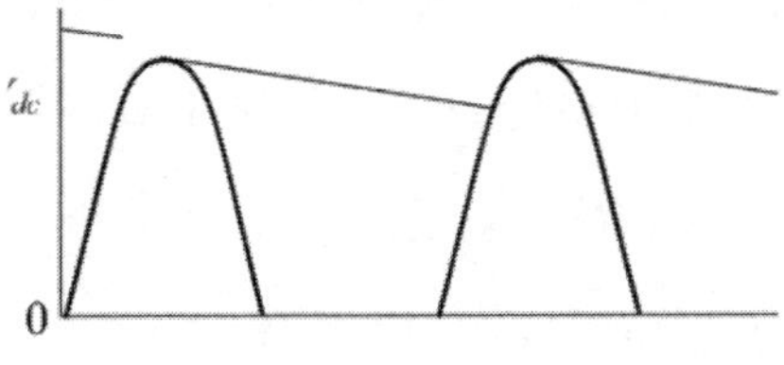

(c) 실제 파형

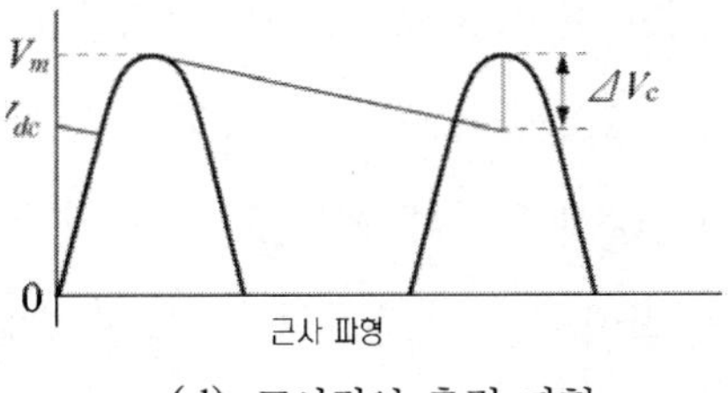

(d) 근사적인 출력 파형

그림 2.10 용량성 평활회로

1) 반파 필터

① 2차 전압의 처음 $\frac{1}{4}$주기: 다이오드는 순방향 바이어스가 되므로 close switch 역활을 한다. 이때 C는 2차 측 V_{rms}까지 충전된다.

② 양(+)의 피크를 지나는 순간 다이오드는 도전을 중단하고 open switch가 되어 커패시터는 충전 량의 미소부분만 방전된다.

2) 전파 필터

① 리플을 감소 시키는 또 다른 방법은 브리지 정류기를 사용한다.

② 커패시터가 약 2배 정도 자주 충전되므로 방전시간이 반으로 줄어들어 결과적으로 리플은 더욱 작아져 직류 출력 전압이 피크 전압에 더욱 접근한다.

③ C 를 크게 할수록 출력전압의 맥동은 작아진다.

④ 맥동률 $\gamma = \frac{1}{4\sqrt{3}fCR_C}$ (전파), $\gamma = \frac{1}{2\sqrt{3}fCR_C}$ (반파)

(2) 유도성 평활회로

정류회로와 직렬로 초크 코일을 연결하면 유도성 평활 회로로 동작한다. 초크 코일을 사용한 유도성 평활 회로에서 초크(choke)가 전류의 급격히 변화하지 못하게 하므로, 초크를 부하 R_L과 직렬로 넣으면 부하 전류 리플이 작아져서 부하 전류를 평탄하게 할 수 있어 직류를 얻는다.

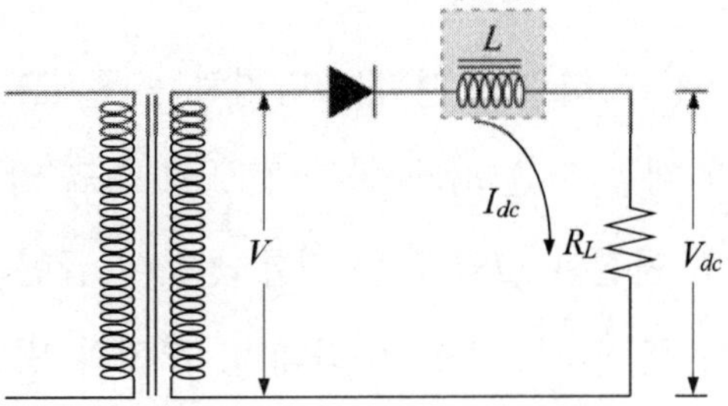

초오크 입력 여파기

그림 2.11 유도성 평활회로

① 더욱 출력 전압의 맥동을 적게 할 수 있는 필터로서 L 입력 필터 라 한다.

② 부하와 직렬로 들어간 L은 교류 성분에 대하여 큰 임피던스를 나타 낸다.

③ 부하와 병렬로 들어간 C 는 교류성분 bapass한다. 출력 전압의 맥동은 더욱 적어진다.

예제 2.05

콘덴서 입력 형 평활회로의 특징을 설명하시오?

해설 콘덴서 입력 형 평활회로는 쵸크 입력형 평활회로 비해 전압 변동률 큰 단점이 있다. 콘덴서 입력형과 쵸크 입력형 평활회로 비교

콘덴서 입력형		쵸크 입력형
① 맥동률 적다	(장점)	크다
② 출력 직류전압 크다	(장점)	작다
③ 전압 변동률 크다	(단점)	작다
④ 첨두 역 전압 높다	(단점)	낮다
⑤ 가 격 싸다	(장점)	비싸다

(3) *LC* 평활회로

커패시터만 있는 평활 회로의 결점을 방지하는 목적으로 인덕턴스 L을 합하여 출력 성분의 맥동 분을 작게 하는 것으로 초크 입력형 평활 회로라 하며, 부하와 직렬로 연결된 코일 L은 전류 성분이 급변하지 못하게 하고, 교류 성분에 대하여 큰 임피던스를 나타내며, 부하와 병렬로 연결된 C는 교류 성분만 통과시키므로 출력의 맥동을 작게 감소시키므로, 부하 전류를 평탄하게 할 수 있어서 완전한 직류를 얻을 수 있다.

(4) 다단 *LC* 여파기

① 출력 맥동 전압은 LC 여파기를 직렬로 연결하면 더욱 감소한다.

② n단 연결한 LC 여파기의 맥동률 r는

③ $r = (\alpha_1 \cdot \alpha_2 \cdot \alpha_3 \cdots\cdots \alpha_n)(0.482)$

④ $\alpha_1 = \dfrac{1}{w^2 L_1 C_1 - 1}$, $\alpha_2 = \dfrac{1}{w^2 L_2 C_2 - 1}$, $\alpha_n = \dfrac{1}{w^2 L_n C_n - 1}$

⑤ 여기서, 모든 LC의 값이 같다면, $r = \alpha^n(0.482)$ 여기서 n은 LC 여파기의 총 수이다.

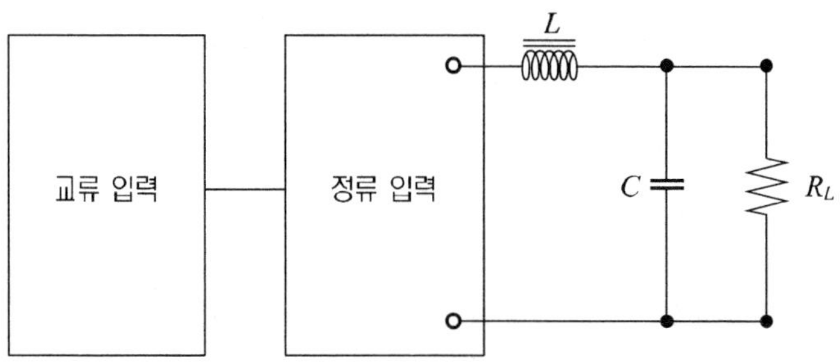

LC 여파기

그림 2.12 *LC* 평활회로

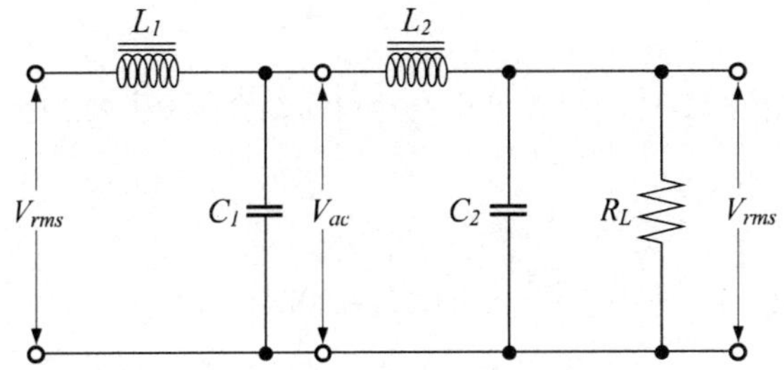

2단 LC형 여파기

그림 2.13 다단 *LC* 여파기

(5) π형 여파기

① 회로에 콘덴서 C의 임피던스는 부하에 대하여 충분히 낮게 하고 초크 코일 L의 임피던스는 충분히 높게 한다.

② (+) 반 주기 교류 입력 때 정류 전류가 흘러 C_1, C_2에 충전되고 (−) 반 주기 교류 입력 때는 C_1, C_2 충전 전하가 L, R_L(부하)를 통해 천천히 방전된다.

③ 전원 측에서 부하를 봤을 때 L이 부하와 직렬로 되어 정류된 맥류 전류 중 직류 분은 초크 코일 L을 통하여 부하에 흐르고 교류 분은 초크 코일의 고 임피던스로 저지되어 콘덴서에 흐르고 부하에는 가지 않는다.

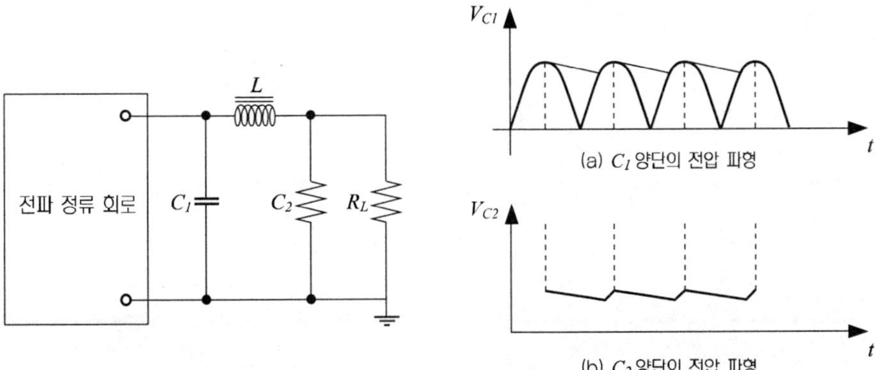

π형 여파기

π형 여파기의 출력파형

그림 2.14 π형 여파기

예제 2.06

무부하시 출력 전압이 120 [V] 이고 부하 시 출력이 100 [V] 일 때 전압 변동률을 구하시오.

해설

$$전압\ 변동률 = \frac{120-100}{100} \times 100[\%] = 20[\%]$$

$$전압\ 변동률 = \frac{무부하시\ 출력전압 - 부하출력전압}{부하출력전압} \times 100[\%]$$

예제 2.07

다음 회로에서 스위치 S를 사용하여 부하 저항을 단락한 경우 커패시터 C 양단에 충전된 전압은? (단, 변압기는 이상적인 변압기라 한다.)

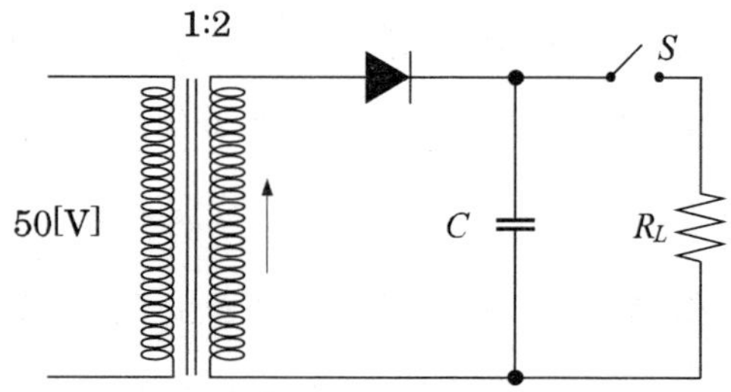

해설

회로에서 커패시터 C는 변압기 2차 측 전압의 최대치까지 충전하게 되므로 $100 \times \sqrt{2}$ [V]가 된다.

2.3 전원 안정화 회로(Voltage stabilizer)

1. 정 전압 회로의 개요

입력 전원의 변동이나 부하의 변동에 의하여 부하에 공급하는 출력 전압은 일정하지 않고 변동하기 때문에, 일정한 출력 전압을 유지하기 위해서는 전원 안정화 회로가 필요하며, 이 회로를 정 전압 회로라 한다.

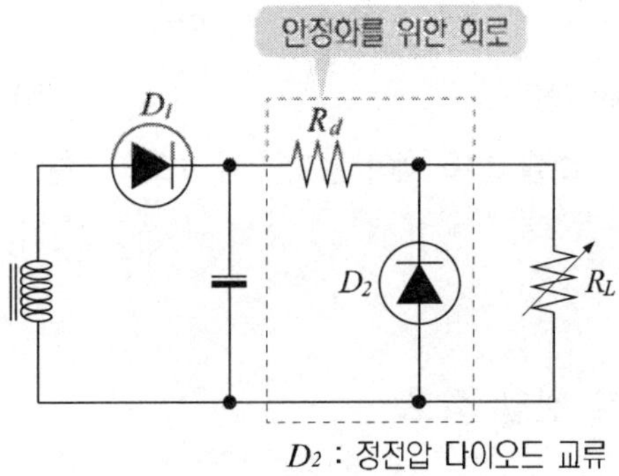

그림 2.15 정 전압 회로

① 정 전압 다이오드 : 역 방향 전압을 가해 점차 높여가면 어느 전압까지는 전류가 흐르지 않지만 특정 전압을 넘으면 전류가 급격히 흘러, 전류는 증가해도 전압은 거의 일정하게 유지되도록 만들어진 다이오드이다.

③ 전압의 안정화 : 항상 정 전압 다이오드에 전류가 흐르도록 하면 부하에 가해지는 전압, 즉 출력 전압은 일정하게 된다.

2. 종류 및 동작 원

정 전압 회로에는 병렬 제어 형과 직렬 제어 형이 있다.

병렬 제어 형 정 전압 회로는 제어용 소자(가변 임피던스)가 병렬로 접속한 회로이며, 기본회로는 그림 2.16의 (a)와 같으며, 직렬 제어 형은 제어용 소자가 부하와 직렬로 접속한 회로로서 그림 2.16의 (b)와 같다.

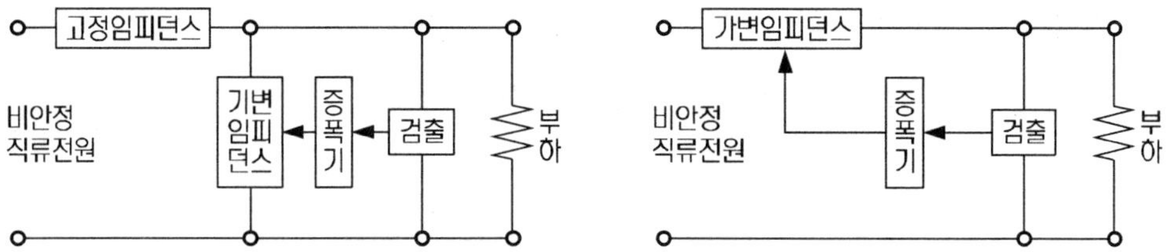

(a) 병렬 제어 형　　(b) 직렬 제어 형

그림 2.16 제어 형 안정화 회로의 기본 구성

(1) 병렬 제어용 정 전압 회로

1) 구성

① 제어용 트랜지스터(가변 임피던스)와 부하 R_L가 병렬로 접속

② 저항 R_2는 제너 다이오드 ZD를 적당한 동작 점에 바이어스하기 위한 것이고, R_1은 직렬 안정 저항으로 출력 전압의 변동 분을 분담하여 보상한다.

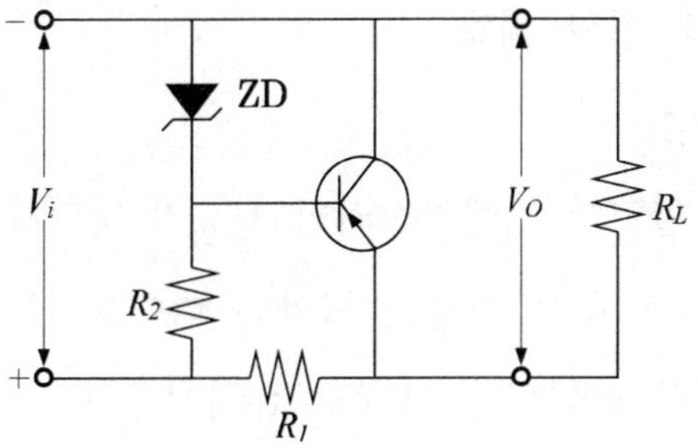

그림 2.17 병렬 제어용 정 전압 회로

2) 동작원리

① 출력 전압 $V_O = V_Z + V_{BE}$이므로 V_I 또는 R_L의 변화에 의해서 출력 전압 V_0가 감소한다면 V_{BC}는 제너 다이오드에 의해 일정하게 유지되므로 V_{BE}(순방향 바이어스)가 감소한다. 트랜지스터는 전압 V_I가 (+)인 이상, 항상 선형(또는 통전상태)으로 바이어스 되므로 V_{BE}가 감소하면 V_{CE}는 증가한다. 따라서 V_O는 일정하게 유지된다.

② V_I, R_L에 의해서 출력 전압이 반대로 증가하면 위의 반대 현상이 일어나서 V_O를 일정하게 유지한다.

3) 특징

① 효율이 나쁘다(R_1이 R_L과 직렬로 연결되어 전력의 소비가 커지기 때문이다). 따라서 부하 전류 변동이 작은 경우에 유효하다(R_1의 값을 작게 할 수 있기 때문이다).

(2) 직렬 제어용 정 전압 회로

1) 기본 회로 구성

① V_I와 V_O의 전압차를 트랜지스터의 V_{CE}가 분담하도록 TR을 직렬로 접속하며, V_{ZD}는 항상 일정하다(제너 다이오드).

② R은 TR을 선형 바이어스 상태로 유지시킨다.

2) 동작 원리

V_I나 R_L이 변동하여 V_O가 상승하면 V_{BE}의 전위차(역 바이어스)가 크게 되며, 트랜지스터의 이미터-컬렉터 사이의 내부 저항이 증대하여 V_O의 증가 분을 억제시킨다.

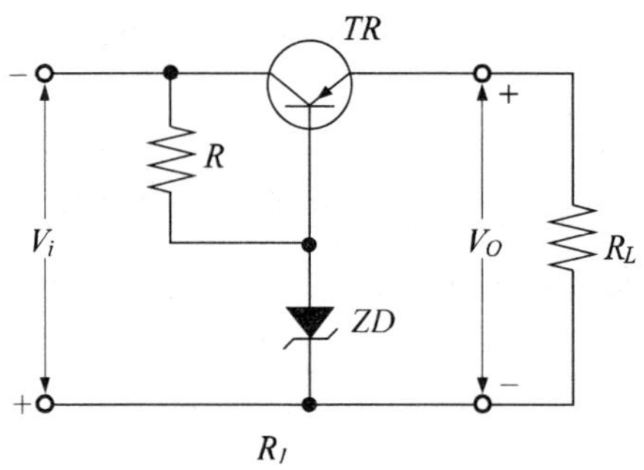

그림 2.18 직렬 제어용 정 전압 회로

연습문제

01 정류 전원 출력 단자의 직류 전압이 V_0 [V], 부하만이 개방되었을 때 출력 단자가 V [V] 이면 부하에 대한 전원의 전압 변동률은 어떻게 표시하는가?

㉮ $\frac{V-V_0}{V}\times 100[\%]$ ㉯ $\frac{V-V_0}{V_0}\times 100[\%]$

㉰ $\frac{V}{V-V_0}\times 100[\%]$ ㉱ $\frac{V_0}{V-V_0}\times 100[\%]$

02 정류 회로의 직류 전압이 300 [V] 이고 리플전압이 3 [V] 였다. 이 회로의 리플율은 몇 [%]인가?

㉮ 1 [%] ㉯ 2 [%] ㉰ 3 [%] ㉱ 5 [%]

해설 맥동률(리플률)이란 정류된 직류(전압)속에 포함되어 있는 교류 성분의 정도를 나타내므로

리플률 $r=\frac{\Delta V}{V_d}\times 100[\%]=\frac{3}{300}\times 100=1[\%]$

03 정류 회로에서 리플 함유율을 줄이는 방법으로 가장 이상적인 것은?

㉮ 반파 정류로 하고 필터콘덴서의 용량을 크게 한다.

㉯ 브리지 정류로 하고 필터콘덴서의 용량을 줄인다.

㉰ 브리지 정류로 하고 필터콘덴서의 용량을 크게 한다.

㉱ 반파 정류로 하고 초크코일의 인덕턴스를 줄인다.

해설 브리지 정류로 하고 필터용 콘덴서 용량과 인덕턴스가 증가할수록 맥동률이 감소되므로 용량이 큰 콘덴서가 맥동률을 낮게 한다.

맥동률 $r=\frac{T}{2\sqrt{3}R_LC}$

04 단상 반파 정류 회로에서 정류 효율은 이론적 최댓 값이 얼마인가?

㉮ 40.6 [%] ㉯ 81.2 [%] ㉰ 50 [%] ㉱ 100 [%]

해설 반파 정류 회로의 정류 효율 $\eta = \dfrac{0.405}{(1+\dfrac{r_P}{R_L})}$ 에서 $r_P = 0$일 때 40.6%이다.

05 콘덴서 입력형에서 반파 정류기의 입력 전압이 100 [V] (실효 값)일 때 정류 다이오드에 걸리는 최대 역 전압은 약 얼마인가?

㉮ 100 [V] ㉯ 140 [V] ㉰ 210 [V] ㉱ 280 [V]

해설 최대 역 전압 $\mathrm{PIV} = 2\mathrm{V_m} = 2\sqrt{2}\,\mathrm{V} = 2\sqrt{2} \times 100 \fallingdotseq 280[\mathrm{V}]$

06 단상 전파 정류기의 DC출력은 단상 반파 정류기 DC출력의 몇 배인가?

㉮ 2배 ㉯ 3배 ㉰ 4배 ㉱ 5배

해설 ① 반파 정류기의 직류 전류 $I_{dc} = \dfrac{I_m}{\pi} = \dfrac{V_m}{\pi(r_b + R_L)}$ 따라서 직류 출력

$$P_{DC} = I_{dc}^2 R_L = \frac{V_m^2 R_L}{\pi^2 (r_b + R_L)^2} - ⓐ$$

② 전파 정류기의 직류 전류 $I_{dc} = \dfrac{2I_m}{\pi} = \dfrac{2V_m}{\pi(r_b + R_L)}$ 따라서 직류 출력

$$P_{DC} = I_{dc}^2 R_L = \frac{4V_m^2 R_L}{\pi^2 (r_b + R_L)^2} - ⓑ$$

그러므로 ⓐ ⓑ식을 비교하면 전파 정류기의 DC출력은 반파 정류기 DC출력의 4배가 된다.

07 100 [V]의 교류 전압을 배 전압 정류하면 최대 정류 전압은 몇 [V]인가?

㉮ 100 [V] ㉯ 140 [V] ㉰ 200 [V] ㉱ 280 [V]

해설 배 전압 정류 회로에서 최대 정류 전압 $V_{\max} = 2V_m$이다. $V_m = \sqrt{2}\,V$이므로 $V_{\max} = 2\sqrt{2}\,V = 2\sqrt{2} \times 100 \fallingdotseq 280[\mathrm{V}]$

정 답 01 ㉯ 02 ㉮ 03 ㉰ 04 ㉮ 05 ㉱ 06 ㉰ 07 ㉱

✿ 과년도문제 ✿

01 다음 회로에서 제너 다이오드의 특성으로 옳은 것은? (단, V_s는 제너 다이오드의 동작을 위한 정격 전압이 크다.)

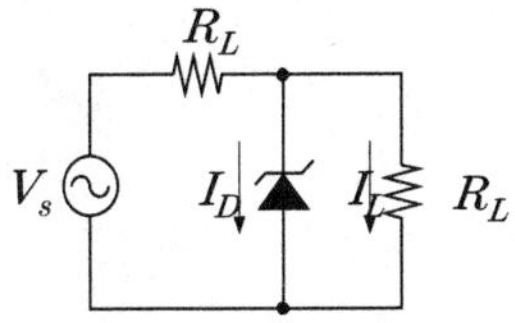

㉮ 일정한 신호를 증폭시킨다.
㉯ 사용하기 적당한 교류 전압으로 변한다.
㉰ 리플 성분을 제거시킨다.
㉱ 일정한 직류 출력 전압을 제공한다.

02 무 부하 시의 직류 전압이 300 [V]이고 전 부하 시 직류 출력 전압이 250 [V]일 때 전압 변동률을 구하시오.

㉮ 10 [%] ㉯ 20 [%] ㉰ 30 [%] ㉱ 40 [%]

해설 ① 입력 변동률 : 입력 전압이 변할 때 일정한 출력 전압을 유지
② 부하 변동률 : 부하가 변할 때 일정한 출력 전압을 유지

$$\frac{300-250}{250}\times 100 = 20[\%]$$

$$\text{입력 전압 변동률} = \left(\frac{\Delta V_{OUT}}{\Delta V_{IN}}\right)\times 100\% = \frac{\Delta V_{OUT}/V_{OUT}}{\Delta V_{IN}}\times 100\%$$

$$\text{부하 전압 변동률} = \left(\frac{V_{NL}-V_{FL}}{V_{FL}}\right)\times 100\%$$

03 평활회로의 기능에 대하여 바르게 설명된 것은?

㉮ 콘덴서나 인덕터를 통해 파형을 평탄하게 하여 일정한 크기의 전압을 만든다.

㉯ 트랜지스터를 통해 (−)성분을 제거시켜서 평균값을 발생시킨다.

㉰ 제너 다이오드를 통해 출력 전압을 안정화시킨다.

㉱ 트랜지스터를 통해 출력 전압을 안정화시킨다.

해설 평활회로는 콘덴서나 인덕터를 통해 파형을 평탄하게 하여 교류를 직류로 바꾸어 주는 정류기에서 맥류(리플)를 완전한 직류로 바꾸어준다.

04 어느 정류 회로의 맥동률이 1[%]인 정류 회로의 출력 직류 전압이 400[V]일 때 리플 전압은?

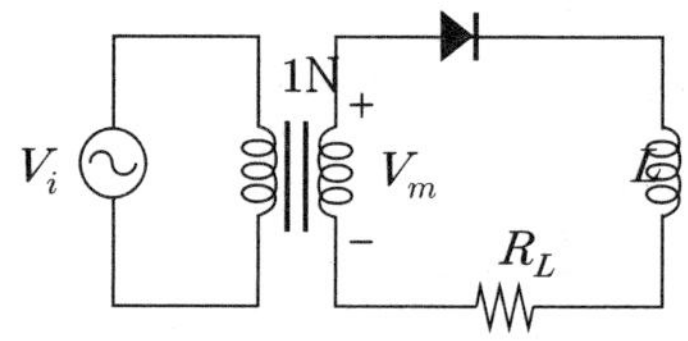

㉮ 4[V] ㉯ 40[V] ㉰ 20[V] ㉱ 2[V]

해설 r =(리플 성분의 실효 값)/(평균 값)

=[리플 전압(rms)/dc 전압] ×100%

=Vripple, RMS / V_{DC} ×100%

직류 평균 값 V_{DC}에 대한 교류 리플 성분 실효 값

$$1=\frac{x}{400}\times 100[\%],\ x=4[V]$$

05 다음 회로에서 맥동률을 개선하고자 한다. 가장 관계있는 것은?

㉮ R_L ㉯ N ㉰ V_i ㉱ V_m

해설 $$\gamma=\frac{v_s}{V_{DC}}=\frac{\sqrt{v_{rms}^2-V_{DC}^2}}{V_{DC}}$$

v_s는 리플 성분의 실효 값

r =(리플 성분의 실효 값)/(평균 값)

=[리플 전압(rms)/dc 전압] ×100%

직류 평균 값 V_{DC}에 대한 교류 리플 성분 실효 값

06 정류회로를 평가하는 파라미터에 해당되지 않는 것은?

㉮ 최대 역전압 ㉯ 궤환율 ㉰ 전압 변동률 ㉱ 정류 효율

해설 최대 역전압(peak inverse voltage : PIV) : 역 방향 bias시 diode에 걸리는 전압

입력 전압 변동률 : 입력 전압의 변화량에 대한 출력 전압의 변동률

입력 전압 변동률$=\left(\dfrac{\Delta V_{OUT}}{\Delta V_{IN}}\right)\times 100\% = \dfrac{\Delta V_{OUT}/V_{OUT}}{\Delta V_{IN}}\times 100\%$

정류 효율 : 정류회로의 효율을 나타내는 것으로, 다음 식에 의해 정해진다.

$$\eta = \frac{P_d}{P_a}\times 100[\%]$$

여기서, η : 정류 효율[%], P_d : 직류 출력 전력[W], P_a : 교류 입력 전력[W].

또한 η의 최댓 값을 최대 효율이라 한다.

반파 정류 효율 : 40.6%

전파 정류 효율 : 81.2%

브리지 전류 효율 : 96.5%

07 평활회로의 특성 중 L형 평활회로와 비교하여 C형 평활회로의 특성으로 틀린 점은?

㉮ 직류 출력 전압이 높다. ㉯ 시정수가 클수록 리플이 감소된다.
㉰ 전압 변동률이 작다. ㉱ 고전압, 저전류 용도로 사용된다.

08 전원회로에서 맥동률에 대한 옳은 식은?

① 맥동률 $= \dfrac{\text{맥동신호의 평균값}}{\text{출력신호의 실효값}}\times 100[\%]$

② 맥동률 $= \dfrac{\text{맥동신호의 실효값}}{\text{출력신호의 실효값}}\times 100[\%]$

③ 맥동률 $= \dfrac{\text{맥동신호의 실효값}}{\text{출력신호의 평균값}}\times 100[\%]$

④ 맥동률 $= \dfrac{\text{맥동신호의 평균값}}{\text{출력신호의 평균값}}\times 100[\%]$

해설 리플/맥동(Ripple)은 신호 전압의 부분적인 변동을 말한다.

r =(리플 성분의 실효 값)/(평균 값)

=[리플 전압(rms)/dc 전압] ×100%

직류 평균 값 VDC에 대한 교류 리플 성분 실효 값

09 다음 평활회로에서 직류 출력 전압은 약 얼마인가?

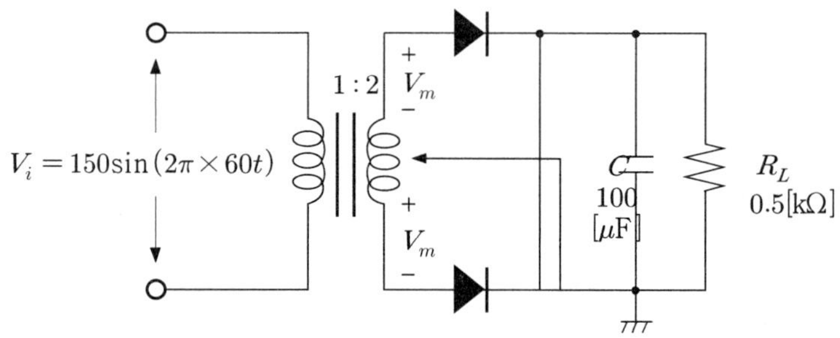

㉮ 48 [V]　　㉯ 72 [V]　　㉰ 138 [V]　　㉱ 192 [V]

해설 $150 : x = 1 : 2,\ x = 300\,[\mathrm{V}]$

$$\frac{2V_m}{\pi} = \frac{600}{3.14} = 192\,[\mathrm{V}]$$

10 정 전압 회로의 안정된 파라미터에 해당되지 않는 것은?

㉮ 전압안정계수　　㉯ 온도안정계수

㉰ 출력 저항　　㉱ 출력 직류 전압

11 그림의 회로에서 $R_L = 100[\Omega]$, ab에서 본 부하 저항 $R_{ab} = 10[\Omega]$이다. 이상적인 변압기에서 권선비 $\frac{n_1}{n_2}$는?

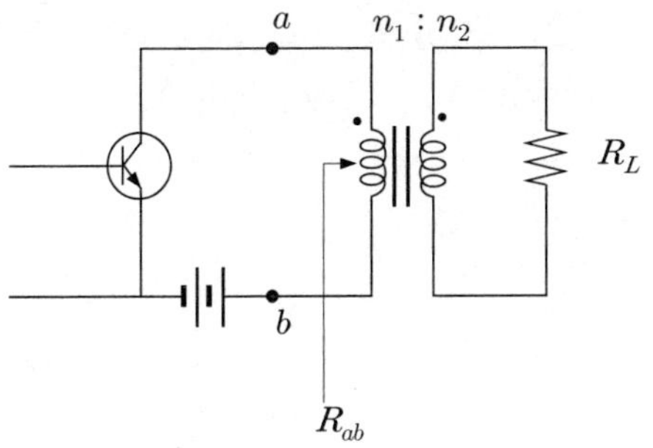

㉮ 100　　㉯ 10　　㉰ 0.1　　㉱ 0.01

해설 $n_1 : n_2 = 100[\Omega] : 10[\Omega]$, $100n_2 = 10n_1$

$$\frac{n_1}{n_2} = \frac{100}{10} = 10$$

12 다음 전파 정류회로에서 전류 $i = 2\sin\alpha\,[\mathrm{A}]$, 부하 저항 $R_L = 5[\Omega]$, 다이오드 D_1, D_2의 저항 $R_f = 0$일 때 다이0오드 최대 역 전압은?

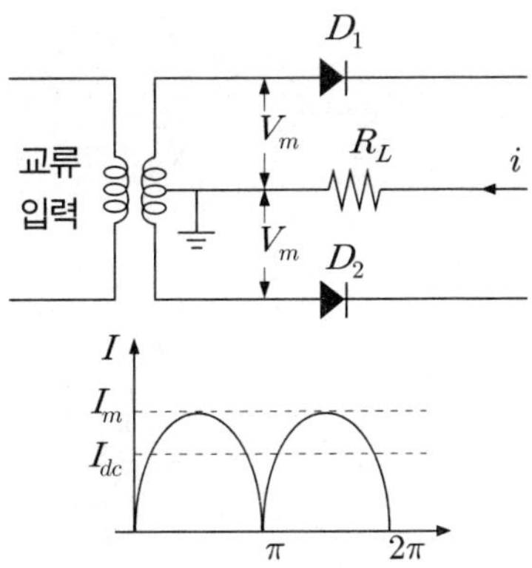

㉮ 5 [V]
㉯ 10 [V]
㉰ 15 [V]
㉱ 20 [V]

해설 최대 역 전압 $PIV = 2V_m = 2 \times 2 \times 5 = 20\,[\mathrm{V}]$

13 그림과 같은 회로에서 제너 다이오드의 파괴 전압 50 [V] 이며, 제너 다이오드의 전류 범위는 5~40 [mA] 이다 부하 R_L에 흐르는 최대 전류 I_L은?

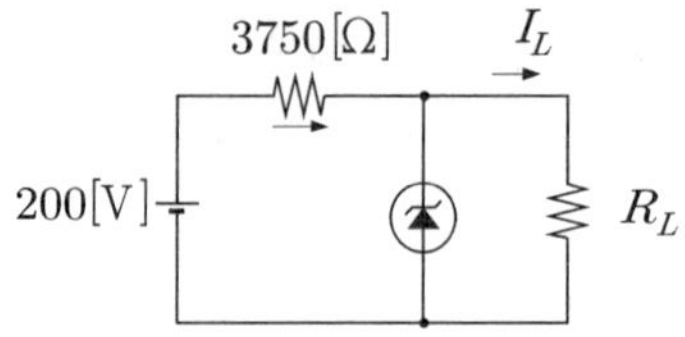

㉮ 45 [mA]　　㉯ 35 [mA]　　㉰ 25 [mA]　　㉱ 15 [mA]

해설 $I_R = \dfrac{V - V_L}{R} = \dfrac{200-50}{3750} = 40\,[\text{mA}]$

$I_L = \dfrac{V_L}{R_L} = \dfrac{50}{R_L} = [\text{mA}]$

$I_D = I_R - I_L$　　　　　　$I_D = I_R - I_L$

$5\,[\text{mA}] = 40\,[\text{mA}] - I_L$　　　　$40\,[\text{mA}] = 40\,[\text{mA}] - I_L$

$I_L = 35\,[\text{mA}]$　　　　　　$I_L = 0\,[\text{mA}]$

최대 전류는 35 [mA]

14 그림에서 $V_i = V_m \sin\alpha$ [V] 일 때 부하 저항 R_L양단에 나타나는 직류 평균출력 전압은? (단, $I_m = \dfrac{V_m}{R_1 + R_L}$, R_f : 다이오드 순방향 저항)

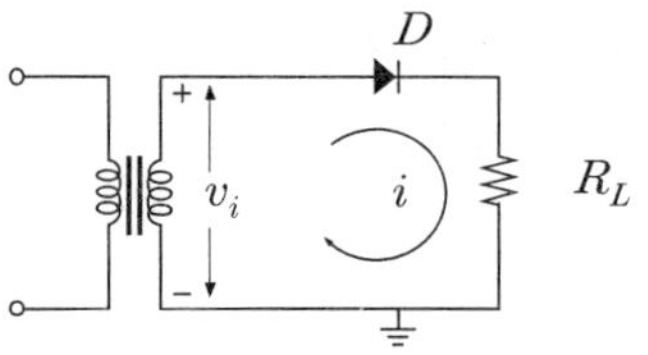

㉮ $\dfrac{I_m R_L}{\sqrt{2}}$　　㉯ $I_m R_L$　　㉰ $\dfrac{2 I_m R_L}{\pi}$　　㉱ $\dfrac{I_m R_L}{\pi}$

15 다음 중 그림과 같은 정류회로에서 부하 저항 R_L의 소비전력[W]은 약 얼마인가? (단, 입력 전압 120 [V], 부하 저항 240 [Ω], 다이오드는 이상적이고, 권선비는 1차측 : 2차측 = 2 : 1)

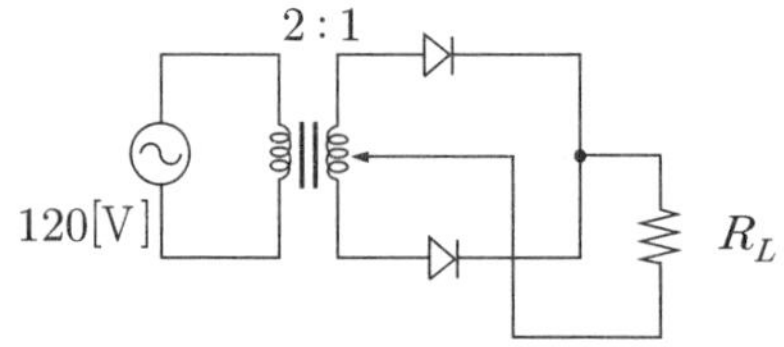

㉮ 0.52　　㉯ 1.74　　㉰ 3.04　　㉱ 9.55

해설 전파 정류회로이므로 $V_{dc} = \frac{2V_m}{\pi} = \frac{2 \times v}{\pi} (\therefore \text{실효치} v = \frac{V_m}{\sqrt{2}})$

$1:2 = 120:x, \ x = 240$

$1:2 = x:120, \ x = 60, \ v = \frac{60}{\sqrt{2}} = 42.43\,[\text{V}]$

$V_{dc} = \frac{2 \times 42.43}{\pi} = 27.1\,[\text{V}]$

$P_{dc} = \frac{V_{dc}^2}{R_L} = \frac{27.1^2}{240\,[\Omega]} = 3.04$

16 그림과 같은 회로에서 출력 측정 전압을 유지할 수 있는 입력 전압의 범위는? (단, 제너 다이오드는 20 [V], 최대 전류 50 [mA])

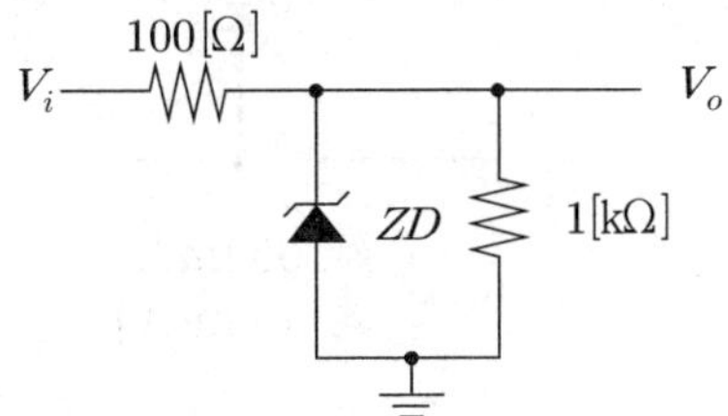

㉮ 15 ~ 20　　㉯ 22 ~ 27　　㉰ 28 ~ 32　　㉱ 35 ~ 40

해설 $I_L = \frac{V_L}{R_L} = \frac{20}{1000} = 20\,[\text{mA}]$

1) $I_D = I_R - I_L$ 에서 $50\,[\text{mA}] = I_R - 20\,[\text{mA}], \ I_R = 70\,[\text{mA}]$

$70[\text{mA}] = \frac{V - V_L}{R} = \frac{V_i - 20}{100} \quad \therefore V_i = 27\,[\text{V}]$

2) $I_D = I_R - I_L, \ 0 = I_R - 20\,[\text{mA}], \ I_R = 20\,[\text{mA}]$

$20[\text{mA}] = \frac{V - V_L}{R} = \frac{V_i - 20}{100} \quad \therefore V_i = 22\,[\text{V}]$

18 그림과 같은 반파 정류회로의 동작 설명과 관련이 없는 것은?

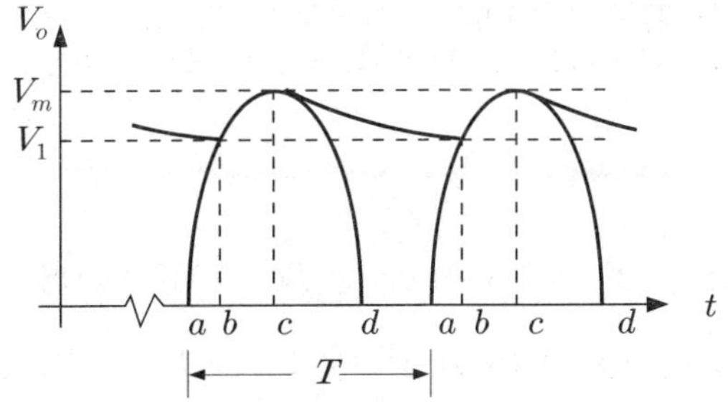

㉮ 평활콘덴서에 충전 전류가 흐르는 기간은 파형의 bc기간 동안이다.
㉯ 리플 전압의 피크투피크(p-p) 값은 $V_m - V_1$이다.
㉰ 입력 교류 주기는 T이며, 리플주기와 같다.
㉱ 출력 직류 전압의 평균 값은 V_1이 되며, 이 값은 부하에 비례한다.

19 그림과 같은 회로에서 Zenner 다이오드의 파괴 전압은 50[V]이며, 그 전류 범위는 5~40[mA]이다. 부하 저항 R_L에 흐르는 전류 I_L의 최댓 값은 얼마인가?

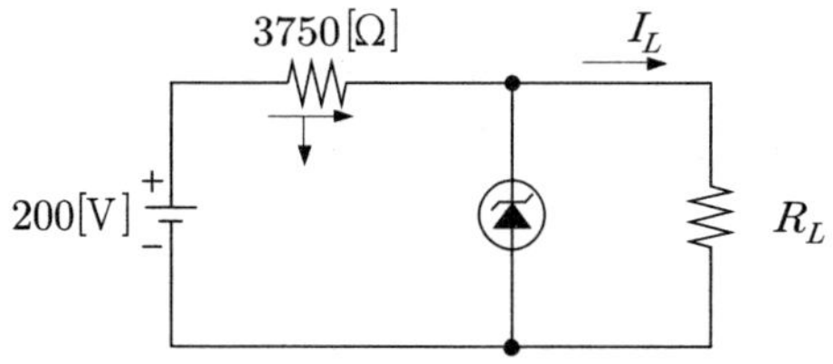

㉮ 45[mA]　　　㉯ 35[mA]
㉰ 25[mA]　　　㉱ 15[mA]

해설 $I = I_z + I_L,\ I_L = I - I_Z$

$$I = \frac{200-50}{3,750} = 40\,[\text{mA}]$$

$$I_L = 40\,[\text{mA}] - 5.40\,[\text{mA}] = 34.6\,[\text{mA}]$$

20 다이오드를 사용한 정류회로에서 여러 다이오드(n개)를 직렬로 연결하여 사용하면 어떤 장점이 있는가?
㉮ n배의 출력 전압을 얻을 수 있다.
㉯ 과전압으로 부터 보호할 수 있다.
㉰ 부하 출력의 맥동률을 감소시킬 수 있다.
㉱ AC 전원으로 부터 많은 전력을 공급받을 수 있다.

해설 다이오드를 직렬로 연결하면은 과전압으로부터 다이오드를 보호할 수 있으며, 병렬로 연결 시에는 과전류로부터 다이오드를 보호할 수 있다.

정 답	
	01 ㉱ 02 ㉯ 03 ㉮ 04 ㉮ 05 ㉮ 06 ㉮ 07 ㉯ 08 ㉰ 09 ㉰ 10 ㉱
	11 ㉱ 12 ㉯ 13 ㉱ 14 ㉯ 15 ㉱ 16 ㉰ 17 ㉰ 18 ㉱ 19 ㉯ 20 ㉯

❀ 과년도심화문제 ❀

01 다음 중 전파 정류회로의 특징이 아닌 것은?

① 정류전류는 반파정류의 2배가 된다.

② 리플 주파수는 전원 주파수의 2배이다.

③ 리플률이 반파 정류회로보다 적다.

④ 전원전압의 직류자화가 있다.

해설 직류자화란 항상 일정한 방향으로 흐르는 전류(직류 / 맥류)를 만드는 자계를 이용하여 자성체를 자화하는 것으로 정류회로 의 특징은 아니다.
정류회로 간 맥동률(ripple rate)비교 좋다.

	단상반파 정류회로	단상전파 정류회로	3상 반파 정류회로	3상 전파 정류회로
맥동률	1.21	0.482	0.183	0.042
맥동주파수	60[Hz]	120[Hz]	180[Hz]	360[Hz]

02 직류 출력전압이 무부하일 때 300[V], 부하 일 대 200[V]이면 정류기의 전압변동률은 약 몇 [%]인가?

① 10.25[%]　　② 22.45[%]　　③ 36.36[%]　　④ 47.25[%]

해설 % regulation = (무부하 전압 - 전부하 전압)/(전부하 전압) x 100 [%]

$$\frac{300-220}{220}\times 100[\%]=36.36[\%]$$

03 다음 중 정류회로에서 리플 함유율을 감소시키는 방법으로 적합하지 않은 것은?

① 입력전원의 주파수를 낮게 한다.

② 반파 정류회로보다 전파 정류회로를 사용한다.

③ 콘덴서입력형 평활회로에서 콘덴서용량을 크게한다.

④ 초크입력형 평활회로에서 초크의 인덕턴스를 크게 한다.

해설 ① 임의의 정류기에서 교류 전압을 완전한 직류 전압(전류)으로 변환하는 것이 이상적이다.
그러나 실제의 정류기는 많거나 적거나 교류 성분을 포함하므로 이것을 평가하는 파라미터가 맥동률이다.

② 맥동률을 줄이기 위해서는 전파정류로 하고 콘덴서용량과 인덕턴스를 크게 한다.

③ 콘덴서 일력 형 평활회로의 맥동률 $\gamma = \dfrac{1}{2\sqrt{3}f_cR_L}$ 로, 입력전원의 주파수(f) , 콘덴서용량(C), 부하 저항(R_L)이 클수록 맥동률이 작아진다.

04 전원공급기를 처음 켰을 때 발생할 수 있는 서지전류로 인하여 발생되는 손상은 어떤 방법으로 막는 것이 바람직한가?

① 여러 개의 다이오드를 병렬로 연결하고 이들 각 다이오드와 직렬로 낮은 값의 저항을 연결한다.

② 여러 개의 다이오드를 직렬로 연결한다.

③ 여러 개의 다이오드를 직렬로 연결하고 마지막 다이오드에 낮은 값의 커패시터를 연결한다.

④ 변압기의 1차측에 퓨즈를 직렬로 연결한다.

해설 출력측 평활형 콘덴서의 정전용량을 크게 한다.

05 다음 중 다이오드를 사용한 정류회로에 대한 설명으로 틀린 것은?

① 평활형 초크 코일의 삽입장소에 따라 험(Hum)을 작게 할 수 있다.

② 다이오드 내부저항이 클수록 전압변동률이 나빠진다.

③ 3상 반파정류회로의 경우 출력측에 전원주파수의 3배 주파수가 나타난다.

④ 부하 임피던스가 낮을수록 리플 함유율이 작아진다

해설 부하임피던스(RL)가 높을수록 리플함유율이 작아진다.

06 전압 변동률이 15[%]의 정류 회로에서 무부하 시 전압이 6[V]일 때 부하 시 전압은 약 얼 마가 되는가?

① 2.4[V] ② 3.5[V] ③ 4.7[V] ④ 5.2[V]

해설 1. % regulation = (무 부하 전압 - 전 부하 전압)/(전 부하 전압) × 100 [%]

$$15[\%] = \frac{6-x}{x} \times 100 \text{에서 } 6-x = 0.15x$$

$$6 = 1.15x,\ x = 5.22[V]$$

07 다음 중 반파정류기의 리 플 함유율을 적게 하는 방법으로 맞지 않는 것은?

① 입력측 평활용 콘덴서의 정전용량을 크게 한다.
② 출력측 평활용 콘덴서의 정전용량을 적게 한다.
③ 평활용 초크코일의 인덕턴스를 크게 한다.
④ 시정수를 작게 한다.

해설 출력측 평활용 콘덴서의 정전용량을 크게 한다

08 맥동률이 2.5[%]인 정류회로의 부하 양단 평균 직류전압이 220[V]일 경우 직류전압에 포함된 교류전압은 몇 [V]인가?

① 2.2[V] ② 3.3[V] ③ 4.4[V] ④ 5.5[V]

해설
$$\Upsilon = \frac{V_s}{V_{de}} \times 100[\%],\ 2.5[\%] = \frac{V_s}{200[V]} \times 100[\%],\ V_s$$

$$= 0.025 \times 220 = 5.5[V]$$

09 정류기의 평활회로에 사용되는 필터(Filter)로 적합한 것은?

① 대역필터　② 대역소자　③ 고역필터　④ 저역필터

해설 1. 평활회로란, 교류(AC)를 직류(DC)로 바꾸는 여러 과정 가운데 맥류(ripple)를 완전한 직류로 바꾸어주는 장치이다.

2. 평활회로는 정류기의 출력전압이나 전류 가운데 포함되는 맥류분을 감소하기 위하여 사 용 하는 저역필터(LPF)이다.

10 전압 안정계수가 0.1인 정전압회로의 입력전압이 ±5[V] 변화할 때 출력 전압의 변화는?

① ±0.01[mV]　② ±1.2[mV]　③ ±0.2[V]　④ ±0.5[V]

해설 · 전압 변동률은 입력 전압 또는 부하 전류 변동에 따라 출력 전압이 변하는 비율을 말한다. 또한 입력 전압 변동에 대한 출력 전 압의 안정도 = (출력 전압 변동)/(입력 전압으로 수치가 적을수록 공급 전원이 안정을 나타낸다.

$x\,0.1 = \rightarrow x = \pm\,0.5[V] \pm [5]$

11 다음 중 콘덴서 입력형 평활회로의 특징에 대한 설명으로 틀린 것은?

① 용량 C가 클수록 정류기(다이오드)에 흐르는 전류의 크기는 감소한다.

② 용량 C가 클수록 정류기(다이오드)에 흐르는 전류의 시간이 짧아진다.

③ 정류기(다이오드)에 흐르는 전류는 펄스 파형이다.

④ 용량 C가 클수록 출력전압의 맥동률은 작아진다.

해설 콘덴서(C)용량이 클수록 리플이 작아져 부하 (R)에 직류 전류가 증가한다.

12 정전압 안정화회로의 구성요소 중 하나인 제어부 역할에 대한 설명으로 옳은 것은?

① 제너다이오드 또는 건전지로 기준전압을 얻는다.

② 출력을 제어하고 변동분을 상쇄하여 출력전압을 항상 일정하게 한다.

③ 기준전압과 검출된 출력전압의 차를 제어신호로 얻는다.

④ 검출된 신호를 증폭하여 변동을 상쇄할 수 있는 극성을 신호를 제어소자에 가한다.

해설 정전압 안정화 회로

1. 정전압 회로는 회로 전압을 일정하게 유지할 때 사용한다.
2. 정전압 회로는 제어 부, 검출부 등으로 구성되는데, 여기서 제어부는 항상 출력 전압의 변화를 검출하고, 변동이 있을 경우는 그 변동을 제어(억제)하여 출력 전압이 일정하게 제어한다.

정 답 1 ④ ③ 3 ① 4 ① 5 ④ 6 ④ 7 ② 8 ④ 9 ④ 10 ④ 11 ① 12 ②

제 3 장 증폭회로

3.1 신호증폭 회로

1. 증폭회로의 기본 사항

증폭이란 미소한 입력 전기적 신호(전압, 전류, 전력 등)를 큰 출력신호로 증가(증폭)시키는 작용(장치)을 말한다.

① 증폭도(이득): 출력신호에 대한 입력신호의 비를 나타낸다.

② 증폭기의 이득과 감쇄의 단위로는 dB(decibel)과 네이퍼(neper)를 사용한다.

· 전압이득 $G_V = 20\log_{10}\frac{V_2}{V_1}[dB]$

· 전류이득 $G_I = 20\log_{10}\frac{I_2}{I_1}[dB]$

· 전력이득 $G_P = 10\log_{10}\frac{P_2}{P_1}[dB]$

③ 네퍼 (neper, Np)

· 자연로그에 기초함

· 로그(Logarithm)를 발명한 존 네이피어의 이름에서 유래하였다.

Np = 1/2 ln (P_2 / P_1) [Np]

$$N_P = \frac{1}{2}ln\frac{P_2}{P_1}[Np]$$

④ 데시벨 및 네퍼 변환

$$1N_P = 10\log e^2 = 8.686[dB]$$

⑤ 다단증폭기의 종합이득 은 각각의 이득의 합으로 표시한다.

. 종합 증폭도

$$A = A_1 \times A_2 \times A_3 \times \cdot\ \cdot \times A_n$$

. 종합이득

$$G = G_1 + G_2 + G_3 + \cdot\ \cdot + G_n$$

⑥ 증폭기의 일그러짐

· 출력신호가 입력신호와 틀릴 때 일그러짐(distortion)이 발생한다.

· 비 직선 일그러짐

$$K = \frac{\sqrt{V_2^2 + V_3^2 + \cdot\ \cdot\ \cdot +}}{V_1} \times 100[\%]$$

V_1: 기본파의 실효 값, V_2: 제2 고조파의 실효 값,

예제 3.01

3단 종속 전압 증폭의 이득이 각각 20배,50배, 100배이다. 종합이득을 데시벨(dB)로 나타내면?

해설

다단 증폭기의 증폭도 는

①종합증폭도

$A = A_1 \times A_2 \times A_3 \times \cdot\ \cdot \times A_n$ 에서

$A_V = 20 \times 50 \times 100 = 100,000$배

② 종합이득

$G = G_1 + G_2 + G_3 + \cdot\ \cdot + G_n$ 에서

$G = 20\log_{10}10^5 = 100[dB]$

예제 3.02

저주파증폭기의 출력전압에 기본파의 전압이 $100[V]$,제2고조파의 전압이$4[V]$,제3고조파의 전압이 $3[V]$이다 이때 왜율은 얼마인가?

해설

$$K = \frac{\sqrt{V_2^2 + V_3^2 + \cdot\ \cdot\ +}}{V_1} \times 100[\%]$$ 에서

$$K = \frac{\sqrt{4^2 + 3^2 + \cdot\ \cdot\ +}}{100} \times 100[\%] = 5/100 \times 100 = 5[\%]$$

2. 트랜지스터 증폭기

(1) 트랜지스터의 구조와 동작

트랜지스터는 에미터(Emitter, E), 베이스(Base, B), 컬렉터(Collector, C)로 구성되어 있으며 BJT(쌍극성 트랜지스터)는 부품 형태에 따라서 *PNP* BJT와 *NPN* BJT가 있으며, 구조와 심볼은 그림 3.1과 같다.

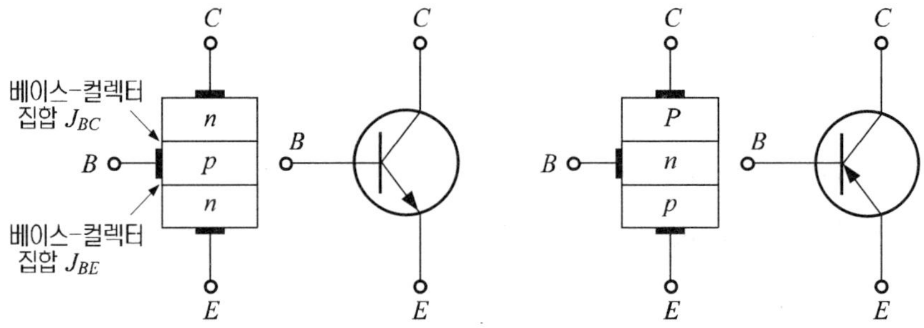

그림 3.1 N/VP와 P/VP 트랜지스터의 구조 및 심볼

(2) 트랜지스터의 동작 원리

바이폴라(bipolor)는 트랜지스터의 도전 현상에 기여하는 캐리어가 자유전자(−)와 정공(+)로부터 부르는 용어로 *PNP* BJT와 *NPN* BJT 형태에 따라 바이어스를 다르게 걸어 주어야 한다.

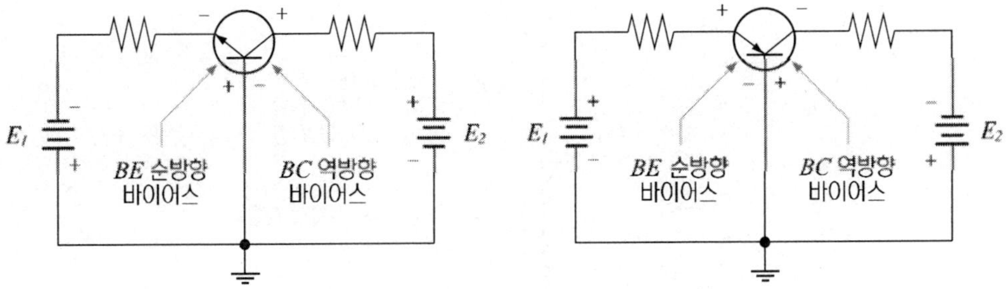

그림 3.2 *NPN*과 *PNP* 트랜지스터의 바이어스 전압

1) *NPN* 트랜지스터의 동작 작용

① B와 E간의 pn접합면에 비교적 큰 전압 E_1의 방향 바이어스를 걸어주며, C와 B간의 pn접합면에 역 방향 바이어스를 걸어준다.

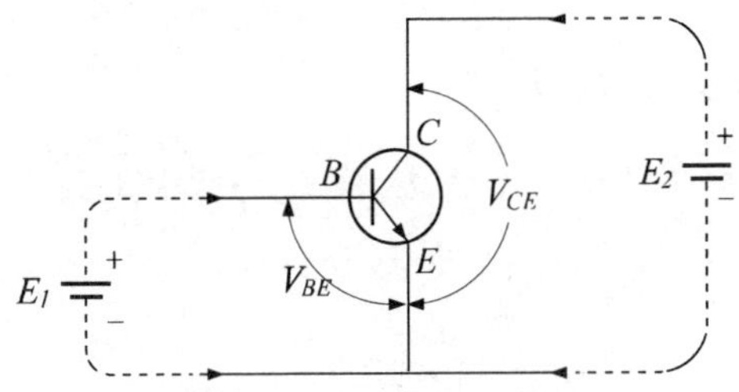

그림 3.3 *NPN* 트랜지스터의 동작

· B와 E간의 pn접합면 … V_{BE} ➔ 순 방향 전압

· C와 B간의 pn접합면 … $V_{CB} = V_{CE} - V_{BE}$ ➔ 역 방향 전압

② npn 트랜지스터의 전류의 흐름 : 에미터에서 방출하는 전자들 중 극히 일부는 베이스 단자를 통하여 빠져나가고 거의 대부분의 전자들은 컬렉터 단자에 모인다. 따라서 에미터 전류(I_E)는 $I_E = I_B + I_C$가 성립된다.

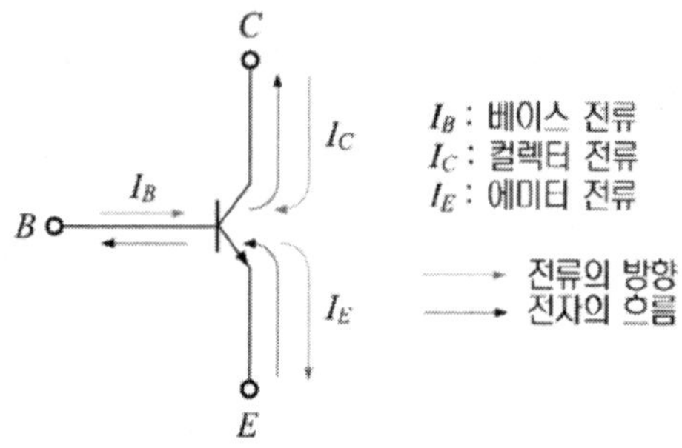

그림 2.4 *NPN* 트랜지스터의 전류의 흐름

예제 3.03

[그림 3.4]에서 $I_B = 40\mu A$, $I_C = 4mA$ 일 때 전류증폭률 β는 얼마인가?

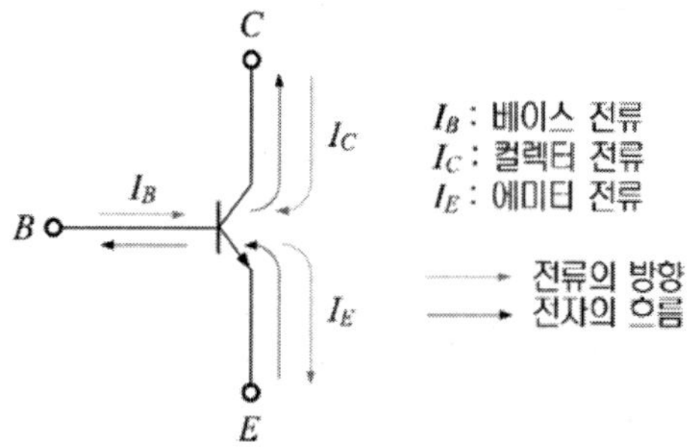

해설 전류증폭률 $\beta = \dfrac{\Delta I_C}{\Delta I_B} = \dfrac{4\times 10^{-3}}{40\times 10^{-6}} = 100$

(3) 트랜지스터 파라미터 및 전압, 전류 정의

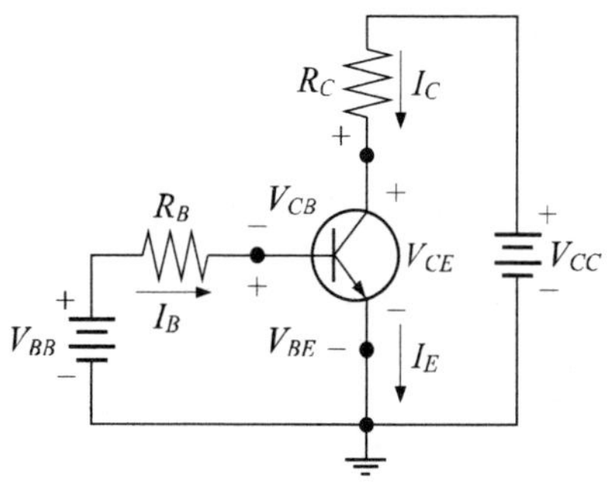

그림 3.5 *NPN* 트랜지스터의 전류, 전압의 정의

1) 베이스 전류 증폭률 α와 에미터 접지 전류 증폭률 β

I_B : 직류 베이스 전류, I_C : 직류 컬렉터 전류, I_E : 직류 에미터 전류라 하면,

① 베이스에 흐르는 전류

$$I_B = \frac{V_{BB} - V_{BE}}{R_B}$$

② 컬렉터-에미터 양단 전압

$$V_{CE} = V_{CC} - I_C R_C$$

③ 컬렉터-베이스 양단 전압

$$V_{CB} = V_{CE} - V_{BE}$$

이때 양단 전압(V_{BE})는 약 0.7 [V]가 된다.

④ 베이스 접지 시 전류 증폭률(α)

$$\alpha = \frac{\text{출력전류}}{\text{입력전류}} = \frac{\Delta I_C}{\Delta I_E}$$

로서 에미터에서 방출 된 전자가 컬렉터에 얼마나 많은 양이 모여 있는 지를 나타낸다.

⑤ 에미터 접지 시 전류 증폭률(β)

$$\beta = \frac{\text{출력전류}}{\text{입력전류}} = \frac{\Delta I_C}{\Delta I_B}$$

2) 베이스 전류 증폭률 α와 에미터 접지 전류 증폭률 β의 관계

① $\alpha = \dfrac{I_C}{I_E} = \dfrac{I_C}{I_B + I_C} \quad \therefore \alpha = \dfrac{\dfrac{I_C}{I_B}}{1 + \dfrac{I_C}{I_B}} = \dfrac{\beta}{1+\beta} (\because I_E = I_B + I_C)$

② $\beta = \dfrac{I_C}{I_B} = \dfrac{I_C}{I_E - I_C} \quad \therefore \beta = \dfrac{\dfrac{I_C}{I_E}}{1 - \dfrac{I_C}{I_E}} = \dfrac{\alpha}{1-\alpha}$

예제 3.04

어떤 트랜지스터의 베이스에 1 [mA]를 흘렸더니 컬렉터에 10 [mA]가 흘렀다. 이때의 전류 증폭률 β는?

해설

$$\beta = \frac{I_C}{I_B} = \frac{10\,[\mathrm{mA}]}{1\,[\mathrm{mA}]} = 10$$

예제 3.05

어떤 트랜지스터의 β값이 100일 때 트랜지스터의 α값을 구하시오.

해설

$$\alpha = \frac{\beta}{\beta+1} = \frac{100}{101} = 0.99$$

예제 3.06

베이스에 $I_B = 50\,[\mu\mathrm{A}]$이고, $I_C = 3.65\,[\mathrm{mA}]$인 트랜지스터의 β, α, I_E를 구하시오?

해설

$$\beta = \frac{I_c}{I_B} = \frac{3.65[\mathrm{mA}]}{50[\mu\mathrm{A}]} = 73$$

$$I_E = I_B + I_C = 50[\mu\mathrm{A}] + 3.65[\mathrm{mA}] = 3.70[\mathrm{mA}]$$

$$\alpha = \frac{I_C}{I_E} = \frac{3.65[\mathrm{mA}]}{3.70[\mathrm{mA}]} = 0.986$$

3) 트랜지스터의 컬렉터 특성

트랜지스터의 컬렉터 특성곡 선은 베이스 전류 I_B를 매개 변수로 하여 컬렉터 전류 I_C와 컬렉터-에미터 양단 전압 V_{CE}와의 상관 관계를 나타낸 것으로 트랜지스터의 동작 영역을 구성하는데 중요한 지표로 이용된다.

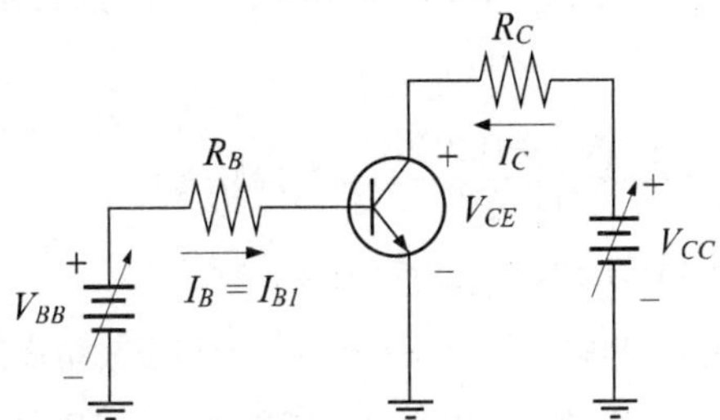

그림 3.6 트랜지스터의 컬렉터 특성 회로

① 컬렉터 전류(I_C)

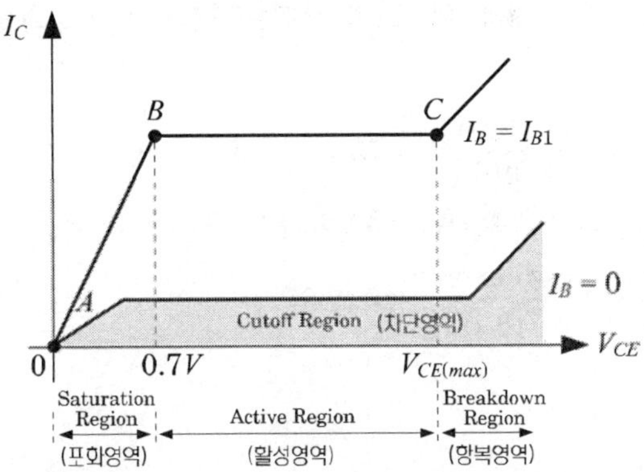

그림 3.7 컬렉터 특성 곡선과 트랜지스터의 동작 영역

트랜지스터의 활성 영역에서 $I_C = \alpha \cdot I_E + I_{CO} (I_E = I_B + I_C)$

$I_C = \alpha \cdot I_B + \alpha \cdot I_C + I_{CO}$에서 $I_C(1-\alpha) = \alpha \cdot I_B + I_{CO}$

$\therefore I_C = \beta \cdot I_B + (1+\beta) \cdot I_{CO}$

예제 3.07

그림 3.6과 같은 트랜지스터 특성 회로에서 $V_{BB} = 10\,[\mathrm{V}]$, $R_B = 10[\mathrm{k\Omega}]$, $R_B = 100[\Omega]$, $V_{CC} = 20\,[\mathrm{V}]$인 트랜지스터 특성 회로에서 I_B, I_C, I_E, V_{CE}, V_{CB}를 각각 구하라. 단, 트랜지스터의 전류 이득 $\beta = 100$이다.

해설 베이스와 에미터 접합은 순방향 바이어스 되어 있으므로 $V_{BE} \cong 0.7\,[\mathrm{V}]$이다.

$$I_B = \frac{V_{BB}}{R_B} - \frac{10[\mathrm{V}] - 0.7[\mathrm{V}]}{10[\mathrm{k\Omega}]} = 930\,[\mu\mathrm{A}]$$

$$I_C = \beta I_B = (100)(930[\mu\mathrm{A}]) = 93\,[\mathrm{mA}]$$

$$I_E = I_B + I_C = 930[\mu\mathrm{A}] + 93[\mathrm{mA}] = 93.93\,[\mathrm{mA}]$$

$$V_{CE} = V_{CC} - I_C R_C = 20[\mathrm{V}] - (93[\mathrm{mA}])(100[\Omega]) = 10.7\,[\mathrm{V}]$$

$$V_{CB} = V_{CE} - V_{BE} = 10.7[\mathrm{V}] - 0.7[\mathrm{V}] = 10[\mathrm{V}]$$

예제 3.08

$I_B = 50\,[\mathrm{mA}]$이고, $I_C = 3.65\,[\mathrm{mA}]$인 트랜지스터의 β, α, I_E를 구하시오.

해설

$$\beta = \frac{I_C}{I_B} = \frac{3.65[\mathrm{mA}]}{50[\mathrm{mA}]} = 73$$

$$I_E = I_B + I_C = 50[\mu\mathrm{A}] + 3.65[\mathrm{mA}] = 3.70\,[\mathrm{mA}]$$

$$\alpha = \frac{I_C}{I_E} = \frac{3.65[\mathrm{mA}]}{3.7[\mathrm{mA}]} = 0.986$$

예제 3.09

그림 3.6과 같은 트랜지스터 회로에 있어서 베이스 전압 $V_{BB}=0.2\,[\mathrm{V}]$에서 $0.6\,[\mathrm{V}]$로 변화시키면 베이스 전류 I_B가 $1\,[\mathrm{mA}]$에서 $5\,[\mathrm{mA}]$로, 컬렉터 전류 I_C가 $100\,[\mathrm{mA}]$에서 $300\,[\mathrm{mA}]$로 변했을 때 다음 값을 구하여라.

해설 ① 베이스 전류의 변화 분

$$\Delta I_B = 5\times10^{-3} - 1\times10^{-3} = 4\times10^{-3}[A] = 4\,[\mathrm{mA}]$$

② 컬렉터 전류의 변화 분

$$\Delta I_C = 300\times10^{-3} - 100\times10^{-3} = 200\times10^{-3}\,[\mathrm{A}] = 200\,[\mathrm{mA}]$$

$$\Delta I_E = \Delta I_B + \Delta I_C = 4\times10^{-3} + 200\times10^{-3} = 204\times10^{-3}\,[\mathrm{A}]$$

③ $$h_{FB} = \alpha_{DC} = \frac{\Delta I_C}{\Delta I_E} = \frac{200\times10^{-3}}{204\times10^{-3}} \fallingdotseq 0.98$$

$$h_{FE} = \beta_{DC} = \frac{\Delta I_C}{\Delta I_B} = \frac{200\times10^{-3}}{4\times10^{-3}} = 50$$

2. 바이어스회로(Bias circuit)

(1) 트랜지스터 증폭기의 동작

소 신호원을 바이어스 회로에 입력 단에, 부하를 출력 단에 직접 연결하는 경우 증폭기의 동작 점이 변동된다. 트랜지스터의 동작 점(operating point, Q)은 활성 영역에 있음으로써 증폭기로서 역할을 하기 때문에 활성 영역에서 동작하도록 바이어스(bias)를 가한다. 안정한 동작 특성을 갖는 증폭기를 얻으려면 동작 점에서 I_C가 일정하도록 설계하여야 한다.

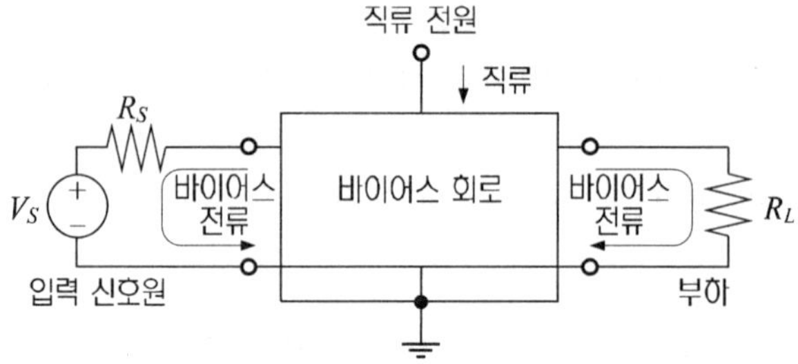

그림 3.8 입출력 직접 연결에 의한 동작 점

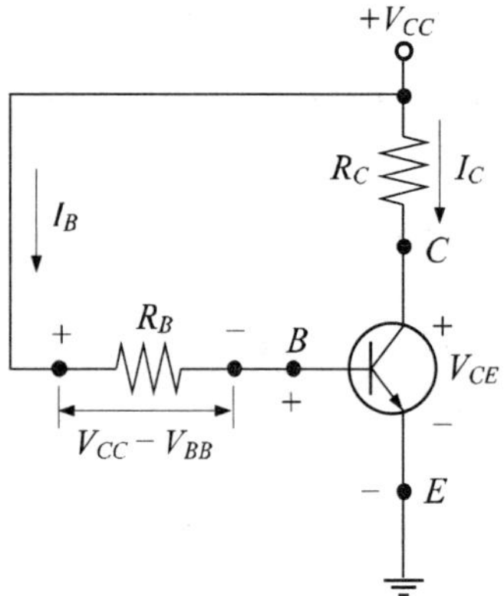

그림 3.9 고정 바이어스 회로

(2) 트랜지스터 바이어스(bias)회로의 종류

1) 고정 바이어스 회로(Fixed bias circuit, 베이스 전류 바이어스 회로)

베이스 직류 전압 V_{BB} 대신 R_B저항으로 출력 직류 전압 V_{CC}를 가하여 바이어스 전압 V_{BE}를 얻어, I_B전류를 공급하는 바이어스 회로이다.

출력 V_{CC} 단자 전압은 $V_{CC} = V_{BB} + V_{BE} = I_B R_B + V_{BE}$식이 성립한다.

① 입력 회로 방정식(KVL 이용)

$I_B \cdot R_B = V_{CC} - V_{BE}$ 에서 $I_B = \dfrac{V_{CC} - V_{BE}}{R_B}$가 된다.

실제로 $V_{CC} \gg V_{BE}$ 이므로 , 무시하면 $I_B \fallingdotseq \frac{V_{CC}}{R_B}$이 된다.

② 출력 회로 방정식(KVL 이용)

$V_{CC} = I_C R_C + V_{CE}$

$V_{CE} = V_{CC} - I_C R_C$

콜렉터 전류 $I_C = \beta I_B + (1+\beta) I_{CO} \fallingdotseq \beta I_B$

여기서 $I_{C0}(I_{CB0})$는 베이스 개방 시의 역 포화 전류이다. 역 포화 전류는 일반적으로 컬렉터 차단 전류(역 포화 전류, 누설 전류)란 컬렉터에 역 전압을 인가하는 경우에 컬렉터에 흐르는 전류의 크기를 나타낸다.

③ 안정계수

콜렉터 전류 $I_C = \beta I_B + (1+\beta) I_{CO} \fallingdotseq \beta I_B$식에서 β을 일정하다고 보고 변화율 $\frac{\partial I_B}{\partial I_C} = 0$ 안정계수를 구하면,

$$I_C = \beta \frac{\partial I_B}{\partial I_C} + (\beta + 1) \frac{1}{S}$$

$$S = \frac{\beta + 1}{1 - \beta \frac{\partial I_B}{\partial I_C}} \cong \beta + 1 \,(\therefore I_C \gg I_B)$$

여기서 안정화계수 $S = \frac{\partial I_C}{\partial I_{C0}}$이며, 작을수록 안정도가 좋다.

고정 바이어스 회로는 전류 증폭률 β에 의해서 안정성이 결정되는데 이는 안정면에서 가장 불안정한 회로가 고정 바이어스 회로라고 한다.

예제 3.10

그림 3.9회로에서
$R_C = 2.4\,[\text{k}\Omega]$, $R_B = 684\,[\text{k}\Omega]$, $V_{CC} = 12\,[\text{V}]$, $\beta = 225$일 때
V_C를 구하여라.

해설

$$I_B = \frac{V_{CC} - V_{BE}}{R_B} = \frac{12[\text{V}] - 0.7[\text{V}]}{684[\text{k}\Omega]} = 16.5\,[\mu\text{A}]$$

$$I_C = I_B \times \beta = 16.5 \times 10^{-6} \times 225 = 3.71\,[\text{mA}]$$

컬렉터 저항 전압 강하

$$V_{RC} = R_C \times I_C = 2.3 \times 10^3 \times 3.71 \times 10^{-3} = 8.5\,[\text{V}]$$

$$V_C = V_{CC} - V_{RC} = 12 - 8.5 = 3.5\,[\text{V}]$$

예제 3.11

트랜지스터의 컬렉터 누설 전류가 온도 주위 변화로 $1.6[\mu A]$에서 $160[\mu A]$로 증가되었을 때 컬렉터 전류 변화가 $1[mA]$로 하면 안정률은?

해설

$$S = \frac{\Delta I_C}{\Delta I_{C)}} = \frac{1 \times 10^{-3}}{(160 - 1.6) \times 10^{-6}} = 6.3$$

컬렉터 저항 전압 강하

$$V_{RC} = R_C \times I_C = 2.3 \times 10^3 \times 3.71 \times 10^{-3} = 8.5\,[\text{V}]$$

$$V_C = V_{CC} - V_{RC} = 12 - 8.5 = 3.5\,[\text{V}]$$

2) 전류 궤환 바이어스(Current-feedback bias, 이미터 바이어스)

트랜지스터의 이미터에 저항을 삽입한 바이어스 회로를 자기 바이어스(self-bias)회로, 전류 궤환 바이어스(current feedback bias)회로 또는 이미터 바이어스(emitter bias)라고 한다. 이미터에 저항을 넣으면 출력 전류가 입력 단 루프에 전압으로 부 궤환 되는 효과가 발생하여 동작점의 안정도가 개선된다. 전류 궤환 바이어스는 회로의 전원 전압 V_{CC}를 분압하여 나눈 전압과 에미터 접속한 R_E 저항의 전압 강하에 의하여 바이

어스 전압 V_{BE}를 얻는 바이어스 방식을 말한다.

① 온도 변화에 따른 안정을 기하기 위해 전류 되먹임이 되도록 한다.

② 안정계수

$$V_B = \frac{R_1}{R_1 + R_2} V_{CC},\ R_B = R_1 // R_2$$ 라 하면

$V_B = I_B R_B + V_{BE} + (I_B +$

$I_C) R_E$이므로 $I_B = \frac{R_E}{R_B + R_E} + \frac{V_B - V_{BE}}{R_B + R_E}$ 되며 I_C에 대하여 미분하면

$$\frac{\partial I_B}{\partial I_C} = \frac{R_E}{R_B + R_E}$$

$$S = \frac{1+\beta}{1+\beta\frac{R_E}{R_B + R_E}} = (1+\beta)\frac{1+\frac{R_B}{R_E}}{1+\beta+\frac{R_B}{R_E}}$$

여기서 $1+\beta \gg \frac{R_B}{R_E}$이면 $S \cong 1 + \frac{R_B}{R_E}$이다.

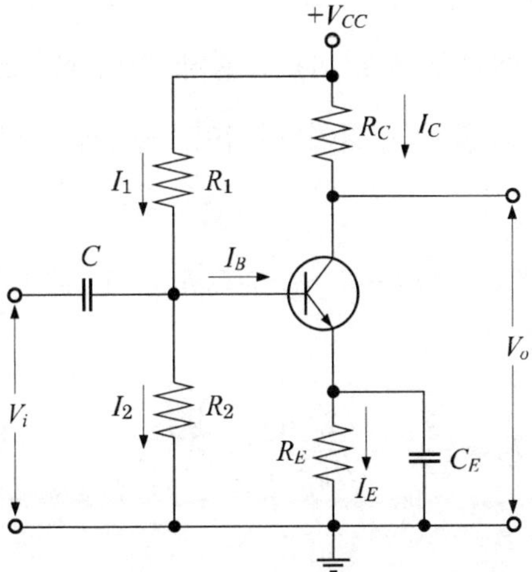

그림 3.10 전류 궤환 바이어스 회로

예제 3.12

$\beta_{DC} = 100$이고 $V_{BE} = 0.7\,[\mathrm{V}]$인 이미터 바이어스 회로에서 I_C와 V_{CE}을 구하라. 단 $R_C = 1\,[\mathrm{k\Omega}]$, $R_E = 4.7\,[\mathrm{k\Omega}]$, $R_B = 47\,[\Omega]$, $V_{CC} = 10\,[\mathrm{V}]$이다.

해설 이미터 전류

$$I_E = \frac{V_{EE} - V_{BE}}{R_E + (R_B/\beta_{DC})} = \frac{10[\mathrm{V}] - 0.7[\mathrm{V}]}{4.7[\mathrm{k\Omega}] + 47[\mathrm{k\Omega}]} = 1.8\,[\mathrm{mA}]$$

$$I_C \cong I_E = 1.8\,[\mathrm{mA}]$$

$$V_C = V_{CC} - I_C R_C \cong V_{CC} - I_E R_C = 10\,[\mathrm{V}] - (1.8 \times 10^{-3} \times 1 \times 10^3) = 8.2\,[V]$$

$$V_E = I_E R_E - V_{EE} = (1.8 \times 10^{-3} \times 4.7 \times 10^3) - 10\,[\mathrm{V}] = -1.54\,[\mathrm{V}]$$

$$V_{CE} = V_C - V_E = 8.2\,[\mathrm{V}] - (-1.54[\mathrm{V}]) = 9.74\,[\mathrm{V}]$$

3) 전압궤환 바이어스 회로(voltage feedback bias circuit)

전압궤환 바이어스 회로는 고정 바이어스를 개선한 회로로 자기 바이어스(self bias), 전압 궤환 바이어스라 한다. 전원 전압 V_{CC} 대신 출력 전압인 컬렉터 전압을 베이스 저항 R_B를 통해 입력 측으로 궤환 시킴으로써 베이스 단자에 전류 I_B를 공급하여 바이어스를 거는 방식이다.

그림 3.11에서 $V_{CC} = (I_B + I_C)R_C + I_B R_B + V_{BE}$에서

$$I_B = \frac{V_{CC} - I_C R_C - V_{BE}}{R_B + R_C}$$

① 안정도

$V_{CC} = (I_B + I_C)R_C + I_B R_B + V_{BE}$에서

$I_B = \dfrac{V_{CC} - I_C R_C - V_{BE}}{R_B + R_C}$ 양변

을 I_C에 대하여 미분하면 $\dfrac{\partial I_B}{\partial I_C} = -\dfrac{R_C}{R_B + R_C}$이므로

$$S = \frac{\beta}{1 + \beta \dfrac{R_C}{R_B + R_C}}$$

가 된다.

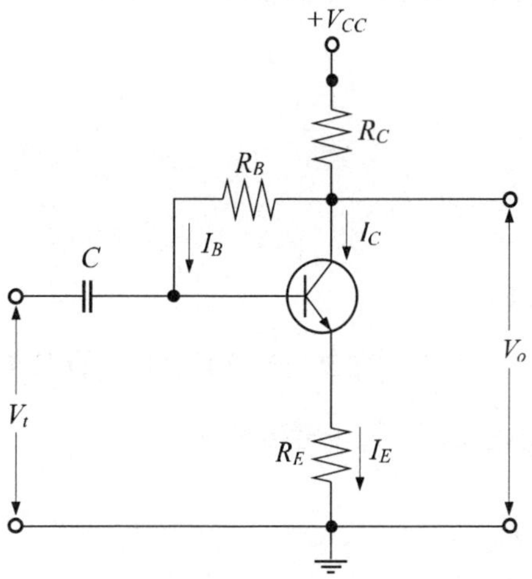

그림 3.11 전압 궤환 바이어스 회로

예제 3.13

전압 분배기 바이어스 회로의 I_C와 V_{CE}을 구하라. 단 $\beta_{DC}=100$, $R_C=1\,[\text{k}\Omega]$, $R_E=560\,[\Omega]$, $R_B=10\,[\text{k}\Omega]$과 $5.6\,[\text{k}\Omega]$, $V_{CC}=10\,[\text{V}]$이고 트랜지스터 베이스로 흐르는 전류는 무시한다.

(해설)

$$V_B=\frac{5.6}{10+5.6}\times 10=3.59\,[\text{V}]$$

$$V_E=V_B-V_{BE}=3.59[\text{V}]-0.7[\text{V}]=2.89\,[\text{V}]$$

$$I_E=\frac{V_E}{R_E}=\frac{2.89[\text{V}]}{560[\Omega]}=5.16\,[\text{mA}]\cong I_C$$

$$V_{CE}=V_C-V_E=(V_{CC}-I_CR_C)-V_E$$

$$V_{CE}=10[\text{V}]-(5.16\text{mA})(1\text{k}\Omega)-2.89[\text{V}]=1.95\,[\text{V}]$$

(3) 증폭도

1) 전압 증폭률 A_v

입력 전압이 얼마나 크게 되었는가를 나타내는 값으로써 출력/입력을 나타낸다. 전압 증폭률은 클수록 바람직하다.

$$V_o=h_{fe}I_bR_L$$

$$V_i=h_{ie}I_b$$

$$A_v=-\frac{V_o}{V_i}=-\frac{h_{fe}I_bR_L}{h_{ie}I_b}=-\frac{h_{fe}R_L}{h_{ie}}=\frac{A_iR_L}{R_i}$$

이 된다. 전압 증폭률에서 (−)부호는 입력과 출력 위상이 180° 차이를 나타낸다.

2) 전류 증폭률 A_i

전류 증폭의 크기로서 (−)부호의 의미는 입력과 출력 위상이 180° 차이가 나는 것을 나타낸다. 전류 증폭률이 클수록 바람직하다고 할 수 있다.

$$A_i = -\frac{I_o}{I_i} = -\frac{I_c}{I_b} = -\frac{h_{fe} I_b}{I_b} = -h_{fe}$$

3) 전력 증폭도 A_p

전력 증폭도는 높은 출력 전력을 생성할 수 있는 증폭기를 말한다. 전압 증폭률 A_v과 전류 증폭률 A_i값이 된다.

$$A_p = A_v A_i = (-)\frac{h_{fe} R_L}{h_{ie}}(-)h_{fe} = \frac{h_{fe}^2 R_L}{h_{ie}}$$

3. 트랜지스터의 등가회로

등가회로(equivalent circuit)라는 것은 어떤 부품이나 회로를 전기적 성분인 저항성(resistance : R), 용량성분(capacitance : C)와 유도성분(reac− tance : L)로 나타내는 것을 말한다.

트랜지스터의 등가회로에서는 h−파라미터 모델에 대하여 설명한다.

(1) 하이브리드(h) 등가회로

입력측이 단자 2개를 1과 1′, 출력측의 단자 2개를 2와 2′로 정하고 그림 3.12와 같이 나타낼 수 있다.

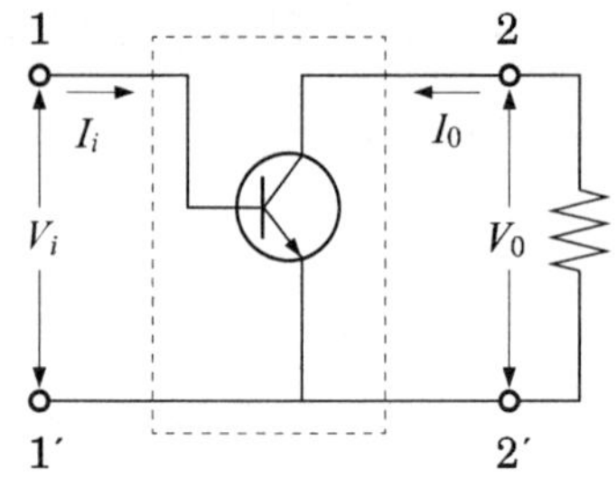

그림 3.12 능동 4단자 회로망을 이용한 h형 등가회로

1) 능동 4단자망의 입 출력 관계는 h파라미터를 이용하면 다음과 같다.

$$v_i = h_i i_i + h_r v_o$$

$$i_o = h_f i_i + h_o v_o$$

첨자 i는 입력(input)을 뜻하고, o은 출력(output)을, r는 역 방향(reverse)을 뜻하고, f는 순 방향(forward)을 뜻한다. h-파라미터는 동작 중인 트랜지스터의 교류 측정값으로부터 유도되면 h_i, h_r, h_f, h_o 등의 4가지 기본 파라미터들로 구성된다.

2) 각 h파라미터의 의미는 다음과 같다.

① $h_i = \dfrac{v_i}{i_i}\Big|(v_o = 0)$: 출력 단자를 단락했을 때의 입력 임피던스[Ω]

② $h_r = \dfrac{v_i}{v_o}$ $(i_i = 0)$: 입력 단자를 개방했을 때의 전압 되먹임률[단위 없음]

③ $h_f = \dfrac{i_o}{i_i}\Big|(v_o = 0)$: 출력 단자를 단락했을 때의 전류 증폭률[단위 없음]

④ $h_o = \dfrac{i_o}{v_o}$ $(i_i = 0)$: 입력 단자를 개방했을 때의 출력 어드미턴스[℧]

3) 에미터 접지의 경우에는 다음과 같이 나타낸다.

$$V_i = h_{ie}\, I_i + h_{re}\, V_o$$

$$I_o = h_{fe}\, I_i + h_{oe}\, V_o$$

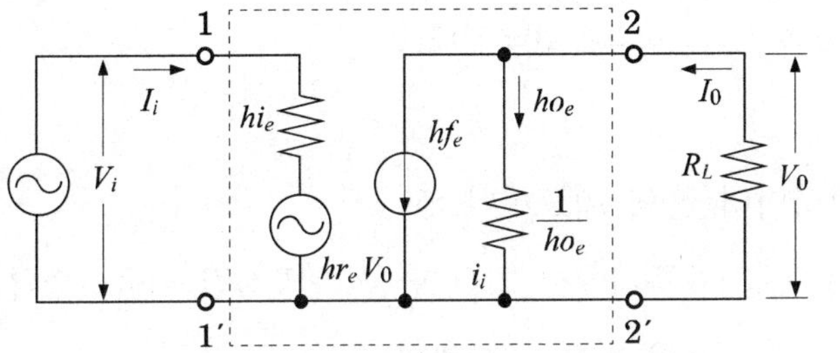

그림 3.13 에미터 접지 h형 등가회로

① h_{ie} 파라미터(입력임피던스)

에미터 공통 증폭기에서 출력 단을 단락시킨 다음 입력 전압(V_i)과 입력 전류(I_i)의 비

$$h_{ie} = \frac{V_i}{I_i} \Big|_{V_o = 0}$$

입력 임피던스　　출력단 단락 상태 표시

② h_{re} 파라미터(전압궤환비)

에미터 공통 증폭기에서 입력 단을 개방시킨 다음, 입력으로 피드백 되는 출력 전압의 비를 의미한다.

$$h_{re} = \frac{V_i}{V_o} \Big|_{I_i = 0}$$

전압 궤환비　　입력단 개방 상태 표시

③ h_{fe} 파라미터(순방향 전류이득)

에미터 공통 증폭기에서 출력 단을 단락시킨 다음, 출력 전류(I_o)와 입력 전류(I_i)의 비를 정의한다.

$$h_{fe} = \frac{I_o}{I_i} \Bigg|_{V_o = 0}$$

입력 임피던스　　출력단 단락 상태 표시

④ h_{oe} 파라미터(출력 어드미턴스)

에미터 공통 증폭기에서 입력 단을 개방시킨 다음, 출력 전류(I_o)와 출력 전압(V_o)의 비를 정의한다.

$$h_{oe} = \frac{I_o}{V_o} \Bigg|_{I_i = 0}$$

출력 어드미턴스 표시　　입력단 개방 상태 표시

예제 3.14

다음 h 상수 중 단위가 없는 것은 ?

해설 h_{re}: 입력 개방 전압 궤환률

h_{fe}: 출력 단락전류증폭률

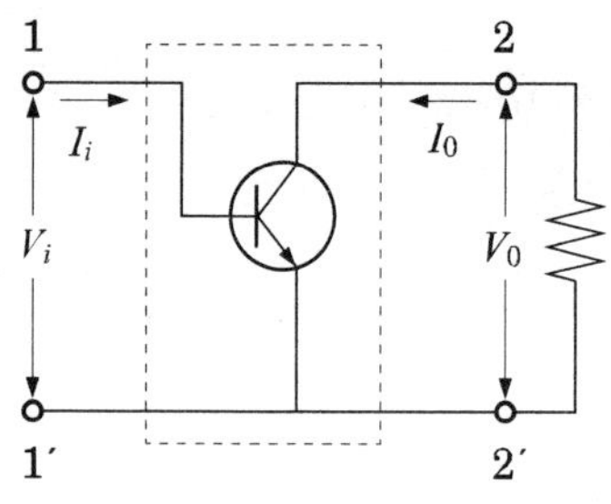

① $V_{be} = h_{ie} i_b + h_{re} V_{ce}$

② $i_c = h_{fe} i_b + h_{oe} V_{ce}$

· $h_{ie} = \frac{V_{be}}{i_b}|_{V_{ce}=0}$ 출력 단락임피던스 [Ω]

· $h_{re} = \frac{V_{be}}{V_{cb}}|_{I_b=0}$ 입력 개방 전압궤환률

· $h_{fe} = \frac{i_c}{i_b}|_{Vce=0}$ 출력단락 전류증폭률

· $h_{oe} = \frac{i_c}{V_{ce}}|_{Ib=0}$ 입력개방 출력어드미턴스[Ω^{-1}]

예제 3.15

$V_{ce} = 7.5[V]$로 일정하게하고, $I_B = 100[\mu A]$에서 $I_B = 250[\mu A]$까지 변화시켰더니 $V_{be} = 0.2[V]$에서 $0.3[V]$로 변했다. 이때 출력 당락 임피던스는?

해설

$$h_{ie} = \frac{V_{be}}{i_b}|_{V_{ce}=0} \text{에서}$$

$$h_{ie} = \frac{V_{be}}{i_b}|_{V_{ce}=0} \rightarrow \frac{0.3-0.2}{(200-100)\times 10^{-6}} = 667$$

4. 접지방식에 따른 증폭회로의 종류와 특성

(1) 증폭회로의 종류와 특성

표 3.1 증폭회로의 종류와 특성

구 분	베이스접지	이미터 접지	컬렉터 접지
회로	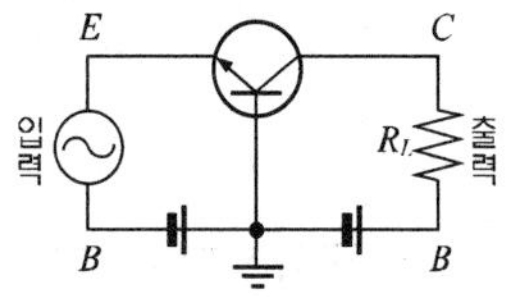	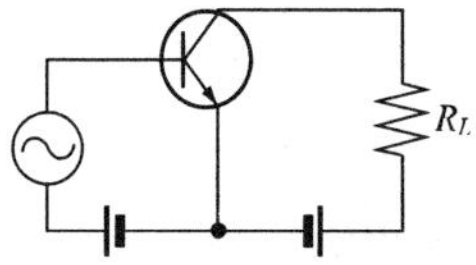	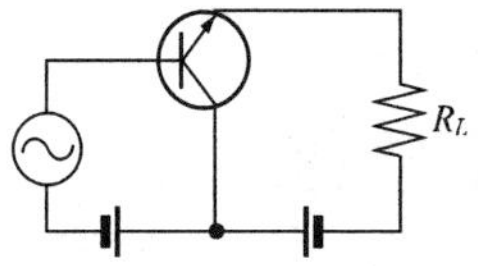
정전류원 등가회로	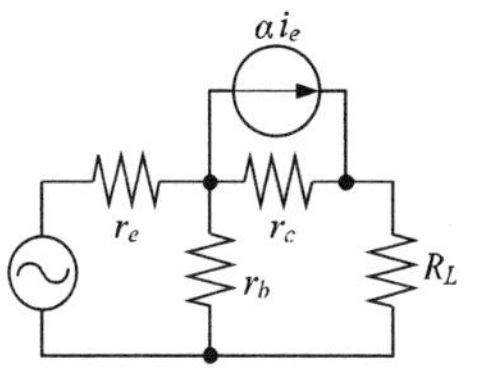	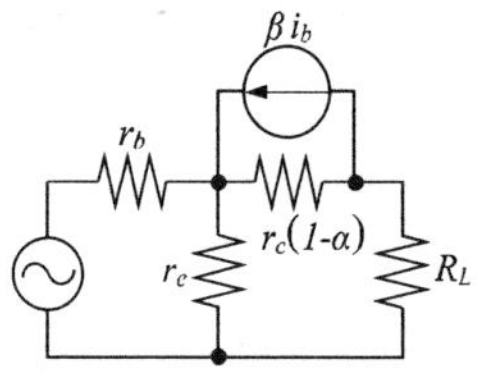	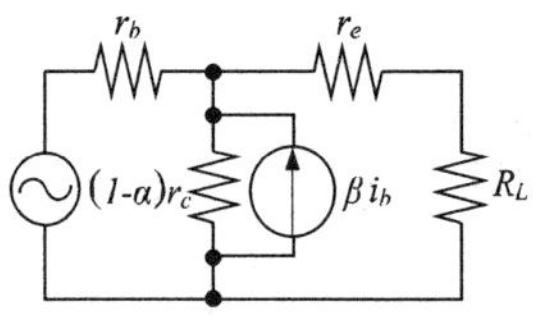
정전압원 등가회로	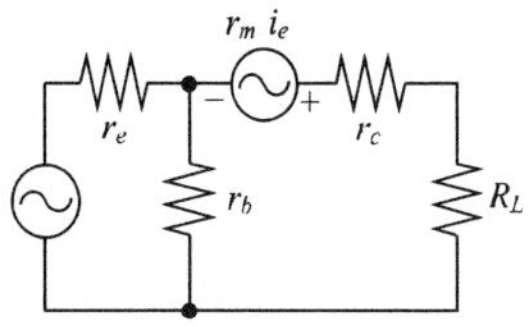	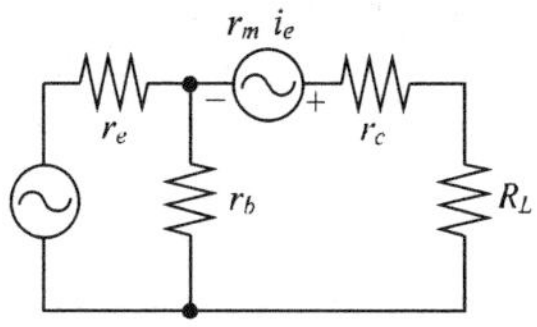	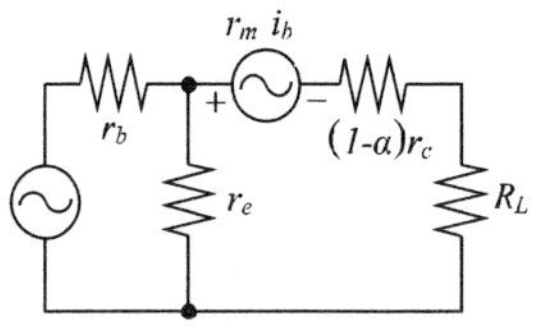
h파라미터 등가회로	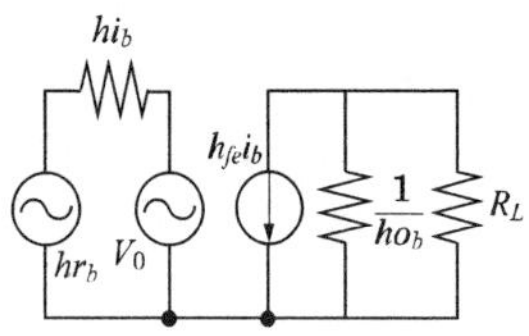	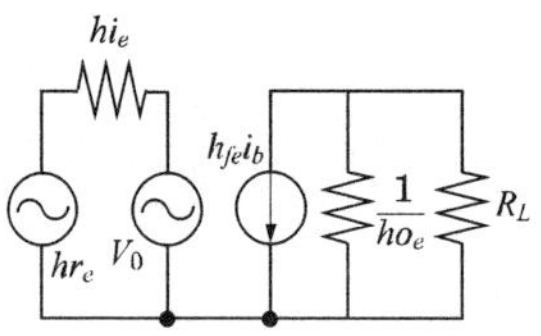	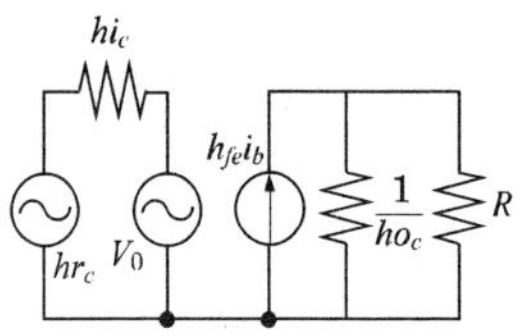
입력저항	작다 (수[Ω]~수십[Ω])	중간(수백[Ω]~수십[kΩ])	크다(수십[kΩ] 이상)
출력저항	크다(수십[kΩ] 이상)	중간(수[kΩ]~수십[kΩ])	작다(수[Ω]~수십[Ω])
입·출력 위상	동 상	위상 반전	위 상
전압증폭도	높 다	높 다	낮 다(<1)
전류증폭도	≒ 1	높 다	높 다
전력증폭도	낮 다	높 다	낮 다
용도	전압 증폭용	전압 증폭용	임피던스 변환용

(2) 에미터 접지 증폭회로(Common Enitter : CE)

CE 증폭회로만이 전압 이득과 전류 이득의 절대 값이 모두 1보다 큰 값이다. 그러므로 3가지 회로 중 가장 많이 사용되는 회로이다. 입력 저항과 출력 저항은 CB와 CC회로의 중간 정도의 크기를 갖는다. 전압 이득은 크고 위상이 180° 이므로 출력 전압은 반전된다.

① 입력 저항

TR의 이미터와 베이스에서 바라본 저항

$$R_i = \frac{V_i}{I_i} = \frac{I_b h_{ie}}{I_b} = h_{ie}$$

② 전류 이득

입력 전류에 대한 출력 전류의 비

$$A_i = \frac{V_i}{I_i} = \frac{-I_b h_{ie}}{I_b} = -h_{ie}$$

③ 전압 이득

입력 전류에 대한 출력 전류의 비

$$A_V = \frac{V_o}{I_i} = \frac{-h_{fe} I_b \cdot R_L}{I_b} = -\frac{h_{fe} R_L}{h_{ie}}$$

$$\therefore A_V = \frac{A_i R_L}{R_i}$$

④ 출력 저항

신호 전압 $V_s = 0$일 때 출력 전력에 대한 출력 전압의 비

$$R_o = \frac{V_o}{I_o}$$

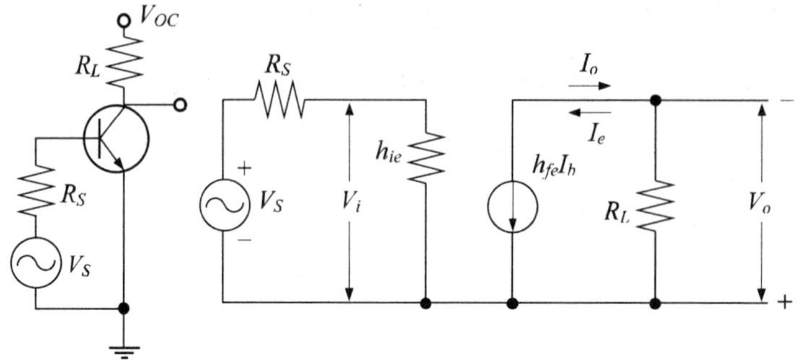

그림 3.14 CE 증폭회로

(3) 콜렉터 접지 증폭회로(Common Collector : CC)

전압 이득이 1에 가깝고 입력과 출력 전압이 거의 비슷한 크기의 파형을 가진다. 즉 에미터의 출력 전압은 베이스의 입력 전압을 따른다. 그러므로 이 회로를 에미터 플로워(emitter follower)라고도 한다.

전류 이득(A_i), 입력 임피던스(R_i), 전압 이득(A_v), 출력 어드미턴스(Y_0)는 다음과 같다.

① 전류 이득 $A_i = \frac{I_o}{I_i} = \frac{I_e}{I_b} = \frac{(1+h_{fe})I_b}{I_b} = (1+h_{fe}) \fallingdotseq h_{fe}$

② 입력 저항 $R_i = \frac{V_i}{I_i} = \frac{h_{fe}I_b + (1+h_{fe})I_b R_L}{I_b} = h_{fe} + (1+h_{fe})R_L$

③ 전압 이득 $A_v = \frac{V_o}{V_i} = \frac{R_L(1+h_{fe})I_b}{h_{fe}I_b + (1+h_{fe})I_b R_L}$

$$= \frac{(1+h_{fe})R_L}{h_{fe} + (1+h_{fe})R_L} \fallingdotseq 1$$

④ 전압 이득 $Y_0 = \left.\dfrac{V_o}{V_i}\right|_{V_S=0,\ R_L=\infty}$

$$= \frac{-(R_S+h_{fe})I_b}{(1+h_{fe})I_b} = \frac{R_S+h_{fe}}{1+h_{fe}}$$

1) 특징

① 전압 이득이 1보다 적어($A_V \approx 1$) 다단 증폭기의 중간 단에 사용하는 일이 없다.

② 입력 임피던스는 대단히 높고 출력 임피던스는 대단히 낮아 임피던스 변성용(버퍼 단, 정합용)으로 많이 사용한다.

③ 전류 이득이 대단히 크므로 전력 증폭용으로 많이 사용된다.

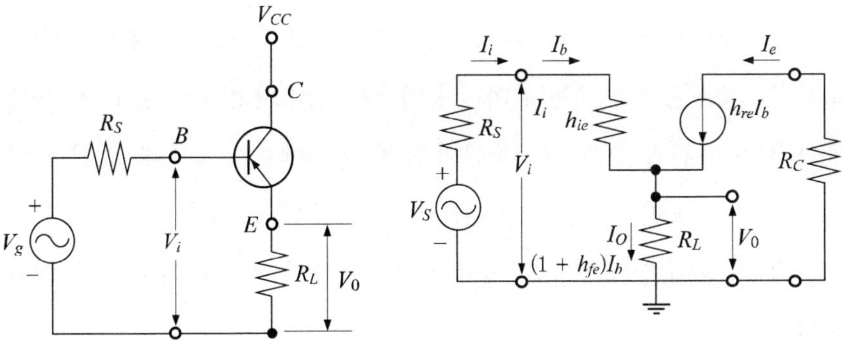

그림 3.15 에미터 플로워 증폭회로

3.2 FET증폭회로(FET amplifier circuit)

1. 전계효과 FET(field effect transistor)의 종류

전계효과 FET의 종류에는 JFET(junction FET)와 MOSFET (Metal Oxide Semiconductor FET)가 있다. 접합 형(JFET : Juction FET) FET는 채널(channel) 영역의 도핑 형태에 따라 N 채널 JFET와 P 채널 JFET로 구분된다. 또한 금속-산화물-반도체 FET(MOSFET : Metal-Oxide-Semiconductor FET)는 게이트에 인가되는 전압에 의해 드레인 전류가 제어되는 소자로 제작 방법에 따라 증가 형(enhancement mode) MOSFET와 공핍 형(depletion mode) MOSFET로 구분된다. 증가 형(enhancem ent-type) MOSEFT는 기판과 소오스/드레인의 도핑 형태에 따라 N 채널, P 채널로 구분되며, 공핍형(depletion-type) MOS EFT 증가 형 MOSEFT와 동일한 구조를 가지며 제조과정에서 채널이 미리 만들어짐이 다르다.

2. 구조 및 동작원리

① 소스(source : S) : 캐리어(자유 전자 또는 정공)를 공급하는 전극을 말한다. 트랜지스터의 이미터와 비슷한 역할을 한다.

② 게이트(gate : G)

캐리어의 흐름을 제어하기 위한 신호를 가하는 전극을 말한다. 트랜지스터의 베이스와 비슷한 역할을 한다.

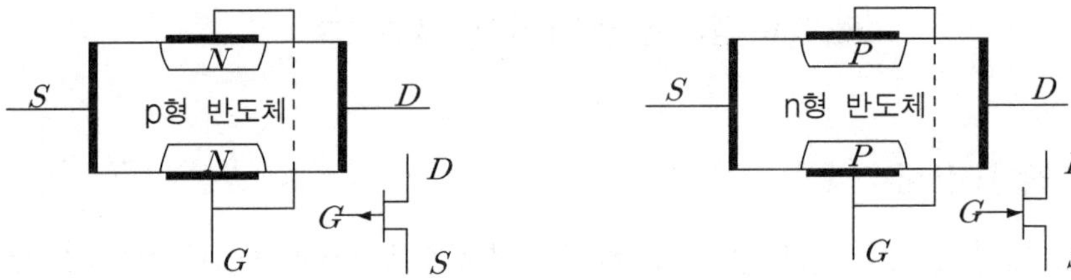

(a) n채널 형　　(b) p채널 형

그림 3.16 JFET의 구조와 기호

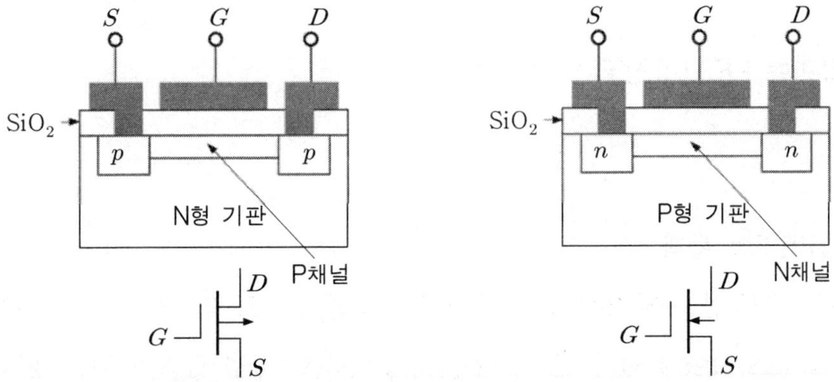

(a) n채널 형　　(b) p채널 형

그림 3.17 공핍 형 MOSFET의 구조와 기호

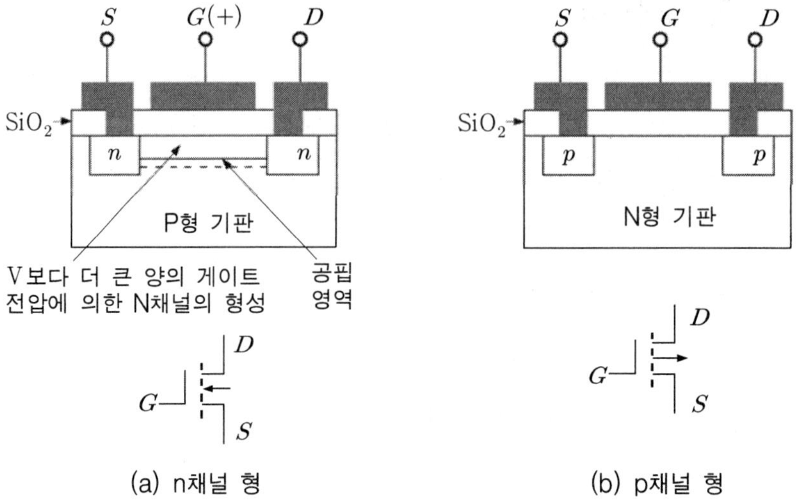

그림 3.18 증가 형 MOSFET의 구조와 기호

③ 드레인(drain : D)

소오스에서 공급된 캐리어가 도달하는 전극을 말한다. 트랜지스터의 콜렉터와 비슷한 역할을 한다.

3. 접합형 FET(JFET)

(1) JFET의 동작

게이트 영역은 채널 영역에 비해 높은 불순물 농도로 만들어지므로 게이트와 소오스 사이에 인가 된 역 방향 전압에 의한 공핍 영역은 채널 영역으로 확대된다.

1) 드레인 특성($V_{DS}-I_D$의 관계, V_{GS}=일정)

그림 3.19에서 JFET의 기본 동작은 드레인과 소오스 사이에 I_D가 흐르는 통로를 채널(channel)이라 하며, 이것이 n형 반도체이면 n채널 형, p형 반도체이면 p채널 형이 된다.

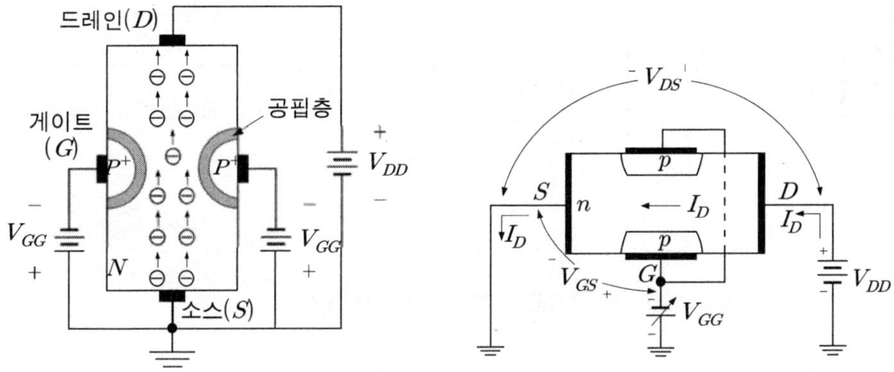

그림 3.19 JFET의 기본 동작

V_{DS}와 I_D의 관계를 알아보자. 먼저 V_{GG}를 조절해 $V_{GS}=0\,[\mathrm{V}]$로 고정시켜 놓고, V_{DD}를 조절해 V_{DS}의 값을 낮은 값에서 높은 값으로 변화시켜 가며 I_D의 변화를 살펴보자.

V_{DS}의 값이 낮은 경우에는 I_D가 V_{DS}가 증가하는 데 따라 증가되며, V_{DS}가 어느 정도 이상의 값이 되면 I_D는 채널의 저항에 의해서 발생된 드레인과 소오스 사이의 전압 강하에 의해서 p형과 n형이 역 방향 바이어스로 된다. 이로 인해 그림 3.20 채널 전류로 인한 핀치 오프 동작의 (a)에서 (b)처럼 되기 때문에 공핍 층에 의해서 채널 전류 I_D가 제한을 받게 되어 포화전류(I_{DSS})에 이르게 된다.

이 관계가 그림 3.20 채널 전류로 인한 핀치 오프 동작의 (c)에 나타나 있으며 이러한 현상을 핀치 오프(pinch off) 현상이라 한다. 또, 이때의 전압을 핀치 오프 전압이라 하며 V_P로 나타낸다. 그리고 포화 전류 I_{DSS}는 $V_{GS}=0[V]$인 경우에 최대 전류가 되며 V_{GS}가 낮아짐에 따라 그림 3.21 JFET의 드레인 특성의 (a)와 같이 낮은 포화 전류를 갖게 된다.

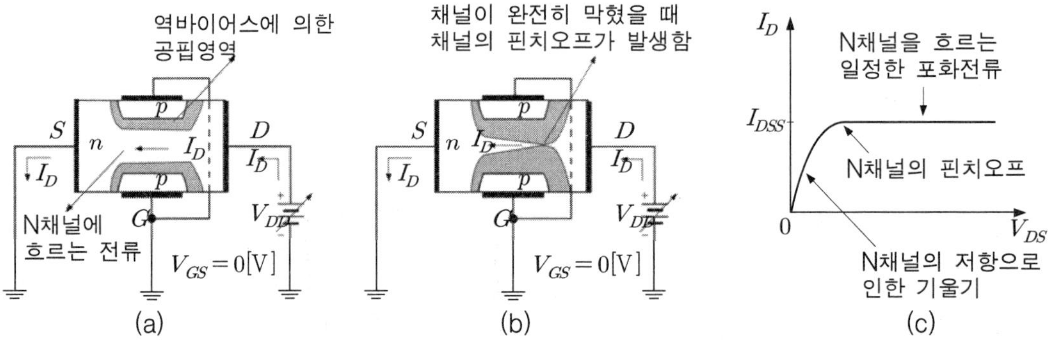

그림 3.20 채널 전류로 인한 핀치 오프 동작

또, 그림 3.21 JFET의 드레인 특성의 (a)를 좀 더 자세히 그리면 그림 3.22 n채널 JFET의 드레인 특성처럼 되는데 여기서 점선은 각 V_{GS}에서의 포화 전류가 일어나는 점들을 연결한 선이 $|V_{DS}|=|V_P|-|V_{GS}|$를 만족한다. 즉, $V_{GS}=0[V]$일 때 $V_{DS}=V_P$가 되며 $|V_{GS}|$의 값이 높아짐에 따라 V_{GS}의 값만큼 V_{DS}가 낮아짐을 의미한다.

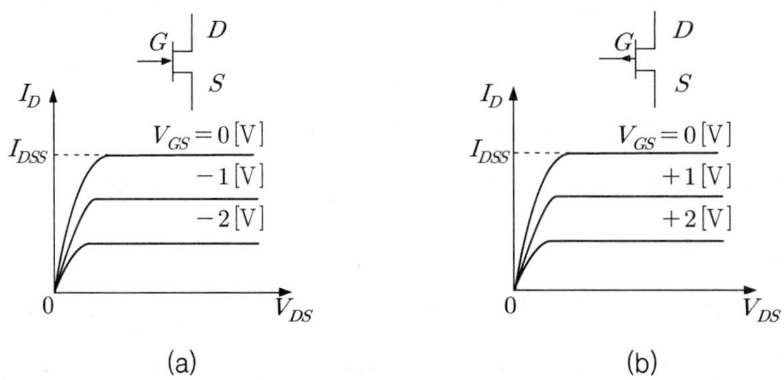

그림 3.21 JFET의 드레인 특성

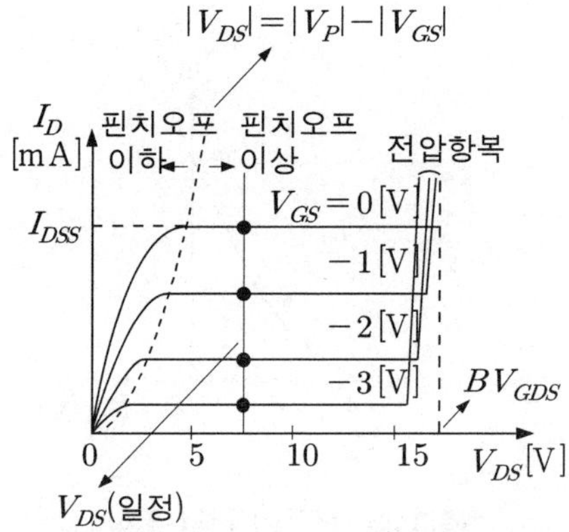

그림 3.22 n채널 JFET의 드레인 특성

결국 이 점선에서 V_{DS}축에 수직선을 내렸을 때 V_{DS} 축과 만나는 점이 각 V_{GS}에서의 V_P가 되는 것이다. 이 특성 곡선의 오른쪽은 V_{DS}를 너무 증가시키면 소자의 항복(breakdown)현상이 일어남을 나타낸 것으로, 드레인 전류 제한 회로가 외부에 있지 않으면 이런 경우는 소자가 파괴된다. 항복 전압 BV_{GDS}는 V_{GS}의 절대 값이 작을수록 커지며, 규격서에는 보통 $V_{GS} = 0$ 인 값에 대해서 표시하고 있다.

2) 전달 특성(V_{DS}의 I_D관계, V_{DS}=일정)

그림 3.19 JFET의 기본 동작 회로에서 V_{DD}를 조절해 n채널 JFET의 특성의 V_{DS}(일정)와 같이 핀치 오프 이상의 영역에 V_{DS}를 설정하고 V_{GS}를 0[V]부터 서서히 낮추면 그림 3.23 JFET의 전달 특성과 같이 된다. 이 특성을 전달 특성이라 하며 V_P와 I_{DSS}의 관계 식은 다음과 같다.

$$i_D = I_{DSS}\,(1 - \frac{V_{GS}}{V_P})^2\,[\mathrm{A}]$$

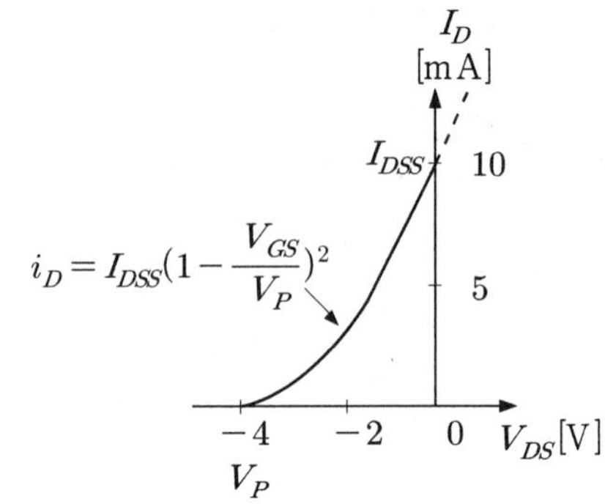

그림3.23 JFET의 전달 특성

4. 공핍 형 FET(Depletion FET)

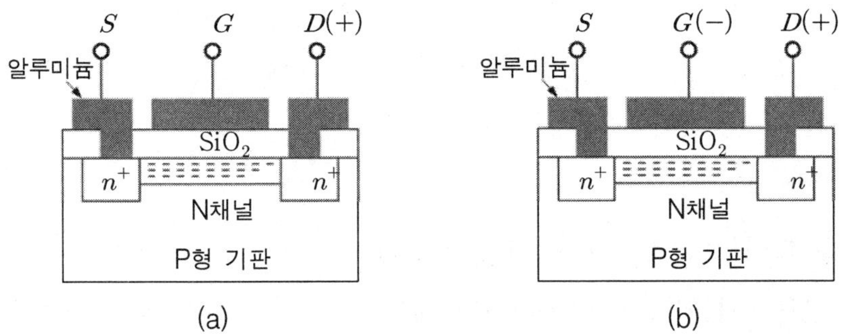

그림 3.24 n채널 공핍 형 MOSFET의 구조

(1) 드레인 특성($V_{DS}-I_D$의 관계, V_{GS}=일정)

공핍 형 MOSFET의 구조는 그림 3.24 n채널 공핍 형 MO SFET의 구조와 같으며 (−)는 n채널에 있는 자유 전자를 의미한다. 여기서 $V_{GS}=0\,[\mathrm{V}]$일 때 V_{DS}를 증가시키며 전류 I_D를 측정하게 되면, 그림

3.24의 (a)와 같이 된다.

먼저 V_{DS}가 작은 경우, V_{DS}가 증가 됨에 따라 드레인 전류 I_D가 직선적으로 증가된다.

그러나 V_{DS}가 일정값 이상이 되면, 그림 3.24의 (b)에서와 같이 채널의 저항에 따른 전압 강하로 인해, 상대적으로 많은 p형 기판의 정공이 드레인 쪽으로 유입된다.

이러한 정공은 n채널의 자유 전자와 재 결합하여 드레인 쪽의 채널의 폭을 좁게 만든다.

이 결과 핀치 오프 현상에 의해 드레인 전류 I_D가 포화되며 각 V_{GS}의 값에 대해서 같은 동작을 반복한다.

(2) 전달 특성($V_{GS}-I_D$의 관계, V_{DS}=일정)

I_D가 포화 상태에 있도록 V_{GS}를 조정해 놓고 V_{GS}를 조절해서 I_D의 변화를 관찰해 보자.

먼저 V_{GS}의 값을 (−)쪽으로 점점 증가시킨다고 가정해 보자. V_{GS}가 음의 값인 경우 많은 p형 기판의 정공이 n채널 쪽으로 유입되어 채널의 폭이 좁아진다. 반면 V_{GS}의 값을 양으로 하면 자유 전자가 n채널에 유입되어 채널의 폭이 넓어진다. 이와 같이 V_{GS}를 음의 값에서 양의 값으로 증가시키면 채널의 폭은 점점 넓어져 드레인 전류 I_D가 증가된다. 이 관계가 그림 3.25의 (b)에 나타나 있다.

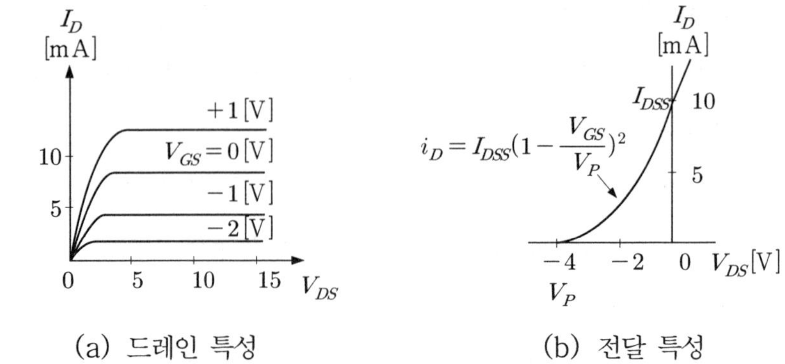

그림 3.25 n채널 공핍 형 MOSFET의 특성

5. 증가 형 FET(Enhancement FET)

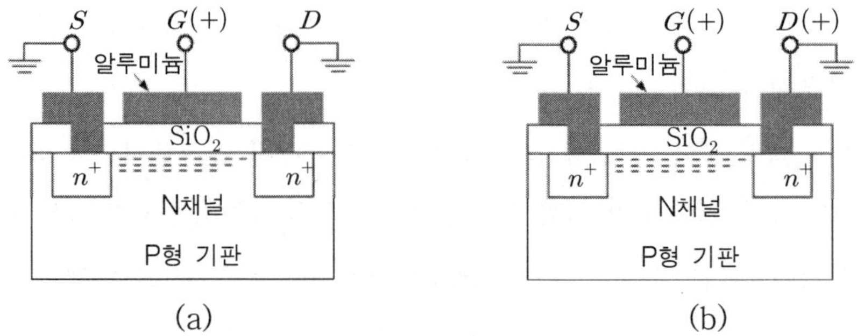

그림 3.26 n채널 증가 형 MOSFET의 구조

(1) 드레인 특성($V_{DS}-I_D$의 관계, V_{GS}=일정)

증가 형 MOSFET의 구조는 그림 3.26 n채널 증가 형 MOSFET의 구조와 같으며 (−)는 V_{GS}가 양의 값을 가지고 가해졌을 때 생성되는 자유 전자에 의한 n채널(반전층)이다. 즉, V_{GS}가 양의 값을 가지고 가해졌

을 때 채널이 생성되며, 이후 V_{DS}에 의해 전류가 흐르게 되는 것이다. 채널의 동작 원리는 간단히 다음과 같다.

먼저 게이트와 소오스 사이의 문턱 전압(threshold voltage) V_T보다 큰 양의 V_{GS}를 가해 주면, 그림 3.26의 (a)에서 처럼 드레인과 소오스의 n형 영역으로부터 자유 전자를 빼앗아서, 게이트의 절연층 밑에 자유전자를 위치시키며 이것이 채널 역할을 한다.

다음 V_{DS}를 점점 증가시키면, 채널의 저항에 따른 전압 강하에 의해 드레인과 드레인 쪽의 게이트 사이의 전압 차가 줄어들어, 그림 3.26의 (b)에서처럼 적은 양의 자유 전자가 유도된다. 따라서 적은 양의 V_{DS}에서는 I_D가 직선적으로 증가되나, V_{DS}가 일정값(V_T) 이상이 되면 핀치 오프 현상에 의해 드레인 전류 I_D가 포화되게 된다. 이 관계가 그림 3.26에 나타나 있으며, 각 $V_{GS}(> V_T)$에 대해서도 이 같은 동작을 한다.

(2) 전달 특성($V_{GS}-I_D$의 관계, V_{DS}=일정)

I_D가 포화 상태에 있도록 V_{DS}를 조정해 놓고 V_{GS}를 조절해서 I_D의 변화를 관찰해 보자. 먼저 V_{GS}가 게이트와 소오스 사이의 문턱 전압 V_T보다 작을 경우 채널이 형성되지 않아 드레인 전류 I_D가 흐르지 못한다. 그러나 V_{GS}가 V_T보다 크면 채널이 형성되며, V_{GS}가 커질수록 더 많은 전자가 유입되어 채널의 폭이 커져 더 많은 드레인 전류가 흐른다.

V_{GS}와 I_D의 관계는 수식적으로 다음과 같이 표현된다. 단, $V_{GS} > V_T$인 경우에 수식이 유효하다.

$$i_D = K(V_{GS} - V_D)^2 [A]$$

K : 소자 구조에 따른 상수(보통 0.3[mA/V^2])

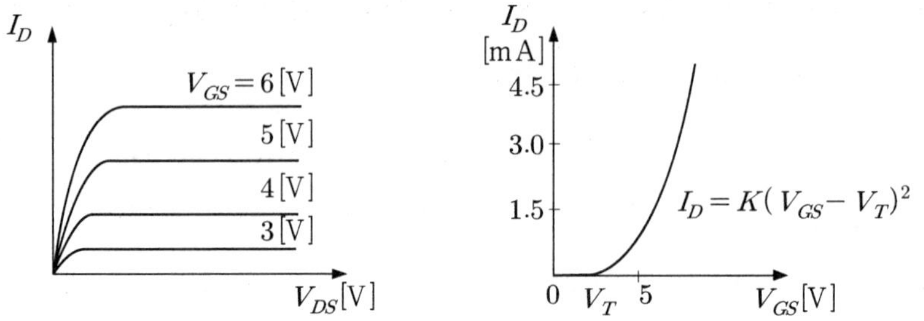

(a) 드레인 특성 (b) 전달 특성

그림 3.27 n채널 증가 형 MOSFET의 특성

6. FET 바이어스(Bias)

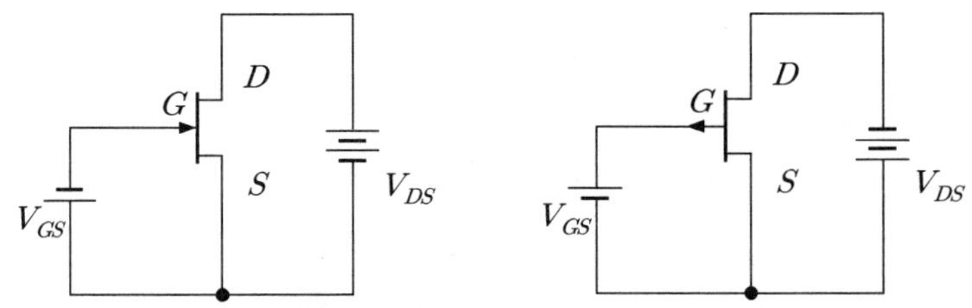

(a) n채널 형 (b) p채널 형

그림 3.28 JFET의 바이어스

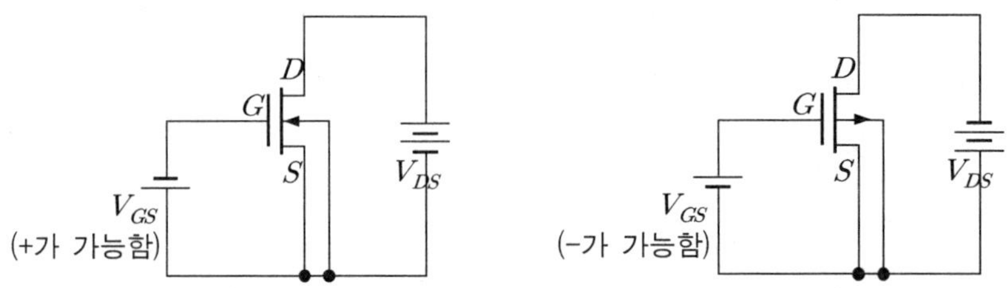

(a) n채널 형 (b) p채널 형

그림 3.29 공핍 형 MOSFET의 바이어스

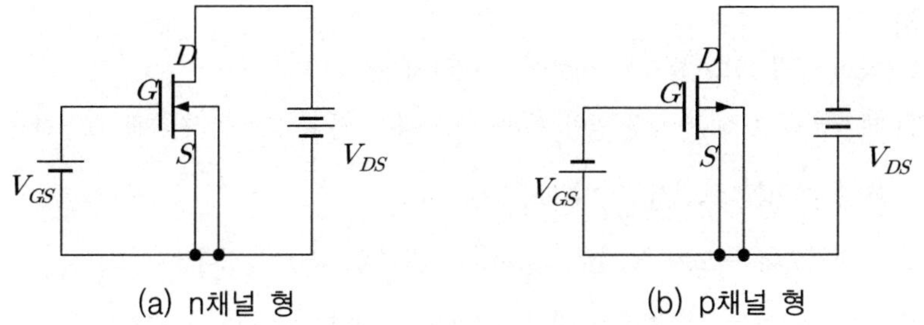

그림 3.30 증가 형 MOSFET의 바이어스

7. FET의 3정수

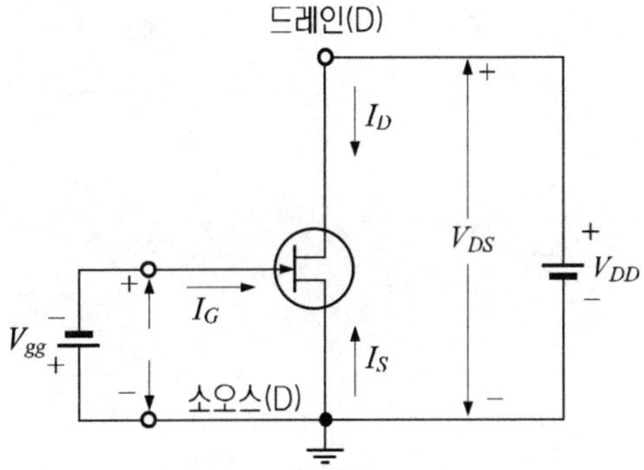

그림 3.31 JFET의 기본회로

① 전달 콘덕턴스 : $g_m = \left. \dfrac{\partial I_D}{\partial V_{GS}} \right|_{V_{DS} = \text{일정}}$

② 드레인 저항 : $r_d = \left. \dfrac{\partial V_{DS}}{\partial I_D} \right|_{V_{GS} = \text{일정}}$

③ 증폭 상수 : $\mu = \left. \dfrac{\partial V_{DS}}{\partial V_{GS}} \right|_{I_D = \text{일정}}$

따라서 $\mu = g_m \cdot r_d$

예제 3.16

전계효과 트랜지스터(FET)의 특징에 대하여 설명하시오?

해설 ① 게이트와 소스 사이에 역방향 바이어스를 가하여 드레인 전류를 제어하는 전압 제어형 트랜지스터이다.

② 트랜지스터 속도가 느리다. ③ 이득, 대역폭(GB)이 적다

④ FET 자체가 저항 작용을 하므로 MOS 소자만으로 디지털 시스템 구성이 가능하다.

⑤ N채널 MOS 소자의 스위칭 시간이 P채널보다 작다

⑥ 단극형 트랜지스터이다

⑦ 입력 임피던스가 대단히 높다.

⑧ FET에 대한 3정수 관계

ⓐ 증폭정수 (μ) , 상호 콘덕턴스(g_m) ,드레인 저항(r_d)

$\mu = g_m \times r_d$

3.3 되먹임(궤환) 증폭회로(Feedback amplifier circuit)

1. 궤환 증폭기의 개요

되먹임(feedback)의 개념은 증폭 회로에서 출력의 일부를 적절한 방법으로 입력 측으로 되돌리는 것으로 양 되먹임(positive feedback, PFB)회로와 음 되먹임(negative feedback, NFB)회로가 있다.

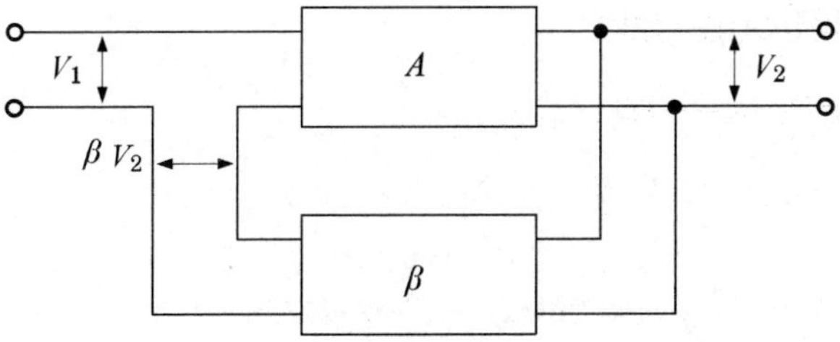

되먹임 증폭회로

그림 3.32 궤환 증폭기의 개요

1) 궤환 증폭기의 전압이득(A_{vf})

$$A_{vf} = \frac{V_2}{V_1} = \frac{A_v}{1 - \beta A_v}$$

여기서, A_v : 무궤환시의 증폭도, β : 되먹임 계수

2) 음 되먹임(부궤환)과 정 되먹임(정궤환)

① $|1 - A\beta_v| > 1$일 때 $|A_{vf}| < |A_v|$이며 이득은 궤환에 의하여 감소한다. 이 경우를 부궤환(negative feedback, 음 되먹임)이라한다.

② $|1 - A\beta| < 1$일 때 $|A_{vf}| > |A_v|$이며, 이득이 증대한다. 이 경우를 정궤환(positive feedback,양 되먹임)이라한다.

③ $|1 - A\beta| = 0$ ($|\beta A_v| = 1$일 때 $|A_{vf}| = \infty$로 발진이라고 하며, 외부 신호 없이 출력이 유한한 값을 갖는다.

④ $|1 - \beta A_v| = 1$인 경우 궤환은 없다.

3) 루프 이득(loop gain)

① βA_v는 루프 이득이라 한다.

② dB 로 표시한 궤환 량 (N_f시)

$$N_f = 20\log\left|\frac{A_{vf}}{A_v}\right| = 20\log\left|\frac{1}{1-\beta A_v}\right|[dB]$$

4) 정궤환(positive feedback) 증폭기

입력 전압이 실질적으로 증가하도록 궤환되거나, 궤환된 전압의 위상이 입력 전압의 위상과 동 위상이며, 궤환 신호 β가 (+)값을 갖는 회로이다.

① 정궤환 증폭기의 증폭도

$$A_f = \frac{X_o}{X_S} = \frac{A_v}{1-(+\beta A_v)} = \frac{A_v}{1-\beta A_v}$$

5) 부궤환 증폭기(negative feedback)

입력 신호에 귀환 신호 β 가 되돌아와 뺄셈(−)값을 갖는 회로이다(극성이 다름).

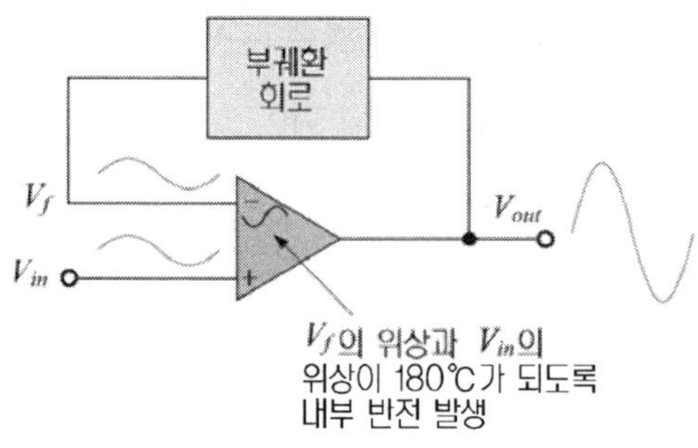

그림 3.33 부궤환 증폭회로

① 음 되먹임 증폭회로의 증폭도

$$A_{vf}=\frac{X_o}{X_S}=\frac{A_v}{1-(-\beta A_v)}=\frac{A_v}{1+\beta A_v}$$

- A_{vf} : 폐쇄루프이득 또는 전체 이득
- A_v: 개방루프이득 • β : 궤환 율
- βA_v: 궤환 이득 • $1+\beta A_v$:궤환량

② 주파수 특성이 개선된다.

$$A_{vf}=\frac{A_v}{1+\beta A_v}=\frac{1}{\dfrac{1}{A_v}+\beta}$$

의 관계에서 $A_{vf} \le A_v$인 경우, 증폭도 A_{vf}는 A_v보다 작게 되지만, 저주파나 고주파의 영역에서는 A_v보다 크게 작아지지 않아 주파수 대역이 넓어져 주파수 특성이 개선다(대역폭이 $|1-A_v\beta|$배 만큼 넓어진다).

③ 이득이 $|\frac{1}{1-\beta A_v}|$ 배 만큼 감소한다.

④ 출력의 비직선 일그러짐이 $|\frac{1}{1-\beta A_v}|$배 만큼 감소한다.

⑤ 증폭이의 이득이 안정해진다.

⑥ 잡음이 감소한다.

⑦ 입 및 출력 임피던스가 변화한다.

2. 부궤환 증폭기의 종류

(1) 직렬 전압 되먹임 회로

출력 전압 V_O이 바로 궤환 전압 $V_f(=-V_O)$로 궤환되므로 전압 궤환이며, 궤환 회로와 출력 부하 회로가 직렬이므로, 직렬 궤환이다.

$$\text{궤환비 } \beta = \frac{V_f}{V_o} = \frac{-V_o}{V_o} = -1$$

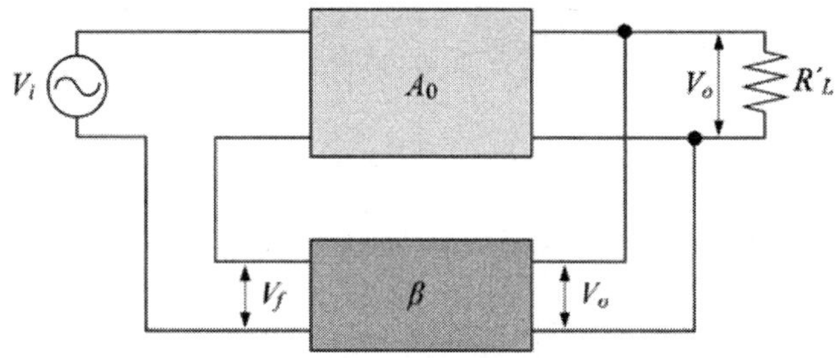

그림 3.34 직렬 전압 되먹임 회로

(2) 병렬 전압 궤환 회로

트랜지스터의 컬렉터에서 출력 전압 V_O가 출력되므로, 궤환 전류 I_f가 V_O에 비례하므로, 전압 궤환 회로이고 궤환 회로가 출력 회로와 병렬이므로 병렬 궤환 회로이다.

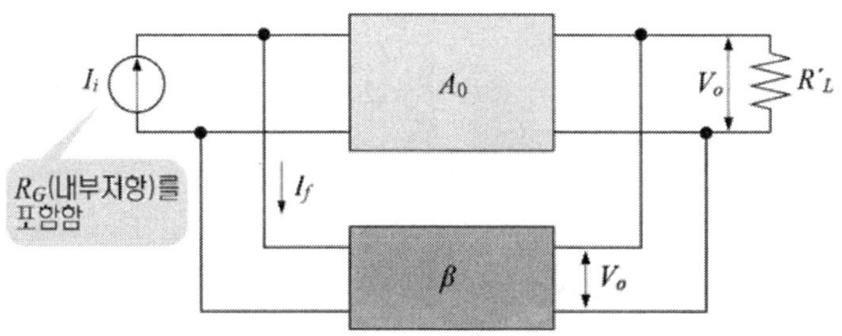

그림 3.35 병렬 전압 되먹임 회로

$$\text{궤환비 } \beta = \frac{I_f}{V_o} = \frac{V_o - V_f}{R_f} \fallingdotseq \frac{V_o}{R_f} \ (V_o \gg V_i \text{일 경우})$$

$$\text{궤환비 } \beta = \frac{I_f}{V_o} = \frac{-\frac{V_o}{R_f}}{V_o} = -\frac{1}{R_f}$$

(3) 직렬 전류 궤환 회로

출력 전압 V_O가 궤환 전압 V_f에 의하여 출력 전류 I_o가 비례하여 흘러 $V_f = -I_o \cdot R_e$가 되므로 전류 부궤환 회로이다. 궤환 회로와 출력 부하 회로가 직렬이므로, 직렬 접속 궤환 회로가 된다.

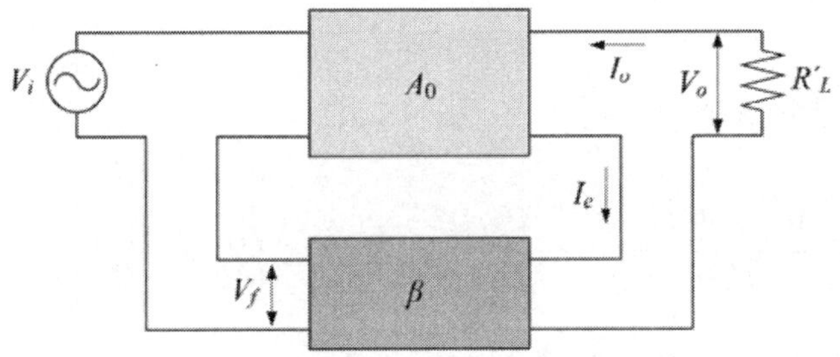

그림 3.36 직렬 전류 궤환 회로

$$\text{궤환비 } \beta = \frac{V_f}{I_o} = \frac{-I_o \cdot R_E}{I_o} = -R_E$$

(4) 병렬 전류 궤환 회로

궤환 전류 I_f가 궤환 저항 R_f를 지나 출력 회로 쪽으로 흘러, 출력 전류 I_o에 비례하므로 전류 궤환이고, 궤환 회로가 출력 부하 회로와 병렬이므로 병렬 궤환 회로이다.

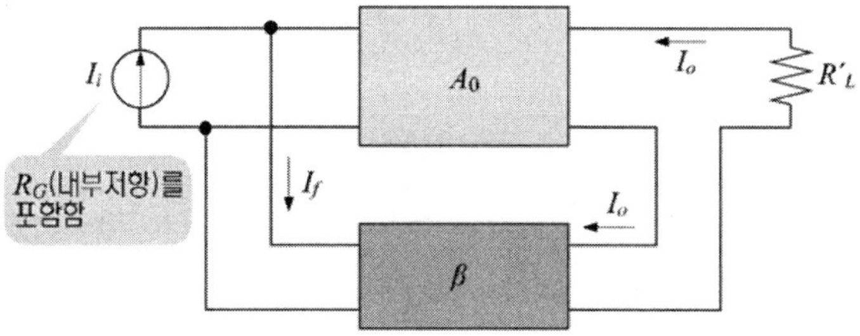

그림 3.37 병렬 전류 궤환 회로

① 되먹임계수 β는 $\beta = \dfrac{I_f}{I_0}$

$$I_f = \frac{V_{e2} - V_{i1}}{R_f} \fallingdotseq \approx -\frac{V_{e2}}{R_f}\,(R_f \gg R_e,\ V_{e2} \gg V_{i1})$$

$$\beta = \frac{I_f}{I_o} = \frac{\dfrac{-R_e \cdot I_e}{R_f}}{I_o} = -\frac{R_e}{R_f}$$

예제 3.17

출력 4V를 얻는데 궤환이 없을 때는 0.2V의 입력이 필요하고 부궤환이 있을 때는 2V의 입력이 필요하다. 궤환율은 얼마인가?

해설

궤환이 있을 때 전압 이득 $A_f = \dfrac{V_o}{V_s} = \dfrac{4}{2} = 2$, 궤환이 없을 때

$$A = \frac{V_o}{V_i} = \frac{4}{0.2} = 20$$

$$\beta = \frac{A_f - A}{A_f \times A} = \frac{2-20}{2\times 20} = \frac{-18}{40} = -0.45$$

예제 3.18

궤환 증폭기의 이득이 60[dB]의 저주파에서 0.08의 전압 부궤환을 걸면 비직선 왜곡은 얼마나 개선되는가?

해설

$$\frac{1}{D}=\frac{1}{1+A\beta}$$
$$20\log A=60[dB], A=1000$$
$$\frac{1}{1+A\beta}=\frac{1}{1+1000\times 0.08}\times 100=1.23[\%]$$

예제 3.19

이득 40 〔dB〕 의 저주파 증폭기가 10 〔%〕 의 의율을 가지고 있을 때 이것을 1 〔%〕 이내로 개선키 위해서는 얼마만큼의 부 궤환을 걸어 주어야 하는가?

해설 40 〔dB〕 의 이득은 $40=20\log_{10}A$ 에서 A는 100배 증폭이다.

따라서

$$D_2=\frac{D_1}{1-\beta A} \text{ 에서 } 1=\frac{10}{1-\beta\times 100}$$

에서 β는 -0.09의 부궤한을 걸어준다.

예제 3.20

어떤 궤환 증폭기의 전압 이득이 100이고 20[%]의 왜율을 가지고 있을 때 왜율을 5[%]정도 개선하기 위해서 얼마의 부궤환을 걸어 주어야 하는가?

해설

$$\text{왜율 개선율 } D_f=\frac{D}{1-\beta A} \quad 5=\frac{20}{1-(\beta\times 100)}$$

따라서 $\beta=-0.03$의 부궤환을 걸어준다.

예제 3.21

부궤환 증폭기에서 궤환이 없을 때 전압 이득이 80 [dB] 입력측에 궤환되는 출력 전압의 비율을 0.01이라고 한다면 이 증폭기의 이득은 몇 [dB]인가?

해설

$80\,[\mathrm{dB}] = 20\log A$ 에서 $A = 10^4 = 10000$

$$A_f = \frac{A}{1-(-\beta)A} = \frac{10000}{1+0.01\times 10000} \fallingdotseq 100$$

A_f값을 [dB]로 바꾸면

$$20\log A_f = 20\log 100 = 40\,[\mathrm{dB}]$$

예제 3.22

궤환 증폭기의 이득이 60 [dB]의 저주파에서 0.08의 전압 부궤환을 걸면 비 직선 왜곡은 얼마나 개선되는가?

해설

$$\frac{1}{D} = \frac{1}{1+A\beta}$$

$20\log A = 60\,[\mathrm{dB}],\ A = 1000$

$$\frac{1}{1+A\beta} = \frac{1}{1+1000\times 0.08}\times 100 = 1.23\,[\%]$$

3.4 연산증폭회로(Operational amplifier)

1. 연산증폭회로의 특성

연산증폭기는 직류로부터 특정한 주파수 범위 사이에서 되먹임 증폭기를 이용하여 일정한 연산을 할 수 있도록 한 직류증폭기이다. 연산증폭기기는 부 궤환의 방법에 따라서 덧셈이나 적분 등의 연산기능을 갖게 할 수 있다.

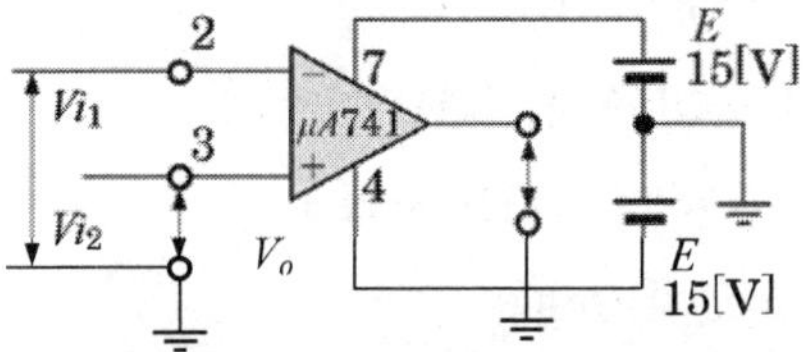

그림 3.38 연산증폭기의 구성

(1) 연산증폭기의 정확도를 높이기 위한 조건

① 큰 증폭도와 높은 안정도가 필요하다.

② 많은 양의 음 되먹임을 안정하게 걸 수 있어야 한다.

③ 좋은 차단 특성을 가져야 한다.

④ 연산증폭기는 직렬 차동 증폭기를 사용하여 구성한다.

⑤ 되먹임에 대한 안정도를 높이기 위하여 특정 주파수에서 주파수 보상 회로를 사용한다.

(2) 이상적인 연산증폭기의 특성

① 입력 저항이 무한대이다. ($R_i = \infty$)

② 출력 저항은 0이다. ($R_0 = 0$)

③ 전압 이득이 무한대이다. ($A_V = \infty$)

④ 대역폭이 무한대이다. ($BW = \infty$)

⑤ 오프세트(offset)가 0이다.

예제 3.23

연산증폭기의 특징을 쓰시오?

해설
① 입력 저항이 무한대이다. ($R_i = \infty$)
② 출력 저항은 0이다. ($R_0 = 0$)
③ 전압 이득이 무한대이다. ($A_V = \infty$)
④ 대역폭이 무한대이다. ($BW = \infty$)
⑤ 오프세트(offset)가 0이다.

(3) 기본적인 연산증폭기회로

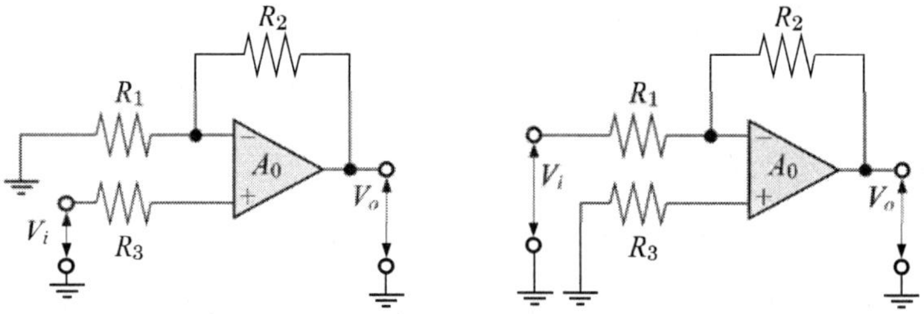

그림 3.39 기본 연산증폭기회로

1) 동상증폭회로(비 반전 연산증폭기)

① 입력 전압 V_i는 동상 입력 단자에 가함.

② 출력 V_o가 저항 R_2를 통해 역상 입력 단자에 접속되어, 음되먹임 증폭 회로를 구성됨.

③ 입력과 동상의 출력 전압이 얻어지는 증폭회로

④ 증폭도 $A = V_o / V_i = 1 + R_2 / R_1$

2) 역상증폭회로(반전 연산증폭기)

① 입력 전압 V_i는 역상 입력 단자에 가함.

② 출력 V_o가 R_2를 통하여 역상 입력 단자에 접속되므로 음되먹임 증폭 회로가 구성됨.

③ 입력과 역상의 출력 전압이 얻어지는 증폭회로

④ 증폭도 $A = V_o / V_i = -R_2 / R_1$

(4) 연산증폭회로의 응용

1) 부호 변환기(Inverting amplifier)

$Z = Z_f$이면, $A = -1$이 되므로 입력의 부호만 바뀌므로 부호 변환기가 된다.

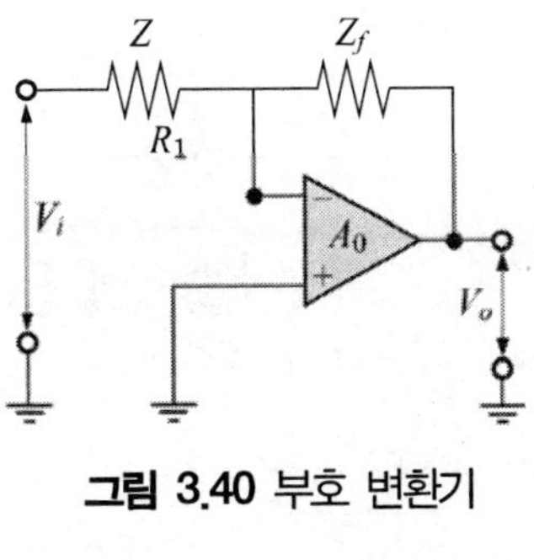

그림 3.40 부호 변환기

2) 배수기(Multiplier)

$A_{vf} = \frac{V_o}{V_s} = -\frac{Z_f}{Z}$이므로 $\frac{Z_f}{Z} = K$이면, $A_{vf} = \frac{V_o}{V_s} = -K$이다.

$V_o = -K \times V_s$이므로 K배의 배수기로 동작하므로, 배수기가 된다.

3) 가산기(Adder)

이상적인 가산기(adder)인 경우 $R_i = \infty$이므로 전류는 R_f로 흐르므로

$$i = i_1 + i_2 + \cdots + i_n = \frac{V_1}{R_1} + \frac{V_2}{R_2} + \frac{V_3}{R_3} + \cdots + \frac{V_n}{R_n}$$

$$V_o = -i \times R_f = -\left(\frac{R_f}{R_1}V_1 + \frac{R_f}{R_2}V_2 + \frac{R_f}{R_3}V_3\right)$$

만일 $R_1 = R_2 = R_3 = R_f$이면 $V_o = -(V_1 + V_2 + V_3)$이 된다.

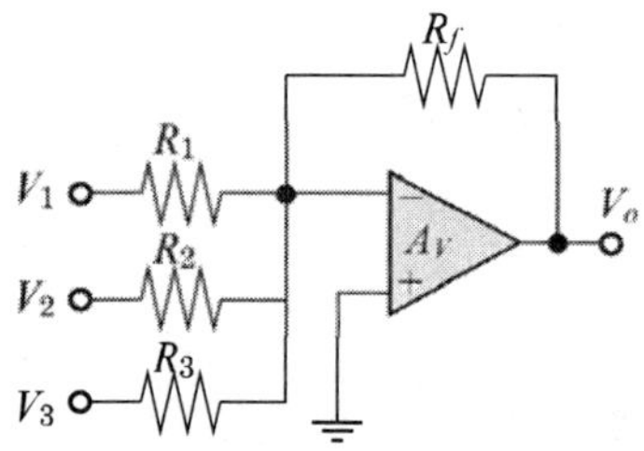

그림 3.41 가산기

예제 3.24

다음 가산기 회로에서출력은?

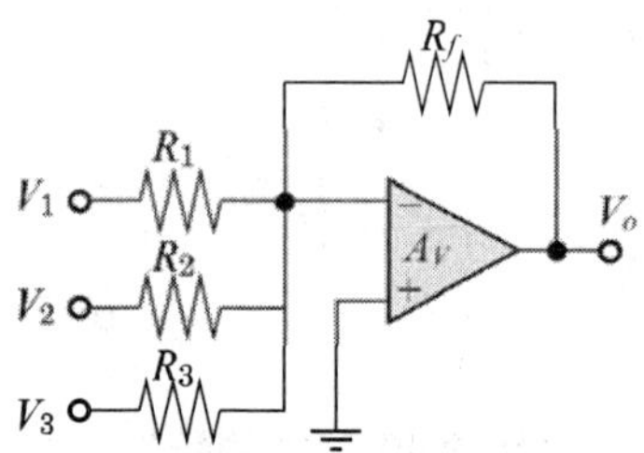

(단, $R_1 = 1[k\Omega], R_2 = 2[k\Omega], R_3 = 3[k\Omega], R_f = 1[k\Omega]$,
$V_1 = 1[V], V_2 = 2[V], V_3 = 3[V]$)

해설 $V_0 =-(\frac{1}{1}\times 1+\frac{1}{2}\times 2+\frac{1}{3}\times 3)=-3[V]$

예제 3.25

그림과 같은 연산증폭기의 출력전압e_o을 구하여라

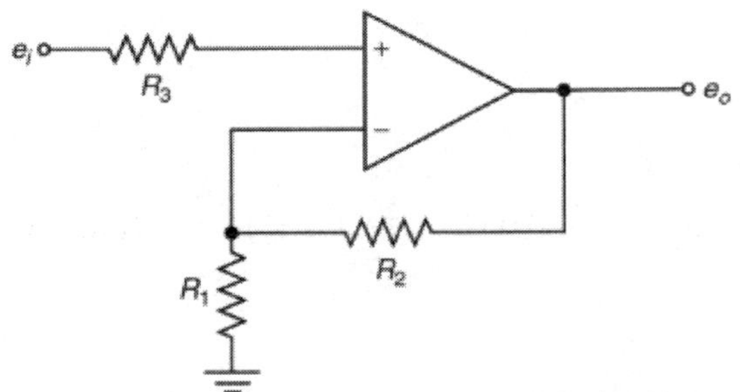

단 $e_i = 20[V], R_3 = 1[k\Omega], R_1 = 2[k\Omega], R_2 = 4[k\Omega]$

해설

① 비 반전 증폭기의 출력 전압 $V_o = (1+\frac{R_f}{R_i})V_i$

② 반전 증폭기의 출력은 $V_o =-(\frac{R_f}{R_i})V_i$

비반전 증폭기이므로 $A_{vf} = (1+\frac{4[k\Omega]}{2[k\Omega]})\times 20[V] = 60[V]$

예제 3.26

다음 연산증폭기에서 $Vin = 5[V]$일 때 출력 전아 V_O 구하시오

해설

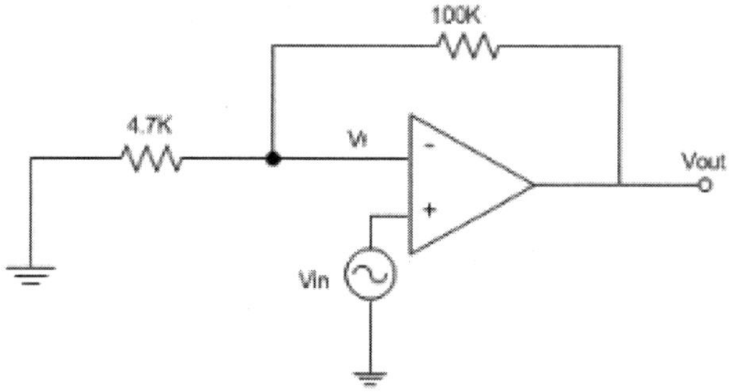

반전증폭기 이므로

$V_O = -Z_f/Z = -(100K/4.7K) \times 5[V] = -106.4[V]$

4) 미분기(Differentiator)

그림 3.42는 미분기 회로를 나타내었다.

그림 3.42에서 $Z = C$, $Z_f = R$을 사용하면 미분기로 사용할 수 있다.

$V_o = -i \cdot R$이므로 C에 흐르는 전류 $i = C\dfrac{dV_i}{dt}$가 된다.

출력 전압 $V_o = -i \cdot R = -RC\dfrac{dV_i}{dt}$가 된다.

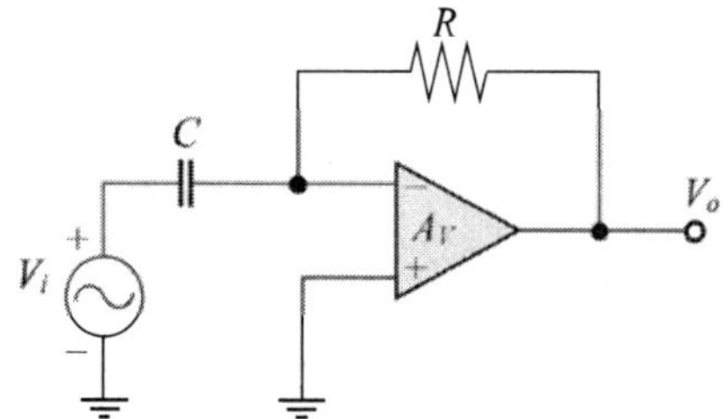

그림 3.42 미분기

5) 적분기(Integrator)

그림 3.43은 적분기 회로를 나타낸다. $Z=R$, $Z_f=C$을 사용하면 적분기로 사용할 수 있다.

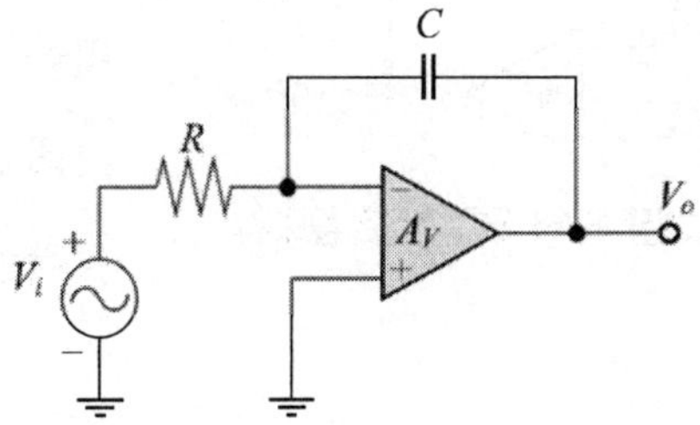

그림 3.43 적분기

$V_0=-\int i \cdot dt$이므로 R에 흐르는 전류 $i=\dfrac{V_i}{R}$이다.

$V_o=-\dfrac{1}{C}\int i \cdot dt=-\dfrac{1}{C}\int \dfrac{V_i}{R} \cdot dt = -\dfrac{1}{CR}\int V_i \cdot dt$가 된다.

예제 3.27

적분기 출력을 나타내는 식을 쓰시오

해설 $V_o=-\dfrac{1}{CR}\int v_i dt$

① 부궤환 증폭기의 증폭도 $A_f=\dfrac{A}{1+A\beta}$

② 정궤환 증폭기의 증폭도 $A_f=\dfrac{A}{1-A\beta}$

③ 비 반전 증폭기의 증폭도 $A=1+\dfrac{R_2}{R_1}$

④ 반전 증폭기의 증폭도 $A=-\dfrac{R_2}{R_1}$

⑤ 가산기 출력은 $V_o=-(\dfrac{R_f}{R_1}V_1+\dfrac{R_f}{R_2}V_2+\dfrac{R_f}{R_3}V_3)$

⑥ 미분기 출력 $V_o=-(RC\dfrac{dV_i}{dt})$

⑦ 적분기 출력 $V_o=-\dfrac{1}{CR}\int v_i dt$

6) DC 전압 플로워

DC 전압 플로워(DC voltage follower)는 입력과 출력 전압의 크기는 서로 같고 동 위상이며, 입력 저항 $R_i=\infty$, 궤환 저항 $R_f=0$인 회로이

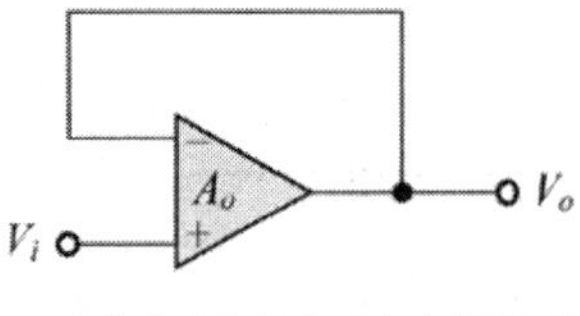

그림 3.44 DC 전압 플로워

다. 그림 3.44 회로와 같이 입력 2단자가 단락되고, 두 개의 입력이 서로 접속되어 있으므로, 출력 전압 V_o가 입력 전압 V_s을 그대로 따라서 변한다. 즉 $V_o = V_s$이므로 DC 전압 폴로워로서 동작한다.

7) 반전 연산증폭기

$$V_o = -\frac{R_f}{R_i} V_i$$

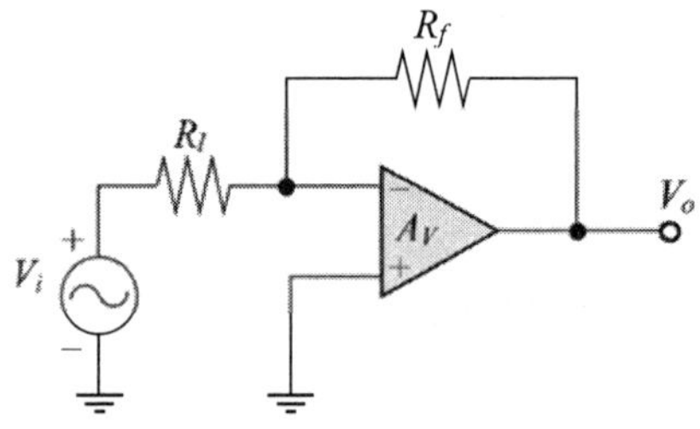

그림 3.45 반전 연산증폭기

8) 비 반전 연산증폭기

$$V_o = (1 + \frac{R_f}{R_i}) V_i$$

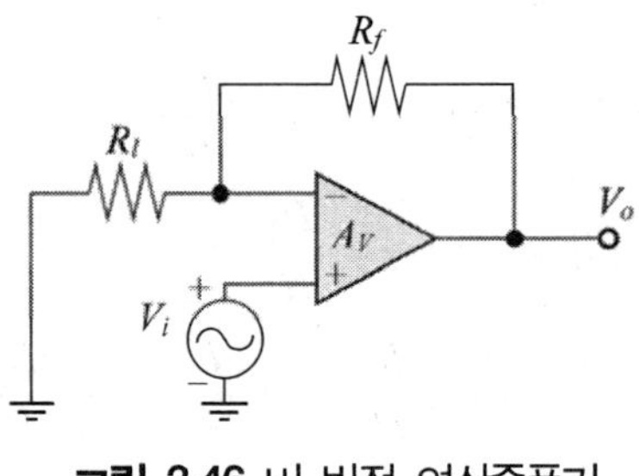

그림 3.46 비 반전 연산증폭기

예제 3.28

다음과 같은 가산기 연산증폭기회로의 출력을 구하시오.

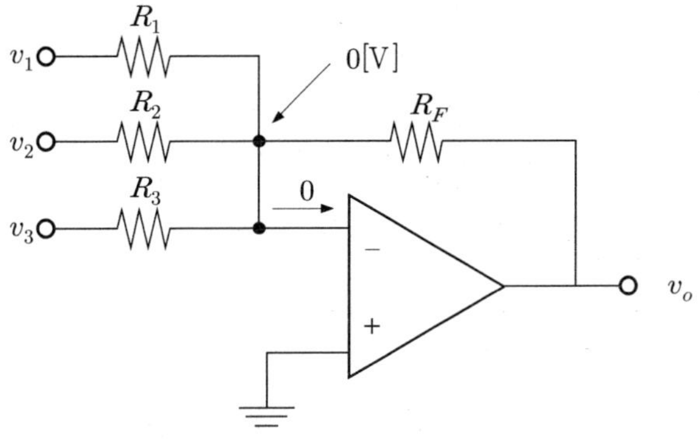

해설 $V_o = -i \times R_f = -(\frac{R_f}{R_1}v_1 + \frac{R_f}{R_2}v_2 + \frac{R_f}{R_3}v_3)$

예제 3.29

이상적인 연산증폭기의 $\frac{v_o}{v_s}$ 값을 구하시오.

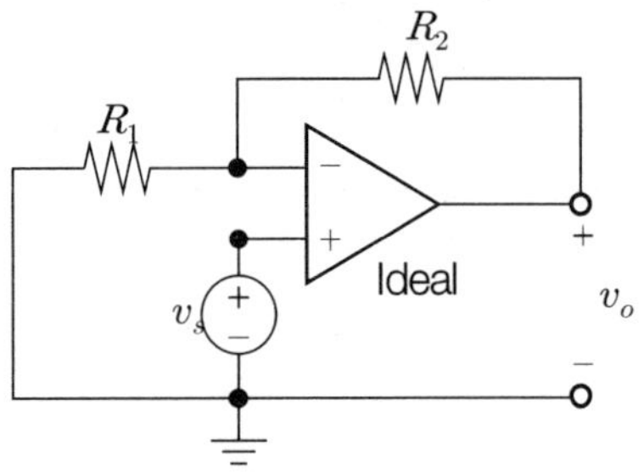

해설 비 반전 연산증폭기이므로 $\frac{v_o}{v_s} = 1 + \frac{R_2}{R_1}$

예제 3.30

$v_i = 5\,[\mathrm{V}]$일 때 출력 전압 v_o을 구하시오.

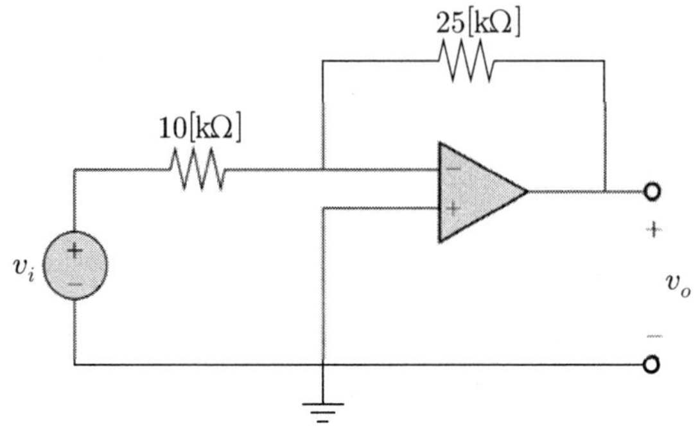

해설 반전 연산증폭기 $v_o = -\dfrac{Z_f}{Z}V_s = -\dfrac{25}{10}\times 5[\mathrm{V}] = -12.5\,[\mathrm{V}]$

예제 3.31

그림과 같은 연산증폭기의 출력 전압 e_o을 구하여라.

단 $e_i = 20\,[\mathrm{V}]$, $R_3 = 1\,[\mathrm{k\Omega}]$, $R_1 = 2\,[\mathrm{k\Omega}]$, $R_2 = 4\,[\mathrm{k\Omega}]$

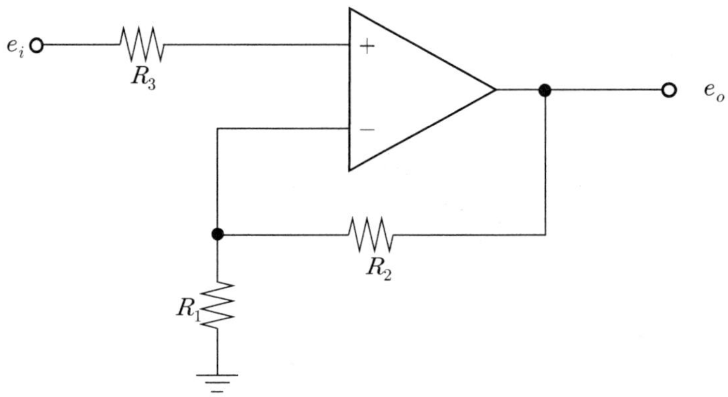

해설 비 반전 연산증폭기이므로

$$A_{vf} = \frac{e_o}{e_i} = (1 + \frac{R_2}{R_1}) = (1 + \frac{4}{2}) = 3$$

$$e_o = e_i \times A_{vf} = 20[\mathrm{V}] \times 3 = 60\,[\mathrm{V}]$$

예제 3.32

아래 비 반전 연산증폭기회로의 증폭기 이득을 계산하여라.

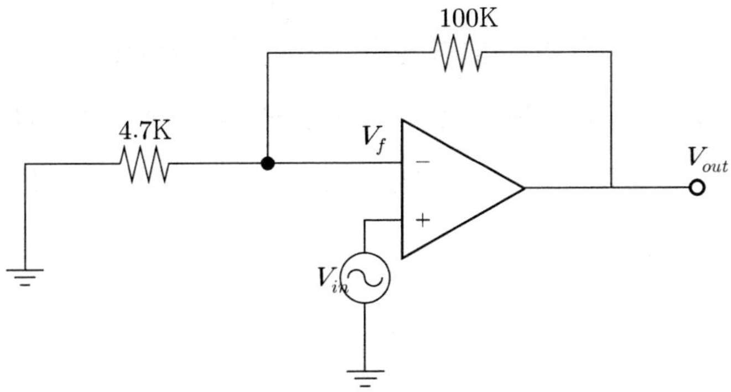

해설 비 반전 연산증폭기에서

$$V = (1 + \frac{R_f}{R_i}) V_i, \quad \frac{V_o}{V_i} = A$$

$$A = 1 + \frac{100[\mathrm{k\Omega}]}{4.7[\mathrm{k\Omega}]} = 22.3$$

$$20\log A = 20\log 22.3 = 26.96\ [\mathrm{dB}]$$

예제 3.33

폐 루프 이득이 -100이 되기 위한 R_f값을 구하시오.

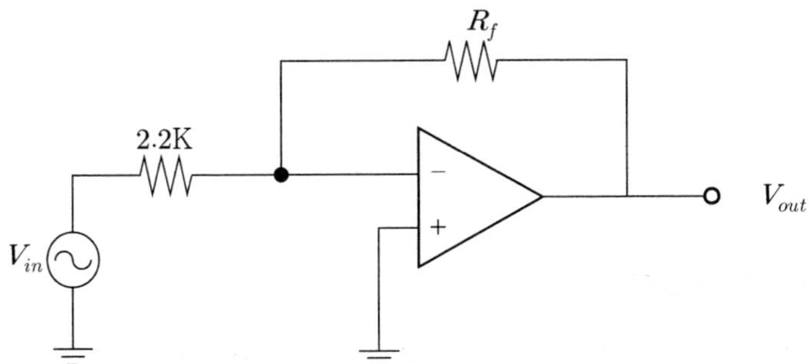

해설

$$A = -\frac{R_f}{R_i}, \quad R_f = -A \times R_i = 100 \times 2.2[\mathrm{k\Omega}] = 220\ [\mathrm{k\Omega}]$$

2. 차동증폭회로의 개요

일반적으로 연산증폭기의 입력 단은 차동증폭기(differential amplifier)로 구성되어 있고, 차동증폭기는 연산증폭기의 내부 동작의 핵심적인 요소이므로 차동증폭기에 대해 이해가 필요하다. 그림 3.47은 기본적인 차동증폭기 회로도이다.

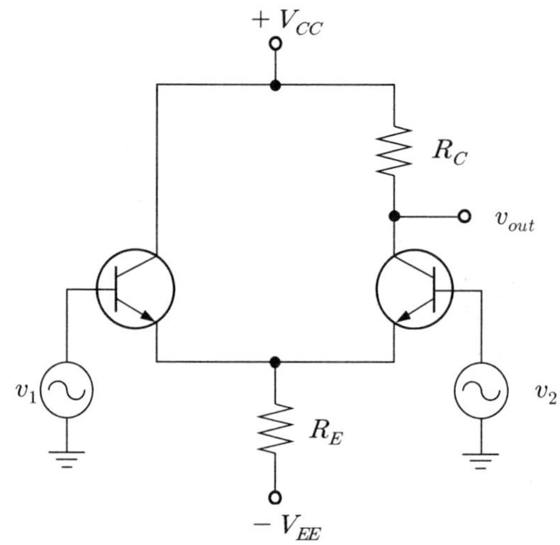

그림 3.47 차동증폭기

(1) 동작 원리

1) 차동증폭기의 기본동작

2개의 트랜지스터 TR_1과 TR_2의 베이스에 2개의 입력 신호를 가하여 그 두 신호의 차로 나타나는 출력을 트랜지스터 TR_1과 TR_2의 컬렉터로부터 나오도록 한다. 2개의 입력 단자에 가해진 2개의 신호차를 증폭하여 출력으로 하는 회로이다.

차동 출력은 $V_{out} = V_{C2} - V_{C1} = A_V(V_1 - V_2)$

여기서 A_V는 전압이득이다.

2) 차동증폭기 차동 입력 및 단일 출력

그림 3.48과 같은 차동증폭기에서 차동 입력 및 단일 출력일 경우 출력은 차동 출력의 반이 된다.

차동 출력은 $V_{out} = A_V(V_1 - V_2)$

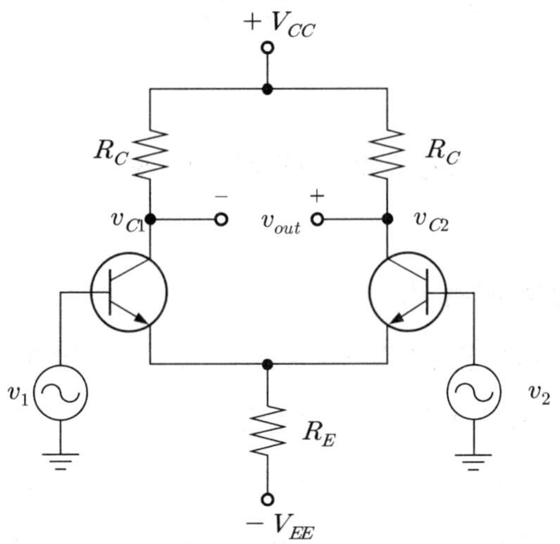

그림 3.48 차동증폭기 차동 입력 및 단일 출력

3) 차동증폭기의 단일 입력모드 동작

한쪽 트랜지스터의 베이스에는 교류 입력 전압을 인가하고, 다른 쪽 트랜지스터의 베이스는 접지시키는 신호 동작을 단일 입력(single ended input) 모드로 동작한다.

차동 출력은 $V_{out} = A_V V_1$이 된다.

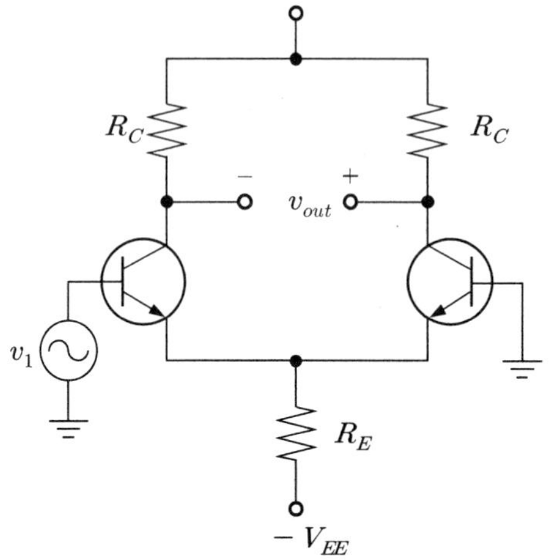

그림 3.49 차동증폭기 단일 모드

4) 동 위상 신호 제거 비

원하는 신호는 차동증폭기의 한 쪽 혹은 두 입력 단자에 인가되어 증폭되어 출력되지만, 원하지 않는 신호(잡음)는 차동증폭기에 의해 제거 되어 출력에는 나타나지 않는다. 이와 같이 동상 신호를 제거하는 정도를 동상 신호 제거 비(CMRR ; common mode rejection)라고 하며, 이것은 차동증폭기의 성능을 평가하는 중요한 파라미터가 된다.

이상적인 차동증폭기는 원하는 신호 입력에 대한 이득(차동 이득)은 매우 높아, $CMRR = \infty$가 되어야 하며, 원하지 않는 동상 신호에 대한 이득(동상 이득)은 0이다. 동상 이득을 A_c이라 하고 차동 신호 이득 A_d라고 하면 동상 신호 제거 비 $CMRR$은 다음과 같이 정의된다.

$$CMRR = A_d / A_c$$

$$CMRR = 20\log_{10}(A_d / A_c)\,[\mathrm{dB}]$$

$CMRR$이 클 수록 우수한 차동 특성을 나타낸다.

예제 3.34

어떤 차동증폭기의 차동 전압 이득은 3000이고 동상 이득은 0.2이다. $CMRR$을 계산하고 이를 데시벨로 나타내어라.

해설 $CMRR = A_d / A_c = 3000/0.2 = 15,000$

$CMRR = 20\log_{10}(15,000) = 83.5\,[\text{dB}]$

예제 3.35

차동 증폭기의 특징에 대하여 설명하시오?

해설

① Common Mode Rejection Ratio: 동 위상 이득에 대한 차동 이득의 비를 말한다.

② 이 값이 클수록 차동증폭기의 성능이 좋다.

③ $CMRR = \frac{A_d}{Ac}$ (차동이득/ 동 위상 이득)

④ $CMRR = \infty$ (차신호만을 증폭시켜야 이상적임)

⑤ 차동증폭기의 동상입력에 대한 오차를 알 수 있는 매개수가 된다.

⑥ 동상이득 $A_c = \frac{A_d}{CMRR}$

⑦ 차동이득 $A_d = CMRR \times A_c$

예제 3.36

어떤 차동증폭기의 차동전압이득은 3000이고 동상이득은 0.2이다. $CMRR$을 계산하고 이를 데시벨로 나타내어라?

해설

$CMRR = Ad/Ac = 3000/0.2 = 15,000$
$CMRR = 20\log 1015,000 = 83.5[dB]$

예제 3.37

차동증폭기에서 두 입력 전압이 각각
$V_1 = 100[mV]$, $V_2 = -100[mV]$일 때 V_0는?

해설

$$CMRR = \rho = \frac{A_d}{A_c} = 10$$
$$V_d = V_1 - V_2 = 100 - (-100) = 200[mV]$$
$$V_c = \frac{1}{2}(V_1 + V_2) = \frac{1}{2}(100 - 100) = 0$$
$$V_0 = A_d V_d\left(1 + \frac{1}{\rho}\frac{V_c}{V_d}\right) = 200 \times 10^{-3} \times 10\left(1 + \frac{1}{10} \times \frac{0}{200 \times 10^{-3}}\right) = 2[V]$$

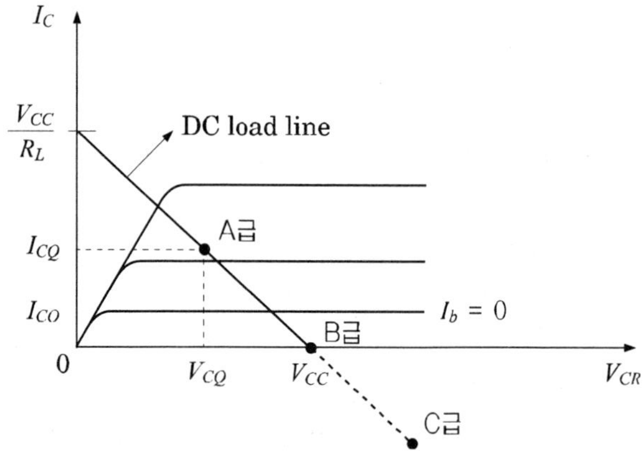

그림 3.50 트랜지스터의 동작 점[예제] 위치

3.5 전력 증폭회로(Power amplifier)

부하를 동작시키는데 필요한 전력을 공급하기 위한 증폭회로이다. 전력 증폭기는 부하에 큰 전력을 공급하고 효율이 좋고 일그러짐이 최소가 되도록 부하의 임피던스를 결정해야 한다.

전력 증폭 방식의 형태를 분류하는 기준으로는 베이스에 흐르는 전류를 어느 정도로 하느냐에 따라 결정되는데, 이는 부하선의 동작 점(Q, Quiescent)의 위치에 따라서 결정된다.

1. A급 싱글 전력 증폭회로

A급 전력 증폭기는 직렬 부하인 경우와 병렬 부하인 경우로 나눌 수 있으며 직렬 부하 증폭기는 입력 신호가 없는 경우에도 직류 전류가 컬렉터에 흘러 전력 손실이 커서 효율이 낮으므로, 전력 증폭기로 적합하지 않다. 또한 효율을 보다 개선을 할 목적으로 병렬 부하 증폭기를 사용한다.

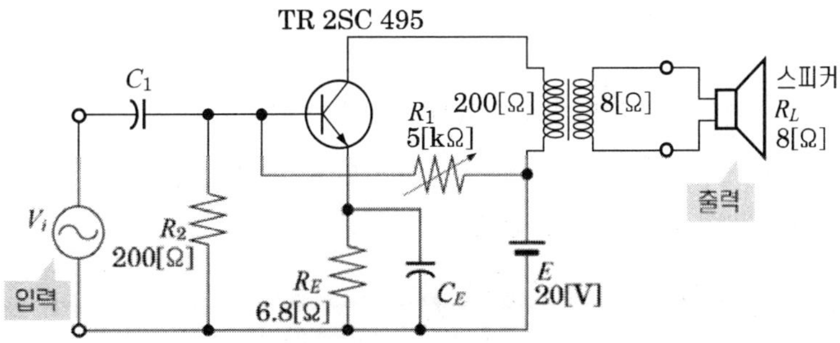

그림 3.51 A급 전력 증폭회로

(1) 직류회로와 교류회로로 나누어 회로 동작 생각

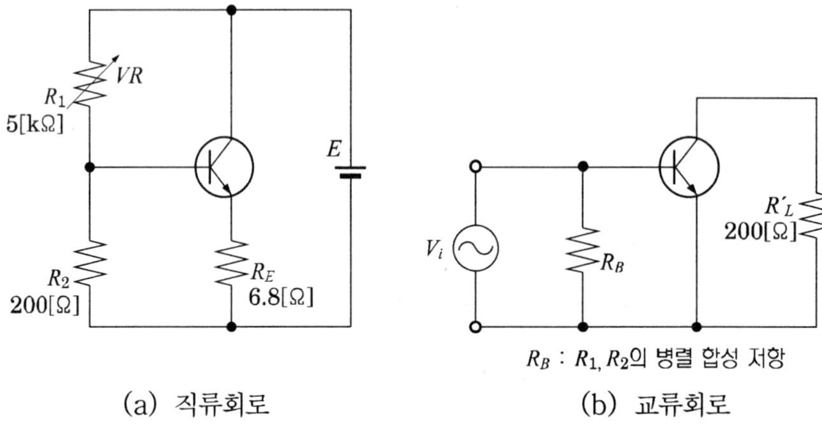

그림 3.52 직류회로와 교류회로

(2) 직렬 부하의 경우

그림 3.51에서 $I_{CQ} = I_Q = \dfrac{V_{CC}}{2R_L}$, $V_{CQ} = V_Q = \dfrac{V_{CC}}{2}$,

기울기$= \dfrac{1}{R_L}$

① 교류 출력 P_{ac}

P_{ac} =전압의 실효 값×전류의 실효 값

$$P_{ac} = \frac{1}{\sqrt{2}} I_m \times \frac{1}{\sqrt{2}} V_m = \frac{1}{2} I_m V_m = \frac{I_m^2 R_L}{2}$$

② 부하에 전달 되는 신호 전력

$$P_O = \frac{V_{CC}(2I_{CQ})}{8} = \frac{V_{CC}(I_{CQ})}{4}$$

(I_{CQ} : 동작점 Q의 컬렉터 전류)

여기서 $I_{CQ} = I_Q = \frac{V_{CC}}{2R_L}$을 대입하면

$$P_O = \frac{V_{CC}}{4} \cdot \frac{V_{CC}}{2R_L} = \frac{V_{CC}^2}{8R_L}$$

③ 직류 출력 P_{dc}

$$P_{dc} = V_{CC} \cdot I_{CQ} = \frac{V_{CC} I_C}{2} = \frac{V_{CC}^2}{2R_L}$$

$$(I_C = \frac{V_{CC}}{R_L},\ I_{CQ} = \frac{1}{2} I_C)$$

④ 효율

$$\eta = \frac{P_{ac}}{P_{dc}} \times 100[\%]$$

이므로 직렬 부하인 경우 $\eta = \frac{\frac{V_{CC}^2}{8R_L}}{\frac{V_{CC}^2}{2R_L}} \times 100[\%] = [25]\%$

⑤ 트랜스 결합 A급 전력 증폭기(병렬)

효율 η는 $\eta = \frac{\frac{V_{CC}}{2R_L}}{\frac{V_{CC}^2}{2R_L}} \times 100[\%] = [50]\%$

$\therefore R_L$의 교류 저항 $R_{ac} = (\frac{n_1}{n_2})^2 \cdot R_L$, 권선 비 $n = \frac{n_1}{n_2}$

2. B급 푸시풀 전력 증폭회로

(1) B급 푸시풀 증폭회로

출력 변성기를 사용하지 않은 푸시풀 증폭회로이다.

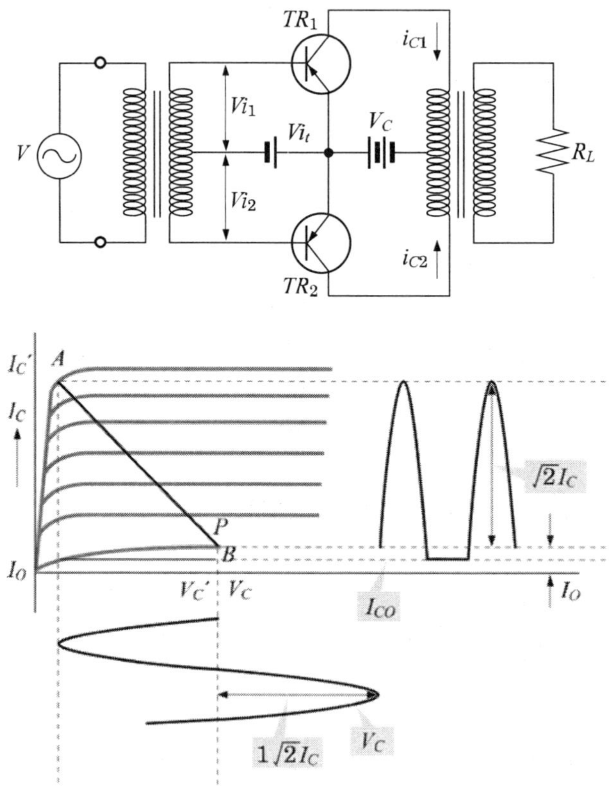

그림 2.53 B급 푸시풀 증폭회로

1) B급 증폭에서는 동작 점을 차단 점(0 바이어스) 부근에 잡아 출력을 크게 할 수 있고 효율이 비교적 높다(78.5[%]).

2) 동작 점 Q에서 낭비되는 전력을 없애고, 효율을 높이기 위해 동작 점 Q 차단 점으로 선정한 뒤 두 개의 TR을 사용 입력 파형의 (+)와 (−) 부분을 각각 분할 증폭하도록 만든 증폭기이다.

3) 입력 신호의 반 주기 동안에 TR_1의 베이스에 (−)전압이 되면 TR_1의 베이스에 전류가 흘러 TR_1의 컬렉터에도 전류가 흐르므로 부하 R_L에 전류가 흐른다. 이 때 TR_2는 차단 상태가 된다. 입력 신호가 다음의 반 주기가 되면 TR_1은 차단되고 TR_2가 도통이 되어 R_L에 반대 방향으로 전류가 흐른다. 입력 신호를 반 주기 씩 맡아 TR_1과 TR_2가 교대로 동작하지만 유도 된 전압에 의해 R_L에는 입력 신호와 같은 파형으로 된다.

4) V_B와 V_C는 TR_1과 TR_2의 바이어스용 전원이다.

5) **특징**

① 직류 바이어스 전류가 매우 작아도 된다.
② 입력이 없을 때에 컬렉터 손실이 작다.
③ 큰 출력을 낼 수 있다.
④ 짝수(우수) 고조파 성분이 상쇄된다.
⑤ 출력 증폭 단에 많이 쓰인다.
⑥ TR_1과 TR_2가 동일하지 않을 경우 출력 전압의 0[V] 부근에서 찌그러짐이 발생한다. 이것은 바이어스가 맞지 않을 때도 발생하며 크로

스오버 일그러짐이라 한다(TR의 차단 전압은 0.7[V]이다).

⑦ 험(hum)잡음이 소거된다.

3. C급 전력 증폭기

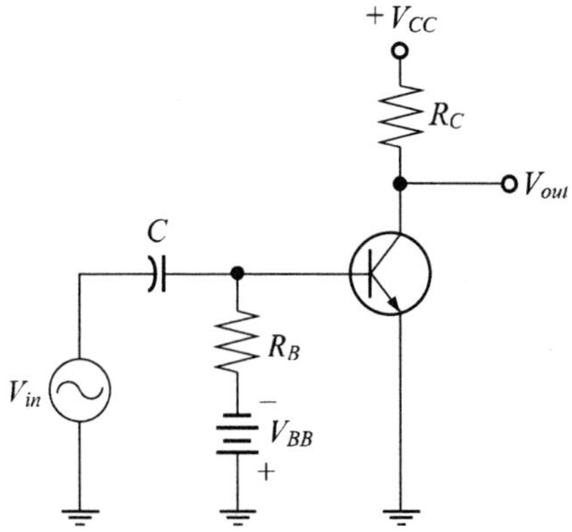

그림 3.54 C급 전력 증폭회로

C급 대 신호 증폭기의 동작은 트랜지스터는 입력 교류 신호의 짧은 기간 동안만 도통되고 대부분의 시간 동안에는 차단 영역에 있게 되는 동작을 의미한다. C급 전력 증폭기는 큰 출력을 얻을 수 있으나, 출력 파형에 심한 왜곡이 생기기 때문에 고주파 동조 증폭기에만 제한적으로 사용된다.

✽연습문제✽

01 트랜지스터의 안정도 S를 옳게 나타낸 것은? (단, I_{co} : 컬렉터 차단 전류, I_c : 켈렉터 전류, I_b : 베이스 전류)

㉮ $S=\dfrac{\Delta I_{CO}}{\Delta I_C}$ ㉯ $S=\dfrac{\Delta I_{CO}}{\Delta IB}$ ㉰ $S=\dfrac{\Delta IB}{\Delta I_{CO}}$ ㉱ $S=\dfrac{\Delta I_C}{\Delta I_{CO}}$

해설 안정도 S는 $S=\dfrac{\Delta I_C}{\Delta I_{CO}}$로 정의하고 S가 작을수록 안정도가 좋다.

02 고정 바이어스 회로의 안정도 S의 값은?

㉮ $S=\dfrac{1+\beta}{1-\beta\dfrac{dI_B}{dI_C}}=1+\beta$

㉯ $S=1-\dfrac{1+\beta}{1-\beta\dfrac{dI_B}{dI_C}}=\dfrac{1+\beta}{1+\beta\cdot R_e/(R_e+R_b)}$

㉰ $S=\dfrac{1+\beta}{1-\beta\dfrac{dI_B}{dI_C}}=\dfrac{1+\beta}{1+\beta\dfrac{R_c}{R_C+Rb}}$

㉱ $S=1-\dfrac{1+\beta}{1-\beta\dfrac{dI_B}{dI_C}}=\dfrac{1+\beta}{1+\beta\cdot R_b/(R_e+R_b)}$

해설 ㉮ 고정바이어스 회로의 안정도 ㉯ 전류 궤환 바이어스의 안정도 ㉰ 전압 궤환 바이어스의 안정도

03 고정 바이어스회로에서 $V_{BE} = 0.7\,[\mathrm{V}]$, $\beta = 50$, $R_C = 5\,[\mathrm{K\Omega}]$, $V_{CC} = +10\,[\mathrm{V}]$일 때 동작점 직류출력 전압 $V_{CO} = 6\,[\mathrm{V}]$로 하려면 R_B의 값은 얼마로 해야 하는가?

㉮ 약 523[KΩ] ㉯ 약 648[KΩ] ㉰ 약 581[KΩ] ㉱ 약 750[KΩ]

해설 컬렉터 전류 $I_C = \dfrac{V_{CC} - V_{CO}}{R_C} = \dfrac{10-6}{5000} = 8 \times 10^{-4}\,[\mathrm{A}]$

베이스전류 $I_B = \dfrac{I_C}{\beta} = \dfrac{8 \times 10^{-4}}{50} = 1.6 \times 10^{-5}\,[\mathrm{A}]$

$\therefore R_B = \dfrac{V_{CC} - V_{BE}}{I_B} = \dfrac{10 - 0.7}{1.6 \times 10^{-5}} \fallingdotseq 581[\mathrm{K\Omega}]$

04 다음 그림과 같은 회로에서 베이스의 전류 I_B를 구하면?
(단, $R_1 = 100[\mathrm{k\Omega}]$, $E = 6\,[\mathrm{V}]$이다.)

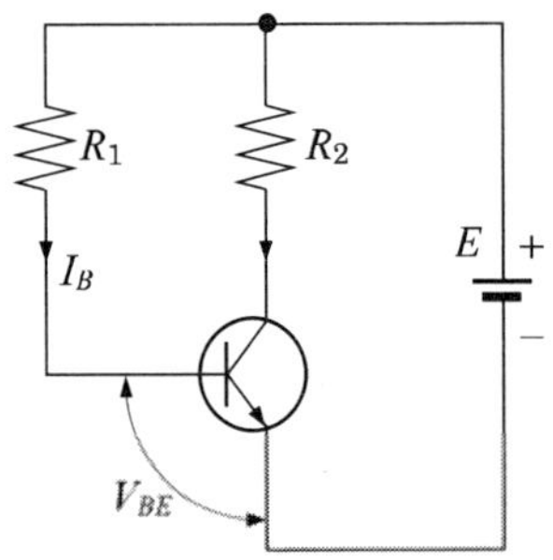

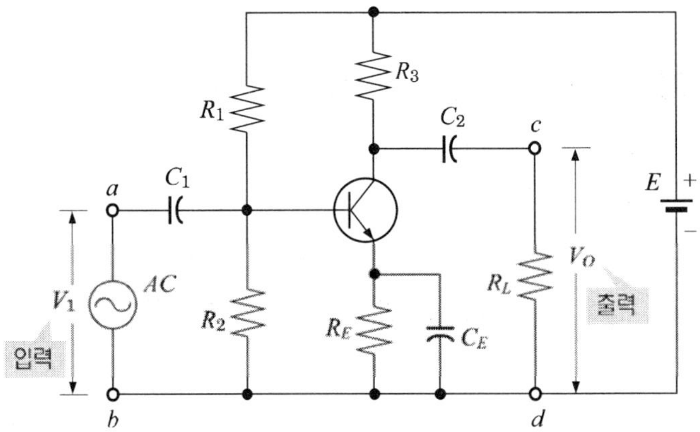

㉮ 2.7[mA] ㉯ 2.7[μA] ㉰ 54[μA] ㉱ 54[mA]

해설 $I_B = \dfrac{V_{CC} - V_{BE}}{R_B} = \dfrac{6 - 0.6}{100 \times 10^3} = 54\,[\mu\mathrm{A}]$

05 다음 그림은 어떤 바이어스(bias)회로인가?

㉮ 전압 궤환 bias ㉯ 고정 bias
㉰ 전류 궤환 bias ㉱ 전압 궤환 bias

06 어떤 부궤환 증폭기에서 궤환이 없는 경우의 전압이득을 60 [dB], 입력측에 궤환되는 궤환율이 0.009라면 이 부궤환 증폭기의 이득은 얼마인가?

㉮ 약 10배 ㉯ 약 100배 ㉰ 약 111배 ㉱ 약 125배

해설 전압이득 60 [dB]는 $60 = 20\log_{10} A$에서 증폭도 $A = 1000$이다. 그러므로 궤환을 걸었을 때

증폭도 A_f는 $A_f = \dfrac{A}{1-\beta A} = \dfrac{1000}{1-(-0.009\times 1000)} = 100$

07 이득 40 [dB]의 저주파 증폭기가 10 [%]의 의율을 가지고 있을 때 이것을 1 [%] 이내로 개선키 위해서는 얼마만큼의 부궤환을 걸어 주어야 하는가?

㉮ ≒ 10 [dB] ㉯ ≒ 20 [dB] ㉰ ≒ 30 [dB] ㉱ ≒ 40 [dB]

해설 40 [dB]의 이득은 $40 = 20\log_{10}A$에서 A는 100배 증폭이다. 따라서

$D_2 = \dfrac{D_1}{1-\beta A}$에서 $1 = \dfrac{10}{1-\beta\times 100}$이므로 $\beta = \dfrac{1}{10}$이다. 그러므로

$G = 20\log_{10}\beta = 20\log_{10}\dfrac{1}{10} = -20$ [dB]

08 궤환이 없을 때의 증폭도 100의 증폭회로에 궤환율 -0.01의 부궤환을 걸었을 때 증폭도는 얼마인가?

㉮ 500 ㉯ 50 ㉰ 0.2 ㉱ 0.02

해설 $A_f = \dfrac{A}{1-\beta A} = \dfrac{100}{1-(-0.01\times 100)} = 50$

09 무궤환(non-feed beak)시의 증폭도 $A_0 = 100$인 증폭기에 궤환율 $\beta_2 = -0.005$의 부궤환을 걸면 증폭도 A는 얼마가 되는가?

㉮ 약 67 ㉯ 약 50 ㉰ 약 43 ㉱ 약 86

해설 부궤환증폭기의 증폭도 $A_f = \dfrac{A}{1-\beta A}$ 에서

$$\therefore A_f = \frac{A}{1-\beta A} = \frac{100}{1-(-0.005\times 100)} \fallingdotseq 67$$

10 A급 증폭회로에서 얻어지는 출력 전력에 관해서 옳은 것은?

㉮ 입력 신호 전압의 제곱에 비례한다.

㉯ 부하 저항의 값에 비례한다.

㉰ 전원 전압의 제곱에 비례한다.

㉱ 직류 소비전력에 비례한다.

해설 최대출력전력 $P_{max} = \dfrac{V_{cc}^2}{2R_L{}'}$, $R_L{}' = (\dfrac{n_1}{n_2}) \cdot R_L$

11 전력 증폭기의 직류 공급전압은 12 [V], 전류는 400 [mA] 이고 능률은 80[%] 일 때 부하에서의 출력전력은?

㉮ 1.2 [W]　　㉯ 1.4 [W]　　㉰ 1.6 [W]　　㉱ 2.88 [W]

해설 $P_{dc} = \eta V_{dc} I_{dc} = 0.6 \times 12 \times 400 \times 10^{-3} = 2.88\,[W]$

12 전력 증폭기의 직류 공급 전압은 20 [V], 전류는 100 [mA] 이고 능률은 60[%] 일 때 부하에서의 출력 전력은?

㉮ 0.7 [W]　　㉯ 1.44 [W]　　㉰ 1.6 [W]　　㉱ 4.8 [W]

해설 $P_{dc} = V_{dc} I_{dc} = 20 \times 100 \times 10^{-3} = 2\,[W]$

$$\eta = \frac{P_o}{P_{dc}} \times 100\,[\%]$$

$$P_0 = \eta \times P_{dc} = 0.8 \times 2 = 1.6\,[W]$$

13 이상적인 연산증폭기의 특징이 아닌 것은?

㉮ 입력 저항이 무한대 ㉯ 출력 저항이 무한대
㉰ 전압 이득이 무한대 ㉱ 주파수 대역폭이 무한대

해설 출력 저항은 0이다.

14 반전 연산증폭기의 이득은?

㉮ $\frac{R_2}{R_1}$ ㉯ $-\frac{R_2}{R_1}$ ㉰ $\frac{R_1}{R_2}$ ㉱ $-\frac{R_1}{R_2}$

해설 $A_{vf} = -\frac{R_2}{R_1}$

15 차동증폭기에서 두 입력 전압이 각각 $V_1 = 100\,[\text{mV}]$, $V_2 = -100\,[\text{mV}]$일 때 V_o는?

㉮ $0\,[\text{V}]$ ㉯ $1\,[\text{V}]$ ㉰ $1.5\,[\text{V}]$ ㉱ $2\,[\text{V}]$

해설 $CMRR = \rho = \frac{A_d}{A_c} = 10$

$V_d = V_1 - V_2 = 100 - (-100) = 200\,[\text{mV}]$

$V_c = \frac{1}{2}(V_1 + V_2) = \frac{1}{2}(100 - 100) = 0$

$V_o = A_d V_d (1 + \frac{1}{\rho}\frac{V_c}{V_d}) = 200 \times 10^{-3} \times 10(1 + \frac{1}{10} \times \frac{0}{200 \times 10^{-}}$

$= 2\,[\text{V}]$

16 차동증폭기에서 두 입력 전압이 각각 $V_1 = 50\,[\mu\mathrm{V}]$, $V_2 = -50\,[\eta\mathrm{V}]$일 때 V_o는?

㉮ 0.2 [mV] ㉯ 1 [V] ㉰ 1.5 [V] ㉱ 2 [V]

해설 $V_1 - V_2 = 100\,[\mathrm{mV}]$

$$V_o = A_d V_d \left(1 + \frac{1}{\rho}\frac{V_c}{V_d}\right)$$

$$= 2 \times 100 \times 10^{-6}\left(1 + \frac{1}{200} \times \frac{0}{100 \times 10^{-6}}\right)$$

$$= 0.2\,[\mathrm{mV}]$$

$$V_c = \frac{1}{2}(V_1 + V_2) = \frac{1}{2}(50 - 50) = 0$$

정 답	
	01 ㉮ 02 ㉮ 03 ㉰ 04 ㉰ 05 ㉰ 06 ㉯ 07 ㉯ 08 ㉯ 09 ㉮ 10 ㉰
	11 ㉰ 12 ㉰ 13 ㉯ 14 ㉯ 15 ㉱ 16 ㉮

❀ 과년도문제 ❀

01 다음과 같은 회로의 입력에 계단전압을 인가할 때 출력 전압은? (단, AMS는 이상적인 연산증폭기이다.)

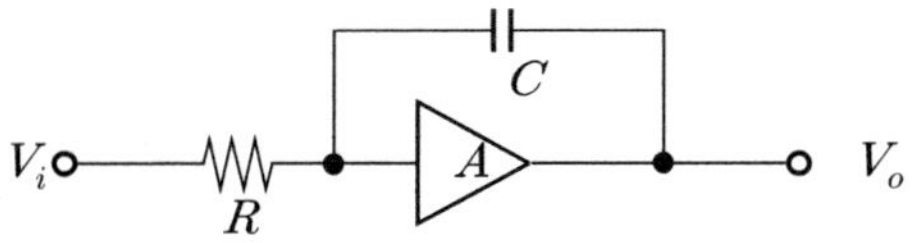

㉮

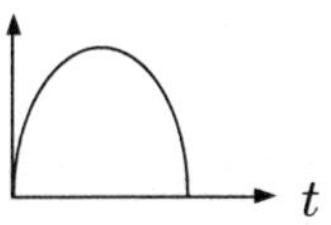

㉯

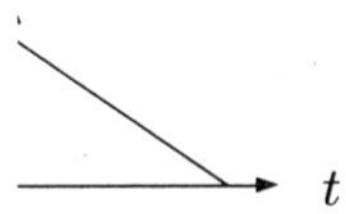

㉰

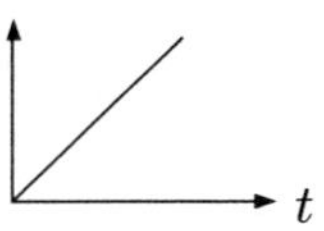

㉱

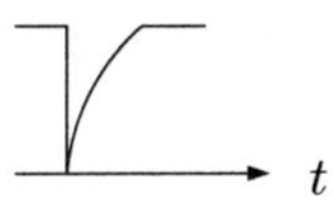

해설

	A급 증폭기	B급 증폭기	C급 증폭기
동작점	특성의 직선부	동특성 차단부	차단점 이하
효율	50%	78.5% 정도	78.5% 이하
유통각	360°	180°	180°
일그러짐	최소	A급과 C급 사이	최대
이용	저주파 증폭	저주파 전력 증폭	고주파 증폭

02 이상적인 A급 증폭기의 최대 효율은?

㉮ 18[%] ㉯ 35[%] ㉰ 50[%] ㉱ 100[%]

해설 전력 증폭기의 비교

$$\eta = \frac{P_{ac}}{P_{dc}} \times 100(\%) = \frac{\text{부하에 공급한 전력}}{\text{출력 회로의 직류 전력}} \times 100(\%)$$
$$= \frac{1/2\, V_{cc} \cdot I_c}{V_{cc} \cdot I_c} \times 100(\%) = 50[\%]$$

03 부궤환 증폭기의 특징의 설명으로 틀린 것은?

㉮ 주파수 대역폭이 좋아진다.

㉯ 이득이 증가한다.

㉰ 주파수 일그러짐이 감소한다.

㉱ 안정도가 향상 된다.

해설 증폭기 출력 일부를 입력 신호의 역상으로 되돌리어 비교함으로써 출력을 제어할 수 있게 한 증폭기이다.

① 이득의 감도를 낮춘다. 온도 변화 등에 회로 소자 특성 변동에 덜 민감하며, 안정된 전압 이득을 갖는다.

② 선형적으로 동작 : 비선형 왜곡의 경감, 출력이 입력에 선형적 동작, 이득이 신호 레벨에 무관하다.

③ 입출력 임피던스의 제어-고입력 임피던스, 저출력 임피던스이다.

④ 신호 대 잡음 비 감소

⑤ 증폭기 대역폭을 늘어나므로 주파수 응답 특성의 개선된다.

04 궤환에 의한 발진 회로에서 증폭기의 이득 A, 궤환 회로의 궤환율을 β라고 할 때 발진이 지속되기 위한 조건은?

㉮ $\beta A = 1$ ㉯ $\beta A < 1$ ㉰ $\beta A > A$ ㉱ $\beta A = 0$

해설 바르크하우젠 발진 조건(Barkhausen criterion)

① 루프 이득이 $1 \rightarrow |A\beta| = 1$

② 루프 전체 위상 천이가 $0 \rightarrow$ 입력 신호, 귀환 신호가 동상 또는 2π의 정수배

05 다음 B급 SEPP 증폭기에서 1개당 최대 전력 손실은 약 몇 [W]인가?

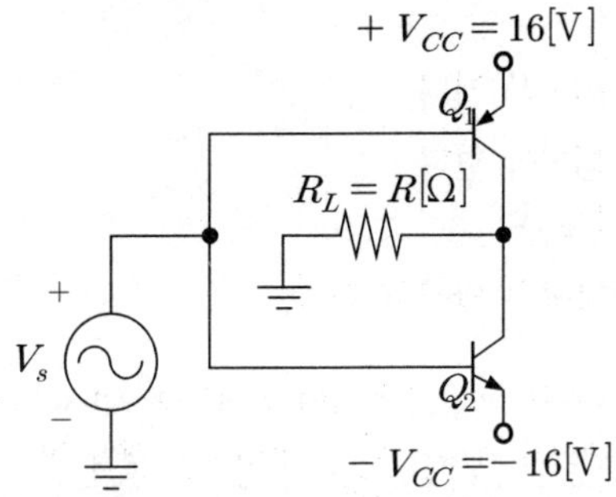

㉮ 1.5 [W]　　㉯ 2.5 [W]　　㉰ 3.5 [W]　　㉱ 4.5 [W]

해설 B급 푸시풀 회로(SEPP, Single Ended Push Pull 회로)

$$P_o = \frac{V_{CC}^2}{2R_{ac}},\ R_{ac} = (\frac{n_1}{n_2})^2 \cdot R_L\text{이므로 } R_{ac} = R_L$$

$$P_o = \frac{16^2}{2\times 8} = 16\ [\mathrm{W}]$$

$$\text{A급 } P_o = \frac{V_{CC}^2}{8R_L}$$

06 공통 베이스 증폭기 회로에서 컬렉터 정류가 4.9 [mA]이고, 이미터 전류가 5 [mA]이었을 때 직류전류 증폭률은?

㉮ 0.98　　㉯ 0.99　　㉰ 98　　㉱ 99

해설 $\alpha_{DC} = \frac{\text{출력전류}}{\text{입력전류}} = \frac{\Delta I_C}{\Delta I_E} = \frac{4.9}{5} = 0.98$

07 다음 중 증폭기의 종류에 해당되지 않는 것은?

㉮ A급 증폭기　　㉯ AB급 증폭기
㉰ C급 증폭기　　㉱ AC급 증폭기

해설 전력 증폭기란 높은 출력 전력을 생성할 수 있는 증폭기를 말한다. 전력 증폭기의 종류에는 A급 증폭기, B급 증폭기, AB급 증폭기, C급 증폭기 등이 있다.

08 트랜지스터가 정상적으로 동작하기 위해서는 컬렉터와 베이스 단자 사이의 바이어스는?

㉮ 순방향 바이어스 되어야 한다.

㉯ 역방향 바이어스 되어야 한다.

㉰ 도통되지 않아야 한다.

㉱ 항복 영역에서 동작하지 않아야 한다.

해설 트랜지스터는 NPN과 PNP의 동작이 반대이며, NPN 트랜지스터에서 정상적으로 동작하기 위한 컬렉터와 베이스 단자 사이는 역 방향 바이어스 되어야 한다.

동작모드	B-E 접합	B-C 접합	동 작
차단모드	역방향 바이어스	역방향 바이어스	개방 스위치
활성모드	순방향 바이어스	역방향 바이어스	증폭기
포화모드	순방향 바이어스	순방향 바이어스	도통 스위치
역활성모드	역방향 바이어스	순방향 바이어스	-

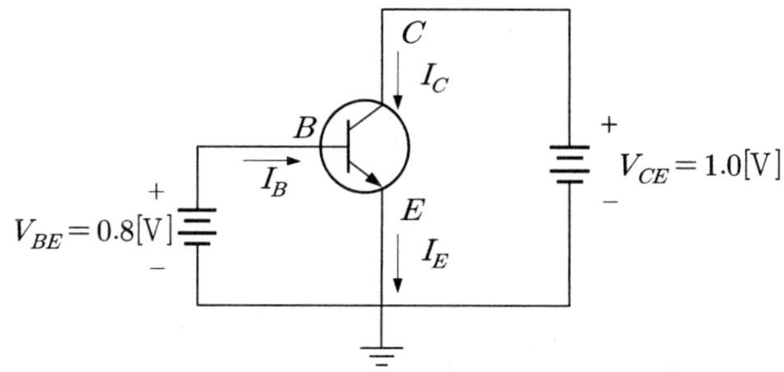

09 그림과 같은 연산 증폭회로의 전압 이득 ($\frac{V_o}{V_s}$)은 얼마인가? (단, 증폭기는 이 이적이라 가정하며, $R_1 = R_2 = R_3 = 30\,[\text{k}\Omega]$, $R_4 = 2\,[\text{k}\Omega]$ 이다.)

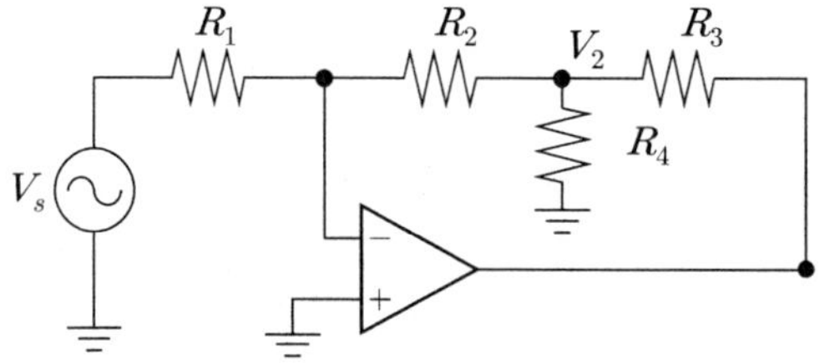

㉮ -14　　㉯ -17　　㉰ -20　　㉱ -23

해설 반전 연산증폭기의 종합이득

$$(A_v = \frac{V_o}{V_s}) = -\frac{R_2 + R_2 R_3 / R_4 + R_3}{R_1} = -17$$

10 FET와 TR의 차이점 중 틀린 것은?

㉮ FET는 TR보다 입력 저항이 크다.

㉯ FET는 TR보다 동작 속도가 빠르다.

㉰ FET는 TR보다 잡음이 적다.

㉱ TR은 양극성 소자이고 FET는 단극성 소자이다.

해설 전자 또는 정공 중 하나의 캐리어 운동만이 전계의 제어 받는다.
이동하는 캐리어 종류에 따라 : n-channel(전자 전류), p-channel(정공 전류) 접합 전계 효과 트랜지스터(JFET ; junctionfieldeffecttransistor)로 구분된다.

① 금속 산화물 전계 효과 트랜지스터(MOSFET ; metal oxide semi- conductor field effect transistor)

② 다수 캐리어의 이동에 의존하는 단극성 소자

③ 전압 제어형 소자

④ 열 잡음 적어 저 전력 증폭기 입력 단에 적합

⑤ 제조과정 단순

⑥ 높은 열적 안정도

⑦ 내부의 작은 커패시턴스에 전하를 축적하므로 Memory device로 작용

11 전력 증폭기에 대한 설명으로 틀린 것은?

㉮ 대 신호 동작용으로 사용된다.

㉯ 증폭기의 선형 동작에 의해 고조파 왜곡이 생긴다.

㉰ 고출력 증폭을 위해 사용된다.

㉱ 부 궤환 회로를 적용하면, 저 왜곡 고출력이 가능하다.

해설 전력 증폭기의 고려 사항은 고출력, 전력 효율, 선형성, 임피던스 정합 등이 중요하다.
선형 동작을 함으로써 고조파 왜곡이 적다.

12 부궤환 증폭기의 특징이 아닌 것은?

㉮ 부하 변동에 의한 이득 변동이 감소한다.

㉯ 일그러짐과 잡음이 감소한다.

㉰ 주파수 특성이 좋다.

㉱ 증폭도가 증가한다.

해설 부궤환 증폭회로의 특징

① 이득이 감소한다.
② 주파수 특성이 개선된다(즉 대역폭이 넓어진다).
③ 출력의 비 직선 일그러짐이 감소한다.
④ 증폭기의 이득이 안정해진다.
⑤ 잡음이 감소한다.
⑥ 입출력 임피던스가 변화한다.

13 다음 회로에 대한 설명으로 틀린 것은?

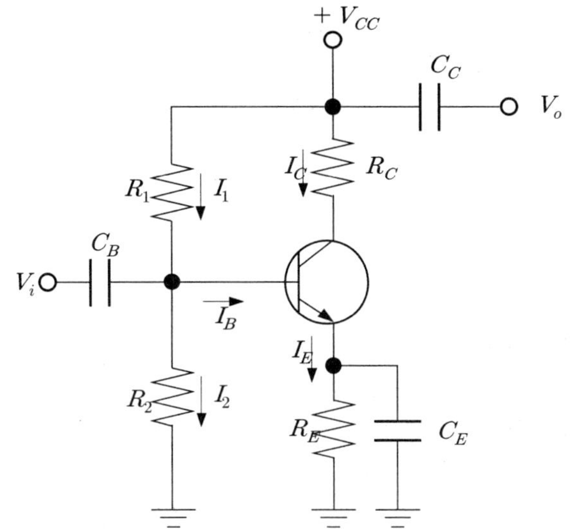

㉮ 자기 바이어스회로이다.

㉯ 고정 된 동작 점을 갖는다.

㉰ C_E를 통하여 교류 신호 부궤환을 막아준다.

㉱ 입력 전압을 R_1, R_2로 분배해준다.

해설 자기 바이어스회로(Self-Bias Circuit)는 별도의 바이어스 전원을 쓰지 않고, 회로 내 저항을 통한 부귀환 동작으로 바이어스 제공한다.

14 그림과 같은 연산증폭기에서 출력 전압 V_o를 구하여라.

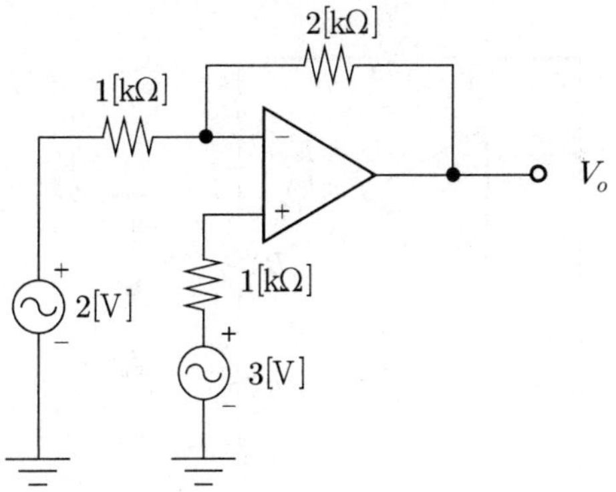

㉮ 3 [V] ㉯ 4 [V] ㉰ 5 [V] ㉱ 6 [V]

해설 중첩의 원리를 적용하여 푼다.

$$V_o = -\left(\frac{2}{1} \times 2\right) + \left(1 + \frac{2}{1}\right) \times 3 = 5\,[\mathrm{V}]$$

15 차동증폭기의 설계 조건에 해당되지 않는 것은?

㉮ 드리프트를 줄여야 한다. ㉯ 차동 이득을 크게 해야 한다.
㉰ 동상 이득을 크게 해야 한다. ㉱ CMRR을 크게 해야 한다.

해설 차동증폭기의 특징은 ① 잡음, 간섭 등 영향에 강하다. ② 단일 증폭기(one-stage amplifier)에 비해 잡음, 간섭 등에 의한 영향이 작다. ③ 결합커패시터 및 바이패스 커패시터가 필요 없다. ④ 다단 증폭기에서 각 단을 용이하게 직접 결합 가능하다. 차동증폭기의 차동 입력 모드(differential mode, 차동 모드)는 두 입력 차이의 관계에 따라 출력 크기 및 극성이 결정되며, 동상 입력 모드(common mode, 공통 모드)는 2개의 동일 신호(진폭, 위상, 주파수)를 두 입력 단자에 인가되며, 이 모드에서 출력은 중첩되어 서로 상쇄됨으로써 이상적으로 0이 되어야 한다.

16 다음 중 연산증폭기를 사용한 출력 파형으로 적합한 것은?

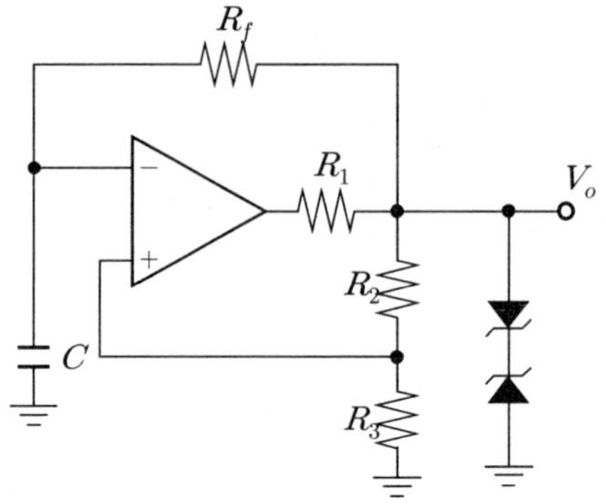

㉮ 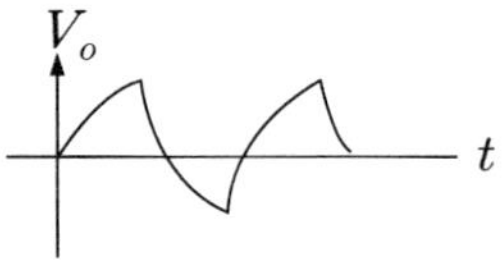

㉯ 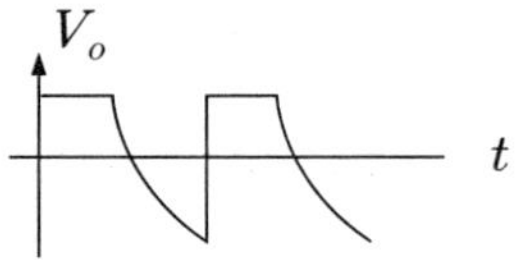

㉰ 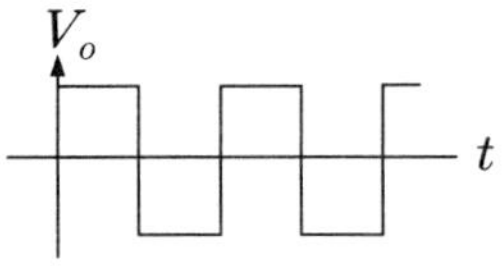

㉱ 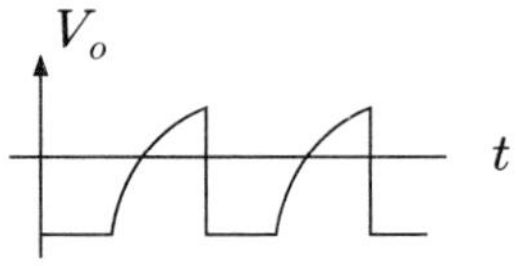

17 다음 중 저주파 증폭기의 결합방식에 의한 분류에 해당 되지 않는 것은?

㉮ RC 결합증폭기　　　　㉯ 트랜스 결합증폭기
㉰ 직접 결합 증폭기　　　㉱ 병렬 결합증폭기

해설 변압기 결합-입출력의 변압기에 의해 전단의 출력 임피던스와 후단의 입력임피던스를 쉽게 정합시킬 수 있으므로 임피던스 정합이 크게 문제되는 회로에 자주 사용되고 적절히 임피던스 정합만 되면 증폭기의 전단으로 부터 후단으로 최대 전력을 공급할 수 있다.

직접 결합-적은 수의 회로 소자를 사용하고 극히 낮은 주파수(직류)까지 증폭할 수 있어 주파수 특성이 크게 개선되는 장점을 가지고 있으나 전단의 바이어스가 후단에 영향을 미쳐 동작 점이 변동될 소지가 크다.

RC 결합-회로도 간단하고 이득도 크며 주파수 특성도 좋으므로 저주파 증폭기에 대표적으로 사용

RC 결합 2단 저주파 증폭기를 통하여 단간에 커패시터가 접속되어 있으므로 전단의 직류는 차단되고 교류신호만 후단으로 전달된다.

18 다음 OP AMP의 전압 증폭도 $A_V = \frac{V_o}{V_s}$ 는?

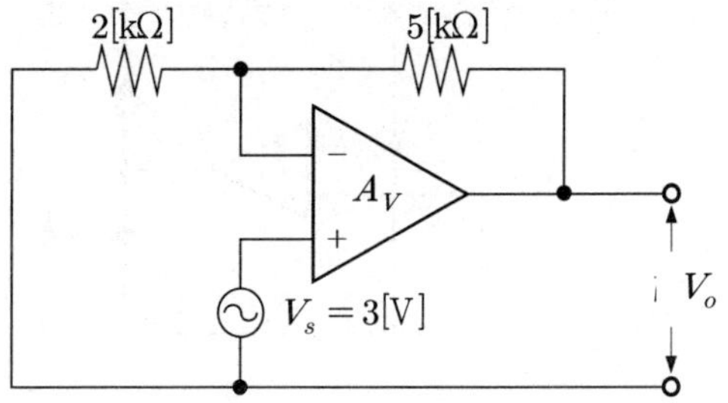

㉮ 2.5　　㉯ 3.5　　㉰ 5.4　　㉱ 7.5

해설 비 반전 증폭기 $A_V = \frac{V_{out}}{V_s} = (1+\frac{R_2}{R_1}) = (1+\frac{5}{2}) = 3.5$

19 다음 중 C급 전력 증폭기에 관한 설명으로 틀린 것은?

㉮ 입력 신호의 전주기 동안에 컬렉터 전류가 흐르기 때문에 소비 전력이 매우 크다.

㉯ B급 증폭기보다 효율이 높다.

㉰ C급 증폭기의 컬렉터에 저항 부하를 연결하면 펄스 형태에 가까운 출력이 나타난다.

㉱ 컬렉터에 연결한 저항 대신 다시 LC 병렬 공진 회로를 사용하면 공진 주파수의 전압 파형을 정현파로 만들 수 있다.

해설 C급 증폭기

① 입력 신호 주기의 180° 미만에서도 도통이 될 수 있도록 한 증폭기

② 트랜지스터의 차단 점 이하에 직류 동작 점이 설정된다.

③ 입력 신호의 반 주기 이하의 일부만 출력으로 나오고, 나머지 반 주기 이상이 차단되어 출력 파형의 왜곡이 가장 심하다.

④ 컬렉터 전류의 평균치가 가장 작으므로, 증폭기 전력 효율이 가장 크다.

⑤ 효율이 다른 증폭기에 비해 훨씬 높은데 이는 더 큰 출력 전류의 획득이 가능하다.

⑥ 왜곡을 갖는 정현파는 고조파(harmonics) 성분을 포함하고 있으므로, 증폭기 출력에 LC 동조 회로를 이용하면 고조파 성분이 제거된 기본파 성분을 얻을 수 있다.

20 다음 연산증폭기의 역할은? (단, $R = R'$ 이고 다이오드는 이상적이다.)

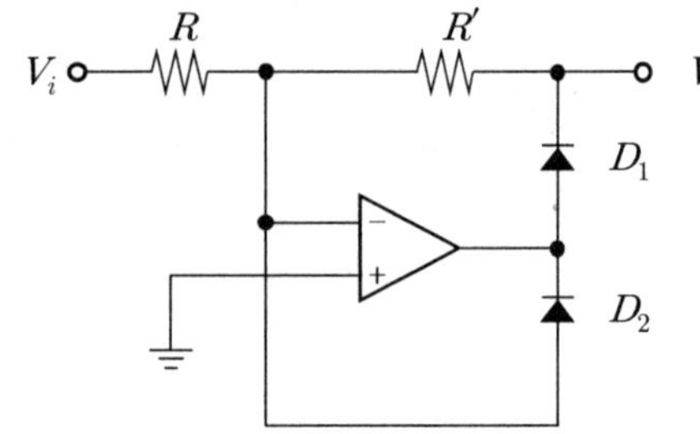

㉮ 발진회로　　㉯ 클램프회로　　㉰ 전파 정류기　　㉱ 반파 정류기

21 다음 중 크로스오버 왜곡이 생기는 증폭기는?

㉮ A급 BJT 증폭기　　㉯ B급 푸시풀 증폭기
㉰ 이미터 공통 증폭기　　㉱ 컬렉터 공통 증폭기

해설 트랜지스터의 푸시풀 증폭기를 B급 증폭으로 동작시켰을 때 입력의 작은 부분에서 트랜지스터의 비 직선성 때문에 출력이 일그러지는 것을 말한다. 이것을 방지하기 위해 베이스에 0.1~0.2[V] 정도의 바이어스 전압을 가하여 무 신호 시에도 컬렉터 전류 IC가 약간 흐르도록 한다.

22 그림의 회로에서 $V_1 = 3\,[\mathrm{V}]$, $R_f = 450[\mathrm{k\Omega}]$, $R_1 = 150[\mathrm{k\Omega}]$일 때 출력 전압 $V_o\,[\mathrm{V}]$는?

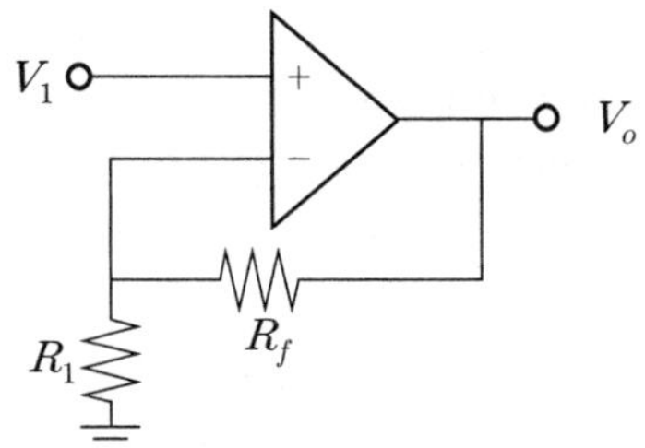

㉮ 1 [V]　　㉯ 12 [V]　　㉰ 15 [V]　　㉱ 18 [V]

해설 비 반전 연산증폭기

$$V_o = (1 + \frac{R_f}{R_1})\,V_1 = (1 + \frac{450}{150}) \times 3 = 12\,[\mathrm{V}]$$

23 출력 전압이 40 [V] 인 증폭기에서 $2-j2\sqrt{2}$ [V] 의 전압을 궤환시켰을 때 궤환율 β는 얼마인가?

㉮ $\frac{2}{5}\angle -30°$ ㉯ $\frac{1}{5}\angle -30°$ ㉰ $\frac{1}{10}\angle -60°$ ㉱ $\frac{1}{5}\angle -60°$

해설 $\beta = \frac{궤환전압}{출력전압} = \frac{2-j2\sqrt{3}}{40} = \frac{\sqrt{4+12}}{40} = \frac{4}{40} = \frac{1}{10}$

$\theta = \tan^{-1}\frac{-2\sqrt{3}}{2} = -60°$

$\beta = \frac{1}{10}\angle -60°$

24 전압 이득이 60 [dB] 인 저주파 전압 증폭기가 10 [%] 의 왜율을 가지고 있을 때 이것을 0.1 [%] 정도로 개선하는 방법은?

㉮ 궤환율이 약 20 [dB] 인 부궤환을 걸어준다.

㉯ 궤환율이 약 20 [dB] 인 정궤환을 걸어준다.

㉰ 증폭도를 10 [dB] 낮게 걸어준다.

㉱ 전압 변도율을 1/10 낮게 한다.

해설 왜율 개선율 $D_f = \frac{D}{1-\beta A}$, $0.1 = \frac{10}{1-\beta \times 1000}$,

$0.1 - 1000\beta = 10$,

$\beta = -\frac{9.9}{1000} = -0.0099\,[\text{dB}] = 20\log 0.0099 = 20\,[\text{dB}]$

25 이상적인 연산증폭기의 구비 조건이 아닌 것은?

㉮ 입력 임피던스가 무한대이어야 한다.

㉯ 출력 임피던스가 0이어야 한다.

㉰ $CMRR = 1$이어야 한다.

㉱ 전압 이득이 무한대이어야 한다.

해설 이상적인 연산증폭기의 특징은 다음과 같다.

① 전압 이득=무한대

② 단위 이득 주파수=무한대

③ 입력 임피던스=무한대

④ 출력 임피던스=0

⑤ CMRR=무한대
⑥ 바이어스 전류=무한대
⑦ 오프셋=0

26 어떤 증폭기에서 입력 전압이 5 [mV] 이고 출력 전압이 2 [V] 일 경우 이 증폭기의 전압 증폭도는 몇 [dB] 인가?

㉮ 28 [dB]　　㉯ 40 [dB]　　㉰ 52 [dB]　　㉱ 66 [dB]

해설 $A_v = 20\log_{10}\frac{V_o}{V_i} = 20\log_{10}\frac{2\,[\mathrm{V}]}{5\,[\mathrm{mV}]} = 20\log_{10}400 = 20\log_{10}4 + 20\log_{10}100 = 12 + 40 = 52\,[\mathrm{dB}]$

정 답
01 ㉰ 02 ㉰ 03 ㉯ 04 ㉮ 05 ㉰ 06 ㉮ 07 ㉱ 08 ㉯ 09 ㉯ 10 ㉯
11 ㉯ 12 ㉱ 13 ㉰ 14 ㉰ 15 ㉰ 16 ㉰ 17 ㉱ 18 ㉯ 19 ㉮ 20 ㉱
21 ㉯ 22 ㉯ 23 ㉰ 24 ㉮ 25 ㉰ 26 ㉰

✤ 과년도심화문제 ✤

01 소신호 증폭이나 트랜지스터의 활성영역에서만 동작하게 만든 증폭기는?

① A급 증폭기　　② AB급 증폭기

③ B급 증폭기　　④ C급 증폭기

해설

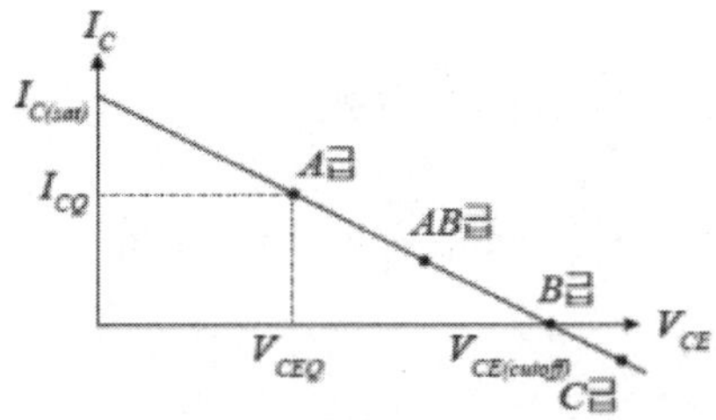

02 증폭도가 40[dB], 잡음지수가 6[dB]인 전치증폭기(Pre-amp)를 증폭도 20[dB]잡음 지수 6[dB]인 주 증폭기(Main Amp)에 연결할 때 종합잡음지수는 ?

① 6.125[dB]　　② 5.50[dB]

③ 7.125[dB]　　④ 7.50[dB]

해설 $NF = NF_1 + \dfrac{NF_2 - 1}{G_1} = 6 + \dfrac{6-1}{40} = 9 + 0.125 = 6.125[dB]$

03 이미터접지 트랜지스터 증폭기회로에서 입력신호와 출력신호의 전압 위상차는 얼마인가?

① 0°의 위상차가 있다.

② 180°의 위상차가 있다.

③ 90°의 위상차가 있다.

④ 270°의 위상차가 있다.

해설 이미터 접지증폭회로의 입력신호와 출력회로의 전압 위상 차이는 180°이다.

04 0.1[V]의 교류 입력이 10[V]로 증폭되었을 때 증폭도는 몇 [dB]인가?

① 10[dB] ② 20[dB] ③ 30[dB] ④ 40[dB]

해설

① 전압 증폭도 $A_v = \frac{V_2}{V_1}, 20\log\frac{V_2}{V_1}[dB]$

② 전류증폭도 $A_i = \frac{I_2}{I_1}, 20\log\frac{I_2}{I_1}[dB]$

③ 전력 증폭도 $A_p = \frac{p_2}{p_1}, 20\log\frac{p_2}{p_1}[dB]$

$$A_v = \frac{10}{0.1}, 20\log\frac{10}{0.1}[dB] = 40[dB]$$

05 다음 그림의 회로는 두 개의 비반전 증폭기를 종속 접속한 것이다 저항 10[kΩ]에 흐르는 전류 IQ는 몇 [μA]인가단, 각 연산증폭기는 이상적이다.)

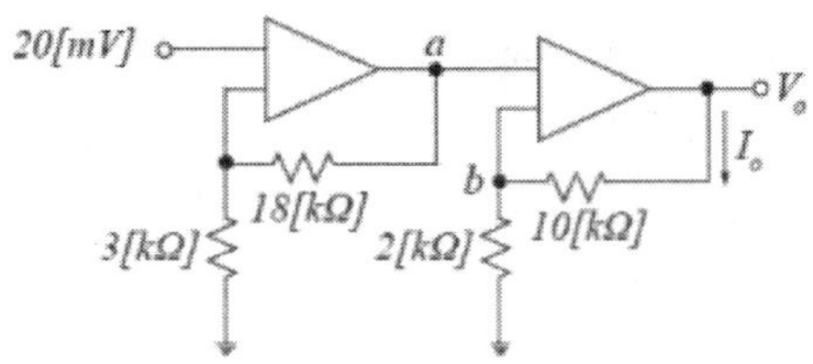

① 20[μA] ② 50[μA] ③ 70[μA] ④ 120[μA]

해설 비반전 증폭기 $V_o = (1+\frac{R_f}{R_i})V_i$ 에서

1. $A_{v1} = \frac{V_a}{v_i} = (1+\frac{R_f}{R_i})V_i,\ V_a = (1+\frac{18[k\Omega]}{3[k\Omega]}) \times 20[mV] = 140[mV]$

2. $A_{v2} = \frac{V_o}{V_a} = (1+\frac{R_f}{R_i})V_{Av1},\ V_o = (1+\frac{10[k\Omega]}{2[k\Omega]}) \times 140mV = 840[mV]$

3. $I_o = \frac{V_o}{R} = \frac{840[mV]}{2[k\Omega]+10[k\Omega]} = 70[\mu\Omega]$

06 다음 중 부궤환 증폭회로의 특징이 아닌 것은?

① 이득증가 ② 비선형 일그러짐 감소
③ 잡음감소 ④ 고주파 특성의 개선

해설 이득이 감소하며 안정하다.

07 다음 그림의 연산 증폭기 회로의 전압증폭률 (V_O/V_S)은 얼마인가?

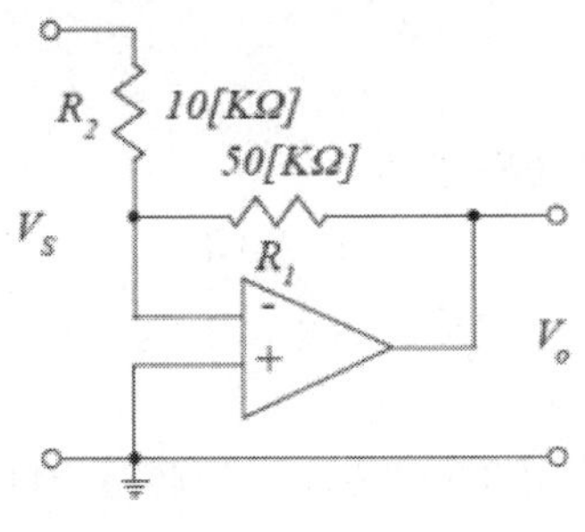

① -5 ② -1 ③ 5 ④ 10

해설 $A_v = \frac{V_o}{V_i} = -\frac{R_f}{R_i} = \frac{-50[k\Omega]}{10[k\Omega]} = -5$

08 증폭도 A인 증폭기에 궤환율 β로 정궤환 되었을 경우발진이 이루어지는 조건으로 맞는 것은?

① $A\beta = 1$ ② $A\beta = 0$ ③ $A\beta > 1$ ④ $A\beta < 0$

해설 바르크 하우젠 발진조건 (Barkhausen criterion)

$$A_f = \frac{A}{1 - A \cdot \beta} \Rightarrow A\beta = 1$$

09 다음 그림은 부궤환 연결방식 중 어떤 방식인가?

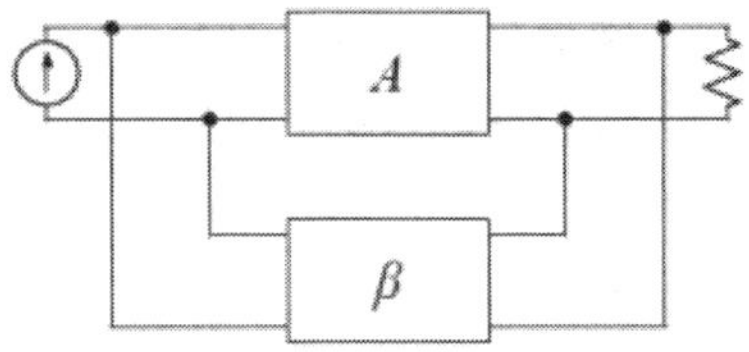

① 전류-직렬 ② 전압-직렬
③ 전류-병렬 ④ 전압-병열

10 다음 중 효율이 가장 높은 증폭 방식은?

① A급 ② B급 ③ AB급 ④ C급

11 궤환이 없을 때의 증폭도가 100인 증폭회로에 궤환율 -0.01의 궤환을 걸어주면 증폭도 는 얼마인가?

① 5 ② 50 ③ 500 ④ 5,000

해설 $A_f = \frac{A}{1 - \beta A} = \frac{100}{1 - (-0.01 \times 100)} = 50$

12 다음 중 차동 증폭회로의 특징이 아닌 것은?

① 증폭도가 보통 방식보다 작다.

② 작은 온도 변화에도 동작이 안정하다.

③ 교류증폭은 불가능하며, 직류만 증폭이 가능하다.
④ 부품의 절대치가 변화해도 증폭이 거의 안정하며, 대역폭이 넓다.

해설 차동 증폭 회로의 특성
(1) 직류 증폭이 가능하며 직선성이 좋다.
(2) 온도에 대해서 안정하다.
(3) 직류 증폭기로서, 직류 안정화 전원에 사용한다.
(4) 입력 임피던스가 높고, 대역폭이 넓다.
(5) 회로가 완전히 평형을 이루면, drift가 상쇄되어 안정도가 우수하다.

13 다음은 회로의 4단자망을 h파라미터로 나타낸 것이다. 입력개방 역방향 전압비는? (여기서 입력단은 1이고 출력단은 2로 표시한 것이다.)

$$\begin{bmatrix} v_1 \\ i_2 \end{bmatrix} = \begin{bmatrix} h_{11} & h_{12} \\ h_{21} & h_{22} \end{bmatrix} \begin{bmatrix} i_1 \\ v_2 \end{bmatrix}$$

① h_{11} ② h_{12} ③ h_{21} ④ h_{22}

14 전압증폭도(Av) 가 인 증폭기에 부궤환을 걸어 증폭기 이득(Af) 이 800일 경우 궤환율을 얼마인가
① 0.00105[%] ② 0.0105[%]
③ 0.105[%] ④ 1.05[%]

$A_f = \dfrac{A}{1+\beta A}$에서 $800 = \dfrac{5000}{1+\beta 5000}$, $\beta = 1.05 \times 10^{-3}$, $\beta = 0.105[\%]$

15 다음 중 푸시풀(Push-Pull) 증폭기에 대한 설명으로 틀린 것은?
① 우수 고조파가 상쇄된다.
② 비직선 일그러짐이 적다.
③ A급 증폭기에서만 사용된다.
④ 입력신호가 없을 때 전력손실이 매우 적다.

해설 · 푸시풀 증폭기는 B급 증폭에서는 동작 점을 차단점(0 바이어스) 부근에 잡아 출력을 크게 할 수 있고 효율이 비교적 높다. (78.5[%])

· 푸시풀증폭기의 특징

1. 직류 바이어스 전류가 매우 작아도 된다.
2. 입력이 없을 때에 컬렉터 손실이 작다.
3. 큰 출력을 낼 수 있다.
4. 짝수(우수)고조파 성분이 상쇄된다.
5. 출력 증폭단에 많이 쓰인다.
6. TR1과 TR2가 동일하지 않을 경우 출력 전압의 0V부근에서 찌그러짐이 발생한다. 이것은 바이어스가 맞지 않을 때도 발생하 며 크로스오버 일그러짐이라 한다.
7. 험(hum)잡음이 소거된다.

16 다음 중 트랜지스터 증폭회로에서 부궤환을 걸었을 때 일어나는 현상이 아닌 것은?

① 안정도가 좋아진다.
② 비직선 일그러짐이 적어진다.
③ 주파수 특성이 개선된다.
④ 대역폭이 감소한다.

· 음 되먹임 증폭회로의 증폭도
· 주파수 특성이 개선된다.(대역폭이 만큼 넓어진다.)
· 이득이 감소한다.
· 출력의 비 직선 일그러짐이 감소한다.
· 증폭기의 이득이 안정해진다.
· 잡음이 감소한다.
· 입출력 임피던스가 변화한다.

정 답 1 ① 2 ① 3 ② 4 ④ 5 ③ 6 ① 7 ① 8 ① 9 ④ 10 ④ 11 ② 12 ① 13 ② 14 ③ 15 ③ 16 ④

제 4 장
발진회로

4.1 발진(Oscillator)의 개요

1. 발진회로의 원리

되먹임 증폭회로에서 양 되먹임이 되면 외부의 입력 없이 증폭 작용이 계속되는데 이와 같은 증폭 작용을 이용하여 전기 진동을 발생시키는 회로(되먹임 발진회로)이다. 즉 외부의 입력 없이 회로 자체에서 교류 파형(주파수)을 얻을 수 있다.

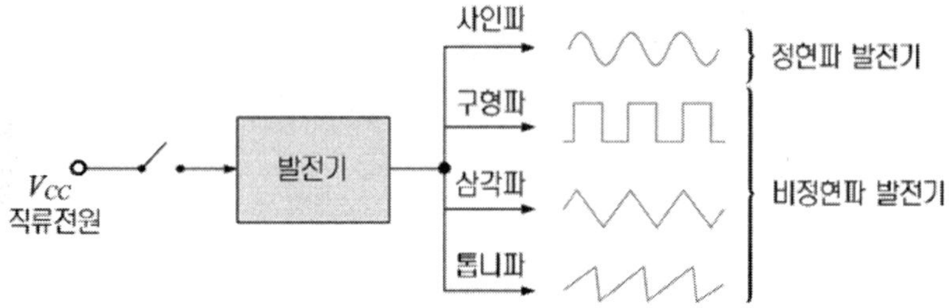

그림 4.1 발진기의 기본 개념도

2. 발진 조건

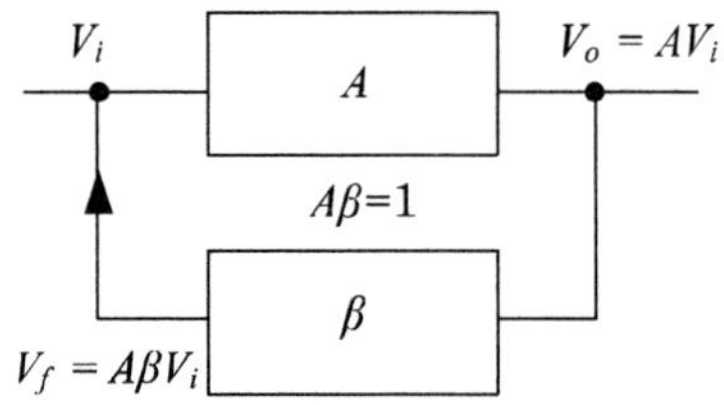

그림 4.2 궤환 발진기

그림 4.2에서 전압 증폭도를 A, 되먹임 계수를 β라 할 때 증폭도 A_f는

$$A_f = \frac{A}{1-\beta A}$$

여기서 $1-\beta A=0$. 즉

$\beta A=1$이 되면, A_f는 ∞가 된다. 이것은 외부에서 입력이 없어도 출력을 얻을 수 있다는 것을 뜻한다. $\beta A=1$을 바크하우젠(Barkhausen)의 발진 조건이라고 한다. $|\beta A|>1$: 발진 진폭이 증대되고 $|\beta A|<1$: 발진 진폭이 소멸된다.

4.2 발진회로의 종류

발진회로는 정궤환을 이용하는 회로로 정궤환에 이용되는 궤환 요소인 β에 대한 특징을 고려하는 것이 중요하다. 발진회로는 우선적으로 C급 전력 증폭기를 이용하며, 부성 저항 영역을 이용하여 발진을 발생시킨다. 발진 회로는 발진 파형에 따라 크게 정현파 발진회로와 비 정현파 발진회로로 분류할 수 있다. 그림 4.3은 여러 가지 발진기 종류를 도표 형식으로 나타내었다.

- 발진기
  - 정현파발진기
    - LC발진기
      - 동조형발진기
      - 하아틀리(HartLey)발진기
      - 콜피츠(colpitts)발진기
    - 수정발진기
      - 피어스(pierce)BE형발진
      - 피어스(pierce)CB형발진
    - RC발진기
      - 이상형발진기
      - 바인브리지(Wien Bridge)
  - 이상발진기(비정현파발진기)
    - 멀티바이크레이터(Multivibrator))
    - 블로킹(blocking)발진기
    - 톱니파발진기

그림 4.3 여러 가지 발진기 종류

1. *LC* 발진회로(LC oscillation circuit)

LC 발진회로에서는 동조 회로의 공진 주파수에 의해서 발진기의 발진 주파수가 결정되어 고조파 성분이 제거될 수 있으므로 고주파에서는 효율이 좋은 고주파 발진기로 널리 사용한다. 대표적인 *LC* 대표적 하틀리(Hartly) 발진회로, 콜피츠(Colpitts) 발진회로, 클랩(Clapp) 발진회로 등을 들 수 있다.

(1) 콜렉터 동조 LC 발진회로

① 공진 회로의 변성기에 의해 되먹임 회로가 만들어진 발진회로이다.

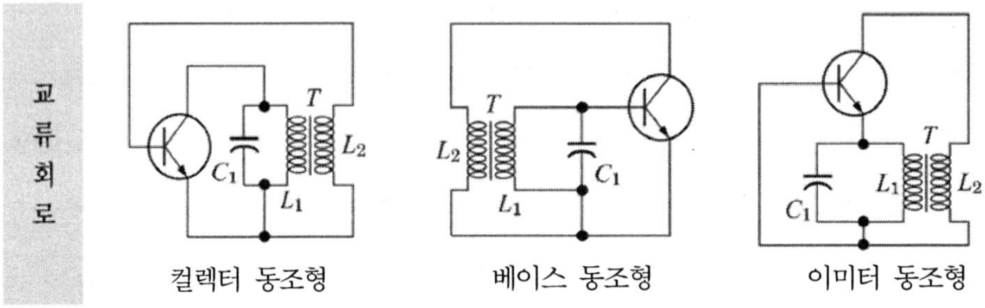

그림 4.4 동조형 발진회로

② 발진 주파수

$$f \fallingdotseq \frac{1}{2\pi\sqrt{L_1 C_1}} \text{ [Hz]}$$

(2) 하틀리(Hartley) 발진회로

유도성 분배기를 통해 출력의 일부를 코일에서 뽑아내어 입력으로 되돌리는 (귀환) 회로이다.

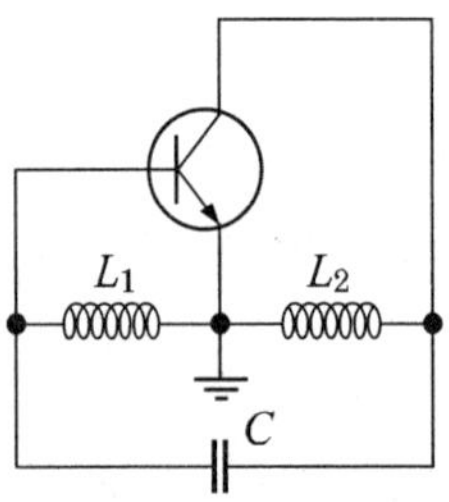

그림 4.5 하틀리(Hartley) 발진회로

1) 발진 주파수 f_0

$$j\omega(L_1+M)+j\omega(L_2+M)+\frac{1}{j\omega C}=0$$

$$j\omega(L_1+L_2+2M)-\frac{1}{\omega^2 C}=0$$

따라서, $f_0=\dfrac{1}{2\pi\sqrt{(L_1+L_2+2M)C}}$ [Hz]

여기서 M은 상호 인덕턴스이다.

발진을 지속하기 위한 트랜지스터의 최소 전류 증폭률

$$h_{fe}=\frac{1}{\omega^2(L_2+M)C}-1$$

2) 특징

① 코일의 탭을 조정하여 발진 강도의 세기를 쉽게 변화시킬 수 있다.

② 콜피츠 회로보다 발진 출력이 크다.

③ 발진 주파수를 변화시키기 쉬우며 저주파에서 발진 출력이 안정하다.

④ 상호 인덕턴스 M을 변화시켜서 파형을 개선시킬 수 있다.

⑤ 컬렉터 동조형이나 이미터 동조형보다 낮은 주파수에서 높은 주파수까지의 발진이 가능하다.

⑥ 10 [MHz] 이하의 비교적 낮은 주파수 발진에 많이 사용된다.

예제 4.01

하틀리 발진기의 발진주파수를 구하시오?

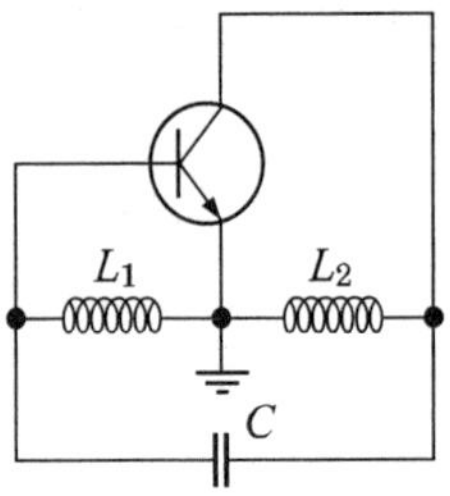

단 $L_1 = 0.5[mH], L_2 = 0.5[mH], c = 10[pF]$이다.

해설 $f = \dfrac{1}{2\pi\sqrt{C(L_1 + L_2)}} = \dfrac{1}{2 \times 3.14 \times \sqrt{10[pF] \times 1[mH]}}$
$= 1.16[MHz]$

예제 4.02

하틀리 발진기의 발진 주파수를 구하시오.
단 $L_1 = 0.5\,[\mathrm{mH}],\ L_2 = 0.5\,[\mathrm{mH}],\ c = 10\,[\mathrm{pF}]$이다.

해설 상호 인덕턴스 M이 주어져 있지 않으므로

$$f = \frac{1}{2\pi\sqrt{C\,(L_1 + L_2)}} = \frac{1}{2 \times 3.14 \times \sqrt{10\,[\mathrm{pF}] \times 1\,[\mathrm{mH}]}}$$
$$= 1.16\,[\mathrm{MHz}]$$

(3) 콜피츠(colpitts) 발진회로

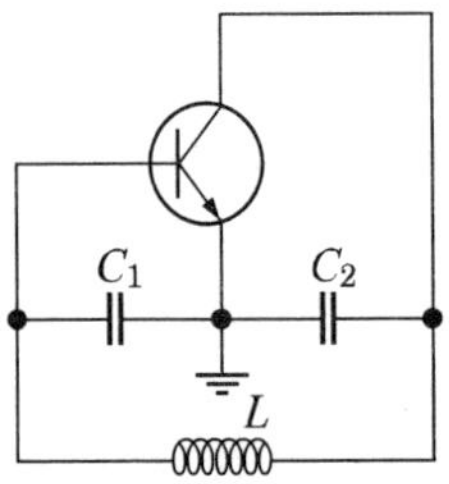

그림 4.6 콜피츠(colpitts) 발진회로

콜피츠 발진회로는 콘덴서 C_1, C_2 양단에 트랜지스터의 입력 전압과 반대위상의 출력 전압을 나타낸다. 접지를 기준으로 콘덴서 C_1 양단의 전압은 입력 전압과 같은 양이 정궤환 되고, 이 때 정궤환 전압≥입력 전압이 되면 발진이 계속 일어나며, 코일의 중간 탭에서 궤환 시키지 않고 용량성 궤환을 하므로 발진 파형이 양호하다. 콜피츠 발진회로의 발진 주파수는 위상을 지연시키거나 원하는 주파수만 통과시키는 공진 필터의 역할을 하는 LC 궤환 회로를 이용하고 있다.

1) 발진 주파수 f_0

$$\frac{1}{jwC_1}+\frac{1}{jwC_2}+jwL=0$$

$$jw[L-\frac{1}{w^2}(\frac{1}{C_1}+\frac{1}{C_2})]=0$$

$$f_0=\frac{1}{2\pi}\sqrt{\frac{1}{L}(\frac{1}{C_1}+\frac{1}{C_2})}\equiv\frac{1}{2\pi\sqrt{L(\frac{C_1C_2}{C_1+C_2})}}$$

발진 조건은 $A\beta=1$이므로 $\beta=\frac{C_1}{C_2}$에서 $A=\frac{C_2}{C_1}$이 된다. 발진기의 시동을 하려면 $A\beta>1$이 되므로 $A>\frac{C_2}{C_1}$이어야 한다. 여기서 궤환율 β는

$V_f=\beta V_o$에서

$$\beta=\frac{V_f}{V_o}=\frac{IX_{C2}}{IX_{C1}}=\frac{X_{C2}}{X_{C1}}=\frac{\frac{1}{2\pi f_0C_2}}{\frac{1}{2\pi f_0C_1}}=\frac{C_1}{C_2}$$

이다.

예제 4.03

콜피츠 발진기의 발진 주파수를 구하시오?
단 $L = 0.5\,[\mathrm{mH}]$, $C_1 = 10\,[\mathrm{pF}]$, $C_2 = 10\,[\mathrm{pF}]$이다.

해설

$$f = \frac{1}{2\pi\sqrt{\frac{1}{L}(\frac{1}{C_1} + \frac{1}{C_2})}} = \frac{1}{2\times 3.14\times\sqrt{0.5[\mathrm{mH}]\times 5[\mathrm{pF}]}}$$

$$= \frac{1}{2\times 3.14\times 0.5\times 10^{-8}} = 31.8\,[\mathrm{MHz}]$$

예제 4.04

콜피츠 발진기의 발진주파수를 구하시오?
단 $L = 0.5[mH]]$, $C_1 = 10[pF]$, $C_2 = 10[pF]$이다.

해설

$$f = \frac{1}{2\pi\sqrt{\frac{1}{L}(\frac{1}{C_1} + \frac{1}{C_2})}} = \frac{1}{2\times 3.14\times\sqrt{0.5[mH)\times 5[pF]}}$$

$$= \frac{1}{2\times 3.14\times 0.5\times 10^{-8}} = 31.8[MHz]$$

〈기타 핵심정리〉

1) 병렬 저항 이상형발진 회로(이상형 RC발진주파수)

① 전류증폭도 $h_{fe} \geq 29$

② 발진주파수 $f = \frac{1}{2\pi\sqrt{6}\,CR}[Hz]$

③ 발진조건 $X_c : R = \sqrt{3} : 1$

2) 병렬 용량 이상형 발진회로(이상형 병렬 C형 발진주파수)

① 발진주파수 $f = \frac{\sqrt{6}}{2\pi CR}[= 2.2RC[Hz]$

② 발진조건 $X_c : R = \sqrt{3} : 1$

3) 브리지형 RC 발진 회로

① 발진주파수 $f = \frac{1}{2\pi RC}[Hz]$

4) 윈-브리지발진 회로(브리지 형 RC발진주파수)

① 발진주파수가 안정하다.

② 출력파형이 양호하다.

③ 주파수 변경이 용이하다.

④ 발진주파수$f = \frac{1}{2\pi\sqrt{C_1C_2R_1R_2}}[Hz]R_1$

$= R_2 = R, C_1 = C_2 = C_2$

$f = \frac{1}{2\pi RC}[Hz]$

(4) 클랩(Clapp) 발진기

클랩 발진기는 콜피츠 발진기를 변형한 발진기로서 콘덴서 C_1, C_2를 C_3에 비해서 훨씬 크게 하고 그 임피던스를 작게 하여 트랜지스터의 변동 공진회로의 영향을 줄여 발진 주파수의 안전성을 높인 발진기이다.

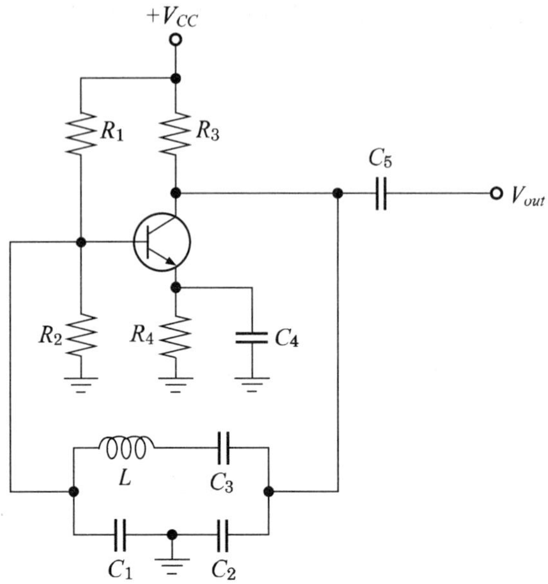

그림 4.7 클랩 발진기

1) 발진 주파수 f_0

$$f_0 = \frac{1}{2\pi\sqrt{LC_T}}\ [\text{Hz}]$$ 이다.

여기서 $C_T = \dfrac{1}{\dfrac{1}{C_1}+\dfrac{1}{C_2}+\dfrac{1}{C_3}}$, $C_3 \gg C_1$, C_2이므로 발진 주파수는

$$f_0 = \frac{1}{2\pi\sqrt{LC_3}}\ [\text{Hz}]$$ 가 된다.

예제 4.05

클랩(Clapp) 발진회로의 특징에 대하여 간단히 설명하시오.

해설 ① 주파수 안정도가 자려발진기보다 양호하다.

② 콜피츠 발진회로의 변형이다.

③ 발진 출력이 적다는 단점이 있다.

④ 발진 주파수의 가변이 곤란하다.

2. 수정 발진회로

정현파 발진기의 동조 회로에서는 주파수 선택도 Q를 크게 할 수가 없어 큰 안정도를 기대할 수 없기 때문에 LC 동조 회로에 수정을 접속하여, 주파수의 안정도를 크게 한 발진기로서 수정의 접속 방법에 따라 pierce B−E, pierce B−C, 무 조정 발진기로 나눈다.

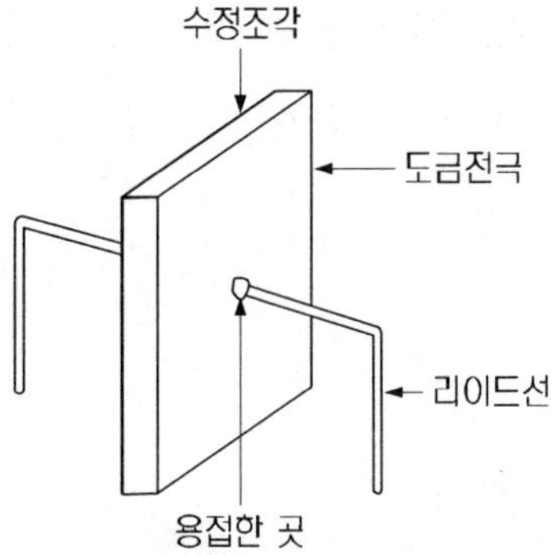

(a) 구조

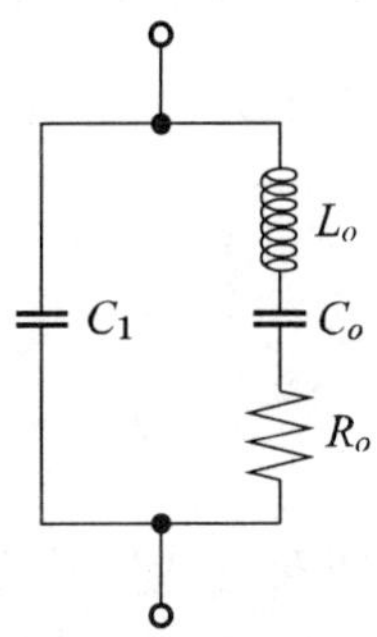

(b) 등가회로

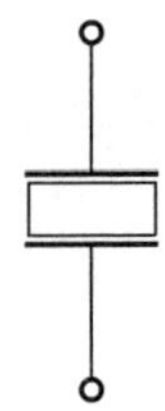

(c) 기호

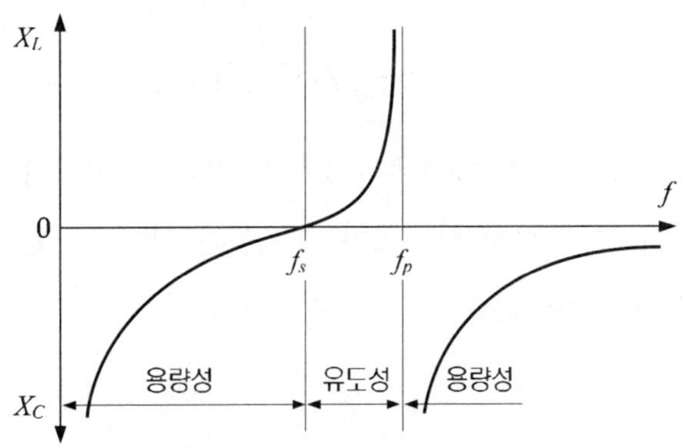

(d) 리액턴스 특성

그림 4.8 수정 발진자와 특성

(1) 전기 현상

수정, 로셀염, 전기석, 티단산바륨 등의 결정에 압력을 가하면 표면에 전하가 나타나 기전력이 발생한다(압전 현상 또는 피에조 전기 효과).

외부에서 전자를 가하면 기계적으로 변형한다(압전기 역 현상).

(2) 수정 진동자

수정을 얇게 잘라 양면을 도금한 다음 리이드선을 붙인 것이다. 따라서 콘덴서와 같은 동작을 하지만, 어떤 주파수에서는 인덕턴스와 같은 동작을 한다.

(3) 수정 진동자의 등가회로 및 리액턴스 특성

직렬 공진 주파수 f_0은 $f_0 = \dfrac{1}{2\pi\sqrt{L_0\,C_0}}$

병렬 공진 주파수 f_∞은 $f_\infty = \dfrac{1}{2\pi\sqrt{L(1/C_0 + 1/C_1)}}$

그림 4.8 (d)의 리액턴스 특성에서 보듯이 직렬 공진 주파수 f_0와 병렬 공진 주파수 f_∞의 두 주파수 사이에만 유도성이 되며 그 범위가 매우 좁아서 안정 된 발진이 가능하다.

(4) 수정 발진회로

1) 피어스 BE형 발진(Pierce BE type oscillation)회로

수정 진동자가 에미터와 베이스 사이에 있으며 하틀리 발진회로와 비슷하다.

2) 피어스 BC형 발진(Pierce BC type oscillation)회로

수정 진동자가 콜렉터와 베이스 사이에 있으며 콜피츠 발진회로와 비슷하다.

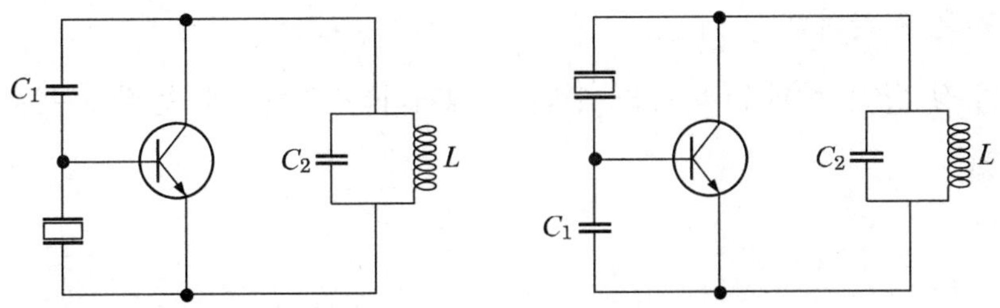

(a) 피어스 BE형　　(b) 피어스 BC형

그림 4.9 피어스 수정 발진회로

3) 무 조정 발진기

트랜지스터의 base와 collector에 수정 진동자를 넣어 pierce B−C형 발진회로와 비슷하나 콘덴서 C에 의한 궤환을 이용한다는 것이 다르다.

(5) 수정 발진기의 장단점

1) 장점

① 수정편의 Q가 높다($10^4 \sim 10^6$).

② 수정 진동자는 기계적으로나 물리적으로 안정하다.

③ 발진 조건을 만족하는 범위가 매우 좁으므로 주파수 안정도가 매우

양호하다(발진할 때 수정 진동자는 유도성으로 되어야 한다).

2) 단점

① 발진 주파수를 바꿀 때는 수전편 자체를 바꿔야 하므로 불편하다.

② 수정 진동자를 많이 갖추려면 비용이 많이 든다.

③ 수정편이 엷을수록 높은 주파수 발진이 가능하므로 초단파 이상의 발진은 곤란하다.

④ 수정 발진 주파수 변동의 원인을 제거하는 조건하에 동작시켜야 한다.

예제 4.06

다음 수정발진기의 특징에 대하여 설명하시오

해설 ① 수정발진기의 특징

ⓐ 주파수 안정도가 좋다. (10-6정도)

ⓑ 수정진동자의 Q가 매우 높다.(10-4~106)

ⓒ 수정진동자는 기계적으로나 물리적으로 안정하다.

ⓓ 발진조건을 만족하는 유도성 주파수 범위가 대단히 좁다.

② 수정 발진회로는 수정 공진자(Crystal resonator)의 압전효과를 이용한 것으로 발진 주파수의 안정도가 매우 높다

③ 수정발진기

ⓐ 직렬공진시 $f_0 = \dfrac{1}{2\pi\sqrt{LC}}[Hz]$

ⓑ 병렬공진시 $f_0 = \dfrac{1}{2\pi\sqrt{L\dfrac{C_1C_2}{C_1+C_2}}}[Hz]$

3. *RC* 발진기 회로

RC 발진회로는 비교적 저주파 발진회로로 저항 R과 콘덴서 C의 시정수에 의해서 발진이 일어난다.

(1) 이상형 병렬 *RC*형 발진회로

컬렉터 측의 출력 전압의 위상을 180° 바꾸어 입력 측 베이스에 양 되먹임 되어 발진하는 발진기이다.

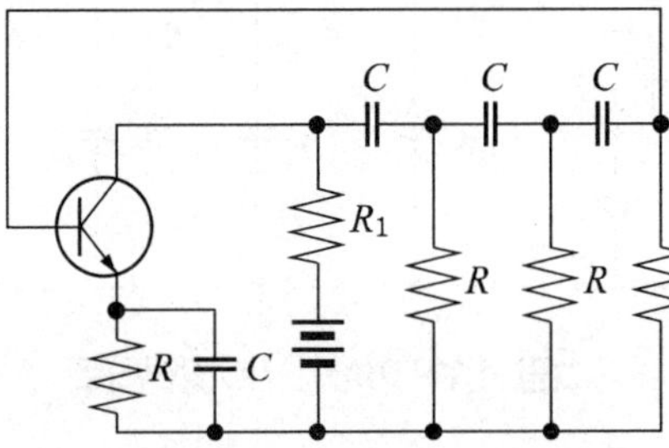

그림 4.10 이상형 *RC*발진회로

1) 발진원리

그림 4.10은 CR를 3계단형으로 (180° 이상) 조합시켜 컬렉터 측과 베이스 측의 총 위상 편차가 180° 되게 설계되어 있으므로 결국 동 위상으로 되먹임 되어 발진한다. 전압 이득 A_V가 29 이상이 되어야 한다 ($A_V \geqq 29$).

$$\text{발진 주파수 } f_0 = \frac{1}{2\pi\sqrt{6}\,CR} \text{ [Hz]}$$

2) 특징

① 구조가 간단하고 소형으로 할 수 있다.

② 파형이 깨끗하고 주파수가 안정하다.

③ 가청 주파수 이하의 발진기로 적합하다.

(2) 이상형 병렬 C형 발진회로

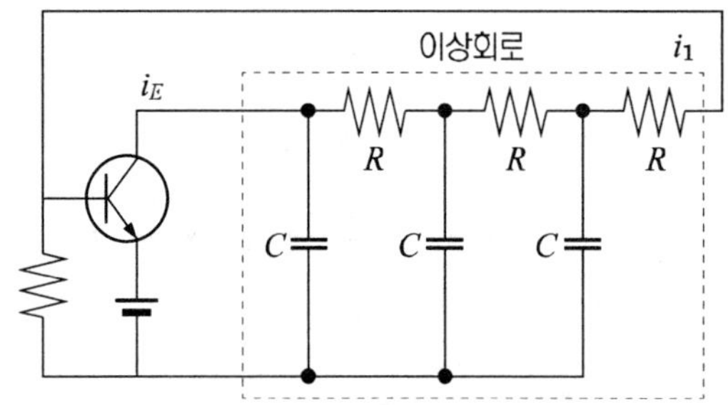

그림 4.11 이상형 *RC*발진회로

1) 발진 주파수

$$f = \frac{\sqrt{6}}{2\pi CR}\ [\text{Hz}]$$

증폭기 증폭률은 병렬 저항 이상형과 같이 29 이상이어야 한다 ($A_V \geq 29$).

2) 특징 및 적용

① 이미터 폴로우어를 사용한다면 M[Hz]에서 FM 발진기로 사용할 수 있다.

② 가변 주파 발진기로 사용하기에는 불편하지만 분포 정수 회로를 이용

하고 대지 용량 등을 이용하면 수 M[Hz]의 가변 주파 발진기를 제작할 수 있다.

③ 소자의 형태의 크기 상 1000[Hz] 이상에서 사용된다.

(3) 브리지형 *RC* 발진회로

1) 발진 주파수(f_0)

$$f_0 = \frac{1}{2\pi\sqrt{R_1 R_2 C_1 C_2}} \text{ [Hz]}$$

$R_1 = R_2 = R,\ C_1 = C_2 = C$이면

$$f_0 = \frac{1}{2\pi RC}$$

전압 증폭도(A_V) $A_V \geq 3$

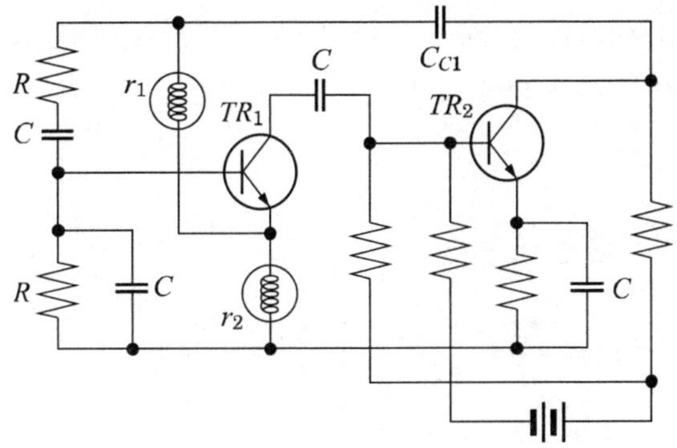

그림 4.12 브리지형 *RC*발진회로

2) 특징

① 발진 주파수가 안정하고 A급으로 동작하므로 파형이 좋다.

② 발진 주파수 가변이 용이하다.

③ LC 발진기는 발진 주파수가 평방근에 반 비례하나 CR발진기는 주파수 용량에 반 비례하여 눈금이 직선 비례에 가깝게 된다.

④ 저주파 발진기 등에 많이 쓰인다.

예제 4.07

빈브리지 형 CR 발진기에서 발진이 일어나기위한 진폭조건은

해설

$$R_1 = R_2 = R, C_1 = C_2 = C$$
$$A \geq 1 + \frac{R_2}{R_1} + \frac{C_2}{C_1} \geq 3$$

예제 4.08

중심주파수가 455[KHz]이고 대역폭이 8[KHz] 가 되는 단 동조 회로를 만들려고 한다. 이 때 이회로의 Q는 얼마가 되겠는가?

해설

① 선택도 $Q = \frac{f_0}{B} = \frac{f_0}{f_2 - f_1}$

$$Q = \frac{f_0}{B} = \frac{f_0}{f_2 - f_1} = \frac{455 \times 10^3}{8 \times 10^3} = 57$$

4. 멀티바이브레이터(Multivibrator)

(1) 비 안정 멀티 바이브레이터(Astable multivibrator)

안정된 상태가 없는 세트 상태와 리셋 상태를 번갈아 가면서 변환시키는 발진회로이며, 직사각형과 발생 회로 또는 시간 발생기로 사용한다.

TR_1이 통전(on) 상태일 때는 TR_2가 차단(off) 상태로 되고 TR_1이 off 상태이면 TR_2가 on 상태로 되며 이 동작이 반복되므로 주기적으로 펄스를 만들어 낸다.

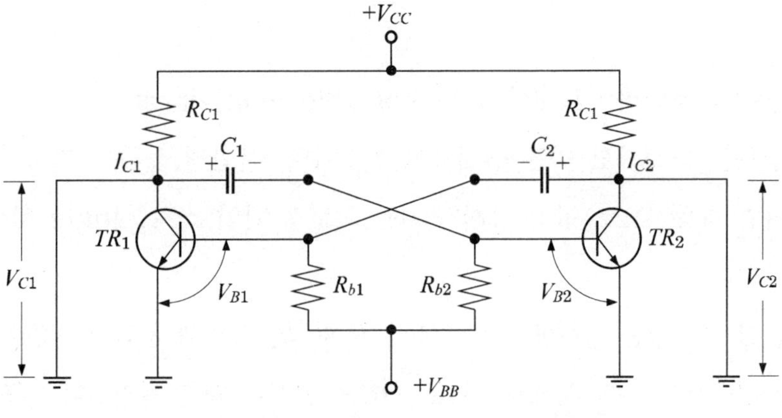

그림 4.13 비 안정 멀티 바이브레이터회로

① 반복 주기

$$T_1 \fallingdotseq 0.69 R_{B1} C_2 \, [\mathrm{s}]$$

$$T_2 \fallingdotseq 0.69 R_{B2} C_1 \, [\mathrm{s}]$$

$$T = T_1 + T_2 \fallingdotseq 0.69 (R_{B1} C_2 + R_{B2} C_1) \, [\mathrm{s}]$$

② 반복 주파수

$$f = \frac{1}{T} \fallingdotseq \frac{1}{0.69(R_{B1}C_2 + R_{B2}C_1)}\ [\text{Hz}]$$

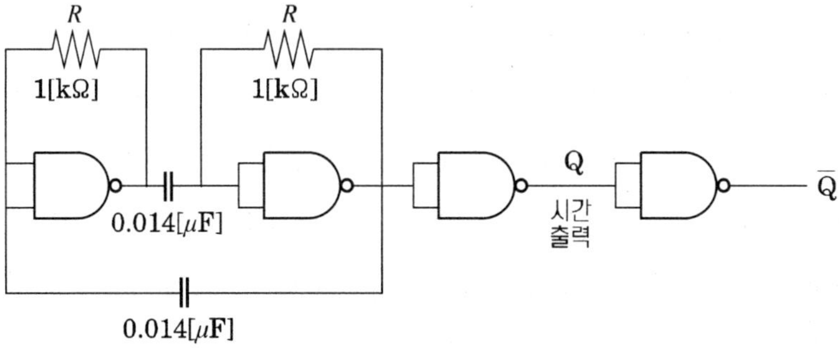

그림 4.14 NAND 게이트를 이용한 비 안정 멀티 바이브레이터회로

(2) 단안정 멀티바이브레이터(Monostable multivibrator)

한 상태는 안정되고 다른 상태는 불안정하며, 불안정 상태는 일정 시간이 지나면 자동적으로 안정 상태가 되는 회로로 단일 쇼트(single shot)라고도 한다.

입력 펄스가 없는 상태에서는 TR_1이 R_1과 R_2에 의해 분압된 전압이 베이스에 가해져서 차단 상태로 되고, TR_2는 통전 상태를 유지된다. TR_2가 차단되면 컬렉터 전류가 흐르지 못하고 컬렉터 전압이 높아져서 $+V_{CC}$에 도달하므로 상승 전압이 TR_1에 가해져 통전 상태로 됨. 이때, 충전되어 있던 C_1의 전하가 $+C_1 \rightarrow TR_1 \rightarrow -V_{CC} \rightarrow R_{B1} \rightarrow -C_1$의 경로를 통하여 방전되고, TR_2는 다시 통전 상태로 되면서 TR_1은 차단 상태로 안정하게 된다. 반복 주기 $T = 0.7(R_2 \cdot C_1)$[sec]이다.

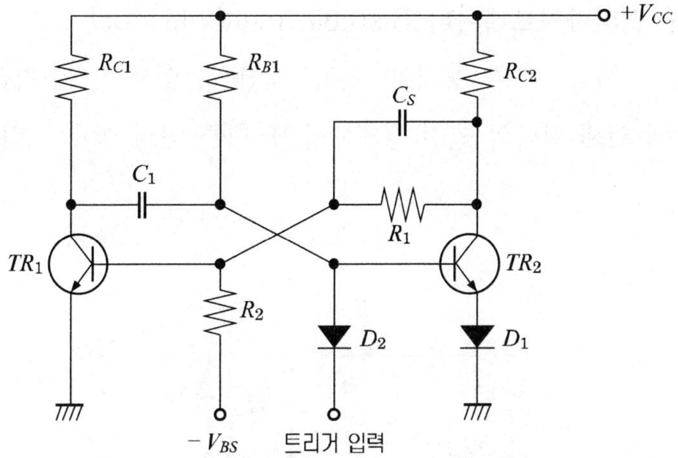

그림 4.15 단안정 멀티바이브레이터

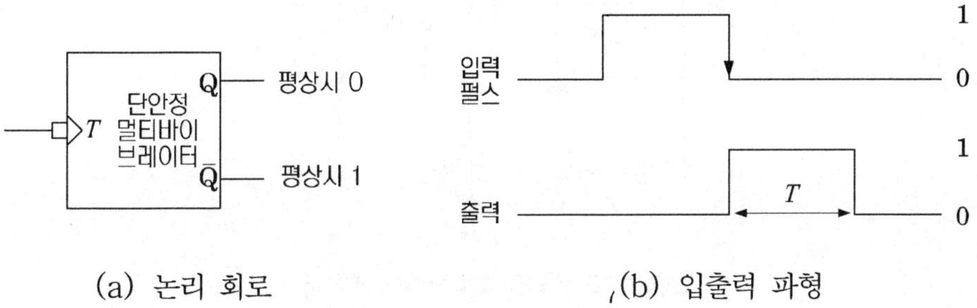

그림 4.16 단안정 멀티바이브레이터의 기호와 입출력 파형

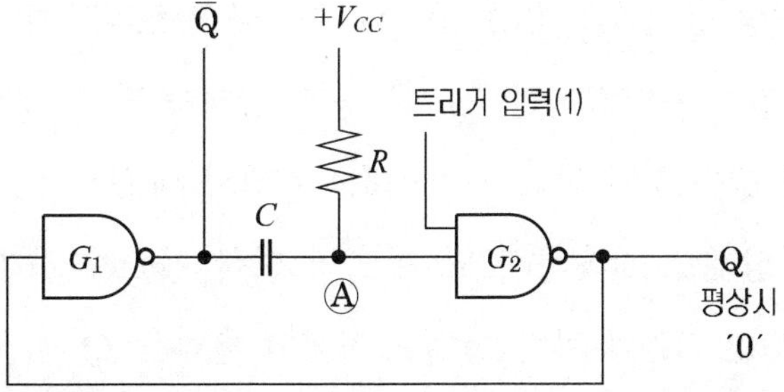

그림 4.17 NAND 게이트 단안정 멀티바이브레이터

(3) 쌍안정 멀티바이브레이터(Bistable multivibrator)

전기적으로 서로 다른 2개의 안정 상태가 있으며, 전기적 자극(trigger)에 의해 하나의 안정 상태에서 또 다른 안정 상태로 변하는 회로이다.

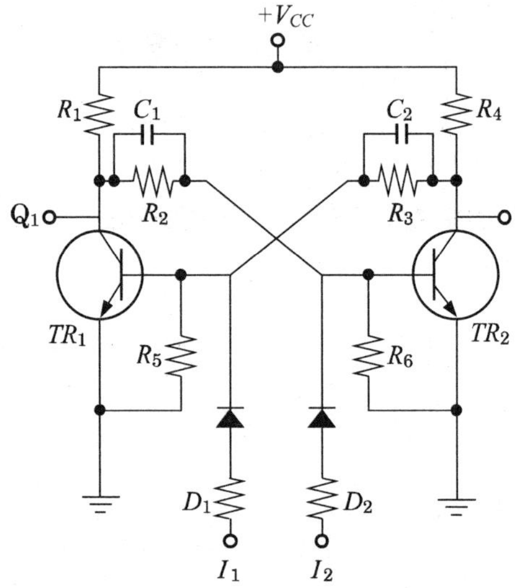

그림 4.18 쌍안정 멀티바이브레이터

1을 의미하는 세트와 0을 의미하는 리셋의 안정된 두 가지 상태를 유지하는 회로이며, 일명 플립플롭(flip−flop) 회로라 부르기도 한다.

입력 I_1에서 펄스가 입력되면 TR_1은 통전 상태가 되며, TR_2는 차단 상태가 되어 출력 Q는 1이 되고, 이 상태는 I_2에서 새로운 펄스가 입력되지 않으면 안정된 상태로 지속하게 된다. I_2의 입력 펄스가 가해지면 TR_2가 통전 상태가 되고, TR_1이 차단 상태로 바뀌어 출력은 Q'가 되고, 이 상태도 I_1에서 새로운 펄스가 입력될 때까지 안정된 상태로 유지하게 된다.

(4) 슈미트 트리거회로(Schmitt trigger circuit)

안정된 두 가지의 상태를 가지고 있고, 쌍안정 멀티바이브레이터와 같이 상반된 두 가지의 동작 상태를 가지며, 파형 발생에 사용된다.

입력 전압이 없을 때 TR_1은 차단 상태, TR_2의 베이스에는 TR_1의 컬렉터 전압이 두 개의 저항으로 분압되어 걸리므로 포화 상태가 되어 통전 상태가 되며 입력 전압이 높아지면 TR_1이 통전 상태가 되면서 컬렉터 전압이 낮아져서 TR_2는 차단 상태가 된다.

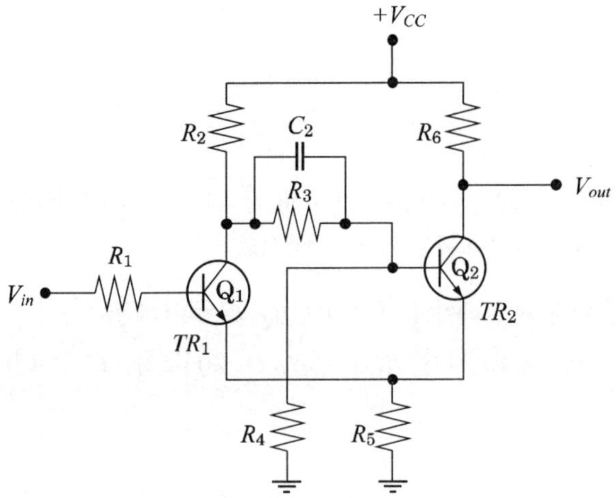

그림 4.19 슈미트 트리거회로

입력 파형은 서서히 변하는 사인 곡선과 같은 파형이고, 출력은 높고 낮은 두 개의 논리 상태를 형성하는 구형파가 된다.

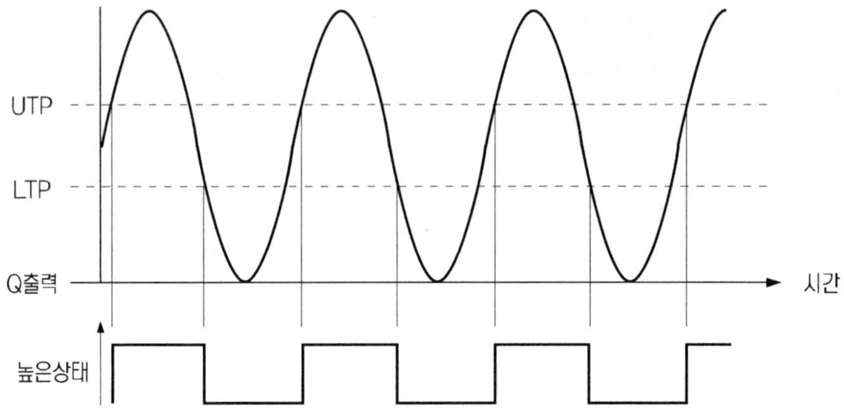

그림 4.20 슈미트 트리거회로의 입출력 파형

예제 4.09

$R_{C1} = R_{c2} = 10[\text{k}\Omega]$, $R_{B1} = R_{B2} = 200\,[\text{k}\Omega]$, $C_1 = 0.01\,[\mu\text{F}]$인 단안정 멀티바이브레이터회로의 출력 파형의 주기 T를 구하시오.

해설 단안정 멀티바이브레이터 $T \approx 0.7 R_{B1} C_1 \approx 1.4\,[\text{ms}]$

$R_{C1} = R_{c2} = 10\,[\text{k}\Omega]$, $R_{B1} = R_{B2} = 20\,[\text{k}\Omega]$, $C_1 = 1\,[\mu\text{F}]$

연습문제

01 발진 조건을 만족하려면 어떻게 하면 되는가?

㉮ 정궤환(positive feedback)을 해야 한다.

㉯ 부궤환(negative feedback)을 해야 한다.

㉰ 캐도우드 플로워(cathode follower)로 해야 한다.

㉱ 그리드리이크 저항(grid leak resistance)을 줄여야 한다.

해설 발진 조건은 $A_f = \dfrac{A}{1-\beta A}$ 에서 $1-\beta A = 0$ 이며 정궤환(양되먹임)을 해야 한다.

02 증폭도 A 인 증폭기에 되먹임률 β 로 양 되먹임을 걸 경우 발진이 되는 조건은?

㉮ $A\beta < 1$ ㉯ $A\beta = 0$

㉰ $A\beta > 1$ ㉱ $A\beta = 1$

해설 증폭도 A_f는 $A_f = \dfrac{A}{1-\beta A}$ 에서 발진기가 발진하기 위해서는 $1-\beta A = 0$ 이어야 한다. 즉 $\beta A = 1$ 이면 발진하는데 이 조건을 Barkhausen의 발진 조건이라 한다.

03 다음 발진기 중 발진 주파수의 범위가 가장 넓은 것은?

㉮ 음차 발진기 ㉯ RC 발진기

㉰ LC반결합 발진기 ㉱ 수정 발진기

해설 LC의 공진 특성을 이용하는 LC반결합 발진기는 발진 주파수의 가변 범위가 가장 넓다.

04 하아틀리형 발진회로에서 컬렉터와 이미터 사이의 리액턴스는?

㉮ 저항성　　㉯ 유도성
㉰ 용량성　　㉱ 유도성 또는 용량성

해설 컬렉터와 에미터 사이의 리액턴스는 유도성이다.

05 콜피츠 발진회로에서 $L = 200\,[\mu\text{H}]$, $C_1 = 2200\,[\text{pF}]$, $C_2 = 220\,[\text{pF}]$일 때 발진 주파수는?

㉮ $\fallingdotseq 600\,[\text{KHz}]$　　㉯ $\fallingdotseq 800\,[\text{KHz}]$
㉰ $\fallingdotseq 1000\,[\text{KHz}]$　　㉱ $\fallingdotseq 1200\,[\text{KHz}]$

해설 $f_0 = \frac{1}{2\pi}\sqrt{\frac{1}{L}(\frac{1}{C_1} + \frac{1}{C_2})}$

$$= \frac{1}{2\pi}\sqrt{\frac{1}{200\times10^{-6}}(\frac{1}{2200\times10^{-12}} + \frac{1}{220\times10^{-12}})}$$

$$= \frac{1}{2\pi}\sqrt{2.5\times10^{13}} = 796\,[\text{KHz}]$$

06 피어스 BC형 발진회로는 어떤 발진회로의 원리와 같은가?

㉮ 콜피츠 발진회로　　㉯ 하틀리 발진회로
㉰ 비인브리지 발진회로　　㉱ 이상형 발진회로

해설 피어스 B-C발진회로는 유도성의 수정 진동자를 트랜지스터의 베이스와 컬렉터 사이에 접속하므로 콜피츠 발진회로와 비슷하다.

07 수정 발진기의 특징 중 가장 중요한 점은?

㉮ 발진이 용이하다.　　㉯ 주파수 안정도가 크다.
㉰ 발진 세력이 강하다.　　㉱ 소형이며 잡음이 적다.

해설 수정 발진자 자체의 $Q(10^4 \sim 10^6)$가 매우 높고 기계적으로나 물리적으로 안정하여 발진 주파수의 안정도가 좋다.

08 다음 중 CR 발진기의 설명으로 틀린 것은?

㉮ C와 R를 사용하여 정궤환에 의해 발진을 시킨다.
㉯ 발진 주파수는 LC 동조 주파수로 결정된다.
㉰ CR 발진기는 이상형과 브리지형이 있다.
㉱ 음성 주파수 이하의 주파수 발진에 많이 쓰인다.

해설 RC 발진회로는 저주파 발진회로의 일종으로 콘덴서 C와 저항 R로 발진주파수가 결정되며, 정궤환에 의하여 발진을 시키는 것으로 이상형 발진기와 비인브리지 발진기가 있다.

09 이상형 CR 발진회로의 발진 주파수를 구하는 식은 어느 것인가?

㉮ $f_0 = \dfrac{1}{2\pi\sqrt{6}\,CR}$　　㉯ $f_0 = \dfrac{1}{2\pi\sqrt{6CR}}$
㉰ $f_0 = \dfrac{1}{4\pi\sqrt{6}\,CR}$　　㉱ $f_0 = \dfrac{\sqrt{6}}{2\pi CR}$

해설 이상형 CR 발진회로는 C와 R을 3계단형으로 조합시켜 컬렉터 측과 베이스 측의 총위상 편차가 180°되게 설계된 것으로 발진 주파수 f_0는 다음과 같다.

$$f_0 = \frac{1}{2\pi\sqrt{6}\,CR}\ [\text{Hz}]$$

10 다음 중 발진 조건과 관계없는 것은?

㉮ 궤환 전압과 입력 전압이 동상일 것
㉯ 정궤환 방식일 것
㉰ 바르크 하우젠의 발진 조건에서 $A\beta > 1$일 것
㉱ 진동 회로의 저항이 적을 것

11 다음 발진기 중 제일 낮은 주파수를 발진할 수 있는 것은?

㉮ 수정 발진기　　㉯ 음차 발진기
㉰ 하틀리 발진기　　㉱ 자의 발진기

12 다음 중 발진 주파수의 범위가 가장 넓은 발진기는?

㉮ LC 발진기　㉯ 수정 발진기　㉰ CR 발진기　㉱ 음차 발진기

13 하틀리 발진기의 궤환 요소는?

㉮ 용량　㉯ 코일　㉰ 트랜지스터　㉱ 저항

해설 하틀리 발진기는 인덕턴스 분할 발진기로서, 코일의 일부분에 걸린 전압이 궤환된다.

14 하틀리 발진기의 발진 주파수를 구하시오?

단 $L_1 = 0.5\,[\text{mH}]$, $L_2 = 0.5\,[\text{mH}]$, $c = 20\,[\text{pF}]$이다.

㉮ 2.25 [MHz]　㉯ 1.13 [MHz]　㉰ 1.60 [MHz]　㉱ 1.03 [MHz]

해설 상호 인덕턴스 M이 주어져 있지 않으므로

$$f = \frac{1}{2\pi\sqrt{C(L_1 + L_2)}} = \frac{1}{2 \times 3.14 \times \sqrt{20[\text{pF}] \times 1[\text{mH}]}} = 1.13\,[\text{MHz}]$$

15 콜피츠 발진기의 발진 주파수를 구하시오?

단 $L = 0.5\,[\text{mH}]$, $C_1 = 10\,[\text{pF}]$, $C_2 = 10\,[\text{pF}]$이다.

㉮ 31.8 [MHz]　㉯ 113 [MHz]　㉰ 16 [MHz]　㉱ 3 [MHz]

해설

$$f = \frac{1}{2\pi\sqrt{\frac{1}{L}(\frac{1}{C_1} + \frac{1}{C_2})}} = \frac{1}{2 \times 3.14 \times \sqrt{0.5[\text{mH}) \times 5[\text{pF}]}}$$

$$= \frac{1}{2 \times 3.14 \times 0.5 \times 10^{-8}} = 31.8\,[\text{MHz}]$$

16 수정 발진기는 수정의 어떤 현상을 이용한 것인가?

㉮ 자의 현상　㉯ 압전기 효과　㉰ Hall 효과　㉱ Seeback 효과

17 수정 발진기의 발진 주파수가 안전한 이유는?

㉮ 수정 진동자는 고유 진동을 한다.

㉯ 수정 진동자는 온도 계수가 극히 적다.
㉰ 수정 진동자는 Q가 높다.
㉱ 수정 진동자는 압전기 현상을 갖고 있다.

18 빈브리지형 (C형) CR 발진기에서 발진이 일어나기위한 진폭 조건은?
㉮ $A_v \geq 29$ ㉯ $A_v \geq 44.5$ ㉰ $A_v \geq 3$ ㉱ $A_v \geq 9$

해설 $R_1 = R_2 = R,\ C_1 = C_2 = C$

$$A \geq 1 + \frac{R_2}{R_1} + \frac{C_2}{C_1} \geq 3$$

19 $R_{C1} = R_{C2} = 10\,[\text{k}\Omega],\ R_{B1} = R_{B2} = 20\,[\text{k}\Omega],\ C_1 = 1\,[\mu\text{F}]$인 단안정 멀티바이브레이터회로의 주파수를 구하시오.
㉮ 72.15 [Hz] ㉯ 44.5 [Hz] ㉰ 72.15 [kHz] ㉱ 13.86 [ms]

해설 주기 $T = \ln 2 R_{B1} C_1 = 0.693 \times 20 \times 1 \times 10^{-6} = 13.86\,[\text{ms}]$

$$f = \frac{1}{T} = \frac{1}{13.86 \times 10^{-3}} = 72.15\,[\text{Hz}]$$

20 쌍안정 멀티바이브레이터의 결합 저항에 병렬로 부가한 콘덴서의 목적은?
㉮ 증폭도를 높인다.
㉯ 스위칭 속도를 높인다.
㉰ 베이스 전위를 일정하게 유지시킨다.
㉱ 에미터 전위를 일정하게 유지시킨다.

정 답	
	01 ㉮ 02 ㉱ 03 ㉰ 04 ㉯ 05 ㉯ 06 ㉮ 07 ㉯ 08 ㉯ 09 ㉮ 10 ㉰
	11 ㉰ 12 ㉯ 13 ㉮ 14 ㉯ 15 ㉯ 16 ㉮ 17 ㉰ 18 ㉰ 19 ㉮ 20 ㉯

✤과년도문제✤

01 수정 발진기는 임피던스가 어떤 조건일 때 가장 안정적인 발진을 하는가?

㉮ 저항성　　㉯ 용량성
㉰ 유도성　　㉱ 유도성과 용량성 결합

02 구형파를 발생시키는 발진기는?

㉮ 수정 발진기　　㉯ 멀티바이브레이터
㉰ 플레이트 동조 발진기　　㉱ 다이네트론 발진기

03 인가되는 역 전압의 직류 전압에 의한 커패시턴스가 가변되는 소자를 이용하여 발진 주파수를 가변 하는 발진 회로는?

㉮ 윈브리지 발진기　　㉯ 위상천이 발진기
㉰ 전압제어 발진기　　㉱ 비안정 멀티바이브레터 발진기

해설 제어 전압을 변화시켜 출력 발진 주파수를 제어하는 전압제어 발진기로서 가변 용량 다이오드(버렉터) 등의 주파수 동조 가변 특성을 이용하여 인가 조절 전압을 변화시킴으로써 주파수를 변화시키며, 수정 발진기에 비해 주파수 안정도가 낮다.

05 다음 하틀리 발진회로에서 커패시턴스 $C=200\,[\mathrm{pF}]$, $L_1=180\,[\mu\mathrm{H}]$, $L_2=20\,[\mu\mathrm{H}]$이며 상호인덕턴스 $M=90\,[\mu\mathrm{H}]$의 값을 가질 때 발진주파수는?

㉮ 517 [kHz]　㉯ 537 [kHz]　㉰ 557 [kHz]　㉱ 577 [kHz]

해설 하틀리 발진기(Hartley Oscillator)는 유도성 분배기를 통해 귀환이 이루어지는 것을 말한다.

$$f = \frac{1}{2\pi\sqrt{C(L_1+L_2+2M)}} = \frac{1}{2\times 3.14\sqrt{200\times 10^{-12}(380\times 10^{-6})}}$$
$$= \frac{1}{2\times 3.14\times 275.7\times 10^{-9}}$$

06 정현파 발진기로서 부 적합한 것은?

㉮ LC 발진기　　㉯ 수정 발진기
㉰ 멀티바이브레이터　　㉱ CR 발진기

해설 발생 파형에 따른 발진기 분류
① 정현파(사인파) 발진기(Sinusoidal Oscillator) : LC 발진기, RC 발진기, 수정 발진기 등이 있다.
② 구형파(펄스) 발진기(Square-wave Oscillator) : 멀티바이브레이터, 톱니파 발진기, 링 발진기 등이 있다.

07 그림과 같은 발진회로에서 200 [kHz]의 발진 주파수를 얻고자 한다. C_1과 C_2의 값이 0.001 [μF]이라면 L의 값은 약 얼마인가?

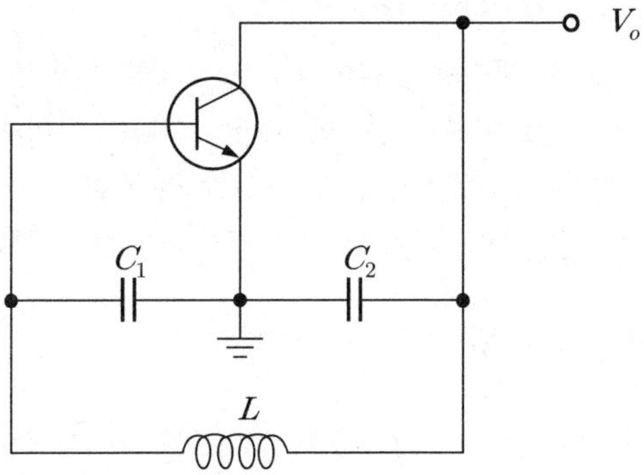

㉮ 2.21 [mH]　　㉯ 1.27 [mH]　　㉰ 2.31 [mH]　　㉱ 1.35 [mH]

해설 콜피츠형 발진기의 발진 주파수 $f = \frac{1}{2\pi\sqrt{L\left(\frac{C_1C_2}{C_1+C_2}\right)}}$ 에서 L값을 구하면 1.27 [mH]이 된다.

08 그림과 같은 회로에 대한 설명 중 틀린 것은?

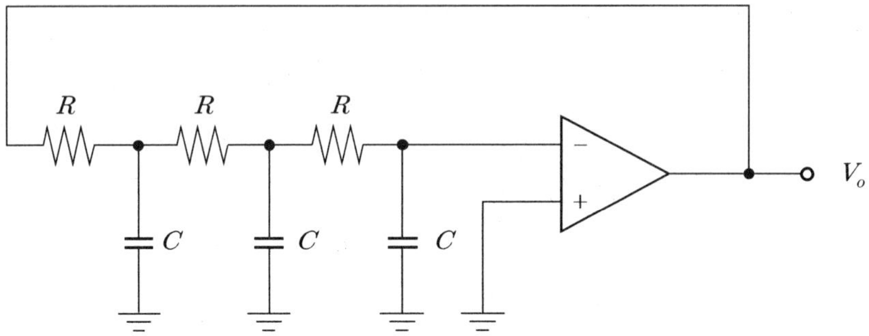

㉮ 저주파 발진기의 일종이다.

㉯ 회로의 전류 증폭도는 29배이다.

㉰ 발진주파수 $f = \dfrac{1}{2\pi\sqrt{6}\,RC}$ [Hz]이다.

㉱ 병렬 용량성 이상형 발진회로이다.

해설 이상형 병렬 C형 발진회로의 발진주파수는 $f = \dfrac{\sqrt{6}}{2\pi RC}$ [Hz]이다.
$A_v \geq 29$

09 발진 조건에 대한 설명 중 틀린 것은?

① 궤환 증폭기의 이득과 궤환율의 곱이 1보다 작으면 발진 진폭이 감소한다.

② 궤환 증폭 시 입력신호와 궤환 신호의 위상이 180도 차이가 난다.

③ 증폭된 출력의 일부를 입력 쪽으로 정 궤환 시켜야 한다.

④ 발진이 지속될 수 있는 상태를 유지하기 위해서는 $\beta A = 1$조건을 만족해야 한다.

해설 바르크하우젠 발진 조건(Barkhausen criterion)

① 루프 이득이 1→$|A\beta| = 1$

② 루프 전체 위상 천이가 0→입력신호, 귀환신호 위상이 같음(동위상)

10 그림과 같은 발진회로의 발진 주파수는 약 얼마인가?

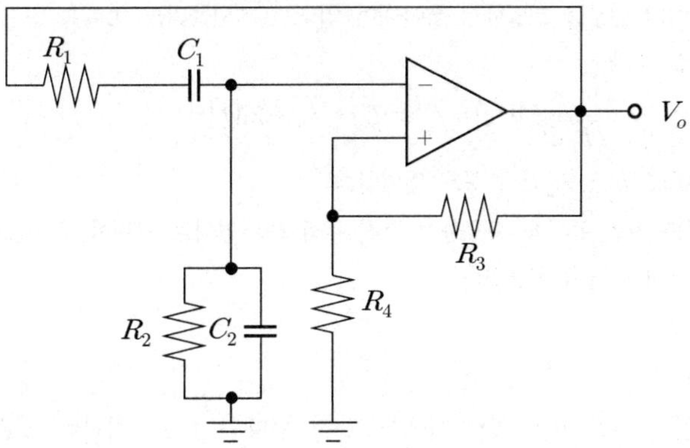

㉮ 483 [Hz]　　㉯ 490 [Hz]　　㉰ 497 [Hz]　　㉱ 584 [Hz]

해설 $f = \dfrac{1}{2\pi CR\sqrt{6}} = \dfrac{1}{2\times 3.14\times 16\times 10^3\times 0.02\times 10^{-6}} = 497\,[\text{Hz}]$

11 그림과 같은 발진회로의 형태는?

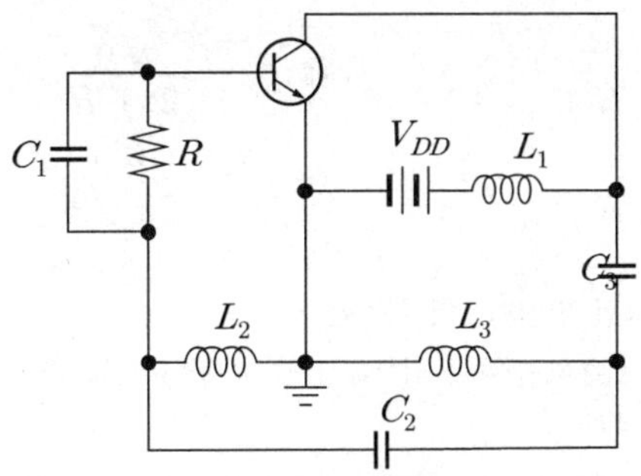

㉮ 콜피츠 발진기　　㉯ 하틀리 발진기
㉰ 동조형 발진기　　㉱ 이상형 발진회로

해설 하틀리(Hartley) 발진회로

① 출력의 일부를 코일에서 뽑아내어 입력으로 되돌리는 회로

② 발진 주파수

$$f = \frac{1}{2\pi\sqrt{L_o C}}\,[\mathrm{Hz}],\ L_o = L_1 + L_2 + 2M\,[\mathrm{H}]$$

(M는 $L_1 - L_2$간의 상호 인덕턴스)

③ C를 가변 용량을 사용하여 발진 주파수를 임의로 가변할 수 있으며, 주로 중파, 단파대에 많이 사용한다.

12 다음 중 그림의 RC 이상 발진기에서 발진 주파수 f_s로 적합한 것은?

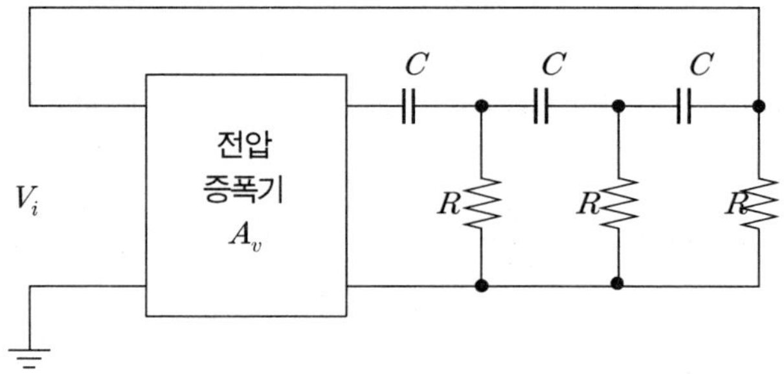

㉮ $f_s = \dfrac{1}{2\pi\sqrt{6}\,CR}$ ㉯ $f_s = \dfrac{\sqrt{6}}{2\pi CR}$

㉰ $f_s = \dfrac{1}{2\pi\sqrt{3}\,CR}$ ㉱ $f_s = \dfrac{CR}{2\pi\sqrt{3}}$

해설 이상형 병렬 R형 발진회로의 특징은

① 컬렉터 측의 출력 전압의 위상을 180° 바꾸어 입력 측 베이스에 양 되먹임 되어 발진하는 발진기

② 입력 임피던스는 크고, 출력 임피던스가 작은 증폭 회로

③ 발진 주파수

$$f_s = \frac{1}{2\pi\sqrt{6}\,CR}$$

④ 이득 $A_v \geq 29$

13 그림과 같은 등가회로로 표시되는 발진회로의 발진 주파수는?

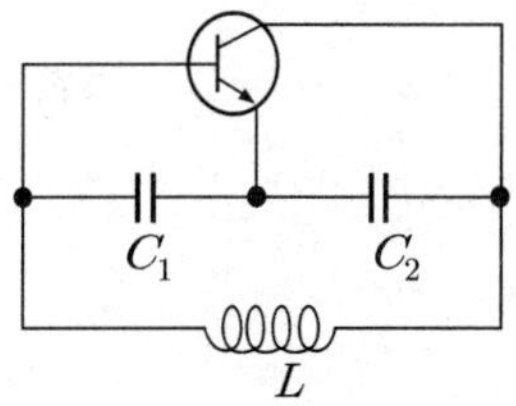

㉮ $\dfrac{1}{2\pi\sqrt{\dfrac{1}{L}(\dfrac{1}{C_1}+\dfrac{1}{C_2})}}$ ㉯ $\dfrac{1}{2\pi\sqrt{L(\dfrac{1}{C_1}+\dfrac{1}{C_2})}}$

㉰ $\dfrac{1}{2\pi\sqrt{\dfrac{1}{L}(C_1+C_2)}}$ ㉱ $\dfrac{1}{2\pi\sqrt{\dfrac{LC_1C_2}{C_1+C_2}}}$

해설 귀환 루프에 위상 천이를 시키거나 특정 주파수만을 통과시키는 공진 필터처럼 동작하기 위해 LC 회로를 이용하였다. 발진 주파수는

$$f_r \cong \frac{1}{2\pi\sqrt{LC_T}}, \quad C_T = \frac{C_1C_2}{C_1+C_2}$$

14 다음 중 Wien Bridge 발진기의 정궤환 요소는?

㉮ RL 회로망 ㉯ LC 회로망 ㉰ 전압분배기망 ㉱ 선행-지연 회로망

해설 Wien Bridge발진기는 사인파 발진기의 일종으로 지상-진상회로로 구성되며, 낮은 주파수에서 진상회로가 우세하고 저항값과 리액턴스값이 각각 같다면 회로의 감쇠는 1/3이 된다.

$$\frac{V_{out}}{V_{in}} = \frac{1}{3}, \; f_r = \frac{1}{2\pi RC}$$

15 다음 중 발진 회로에 대한 설명으로 틀린 것은?

가. CR 발진기는 비교적 낮은 주파수에 적합하다.

나. 수정 진동자의 Q는 매우 크다.

다. 부궤환을 시키면 발진 주파수가 증가한다.

라. 수정 발진기는 유도성 리액턴스에서 동작시킨다.

16 다음 이상 발진기의 발진 주파수는 약 몇 [kHz]인가? (단, $R=4\,[\text{k}\Omega]$, $C=0.01\,[\mu\text{F}]$)

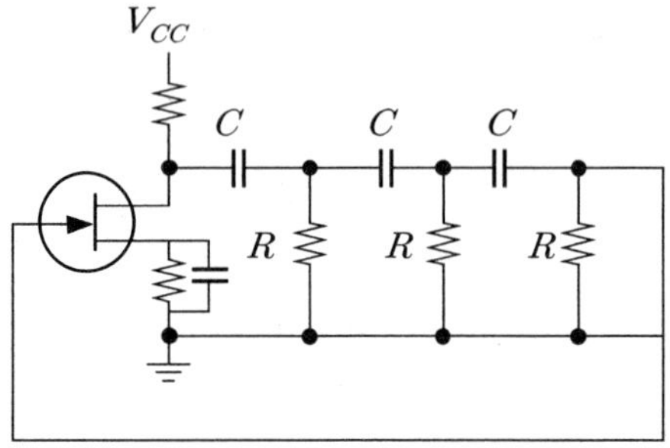

㉮ 1.6 ㉯ 2.3 ㉰ 2.4 ㉱ 4.2

17 그림과 같은 윈 브리지(Wein bridge) 발진회로의 발진주파수를 구하는 식은?

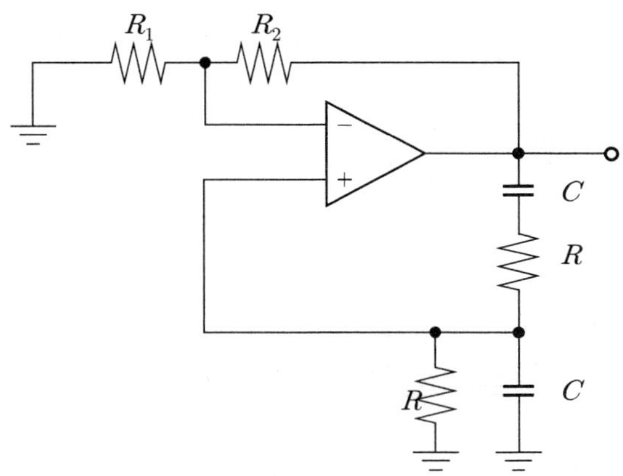

㉮ $\dfrac{1}{2\pi R_1 C}$ ㉯ $\dfrac{1}{RC}$ ㉰ $\dfrac{1}{2\pi RC}$ ㉱ $\dfrac{1}{\pi R_2 C}$

해설 윈-브리지 발진기(wien-bridge oscillator)는 윈-브리지와 연산증폭기를 조합하여 정현파를 발생하는 장치이다.

$f_o = \dfrac{1}{2\pi\sqrt{R_1R_2C_1C_2}}$ 에서 $R_1 = R_2$, $C_1 = C_2$일 때 $f_0 = \dfrac{1}{2\pi RC}$ [Hz]

18 다음 중 L, C, R 직렬 공진 회로의 Q는? (단, ω_r는 공진 각속도)

㉮ $\frac{L}{CR}$　　㉯ $\frac{\omega_r L}{R}$　　㉰ $\frac{R}{\omega_r C}$　　㉱ $\frac{1}{R}\sqrt{\frac{C}{L}}$

해설 ① 직렬 공진

공진 주파수 $f_0 = \frac{1}{2\pi\sqrt{LC}}$ [Hz]

대역폭 $B = \frac{f_0}{Q}$

주파수 선택도 $Q = \frac{f_0}{B} = \frac{f_0}{f_1 - f_2}$

$$Q = \frac{wL}{R}(\because R-L\text{회로}) = \frac{1}{wCR}(\because R-C\text{회로})$$
$$= \frac{1}{R}\sqrt{\frac{L}{C}}(\because R-L-C\text{회로})$$

② 병렬 공진

코일의 Q, $Q = \frac{R}{wL}(\because R-L\text{회로}) = wCR(R-C\text{회로})$
$$= \frac{1}{R}\sqrt{\frac{C}{L}}(\because R-L-C\text{회로})$$

대역폭 $B = \frac{f_0}{Q}$

공진 주파수 $f_0 = \frac{1}{2\pi\sqrt{LC}}$

공진 임피던스 $Z_r = \frac{L}{CR} = wLQ(w_L \gg R)$
$$Z_r = RQ^2(Q = \frac{1}{wCR} = \frac{wL}{R}\text{대입})$$

19 그림과 같은 기본 발진회로에서 증폭기의 A의 전압 이득이 50일 때 궤환 회로의 β의 크기는 얼마인가?

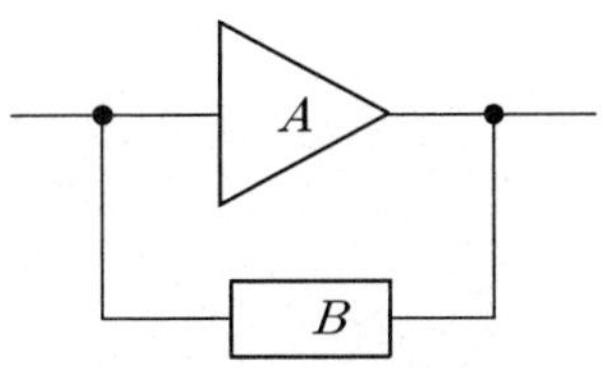

㉮ 0.01　　㉯ 0.02　　㉰ 0.05　　㉱ 0.1

해설 $A_f = \frac{A}{1-A(\beta)}$에서 $A\beta = 1$, $\beta = \frac{1}{A} = \frac{1}{50} = 0.02$

20 중심 주파수가 455 [kHz]이고 대역폭이 8 [kHz]가 되는 단 동조회로가 있다. 이 회로의 Q는?

㉮ 14　　㉯ 26　　㉰ 29　　㉱ 57

해설 단일 동조회로에서 대역폭 $B=\dfrac{f_0}{Q}(\therefore Q=\dfrac{R_t}{wL})$

$8[\text{kHz}]=\dfrac{455\,[\text{kHz}]}{Q},\ Q=\dfrac{455}{8}=56.89$

21 1000 [kHz]의 반송파에 40 [kHz]의 저주파 신호파로 진폭 변조시켰을 때 상측파대의 최고 주파수와 하측 파대의 최저 주파수의 차이는?

㉮ 20 [kHz]　　㉯ 40 [kHz]　　㉰ 60 [kHz]　　㉱ 80 [kHz]

해설 $f_H=f_c+f_s=1000+40=1040\,[\text{kHz}]$

$f_L=f_c-f_s=1000-40=960\,[\text{kHz}]$

$f_H-f_L=1040-960=80\,[\text{kHz}]$

정 답	
	01 ㉰ 02 ㉯ 03 ㉰ 04 ㉰ 05 ㉱ 06 ㉰ 07 ㉯ 08 ㉰ 09 ㉯ 10 ㉰
	11 ㉯ 12 ㉮ 13 ㉱ 14 ㉮ 15 ㉰ 16 ㉮ 17 ㉰ 18 ㉯ 19 ㉯ 20 ㉱
	21 ㉱

☘ 과년도심화문제 ☘

01 외부로부터의 전기적인 신호가 없어도 회로 내에서 교류신호인 전기진동을 발생하는 회로는?

① 비교기　　② 정류기　　③ 증폭기　　④ 발진기

해설 발진은 외부로부터의 입력신호가 없어도 호로 자신이 연속적으로 교류신호를 발생하는 것을 말한다.

02 다음 중 발진기의 발진조건으로 틀린 것은?

① 궤환회로가 있으며 정궤환으로 동작한다.
② 궤환회로에 의한 위상천이는 0°이다.
③ 궤환회로를 포함한 폐루프이득이 1이다.
④ 초기 시동시에는 폐루프이득이 1보다 작다.

해설 ① 발진을 지속하려면 진동 전류 진폭이 일정하도록 출력신호의 일부를 정궤환 시키는 과정이 필요하다.

② 바르크하우젠 발진조건 (Barkhausen criterion)

$A_f = \dfrac{A}{1-A\beta}$ 정궤환에서 분모가 0 → $A\beta = 1$

③ $\beta A \le 1$ 인 경우 발진이 소멸한다.

03 수정발진기에서 발진자가 어떤 임피던스 상태일 때 안정된 발진상태를 나타내는가?

① 용량성　　　② 유도성

③ 저항성　　　④ 어떤 상태든지 상관없다.

해설 · 수정발진회로(Crystal Oscillator)

1. 수정발진회로는 수정공진자의 압전효과를 이용한 것으로 발진주파수의 안정도가 매우 높다는 특징이 있다.
2. 수정발진기에서 발진자가 유도 성 임피던스일 때 가장 안정된 발진 상태를 나타낸다.
3. 수정진동자는 Q(Quality factor)가 크기 때문에 수정발진기의 주파수가 안정된다.
4. 수정발전기의 안정된 발진상태는 유도성일 때이다.

04 다음 중 발진주파수의 변동 원인과 관계없는 것은?

① 전원전압의 변동

② 부하의 변동

③ 건전지 충전의 변화

④ 주위 온도의 변화

해설 · 발진주파수 변동 원인은 다음과 같다.

1. 부하의 변화 : 출력코일에 직접 부하를 접속할 때 코일의 회로정수 변화
2. 전원전압의 변화: 전원전압의 변화로 TR의 동작 점 변화 원인
3. 주위 온도의 변화: 주위 온도 변화로 TR의 특성변화 원인
4. 진동. 습도에 의한 변화
5. 발진회로의 주파수는 코일[H]광 콘덴서[F]에 의해 결정되며, 전원전압의 변동, 부하의 변동, 주위 온도의 변화, 진동, 습도 에 의하여 변하다.

05 수정 발진회로에서 수정 진동자의 전기적 직렬공진주파수를 fs, 병렬공진 주파수를 fp라 할 때, 가장 안정된 발진을 하기 위한 조건은단, fa는 발진 주파수이다.)

① fp 〈 fa 〈 fs

② fa = fs

③ fs 〈 fa 〈 fp

④ fa = fp

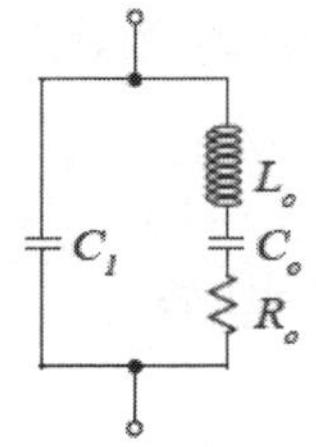

06 다음 그림의 발진기 회로에서 궤환율(β)은 얼마인가? (단, R=1[kΩ], R_1 =18[kΩ], R_2 =2[kΩ], C=1[μF]이다.)

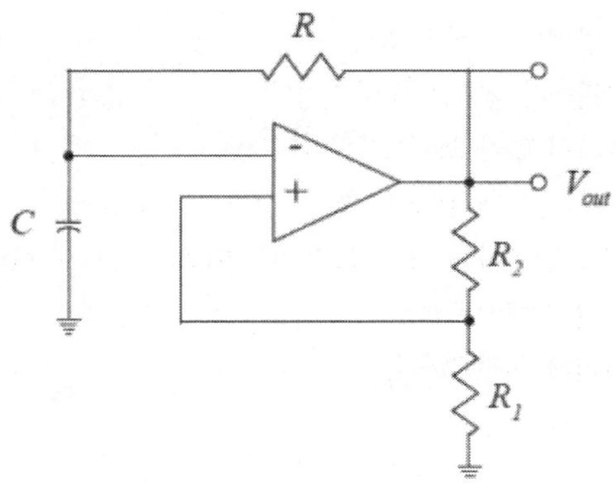

① 0.6　　② 0.7　　③ 0.8　　④ 0.9

해설 $A_f = \frac{1}{\beta} = 1 + \frac{R_2}{R_1}$, $\beta = \frac{18k\Omega}{18k\Omega + 2k\Omega} = 0.9$

07 다음 중 발진기와 관련이 없는 것은?

① 부궤환 ② 정궤환 ③ 수정편 ④ VCO

08 다음 중 LC 발진회로의 종류가 아닌 것은?

① 톱니파 발진기 ② 하틀리 발진기

③ 콜피츠 발진기 ④ 동조형 반결합 발진기

09 수정발전기는 어떤 현상을 이용하는가

① 피에조(Piezo) 현상

② 과도(Transient) 현상

③ 지연(Delay) 현상

④ 히스테리시스(Hysteresis) 현상

해설 · 수정발진(Crystal Oscillator)회로의 특징 : 수정발진회로는 수정 공진자(crystal resonator)의 압전기 현상 (Piezo effect)을 이용한 것으로 발진 주파수의 안정도가 매우 높다.

1. 주파수 안정도가 좋다.(10-6)
2. 수정 공진자의 Q가 높다.(104 - 106)
3. 수정 공진자는 기계적으로나 물리적으로 안정하다.
4. 발진 조건을 만족하는 유도성 주파수 범위가 대단히 좁다.
5. 주위 온도의 영향이 적다.
6. 고주파 발진기에 적합하다.

10 다음 중 비정현파 신호가 출력되는 발진기는?

① 멀티바이브레이터

② 빈(Wien) 브릿지형 발진기

③ 콜피츠 발진기

④ 수정 발진기

해설 · 비 정현파(사인파) 발진기는 멀티바이브레이터이다.

11 다음 중 발진회로의 주파수 변동원인에 해당되지 않는 것은?

① 전원전압의 변동　　② 온도변화

③ 부하변동　　④ 기생진동

해설 TR 자체의 용량변화에 의해 발진주파수가 바뀌며 안정된 발진을 위해서는 안정된 공급전압이 중요하다. 발진회로에서 변화 요 소는 L의 온도변화이다. 발진회로의 경우 L에 대한 온도보상을 위해 온도가 올라가면 용량이 적어지는 콘덴서를 사용한다. 발 진주파수의 변동요소는 전원전압의 변동, 온도변화, 부하변동이 있다.

정 답 1 ④ 2 ④ 3 ② 4 ③ 5 ③ 6 ④ 7 ① 8 ① 9 ① 10 ① 11 ④

제 5 장 변 · 복조회로

5.1 아날로그 변 · 복조회로(Modulation and Demodulation circuits)

1. 아날로그 변 · 복조의 개념

전기, 전자, 통신 공학에서 변조의 정의는 주파수 스펙트럼을 높은 쪽으로 옮겨가는 것으로 통신을 행한다는 것은 음성, 영상 등의 관련 정보를 옮겨가는 것으로 변조 시 관련 정보신호를 장거리 전송할 수 있다. 이때 원 신호를 신호파 또는 변조파(modulating wave)라고 하며, 원 신호를 장거리까지 전송하는데 이용되는 파를 반송파(carrier wave)라고 한다. 여기서 신호파와 함께 존재하는 파, 즉 변조된 파를 피 변조파(modulated wave)라고 한다. 또 수신 측에서 수신한 피 변조파로부터 원래의 신호를 복원해내는 것을 복조(demodulation)라 한다.

(1) 변·복조회로의 기초

① 변조(modulation)란 음성 신호와 같이 저주파 신호를 무선이나 유선으로 먼 거리로 전송할 때 높은 주파수의 반송파에 옮기는 것을 말하는데, 음성 신호에 따라 반송파의 진폭을 변조시키는 진폭 변조, 주파수 변조, 위상 변조 등이 있다.

② 복조(demodulation)란 피 변조파를 수신하여 이것에 포함된 신호파를 재생하여 가청할 수 있게 하는 과정을 복조 또는 검파(detection)라 한다.

(2) 변조 방식의 종류

1) 진폭 변조(Amplitude modulation)

진폭 변조(AM : amplitude modulation)란 반송파의 진폭을 정보 신호의 진폭과 같은 형태로 변화시키는 것을 말한다. 비교적 간단하기 때문에 전송 대역을 유효하게 이용할 수 있는 이점이 있는 반면에, 잡음의 영향을 받기 쉽다는 결점을 가지고 있다. 중파 라디오 방송 등에 사용된다.

2) 주파수 변조(Frequency modulation)

주파수 변조(FM : frequency modulation)란 저주파인 음성 신호를 고주파의 반송파에 실어 전송하는 것으로, 진폭의 변화를 주파수의 변화로 바꾸는 변조 방식이다. 변조된 신호의 주파수 대역은 넓어지지만 잡음이 적어 FM방송, 저속 데이터 전송 모뎀 등에 사용된다.

3) 위상 변조(Phase modulation)

아날로그 신호의 요소에는 진폭, 주기 외에 위상, 즉 파의 개시 위치가 존재한다. 위상 변조(PM : phase modulation)란 그 개시 위치의 변화를 0 또는 1에 할당하는 변조 방식이다.

디지털 정보와 같이 변화하는 범위가 한정 되어 있는 경우에 적합하여 데이터 전송용 모뎀, 디지털 무선 전송 등에 사용된다.

4) 펄스 변조(Pulse modulation)

일전 간격의 펄스 열을 반송파로 사용하여 그 파라미터를 변조 신호로 바꿔서 정보를 전달한다.

① 펄스 진폭 변조(pulse amplitude modulation, PAM)

펄스 변조(pulse modulation) : 일정 간격의 펄스 열을 반송파로 사용하여 그 파라미터를 변조 신호로 바꿔서 정보를 전달한다.

② 펄스 진폭 변조(pulse amplitude modulation, PAM)

③ 펄스 주기 변조(pulse duration modulation, PDM)

④ 펄스 위치 변조(pulse position modulation, PPM)

⑤ 펄스 주파수 변조(pulse frequency modulation, PFM)

⑥ 펄스폭 변조(pulse width modulation, PWM)

⑦ 펄스 부호 변조(pulse code modulation, PCM)

2. 아날로그 변조의 종류

(1) 진폭 변조(Amplitude modulation)

1) 진폭 변조의 원리

반송파의 진폭을 신호파의 진폭에 따라 변화 시키는 것이다.

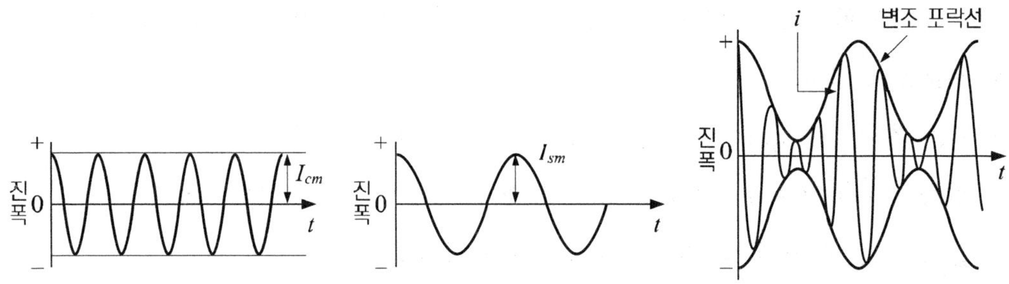

(a) 반송파 (b) 신호파 (c) 피 변조파

그림 5.1 진폭 변조 된 파형

② 반송파 $V_C = V_C \cos\omega_c t$의 진폭 V_C을 신호파 $V_S = V_S \cos\omega_s t$에 따라 변화시키면 피 변조파

$$V_m = V_C(1+\frac{V_S}{V_C}\cos w_s t)\cos\omega_c t = V_C(1+m_a \cos w_s t)\cos\omega_c t$$

로 표시할 수 있다.

$$\therefore m_a = \frac{\text{신호파의 진폭}}{\text{반송파의 진폭}} = \frac{V_S}{V_C},\ \text{또는}\ \frac{I_S}{I_C}$$

로 변조도(modulation degree)라 한다.

㉠ 변조도는 변조의 정도를 나타낸다.

㉡ $V_S = V_C$이면 $m_a = 1$일 때 100[%] 변조율이 된다.

㉢ $m > 1$의 상태를 과변조(over modulation)라 하는데, 피 변조파의 파형의 일부가 어느 구간 잘려서 일그러짐이 생긴다.

예제 5.01

AM의 피 변조 전압 $v(t) = (70 + 35\cos 2\pi \times 10^3 t)\cos 2\pi \times 10^6 t$일 때, 변조도 m은 몇 [%]인가?

해설 AM의 변조도는 $m = \dfrac{\text{신호파의 진폭}}{\text{반송파의 진폭}} = \dfrac{35}{70} \times 100 = 50[\%]$

예제 5.02

AM의 피 변조 전압 $v(t) = (200 + 80\cos 2\pi \times 10^3 t)\cos 2\pi \times 10^6 t$일 때, 변조도 m은 몇 [%]인가?

해설 $m = \dfrac{V_s}{V_c} = \dfrac{80}{200} \times 100[\%] = 40[\%]$

예제 5.03

1000 [kHz] 반송파에 20 [kHz]의 저주파 신호파를 AM 변조를 시켰을 때 상측파대의 최고 상한 주파수와 하한 주파수를 구하시오.

해설 상측파 $f_c + f_s = 1000 + 20 = 1020$ [kHz]

하측파 $f_c - f_s = 1000 - 20 = 980$ [kHz]

예제 5.04

변조도 40%의 진폭변조에서 반송파의 평균전력이 300[㎽] 일 때 피변조파의 평균전력은 약 얼마인가?

해설

AM의 피변조파 전력 $P_m = P_c(1+\frac{m^2}{2})$

$$P_m = (300\times 10^{-3})(1+\frac{0.4^2}{2}) = 324[mW]$$

2) 주파수 스펙트럼(Frequency spectrum)

피 변조파의 주파수 스펙트럼은 반송파 w_c를 기준으로 하면 (w_c+w_s)은 상측파가 되며, (w_c-w_s) 파형은 하측파가 된다. 입력이 사인파일 경우 진폭 변조된 피 변조파는 3개의 주파수 성분(반송파 : f_c, 상측파대(upper side band) : f_c+f_s, 하측파대(lower side band) : f_c-f_s)으로 되어 있다.

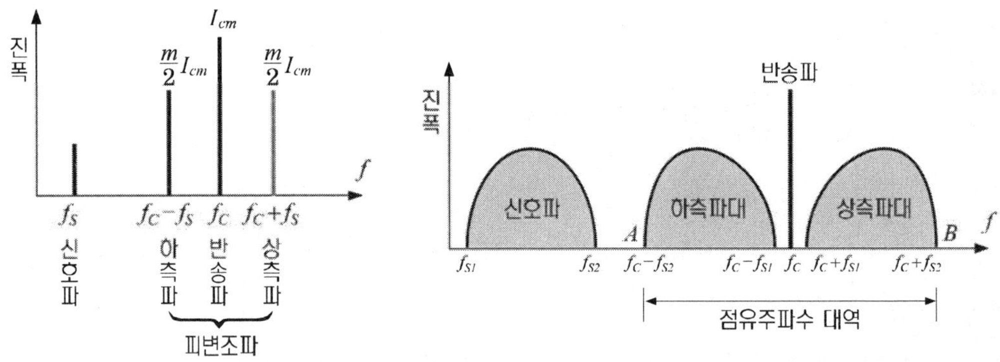

(a) 하나의 f에 따라 변조되었을 때 (b) 여러 가지 f에 따라 변조되었을 때

그림 5.2 AM파의 주파수 스펙트럼과 점유 주파수 대역

① 피 변조파의 주파수 성분 배치를 명확히 알기 위하여 주파수 스펙트럼도가 사용된다.

② 그림 5.2(a)는 하나의 주파수 f_s에 따라 변조되었을 때의 스펙트럼도

③ 그림 5.2(b)는 여러 가지 주파수 f_s에 따라 변조되었을 때의 스펙트럼도(신호파는 $f_{s1} \sim f_{s2}$ 대역을 차지하고 있다.)

3) 피 변조파의 성질

① 점유 주파수 대역

하측파대에서 상측파대까지 피 변조파가 점유하는 주파수 대역을 말한다.

② 피 변조파의 전력

진폭 변조파가 부하 저항 R에서 소비되는 각 주파수 성분에 대한 전력은

$$P = VI = I^2R$$

에서, 저하에 흐르는 실효전류는

$$P = V\frac{I}{\sqrt{2}} = (\frac{I}{\sqrt{2}})R \cdot (\frac{I}{\sqrt{2}}) = (\frac{I}{\sqrt{2}})^2 \cdot R$$

에서

㉠ 반송파 전력 : $P_C = (\frac{I_c}{\sqrt{2}})^2 R = \frac{I_c^2}{2} R$

㉡ 상측파 전력 :

$$P_H = (\frac{m_a V_c}{2}) \cdot \frac{I_c}{\sqrt{2}} = (\frac{m_a I_c}{2} \cdot \frac{1}{\sqrt{2}})^2 R$$

$$= \frac{m_a^2}{8} I_c^2 R = \frac{m_a^2}{4} Pc$$

㉢ 하측파 전력 :

$$P_L = (\frac{m_a V_c}{2}) \cdot \frac{I_c}{\sqrt{2}} = (\frac{m_a I_c}{2} \cdot \frac{1}{\sqrt{2}})^2 R$$

$$= \frac{m_a^2}{8} I_c^2 R = \frac{m_a^2}{4} Pc$$

㉣ 따라서 피 변조파 전력 $P = P_C + P_H + P_L$에서

$$P = \frac{I_{cm}^2}{2} R + \frac{m^2}{8} I_{cm}^2 R + \frac{m^2}{8} I_{cm}^2,$$

$$R = P_c (1 + \frac{m^2}{2}) \, [\mathrm{W}]$$

㉤ 하측파와 상측파 전력은 같은 값이다.

㉥ $m = 1$ (100[%] 변조)일 때는 반송파가 전체 전력의 $\frac{2}{3}$를 차지하고, 나머지 $\frac{1}{3}$이 양측파 전력이 된다.

예제 5.05

반송파 전력이 80 [kW]일 때, 변조도 90 [%]로 변조했을 때, 피 변조파 전력 P_m을 구하라.

해설

$$P_m = P_c (1 + \frac{m_a^2}{2}) = 80 (1 + \frac{0.9^2}{2}) = 112.4 \, [\mathrm{kW}]$$

예제 5.06

$V_C = 14\cos wct\,[V]$의 반송파를 $V_S = 20\cos wSt\,[V]$의 신호파로 진폭변조했을 때 변조도(m) 는 몇 인가?

해설 ①변조지수는 반송파를 어느 정도 변화시키며 원 정보 신호를 담아낼 수 있는 정도를 나타낸다.

② 변조도(변조지수)는 원신호가 반송파를 어느 정도 변조하는가를 나타내는 값을 말한다.

③ 변조지수가 낮으면 변조효율도 감소한다.

④ 변조도는 변조된 항의 최대진폭 대 반송파의 진폭 비를 말한다.

$$\frac{14}{20}\times 100 = 70[\%]$$

(2) 진폭 변조회로

1) 직선 변조회로(Linear modulation circuit)

특성 곡선의 직선 부를 이용하므로 직선 변조라고도 하며 이 변조 방식은 신호파의 전압을 충분히 크게 하여 변조하므로, 변조에 의한 일그러짐이 적고 효율이 높은 장점이 있다.

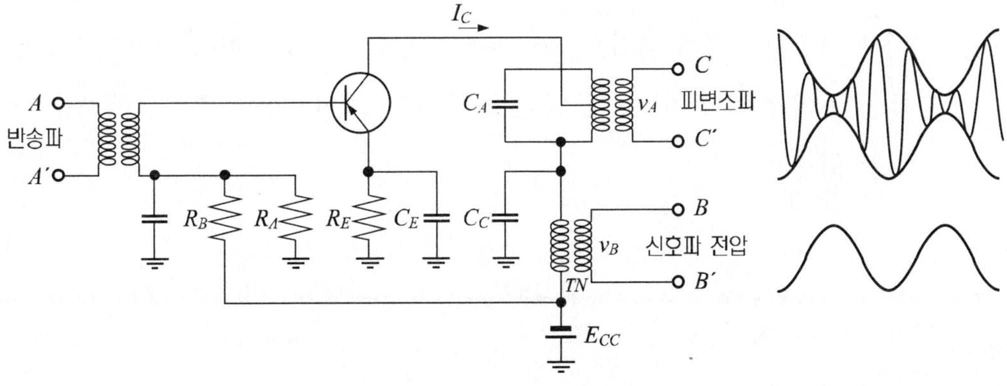

그림 5.3 컬렉터 변조회로

① 컬렉터 변조(Collector)

그림 5.3은 컬렉터(collector) 변조회로이다. 이미터−컬렉터 전류 특성이 비 직선성인 것을 이용하는 변조 방식으로 베이스에 반송파, 컬렉터에 신호파를 인가한다. 트랜지스터는 베이스 전류를 충분히 크게 하여 C급 증폭으로 동작시키고 신호파에 따라 컬렉터 전압을 바꾸어 동조 회로를 통해서 변조파를 얻는다.

컬렉터 변조회로의 특성은 다음과 같다.

㉠ 직선성이 우수하고 거의 100%까지 변조될 수 있다.

㉡ 피 변조파 출력이 크다.

㉢ 대 전력 송신기에 사용한다.

㉣ 조정이 용이하고 비교적 안정적이다.

㉤ 변조 트랜스나 초크(choke)의 주파수 특성으로 인하여 찌그러짐이 생긴다.

② 베이스 변조회로(제곱변조회로)(Base modulation circuit)

그림 5.4는 베이스 변조회로 회로도이다. 이미터−베이스접합부의 비직선성을 이용한 것으로 베이스에 반송파 V_c, 신호파 V_s를 가하는 방식으로 V_c+V_s가 입력 신호에 가해진다. 트랜지스터를 C급으로 동작시켜 신호파로 베이스 전류를 변화시키면 컬렉터 전류는 그것에 따라 변화하므로 동조 회로에 의해서 변조파를 얻는다. 베이스 컬렉터 변조 회로의 특성은 다음과 같다.

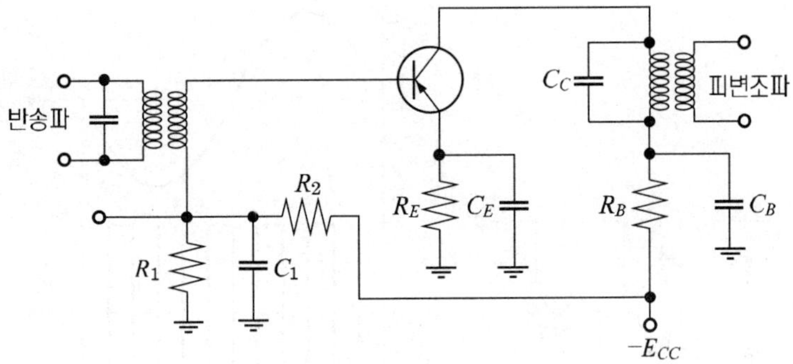

그림 5.4 베이스 변조회로

㉠ 컬렉터 변조에 비교하여 훨씬 작은 변조 신호 전력으로도 된다.

㉡ 이미터 접지 트랜지스터의 베이스에 반송파와 신호파를 가해서 베이스 바이어스가 신호파에 따라서 변화하도록 한 변조회로이다.

㉢ 컬렉터 전류에 대한 베이스-이미터 전압 특성은 그림 5.4와 같이 비직선적이다.

㉣ 완전한 제곱 특성을 가지는 능동 소자를 얻기가 곤란하다. 따라서 출력에는 고조파 성분이 포함되어 일그러짐이 컬렉터 변조회로보다 크고 효율도 나쁘다.

㉤ 저 출력, 변조도가 그다지 문제되지 않은 경우에 사용된다.

③ 링 변조회로(Ring modulation circuit)

그림 5.5는 링 변조기 회로이다. 링 변조기(ring)는 피 변조파에서 반송파를 제거하고 상측파대와 하측파대만을 얻는 회로이다. 단측파 통신에 이용되며, 평형 변조회로도는 링 변조기를 사용한다. 단측파대(SSB)를 얻고자 할 때에는 링 변조회로의 출력에 한쪽 측파대만을 선택하는 필터(filter)회로를 부착하면 된다.

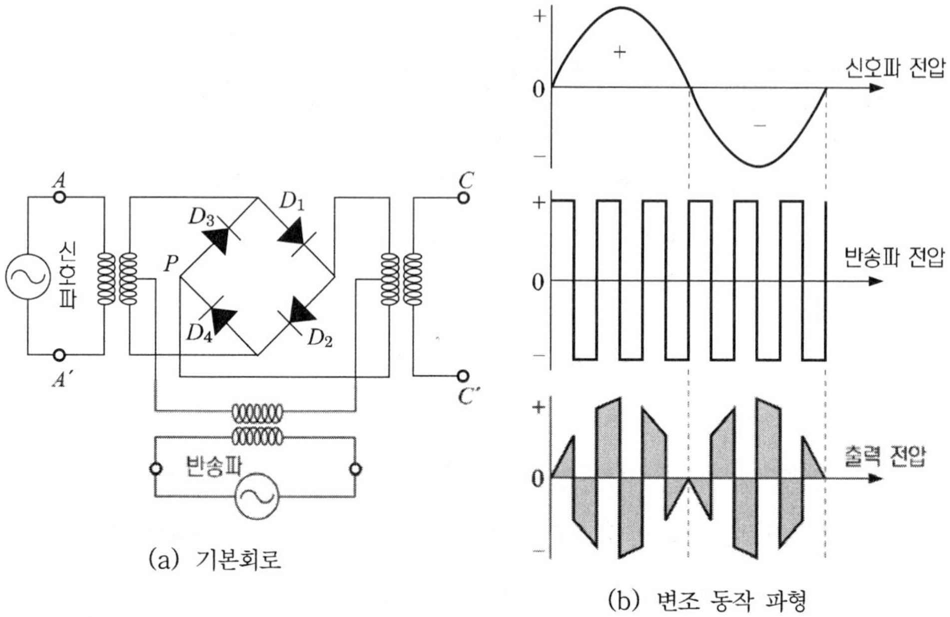

그림 5.5 링 변조회로(Ring modulation circuit)

㉠ 피 변조파에서 반송파를 제거하고 상측파대와 하측파대만을 얻는 회로를 평형변조 또는 링 변조회로라 한다.

㉡ 단측파 통신에 이용된다.

㉢ 평형 변조회로도 이 변조 방식을 이용한다.

㉣ 단측파대(SSB)를 얻고자 할 때에는 링 변조회로의 출력에 한 쪽 측파대만을 선택하는 필터(filter)회로를 부착하면 된다.

㉤ 특징

㉮ 소형이다.

㉯ 전력 소비가 적어 경제적이다.

㉰ 낮은 전력에서 많이 사용된다.

㉱ 전력 소비가 많은 것에는 진공관을 사용한 회로가 쓰인다.

2) 제곱 변조회로(Square-law modulation circuit)

제곱 변조회로는 입력 측에 신호파 f_s와 반송파 f_c을 합쳐서 인가하였을 대 부하 측에 나타나는 출력 파형으로부터 저주파 성분을 빼내어 진폭 변조파를 만들어 내는 회로로 소 진폭 변조회로로 SSB 방식에 이용된다.

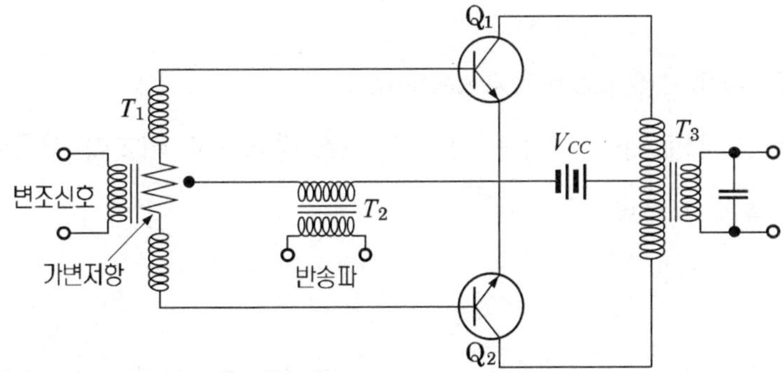

그림 5.6 트랜지스터 평형 변조기

(3) 진폭 복조 회로(Amplitude demodulation circuit)

피 변조파에서 원래의 신호파를 재생하는 과정을 복조(demodula tion) 또는 검파(detection)라고 한다.

1) 직선 검파기(Linear diode detector)

AM 변조회로를 통해서 입력에 가해진 피 변조파를 다이오드 검파하여 피 변조파와 같은 모양의 포락선을 출력으로 얻는 회로로서, 다이오드 검파기이다. 직선 검파기는 다이오드의 전압 전류 특성의 직선 부분을 이용하도록 입력 전압을 충분히 크게 하여 복조하는 방식이므로 비 직선에 의한 일 그러짐이 작다.

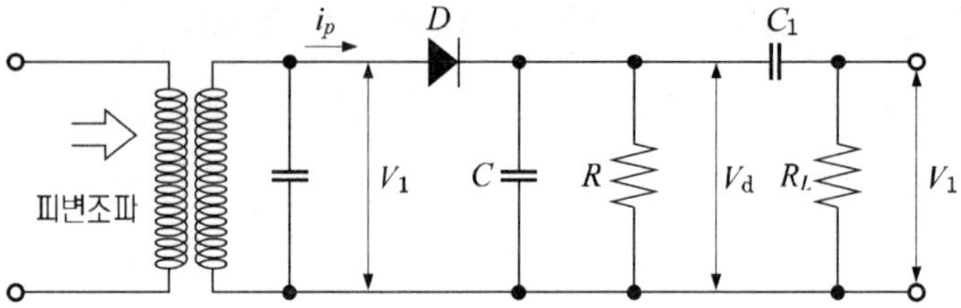

그림 5.7 직선 검파 회로

2) 자승 검파기(Square law detector)

비 직선 소자의 제곱 특성을 이용한 복조 방식으로 비교적 진폭이 작은 진폭 변조파의 복조에 사용된다.

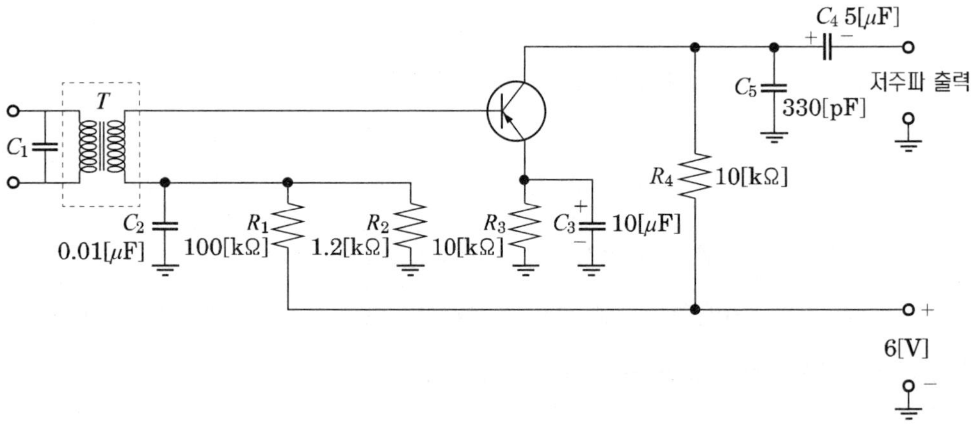

그림 5.8 자승 검파기(Square law detector)

3) 헤테로다인 검파기(Heterodyne detector)

수신하고자 하는 반송파 f_c와 그 주파수에 가까운 주파수를 수신기의 국부 발진기를 통해 발생시킨 국부 발진 주파수를 f_i과 중첩시켜서 반송파의 국부 발진 주파수와의 차이인 $(f_c - f_i)$주파수를 갖도록 하는 검파 회로이다.

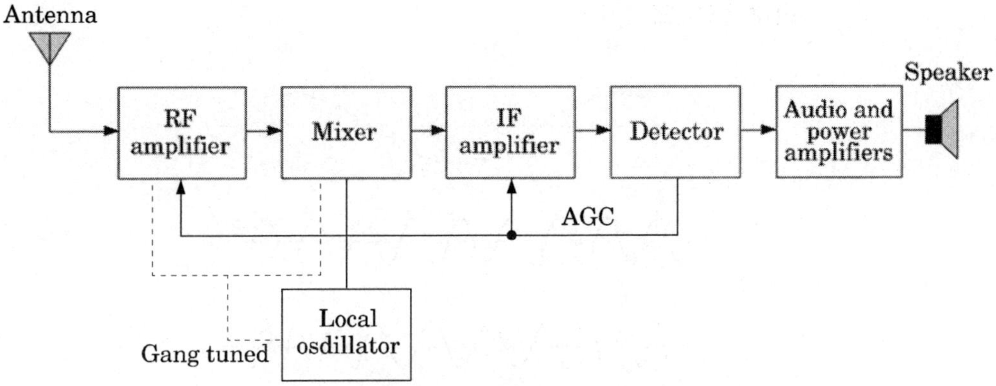

그림 5.9 슈퍼헤테로다인 수신기

예제 5.07

AM 변조시에 반송파의 주파수가 $700[kHz]$이고 변조파의 주파수가 $5[kHz]$라고 할 때 주파수 대역폭을 구하시오?

해설 ① 상측파대 주파수 대역폭

$700[kHz]+5[kHz]=705[kHz]$

② 하측파대 주파수 대역폭

$700[kHz]-5[kHz]=695[kHz]$

③ 점유주파수 대역폭

$705[kHz]-695[kHz]=10[kHz]$

(4) 주파수 변조(Frequency modulation)

1) 주파수 변조의 원리

주파수 변조의 원리는 정현파인 반송파의 진폭은 일정하게 유지하고 그 대신 반송파의 순시 주파수를 신호파에 따라서 변화시키는 변조 방식이다.

2) 주파수 변조의 원리

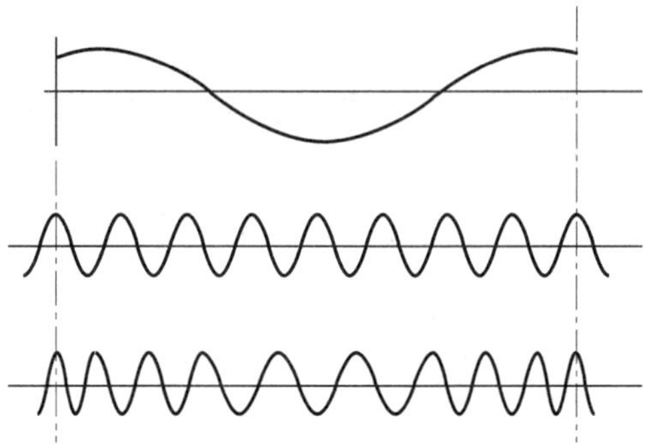

그림 5.10 주파수 변조 파형

① 신호파(변조파) $v_s(t)$

$$v_s(t) = V_s = \sin w_s t$$

주파수 변조 시 피 변조파의 순시 각 주파수 ω라 하면 $\omega = \omega_C + \Delta\omega_C \cos\omega_s t$로 표시할 수 있다.

② 반송파 $v_c(t)$

$$v_c(t) = V_c \sin w_c t$$

③ 피 변조파 $v_{FM}(t)$

$$\begin{aligned} v_{FM}(t) &= V_c \sin(w_c t + k_f \int V_s \sin w_s t dt) \\ &= V_c \sin(w_c t + \frac{k_f V_s}{w} \sin w_s t) \\ &= V_c \sin(w_c t + m_f \sin w_s t) \end{aligned}$$

여기서 m_f는 최대 주파수 편이 Δf_c와 신호 주파수 f_s의 비로써 변조 지수라 하며 다음과 같이 나타낸다.

$$m_f = \frac{\text{최대주파수편이}}{\text{변조주파수}} = \frac{\Delta f_c}{f_s} = \frac{\Delta \omega_c}{\omega_s}$$

또한 반송 주파수 f_c를 중심으로 변조에 의한 최대 주파수 변화분을 나타내는 것을 최대 주파수 편이라 하며 FM 방송 $\Delta f_c = \pm 75$ [KHz], TV 음성 $\Delta f_c = \pm 25$ [KHz], 일반통신 $\Delta f_c = \pm 15$ [KHz]이다.

변조 지수 $m_f > 1$이면 광대역 FM변조, $m_f < 1$이면 협 대역 FM 변조라고 한다.

④ 실용적 주파수 대역폭

$BW = 2f_s(m_f + 1) = 2(\Delta f_c + f_s)$ [Hz]이며 실제 FM방송에서는 $BW =$ 200 [kHz]이다.

FM파에서 잡음 전압은 주파수가 증가함에 따라 커진다. 따라서 변조 때에 주파수가 높은 부분의 변조를 크게 하여 (pre−emphasis) 검파 시 디 엠파시스(de−emphasis)를 쓰면 잡음을 현저히 줄일 수 있다.

예제 5.08

신호로 80 [MHz]의 반송 주파수를 FM변조했을 때 최대 주파수 편이가 ±150 [kHz]라면, 이때 주파수 대역폭을 구하라.

해설 $BW = 2(\Delta w + w_s) = 2(\Delta f + f_s)$
$= 2(150 + 80) = 460$ [kHz]

예제 5.09

FM 변조에서 최대주파수 편이가 $55[kHz]$라고 하면 ,주파수 변조파의 대역폭은 ?

해설

$$Bw = 2f_s(m_f + 1), m_f > 1$$

$$BW = 2f_s \cdot \frac{\Delta f}{f_s} = 2\Delta f (\therefore \Delta f = \text{최대주파수편이})$$

$$BW = 2\Delta f = 2 \times 55 = 110[kHz]$$

3) 주파수 변조회로의 종류

LC 발진기의 공진 회로의 리액턴스를 직접 신호파에 비례하도록 하면 된다. 리액턴스를 변화시키는 소자는 리액턴스 트랜지스터, 가변 용량 다이오드, 압분 철심 등이 있다.

① 리액턴스 트랜지스터에 의한 주파수 변조

여기서, Z_1 : 베이스-컬렉터 간의 임피던스, $Z_1 = \frac{1}{j\omega C}$

Z_2 : 베이스-이미터 간의 임피던스, $Z_2 = R$

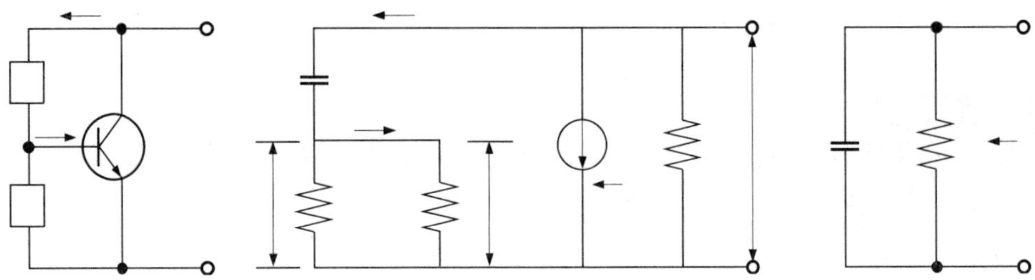

그림 5.11 리액턴스회로

㉠ 용량성 트랜지스터회로

$$\text{등가 용량 } C_e = \frac{h_{fe} RC}{h_{ie}}$$

㉡ 유도성 트랜지스터회로

$$\text{등가 인덕턴스 } L_e = \frac{h_{ie} RC}{h_{fe}}$$

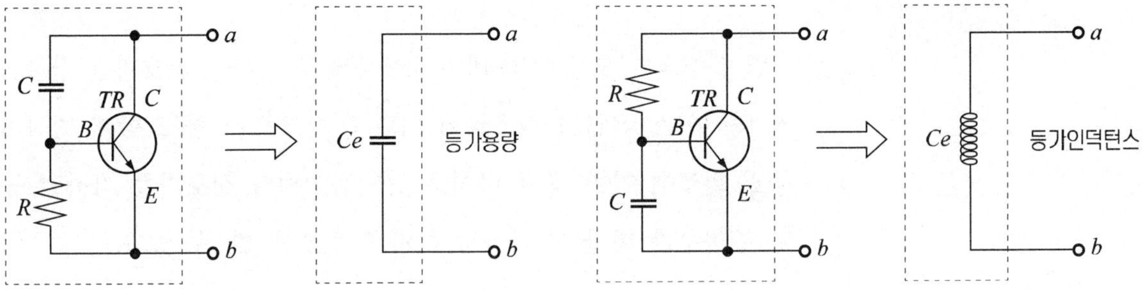

그림 5.12 용량성 리액턴스회로 **그림 5.13** 유도성 리액턴스회로

㉢ 리액턴스 트랜지스터 회로에서 베이스 전압을 신호파에 따라 변화시키면 $\frac{h_{fe}}{h_{ie}}$ 도 이에 따라 변하므로 이것을 이용하면 주파수 변조를 할 수 있다.

② 가변용량 다이오드에 의한 주파수 변조

㉠ 리액턴스 트랜지스터 회로 대신 가변 용량 다이오드를 사용하여 주파수 변조를 한다.

㉡ 가변 용량 다이오드의 용량 C는 다음과 같은 관계에 있다.

$$C = \frac{K}{(\psi - V)^n}$$

여기서, K : 다이오드에 의해 정해지는 상수

ψ : 접촉 전위차

V : 다이오드에 가하는 역 전압

n : (+)의 실수로 다이오드의 접합 형식에 따라 결정된다
(합금형과 같은 계단형 접합은 $n=\frac{1}{2}$, 확산형과 같은 경사형 접합은 $n=\frac{1}{3}$).

㉢ 가변 용량 다이오드에 역 바이어스 전압을 가하고 신호파를 가하면 역 바이어스 전압이 신호파에 따라 변하므로 용량도 함께 변하며 동조 회로에 가변 용량 다이오드를 접속해서 신호파를 가하면 동조 주파수가 변한다. 따라서 주파수 변조를 할 수 있다.

③ 주파수 복조회로

주파수 판별회로란 FM파(주파수 변조파)에 실린 신호를 재생할 때 FM파를 진폭 변조파로 변화시킨 다음 이것을 신호파로 복조하는 회로를 말하며 FM복조 판별회로에는 포스트실리 판별회로와 비 검파 회로가 있다.

④ 포스트실리 판별회로

㉠ M결합 주파수 판별회로라고도 한다.

㉡ 입력 진폭에 의한 복조 감도가 변하므로 판별회로의 앞에 별도의 진폭 제한 회로를 삽입해야 한다.

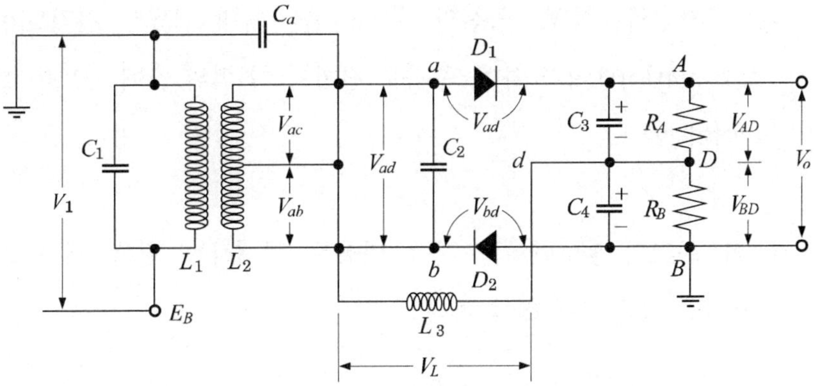

그림 5.14 포스트실리 판별회로

ⓒ L_3의 리액턴스에 비해 C_0, C_3, C_4는 용량이 커서 리액턴스를 무시 할 수 있다. 따라서, $\dot{V}_1$과 $\dot{V}_L$은 위상이 같다.

ⓔ $\dot{V}_{ac}$와 $\dot{V}_{cb}$의 전압 크기는 $\dot{V}_{ab}$ 전압의 $\dfrac{1}{2}$이고 반대 쪽에 있으므로 C점을 기준으로 볼 때 위상은 반대(180°)이다.

따라서 검파기 D_1, D_2에 가해지는 전압 $\dot{V}_{ad}$, $\dot{V}_{bd}$는 다음과 같다.

$$\dot{V}_{ad} = \dot{V}_L + \dot{V}_{ac} = \dot{V}_L + \frac{\dot{V}_{ab}}{2}$$

$$\dot{V}_{bd} = \dot{V}_L - \dot{V}_{cb} = \dot{V}_L - \frac{\dot{V}_{ab}}{2}$$

ⓜ $\dot{V}_{ad}$ 및 $\dot{V}_{db}$는 D_1, D_2로 정류되어 V_{AD}, V_{BD}로 되며 출력 전압은 $V_o = V_{AD} + V_{BD}$로 된다.

ⓗ 주파수 편이가 작은 범위에서는 직선적으로 되나 주파수 편이가 크면 S자형의 특성이 된다.

㉧ S자형의 특성 곡선의 P－P′를 최대 분리 간격(peak separation)이라 하며, 주파수 편이가 이 범위 안에 있도록 설계되어야 한다.

㉨ 이 회로의 앞 단에는 진폭 변화를 억제하는 진폭 제한 회로(limiter)를 사용해야 한다.

㉩ TV전파의 음성 신호의 최대 주파수 편이는 ±25[KHz]이므로 P－P′의 간격은 100[KHz] 정도의 폭으로 한다.

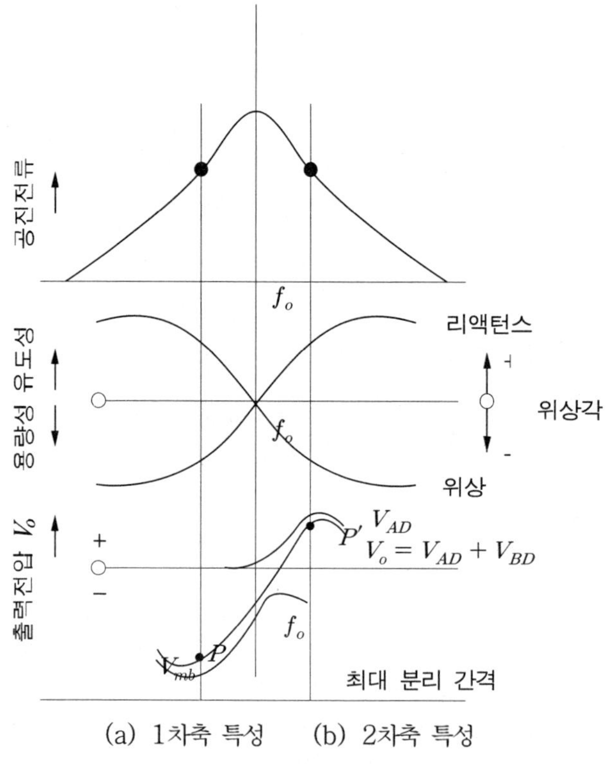

그림 5.15 포스트실리 판별회로 특성

⑤ 비 검파 회로

㉠ 포스트실리 판별회로는 입력 진폭에 의한 복조 감도가 변하므로 반드시 판별회로 앞에 진폭 제한 회로를 삽입해야 한다는 단점이 있으나 비 검파 회로는 진폭 변동에 민감하지 않도록 설계 되었다.

㉡ 포스트실리 회로와 다른 점

ⓐ 다이오드 D_1, D_2의 접속 극성이 다르다.

ⓑ 단자 $A-C$ 사이에 용량이 큰 콘덴서 C_5가 병렬로 접속되어 있다. 따라서 시상수 $C_5(R_1+R_2)$가 대단히 커서 펄스 모양의 잡음이나 입력 신호의 급격한 변화에도 $A-C$ 사이의 전압은 거의 일정하다.

ⓒ 출력 전압을 얻는 방법이 다르다.

㉢ 동작 원리

ⓐ 그림에서 제3코일 L_3은 L_1에 밀결합시켜 L_3에 생기는 전압 V_L을 2차 코일 L_2의 중점에 가한다. V_L은 V_1과 거의 동 위상으로 된다.

ⓑ 공진 회로 쪽의 위상과 전압 관계는 반드시 포스트실리 주파수 판별기와 같다.

ⓒ 그림의 D점에서 보면

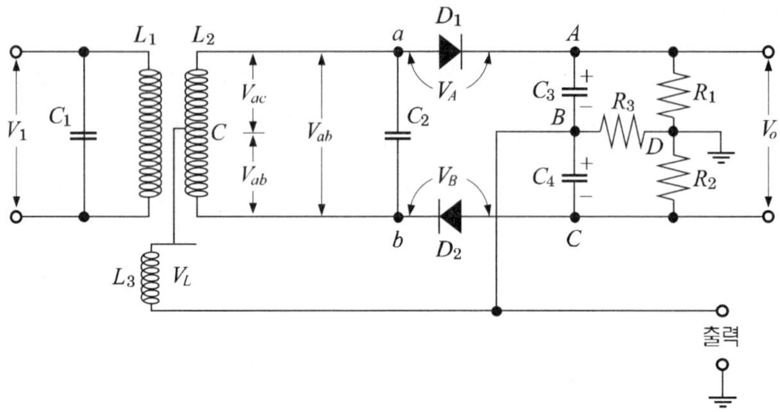

그림 5.16 비 검파 회로

$$V_{AB} + V_{BD} = V_{AD}$$

$$V_{BC} - V_{BD} = V_{DC}$$

$R_1 = R_2$이면 $V_{AD} = V_{DC}$이므로

$$V_{AB} + V_{BD} = V_{BC} - V_{BD}$$

V_{BD}에 대해서 풀면

$$V_{BD} = \frac{V_{BC} - V_{AB}}{2}$$

따라서 출력 전압 V_{BD}는 FM파에 따라 변하는 V_{BC}, V_{AB}의 차에 비례한다.

ⓓ $f = f_s$일 때는 $V_{BC} = V_{AB}$가 되어 출력 $V_{BD} = 0$이고, $f \neq f_s$일 때는 주파수 편이에 비례하여 (+), (−)의 V_{BD}가 변화하여 S자형 특성을 가진다.

ⓔ 비 검파 회로의 출력 전압은 포스트실리 회로와 비교할 때 $\frac{1}{2}$이 된다(복조 감도 $\frac{1}{2}$).

ⓕ C_5 및 R_1, R_2가 진폭 제한 작용을 하여 별도의 limiter 회로가 필요하지 않다.

(5) 위상 변조

위상 변조는 sin 또는 cosin함수로 표현되는 정현파인 반송파의 순시 위상을 신호파에 따라서 변화시키는 것이 위상 변조 방식이다.

1) 피변조파 V_{PM}

반송파를 $V_c(t) = A\sin(w_c t + \theta)$, 신호파 성분을 $A(t) = A\cos w_s t$라면

$$V_{PM} = A\sin[w_c(t) + k_p A(t)] = A[w_c(t) + k_p A\cos w_s(t)]$$

($k_p A$는 최대 위상 편이로 $\pm\Delta\theta$로 표시)

$$V_{PM} = A\sin[w_c(t) + k_p A\cos w_s(t)] = A\sin[w_c(t) + m_p\cos w_s(t)]$$

이 된다.

2) 위상 변조의 변조지수

위상 변조의 변조지수 $m_P = \Delta\theta$(최대 위상 편이)$= k_p A$로 m_P는 신호의 진폭 A에만 관련되며, 신호 주파수에는 관계없다.

5.2 디지털 변조(Digital modulation)방식

디지털 변조도 아날로그 변조와 마찬가지로 반송파의 진폭, 주파수, 위상을 변화시키는 정보전달 방법의 하나이다. 반송파의 파라미터를 변화시킨다고 하는 점에서 양자는 같다고 할 수 있다. 아날로그의 진폭 변조 AM에 상당하는 것이 ASK(amplitude shift keying), 주파수 변조 FM에 상당하는 것이 FSK(frequency shift keying), 위상 변조(phase modulation) PM에 상당하는 것이 PSK(phase shift keying)이다. 진폭 변조와 위상 변조(phase modu- lation)를 조합한 변조방식도 있는데, 이것을 직교진폭 변조 QAM(quadrature amplitude modula tion)라고 부른다.

1. 진폭편이 변조방식(ASK)

디지털 진폭편이 변조(ASK)방식은 신호 파형에 따라 반송파의 진폭을 변화시키는 방식으로, MARK(1)과 SPACE(0)를 반송파가 있고 없음에 대응시키는 On-off 방식과 반송파 위상의 0° 와 180° 에 대응시키는 위상반전방식이 있다

(1) 진폭편이 변조방식(ASK)의 동작

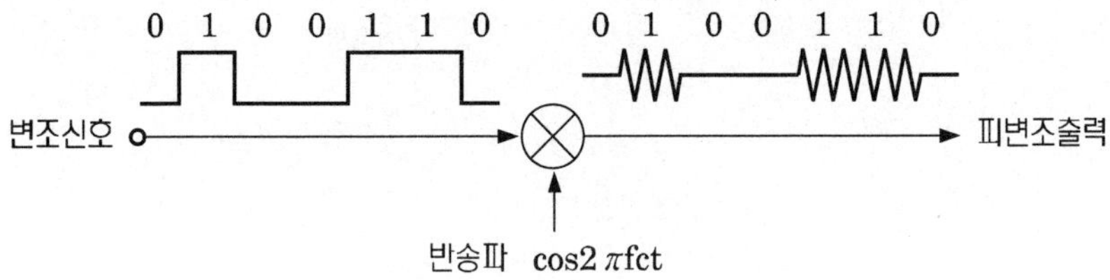

그림 5.17 진폭편이 변조방식(ASK)

① 구조와 원리가 가장 간단

② 전압을 조정하는 방식

③ 상대적으로 잡음의 영향을 많이 받는다.

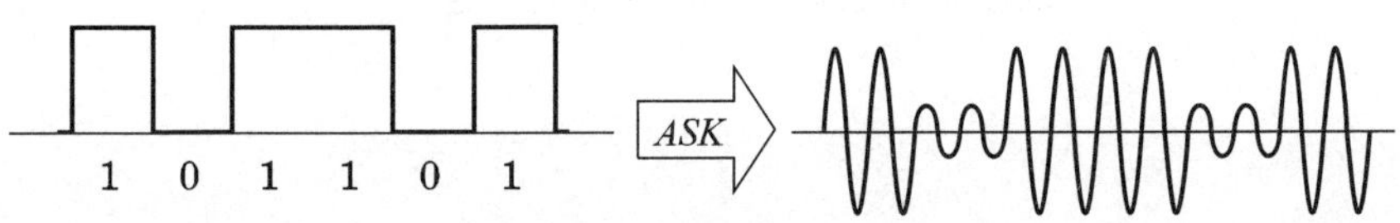

그림 5.18 진폭편이 변조방식(ASK)

(2) 진폭 변복조기의 구성

ASK(amplitude shift keying) 변조회로는 그림 5.19(a)에 나타낸 바와 같이 곱셈기만으로 실현할 수 있다. 베이스밴드 신호가 정(+)의 값밖에 취하지 않기 때문에, AM과 같이 반송파를 나중에 가할 필요는 없다. 신호 변환기는 데이터로부터 베이스밴드 신호로 변환하는 회로이다. 또한 복조는 그림 5.19(b)와 같은 회로로 실현할 수 있다.

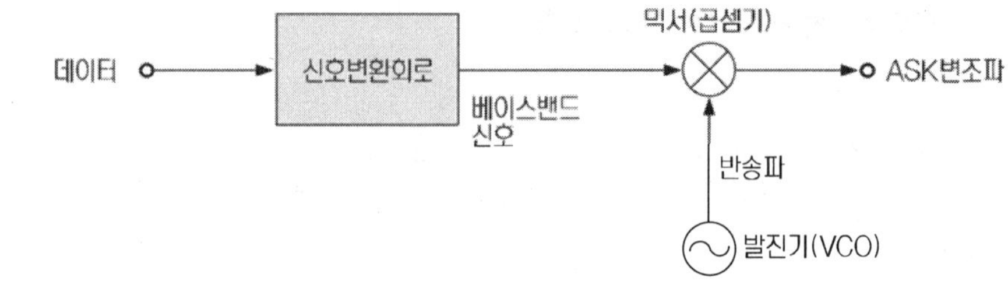

(a) 변조회로

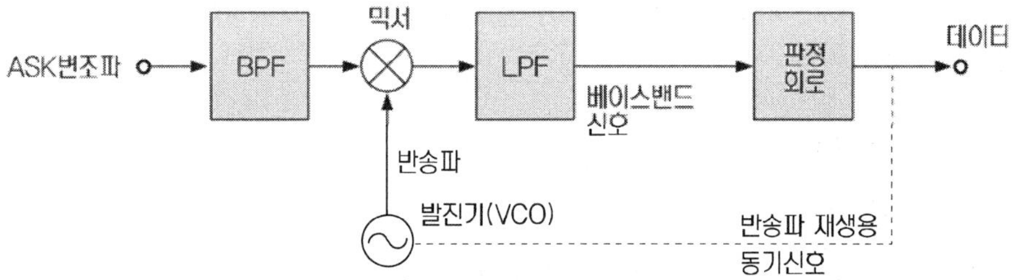

(b) 복조회로

그림 5.19 진폭 변복조기회로의 구성

2. 주파수 편이 변조(FSK : Frequency-shift keying)

아날로그 변조의 FM에 상당하는 것이 FSK(frequency shift keying)이다.

주파수 변조(FSK)는 베이스밴드 신호의 펄스 값이 0, 1에 따라 반송파의 데이터신호의 0은 높은 주파수, 1은 낮은 주파수를 할당하며, 저속 모뎀에 사용한다.

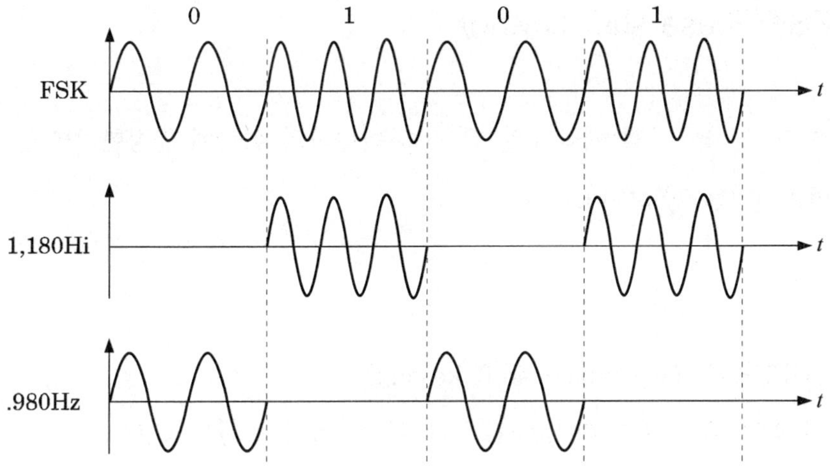

그림 5.20 주파수 편이 변조방식(FSK)

(1) 주파수 편이 방식의 변복조 회로구성도

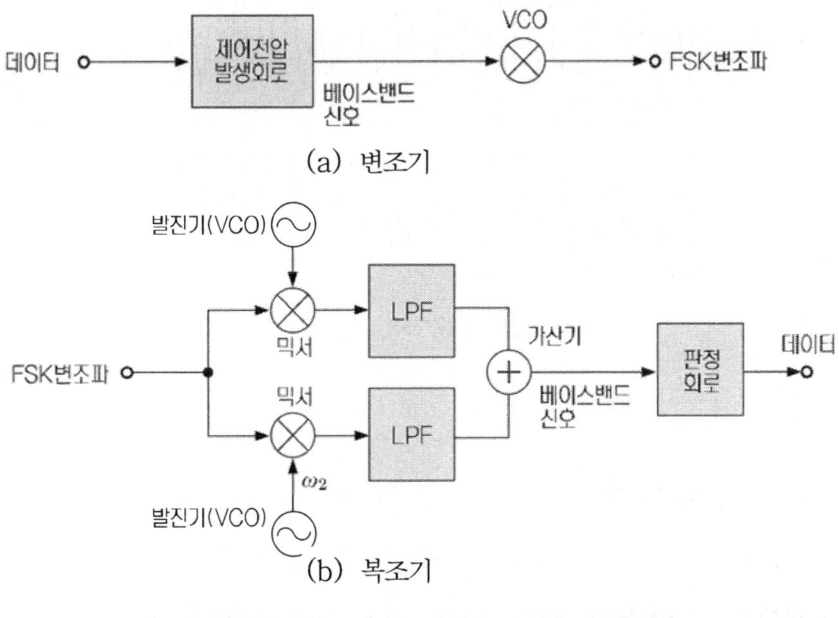

그림 5.21 주파수 편이 방식의 변복조 회로구성도

3. PSK(Phase shift keying)

디지털 클럭이 0일 때와 1일 때 각각 반송파의 위상에 일정한 차이를 두어 변조시키는 방법이다.

(1) BPSK(Binary phase shift keying)

0과 1일 때의 반송파에 180° 의 위상차를 두는 PSK방식.

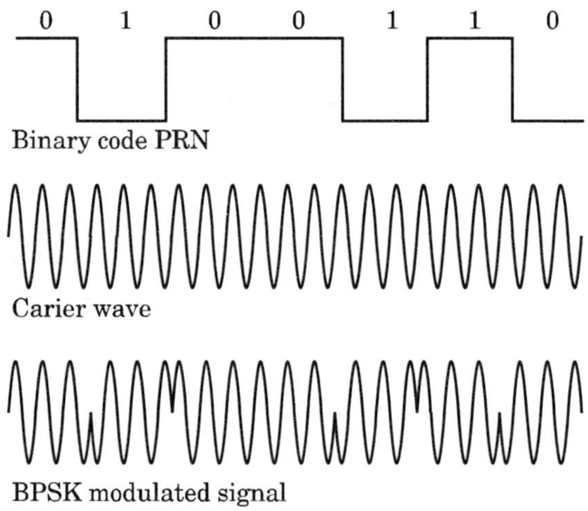

그림 5.22 BPSK신호

(2) 차동부호화 BPSK

반송파가 없어도 변조파의 현재 파형과 전의 파형 위상을 비교하여 데이터를 재현할 수 있다.

(3) QPSK(Quadrature PSK)

BPSK가 1과 0의 두 가지 신호만을 구분하는 프로토콜인 반면, QPSK는 4가지의 디지털 신호를 구분한다.

① 00, 01, 10, 11의 4가지 2bit 디지털 신호를 전송할 수 있기 때문에 이론적으로 같은 시간 내에 BPSK보다 2배의 데이터를 전송할 수 있다.

② BPSK가 반송파의 위상을 180° 씩 바꾸어가면서 전송했다면 QPSK는 90° 씩 위상을 변화시켜서 4개의 신호를 만들어내게 된다.

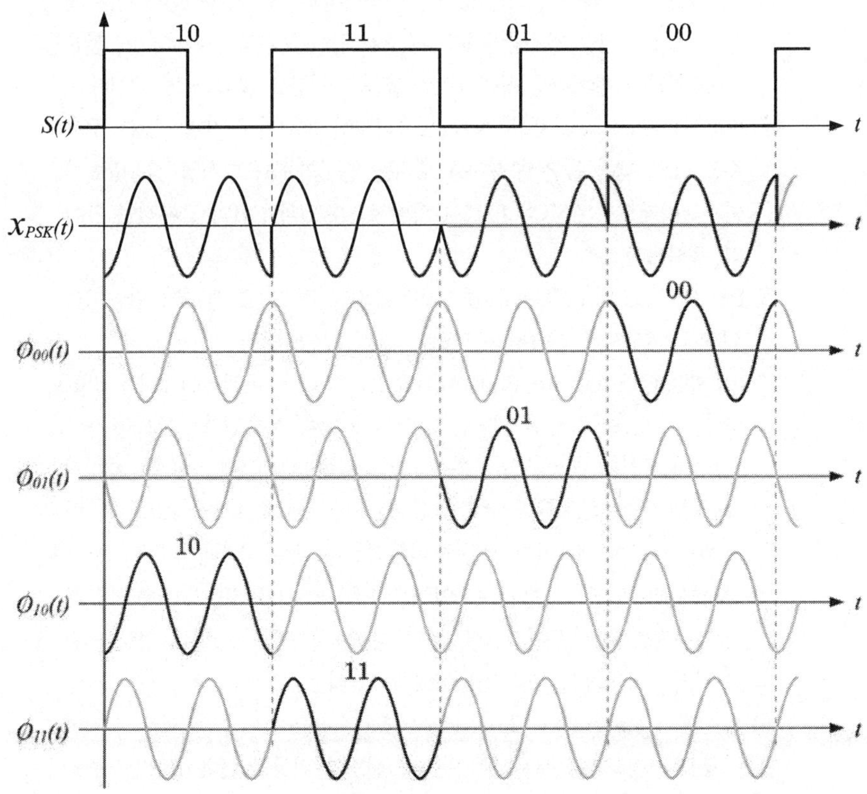

그림 5.23 QPSK신호

(4) QAM(Quadrature amplitude modulation)

① 디지털 신호를 일정량만큼 분류하여 반송파 신호와 위상을 변화시키면서 변조시키는 방법.

② 사용하는 신호좌표의 양에 따라 여러 가지로 나누어지는데, MPSK와 마찬가지로 M-ary 방식이라서 QAM을 MQAM이라고 부르기도 하며 2의 승수에 해당하는 만큼의 신호를 사용한다.

예제 5.10

디지털 변조방식의 종류를 들고 설명하시오?

해설 ① ASK (Amplitude Shift Keying):디지털 클럭이 0일때는 신호를 보내지 않고, 1일 때는 신호를 보내는 형식의 On-Off Keying과 같은 계열의 AM 디지털 전송방법이다. 구조와 원리가 가장 간단하지만, 전압을 조정하는 방식이라 상대적으로 잡음의 영향을 많이 받는 편이다

② FSK (Frequency Shift Keying):디지털 클럭이 0일때는 낮은 주파수를, 1일 때는 높은 주파수를 보내는 형식의 FM 디지털 전송방법이다. 전반적으로 ASK와 FSK의 차이점은 AM과 FM의 근본적인 차이와 유사하다.

③ PSK(Phase Shift Keying) : 변복조회로 변조신호에 따라 반송파의 위상을 변화시켜 전송하는 것으로 디지털변조 방식

④ QPSK(Quadrature Phase Shift Keying) : 무선통신에서는 PSK 혹은 BPSK의 확장된 개념인 QPSK가 많이 사용된다. BPSK가 1과 0의 두가지 신호만을 구분하는 프로토콜인 반면, QPSK는 4가 지의 디지털 신호를 구분한다. 00, 01, 10, 11의 4가지 2bit 디지털 신호를 전송할 수 있기 때문에 이론적으로 같은 시간내에 BPSK보다 2배의 데이터를 전송할 수 있다. 결과적으로 BPSK가 반송파의 위상을 180도씩 바꾸어가면서 전송했다면 QPSK는 90도씩 위상을 변화시켜서 4개의 신호를 만들어내게 된 다.

⑤ QAM (Quadrature Amplitude Modulation) : QAM은 디지털 신호를 일정량만큼 분류하여 반송파 신호와 위상을 변화시키면서 변조시키는 방법이다. QAM은 MPSK와 달리 위상 뿐만 아니라 크기도 변수로 사용하기 때문에 더욱 많은 양의 디지털 데이터를 동시에 전송

할 수 있지만, 에러에 취약한 편이다. 16-QAM의 경우를 예를 들면, 16개의 level로 양자화된 디지털 신호는 I/Q 플롯의 16개의 좌표로 분산되어 변조된다. 즉 위상과 크기가 각각 다른 16개의 신호공간을 통해 한 좌표당 4bit의 2진 디지털 신호를 보낼 수 있게 된다.

5.3 디지털 복조(Digital demodulation)

디지털 복조란, 아날로그 복조와 마찬가지로 수신한 변조파로부터 보내진 변조 신호를 복원하는 것이다. 송신 측의 원 데이터(0, 1)를 복원하는 것을 의미한다.

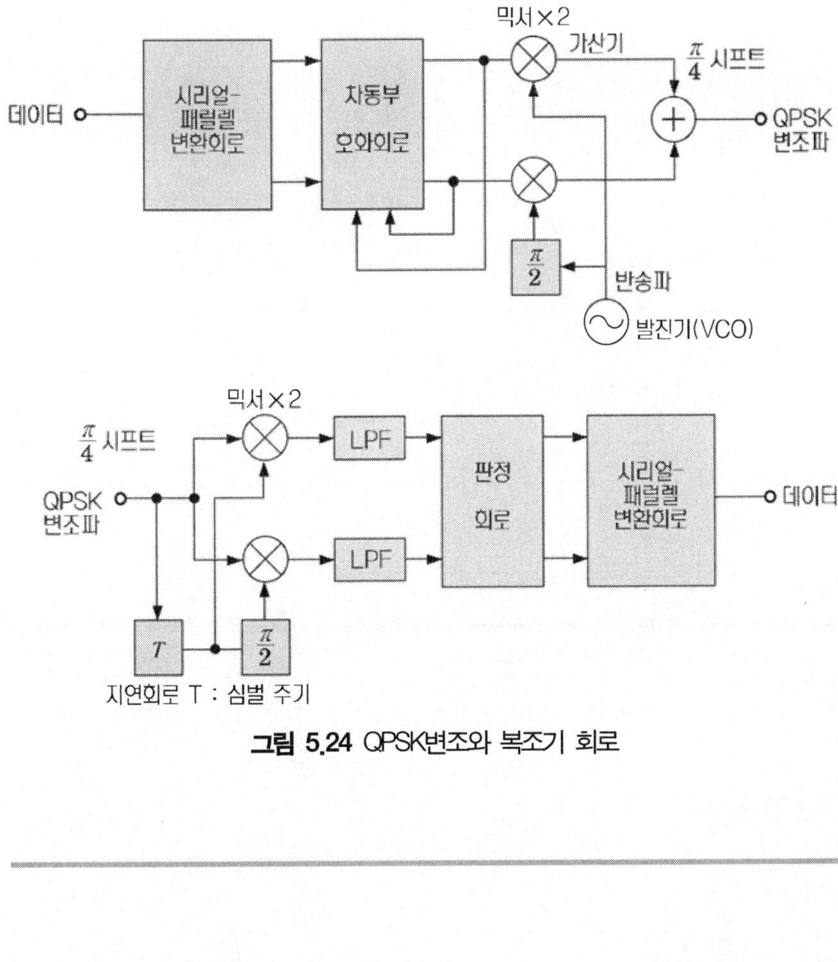

그림 5.24 QPSK변조와 복조기 회로

그림 5.24의 예에서는 진폭 0을 데이터 0에, 최대 진폭을 데이터 1에 대응하도록 송신측과 수신측에 정해져 있으면 수신측에서 변조파의 진폭 정보로부터 판정 회로를 통해 데이터를 복원할 수 있다. 이것이 디지털 복조이다.

✤ 연습문제 ✤

01 다음의 FM 검파기 중 진폭 제한 작용을 겸한 것은 어느 것인가?

㉮ 슬로우프 검파　　㉯ 트래비스 검파
㉰ 비 검파　　㉱ 포스트실리 검파

해설 비 검파회로는 부하 양단에 대용량의 콘덴서와 이와 병렬로 연결된 저항에 의해서, 진폭 제한 작용을 하여 별도의 진폭 제한회로가 필요치 않다.

02 진폭 제한기를 필요치 않으며 FM파를 가장 일그러짐이 적게 복조하는 방식은?

㉮ 슬로우프 검파　　㉯ 게이티드 빔 검파
㉰ 포스트실리 검파　　㉱ 비 검파

해설 비 검파회로는 부하 양단에 대용량의 콘덴서와 이와 병렬로 연결된 저항에 의해서, 진폭 제한 작용을 하여 별도의 진폭 제한회로가 필요치 않다.

03 펄스 변조의 종류에 해당되지 않는 것은?

㉮ PAM　　㉯ PWM　　㉰ PSM　　㉱ PPM

해설 PAM(pulse amplitude molulation, 펄스 진폭 변조)
PCM(pulse code modulation, 펄스 부호 변조)
PWM(pulse width modulation, 펄스 폭 변조)
PPM(pulse position modulation,펄스 위치 변조)

04 피 변조파의 최대 진폭을 A, 최소 진폭을 B라 하면 변조율은?

㉮ $m_a = \frac{A}{B} \times 100[\%]$ ㉯ $m_a = \frac{A-B}{A+B} \times 100[\%]$
㉰ $m_a = \frac{A+B}{A-B} \times 100[\%]$ ㉱ $m_a = \frac{B}{A} \times 100[\%]$

해설 변조율 $m = \frac{A-B}{A+B} \times 100[\%]$이다.

05 피 변조파 v가 다음과 같은 식으로 표시될 때 변조도 m를 구하면?

$v = (25 + 20\cos 5000t)\sin 10^6 t$

㉮ 1.25 ㉯ 0.5 ㉰ 0.8 ㉱ 0.7

해설 피 변조파 $i = (I_{cm} + I_{sm}\sin w_s t)\sin w_c t$에서 변조도

$$m = \frac{I_{sm}}{I_{cm}} = \frac{\text{신호파의진폭}}{\text{반송파의진폭}} \text{이므로, } m = \frac{I_{sm}}{I_{cm}} = \frac{20}{25} = 0.8$$

06 진폭 변조 시 발생하는 측파대는 몇 개인가?

㉮ 2개 ㉯ 3개 ㉰ 4개 ㉱ 6개

해설 진폭 변조 시 피 변조파의 측파대는 하측파 $(f_c - f_s)$와 상측파 $(f_c + f_s)$의 2개이다.

07 AM 변조기에서 발생하는 측파대 중 상측파대가 쓰이는 전력은?

㉮ $P = Pc$ ㉯ $P = \frac{m^2}{2}Pc$ ㉰ $P = \frac{m^2}{4}Pc$ ㉱ $P = \frac{m^2}{8}Pc$

해설 반송파 전력 $Pc = \left(\frac{I_{cm}}{\sqrt{2}}\right)^2 R = \frac{I_{cm}^2}{2}R$

상측파 전력 $Pu = (\frac{m}{2\sqrt{2}}I_{cm})^2 R = \frac{m^2}{8}I_{cm}^2 R = \frac{m^2}{4}Pc$

하측파 전력 $P_L = (\frac{m}{2\sqrt{2}}I_{cm})^2 R = \frac{m^2}{8}I_{cm}^2 R = \frac{m^2}{4}Pc$

피변 조파 전력 $P = P_C + P_U + P_L = P_C(1 + \frac{m^2}{2})$ [W]

08 진폭 변조 송신기의 출력이 100[%] 변조 시에 평균 150[W]이다. 30[%] 변조 시의 출력은 몇 [W]인가?

㉮ 84.5[W] ㉯ 94.5[W] ㉰ 104.5[W] ㉱ 114.5[W]

해설 전력 $P_m = P_C(1+\frac{m^2}{2})$[W]에서 반송파 전력 P_c는

$$P_C = \frac{P_m}{1+\frac{m^2}{2}} = \frac{150}{1+\frac{1^2}{2}} = 100\,[\text{W}]$$

그러므로 30[%] 변조 시 출력 P는

$$P = P_C(1+\frac{m^2}{2}) = 100 \times (1+\frac{0.3^2}{2}) = 104.5\,[\text{W}]$$

09 반송파 전력이 10[KW]일 때, 변조도 100[%]로 변조했을 경우 피 변조파 전력은 얼마인가?

㉮ 5[KW] ㉯ 10[KW] ㉰ 15[KW] ㉱ 20[KW]

해설 문제 08번 해설 참고

$$P = P_C(1+\frac{m^2}{2}) = 10 \times 10^3 \times (1+\frac{1^2}{2}) = 15\,[\text{KW}]$$

10 진폭 변조에서 100[%] 변조하였을 때 반송파와 상·하측파대의 전력 비는 다음 중 어느 것인가?

㉮ 1 : 0.5 : 0.5 ㉯ 1 : 0.25 : 0.25
㉰ 1 : 0.0625 : 0.0625 ㉱ 1 : 0.04 : 0.04

해설 반송파(P_C), 상측파($\frac{m^2}{4}P_C$), 하측파($\frac{m^2}{4}P_C$)이므로 전력 비는

$1 : \frac{m^2}{4} : \frac{m^2}{4}$ 그러므로 $1 : \frac{1}{4} : \frac{1}{4} = 1 : 0.25 : 0.25$

11 진폭 변조도 $m=1$일 때 반송파가 점유하는 전력은 전 전력의 얼마 정도인가?

㉮ $\frac{1}{3}$ ㉯ $\frac{1}{2}$ ㉰ $\frac{2}{3}$ ㉱ $\frac{1}{6}$

해설 $m=1$(100[%]변조)일 때 반송파가 전체 전력의 $\frac{2}{3}$을 차지하고 나머지 $\frac{1}{3}$이 양측파 전력이 된다.

12 링(Ring) 변조회로는 어떤 변조 방식인가?

㉮ 진폭 변조 ㉯ 주파수 변조 ㉰ 위상 변조 ㉱ 펄스 변조

해설 진폭 변조회로에는 컬렉터 변조회로(직선 변조회로), 베이스 변조회로(제곱 변조회로), 링 변조회로, 평형 변조회로 등이 있다.

13 AM의 피 변조 전압 $v(t)=(70+35\cos 2\pi\times 10^3 t)\cos 2\pi\times 10^6 t$일 때, 변조도 m은 몇 [%]인가?

㉮ 50 [%] ㉯ 200 [%] ㉰ 100 [%] ㉱ 10 [%]

해설 AM의 변조도는 $m=\frac{\text{반송파의 진폭}}{\text{신호파의 진폭}}=\frac{35}{70}\times 100=50[\%]$

14 변조도 $m=80[\%]$인 AM 피 변조파 신호를 제곱 검파했을 때 왜율은 몇 [%]인가?

㉮ 50 [%] ㉯ 70 [%] ㉰ 40 [%] ㉱ 20 [%]

해설 제곱 검파 시 왜율은 $\frac{m}{4}=\frac{80}{4}=20[\%]$

15 AM의 피 변조 전압 $v(t)=(200+80\cos 2\pi\times 10^3 t)\cos 2\pi\times 10^6 t$일 때, 변조도 m은 몇 [%]인가?

㉮ 50 [%] ㉯ 70 [%] ㉰ 40 [%] ㉱ 20 [%]

해설 $m=\frac{V_s}{V_c}=\frac{80}{200}\times 100[\%]=40[\%]$

16 1000 [kHz] 반송파에 20 [kHz]의 저주파 신호파를 AM변조를 시켰을 때 상측파대의 최고 상한 주파수와 하한 주파수 대의 차를 구하시오.

㉮ 20 [kHz]　㉯ 140 [kHz]　㉰ 17 [kHz]　㉱ 40 [kHz]

해설 상측파 $f_c + f_s = 1000 + 20 = 1020$ [kHz]
하측파 $f_c - f_s = 1000 - 20 = 980$ [kHz]
상측파 주파수−하측파 주파수$= 1020 - 980 = 40$ [kHz]

17 80 [kW]일 때, 변조도 90[%]로 변조했을 때, 피 변조파 전력 P_m을 구하라.

㉮ 132.5 [kW]　㉯ 154.8 [kW]
㉰ 112.4 [kW]　㉱ 175.2 [kW]

해설 $P_m = P_c = (1 + \frac{m_a^2}{2}) = 80(1 + \frac{0.9^2}{2}) = 112.4$ [kW]

18 주파수 80 [kHz]의 정현파 신호로 60 [MHz]의 반송 주파수를 FM변조했을 때 최대 주파수 편이가 ±150 [kHz]라면, 이때 주파수 대역 폭을 구하라.

㉮ 110 [kHz]　㉯ 220 [kHz]
㉰ 340 [kHz]　㉱ 460 [kHz]

해설 $BW = 2(\Delta w + w_s) = 2(\Delta f + f_s) = 2(150 + 80) = 460$ [kHz]

19 반송 주파수에 200 ~ 2000 [Hz]의 음성 주파수를 진폭 변조하였다면 점유 주파수 대역 폭은?

㉮ 2 [kHz]　㉯ 4 [kHz]　㉰ 6 [kHz]　㉱ 8 [kHz]

해설 $\Delta w = (w_c + w_s) - (w_c - w_s) = 4$ [kHz]

20 FM 변조에서 최대 주파수 편이가 55 [kHz]라고 하면, 주파수 변조파의 대역 폭은?
㉮ 95.5 [kHz] ㉯ 105 [kHz] ㉰ 110 [kHz] ㉱ 128 [kHz]

해설 $BW = 2f_s(m_f + 1),\ m_f > 1$

$BW = 2f_s \cdot \dfrac{\Delta f}{f_s} = 2\Delta f$ (∴ Δf = 최대주파수 편이)

$BW = 2\Delta f = 2 \times 55 = 110$ [kHz]

정 답	
	01 ㉰ 02 ㉱ 03 ㉰ 04 ㉯ 05 ㉰ 06 ㉮ 07 ㉰ 08 ㉰ 09 ㉰ 10 ㉯
	11 ㉰ 12 ㉮ 13 ㉮ 14 ㉱ 15 ㉰ 16 ㉱ 17 ㉰ 18 ㉱ 19 ㉯ 20 ㉰

✲ 과년도문제 ✲

01 간접 FM 방식에서 필수 조건이 아닌 것은?

㉮ 가산기 ㉯ 평형변조기 ㉰ 위상천이기 ㉱ 진폭제한기

해설 간접 FM방식은 위상 변조기에 의하여 간접적으로 FM파를 만든다.

① 반송파를 수정 발진기로 발생시키므로 주파수 안정도가 좋다.

② 전치 보정회로가 필요하다.

③ AFC회로는 필요 없다.

④ 스퓨어리어스 복사에 주의가 필요하고 장치가 복잡하게 된다.

02 진폭 변조에서 80[%]변조하였을 때 상측파대 전력은 반송파 전력의 몇 [%]인가?

㉮ 16 ㉯ 32 ㉰ 40 ㉱ 48

해설 $P_m = P_C(1+\frac{m^2}{2})$

반송파 : 상측파대 : 하측파대$=1 : \frac{m^2}{4} : \frac{m^2}{4}$

$1 : \frac{0.64}{4} = 1 : 0.16$이므로 16[%]

03 진폭 변조에서 변조도에 대한 설명 중 틀린 것은?

㉮ 변조도가 1일 때 신호파가 일그러짐 없이 반송파에 실릴 때의 최대 전력을 가진다.

㉯ 변조도가 1보다 작으면 파형의 일부가 잘려 일그러짐이 생긴다.

㉰ 변조도는 신호파의 진폭과 반송파의 진폭의 비로 나타낸다.

㉱ 변조도가 1보다 클 경우를 과 변조라 한다.

04 FM검파 방식 중에서 주파수 변화에 의한 전압 제어 발진기의 제어 신호를 이용하여 복조하는 방식은 다음 중 어떤 것인가?

㉮ 계수형 검파기 ㉯ PLL형 검파기
㉰ 포스터 실리 검파기 ㉱ 비 검파기

05 디지털 복조에 대한 설명 중 틀린 것은?

㉮ ASK에 대한 복조는 비 동기식 포락선 검파만을 이용한다.
㉯ 동기 검파는 송신 신호의 주파수와 동기된 국부 발진 신호와 입력 신호를 곱하게 하는 곱셈 검파기이다.
㉰ 비 동기식 포락선 검파방식은 FSK의 복조에는 이용되지 않는다.
㉱ 비 동기식 검파는 동기식 검파보다 시스템은 간단하지만 효율이 떨어진다.

해설 ① 동기 검파방식은 수신 신호에서 반송파 정보를 검출하여, 이 반송파의 위상 정보를 이용하는 방식을 말하며, 동기식 AM 복조 방식(DSB-SC 등)이 있으며, 디지털 복조방식 : PSK, FSK 동기 검출, ASK 동기 검출 등이 있다.

06 QAM 변조방식은 디지털 신호의 전송 효율 향상, 대역 폭의 효율적 이용, 낮은 에러율, 복조의 용이성을 위해 어떤 변조 방식을 결합한 것인가?

㉮ $FSK+PSK$ ㉯ $ASK+PSK$
㉰ $ASK+FSK$ ㉱ $QPSK+FSK$

해설 QAM(Quadrature Amplitude Modulation)변조방식은 제한된 주파수 대역에서도 전송 효율을 향상시키기 위해 반송파의 진폭과 위상을 동시에 결합하여 편이 변조하는 방식이다. 주로 고속의 디지털 변조에 많이 사용하며, 디지털 QAM 변조방식은 ASK 및 PSK를 결합되어 있으며 아날로그 전화 회선을 사용하여 디지털 전송할 때의 고속 변조기로 많이 사용된다.
비 동기 검파방식은 수신 신호의 반송파 위상정보를 전혀 이용하지 않고 검파하는 방식으로 상업용 AM 라디오 수신기인 포락선 검파(Envelope Detection) 방식과 디지털 복조방식인 DPSK, FSK 비 동기 검출, ASK 비 동기 검출 등이 있다.
ASK에 대한 복조는 동기식 검파 방식이다.

07 주파수 변조에서 최대 주파수 편이가 10 [kHz], 신호 주파수 2.5 [kHz]일 때 FM 피 변조파의 대역 폭은?

㉮ 4 [kHz]　　㉯ 10 [kHz]　　㉰ 25 [kHz]　　㉱ 50 [kHz]

해설 ① 주파수 변조 시 피 변조파의 순시 각 주파수 ω : $\omega = \omega_c + \Delta\omega_c \cos\omega_s t$

반송파 : $v_c = V_{cm}\sin\omega_c t$, 신호파 : $v_s = V_{sm}\cos\omega_s t$, 최대 주파수 편이 : $\Delta\omega_c = 2\omega\Delta f_c$

② 변조지수 : 최대 주파수 편이 Δf_c와 신호 주파수 f_s의 비

m_f =(최대 주파수 편이)/(신호 주파수)= $\Delta f_c / f_s = \Delta\omega_c / \omega_s$

③ 실용적 주파수 대역 폭 :

$B = 2f_s(m_f + 1) = 2(\Delta f_c + f_s) \fallingdotseq 2f_s \cdot m_f = 2\Delta f_s (m_f \gg 1$일 때)

$\fallingdotseq 2 \cdot f_s (m_f \ll 1$일 때)

④ 주파수 변조된 피 변조파 : $v_{FM} = V_{cm}\sin(\omega_c t + \Delta\omega_c / \omega_s \sin\omega_s t)$

$2(\Delta f_c + f_s)$에서

$B = 2 \times (10 + 2.5) = 25$ [kHz]

08 디지털 변조방식에 대한 설명 중 틀린 것은?

㉮ 진폭 편이 변조방식은 반송파의 진폭을 변화시키는 방식으로 ON-OFF key- ing 이라고 부른다.

㉯ 주파수 편이 변조 방식은 반송파의 주파수를 변환시키는 방식으로 모뎀을 통한 데이터 전송방식에 이용된다.

㉰ 위상 편이 변조방식은 반송파의 위상을 변화시키는 방식으로 회로는 비교적 간단하나 심볼에러 발생 확률이 높다.

㉱ 직교진폭 변조방식은 진폭과 위상이 정보를 싣는 방식으로 중속 변조 방식에 이용된다.

09 다음 중 프리엠퍼시스 회로와 관련 있는 것은?

㉮ 저역통과 필터　　㉯ 고역통과 필터

㉰ 대역통과 필터　　㉱ 대역저지 필터

해설 ① 프리엠퍼시스는 신호 대 잡음비(S/N), 주파수 특성, 일그러짐 특성을 개선하기 위해 전송 주파수의 어떤 부분을 송신 측에서 사전에 강조하는 것(저역 통과필터)으로 주파수 변조에서 잡음은 변조 주파수가 높아질수록 커지므로, 이것을 낮게 감소시키기 위함이다.

② 디엠퍼시스(de-emphasis) 회로는 송신 측에서는 프리엠퍼시스 회로에 의해 고음부를 강조하고 있으므로, 주파수 판별기 측에서는 고음이 강조된 신호를 얻는다. 따라서 주파수 판변기와 저주파 증폭기 사이에 갖는 디엠파시스 회로를 넣어서 본래의 신호파를 재현한다. 디엠파시스 회로는 C와 R로 구성된 적분회로의 일종이다.

10 진폭 변조에서 신호 전압을 $e_s = Es\,\sin w_s t$, 반송파 전압을 $e_c = Ec\,\sin w_c t$라 할 때 피 변조파 전압 $e(t)$를 표시하는 것은?

㉮ $e(t) = (E_c + Es)\sin w_s t$

㉯ $e(t) = (E_c + Es)\sin w_C t$

㉰ $e(t) = (E_c + Es\sin w_s t)\sin w_C t$

㉱ $e(t) = (E_s + Ec\sin w_c t)\sin w_s t$

11 변조도 60[%]의 AM에서 반송파의 평균 전력이 100[W]일 때 피 변조파의 평균 전력은 몇 [W]인가?

㉮ 118 ㉯ 130 ㉰ 136 ㉱ 160

해설 $P_m = P_c(1+\frac{m^2}{2}) = 100(1+\frac{0.36}{2}) = 118\,[\mathrm{W}]$

12 다음 중 단일 측파대 통신방식에 사용되는 변조회로는?

㉮ 베이스 변조 ㉯ 컬렉터 변조 ㉰ 제곱변조 ㉱ 링 변조

해설 링 변조기(Ring Modulator)

① DSB-SC파의 생성에 적합한 곱셈 변조기의 일종이다.
반송파 억압(Carrier Suppression) 변조라고도 한다.

② 4개의 다이오드가 동일한 방향으로 링 구조를 형성한다.

③ 다이오드 스위칭은 주파수 fc의 구형파 반송파에 의해 제어된다.

13 다음과 같은 검파회로에서 시정수($\tau = CR$)를 반송파 주기의 10배로 하고자 할 때 C[pF]를 얼마로 하는가? (단, 입력 측 반송파 주파수는 100[MHz], $R = 10$[kΩ])

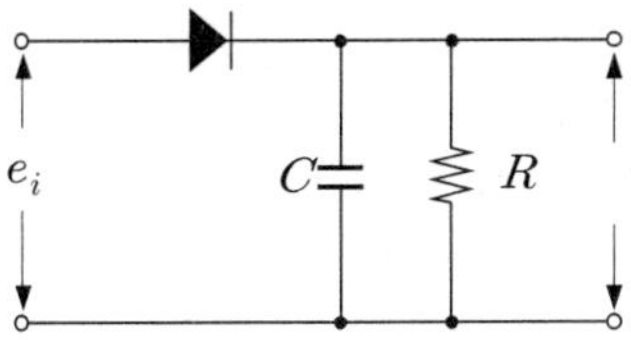

㉮ 0.1 ㉯ 1 ㉰ 10 ㉱ 100

해설 $\tau = CR = C \times 10 \times 10^3$

$f = \frac{1}{T} = 100 \times 10^6$

$T = 10^{-8}$ ∴ $C = \frac{10^{-8}}{10^4} = 10^{-12}$[F]

14 다이오드 직선 검파회로에서 변조도 50[%],진폭 $10\sqrt{2}$[V]인 AM 피 변조파가 인가되었을 때 부하저항 R_L에 나타나는 출력 전압의 실효 치는 몇 [V]인가? (단, 검파 효율은 80[%]라고 한다.)

㉮ 10 ㉯ 8 ㉰ 6 ㉱ 4

해설 E_C =효율 ×반송파 진폭 $= 0.8 \times 10 = 8$

변조도 $= \frac{E_s}{E_c}$, $0.5 = \frac{E_s}{8}$, $E_s = 4$[V]

15 $I = I_o(1 + m\sin W_m t)\sin W_c t$인 피 변조파의 전류가 임피던스 값이 R인 회로에 흐를 때 상측파대의 평균 전력은? (단, m은 변조도이다.)

㉮ $\frac{m^2 I_c^2 R}{8}$ ㉯ $\frac{m^2 I_c^2 R}{6}$ ㉰ $\frac{m^2 I_c^2 R}{4}$ ㉱ $\frac{m^2 I_c^2 R}{2}$

해설 $P = VI = I^2 R$

실효 전류

$P = V \cdot (\frac{1}{\sqrt{2}}) = (\frac{1}{\sqrt{2}})R \cdot (\frac{I}{\sqrt{2}}) = (\frac{I}{\sqrt{2}})^2 \times R$

① 반송파 전력

$$P_C = V \cdot \left(\frac{I_c}{\sqrt{2}}\right) = \left(\frac{I_c}{\sqrt{2}}\right) \cdot R\left(\frac{I_c}{\sqrt{2}}\right) = \frac{I_c^2}{2} \cdot R$$

② 상측파 전력

$$P_H = \left(\frac{m V_c}{2}\right) \cdot \left(\frac{I_c}{\sqrt{2}}\right) = \left(\frac{m V_c}{2}\right) \cdot \left(\frac{1}{\sqrt{2}}\right)^2 R = \frac{m^2 I_c^2 R}{8} = \frac{m^2}{4} P_c$$

③ 하측파 전력

$$P_L = \left(\frac{m V_c}{2}\right) \cdot \left(\frac{I_c}{\sqrt{2}}\right) = \left(\frac{m V_c}{2}\right) \cdot \left(\frac{1}{\sqrt{2}}\right)^2 R = \frac{m^2 I_c^2 R}{8} = \frac{m^2}{4} P_c$$

16 다음 그림에서 입력 전압 V_i 출력 전압 V_o의 전달 특성은?

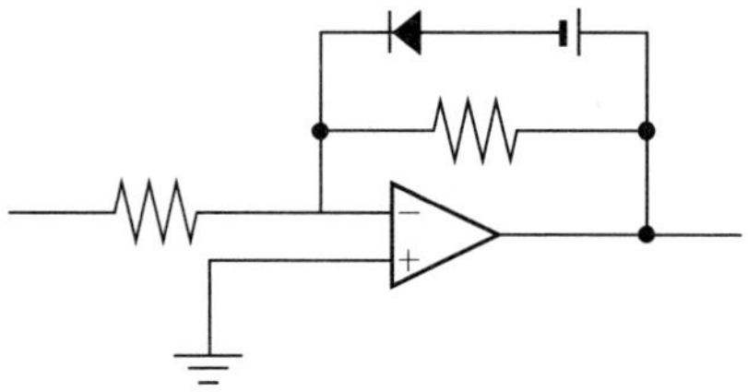

㉮

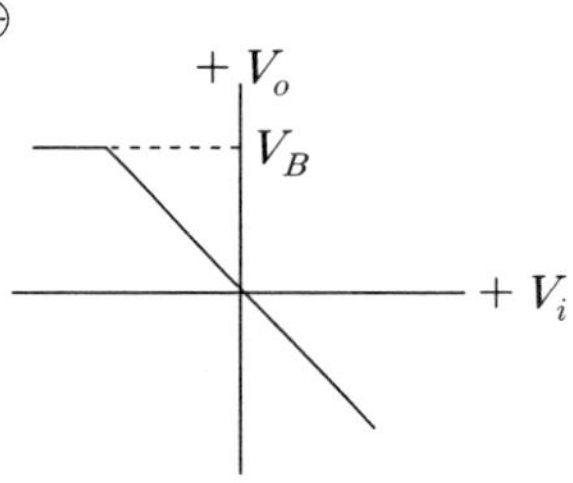

㉯

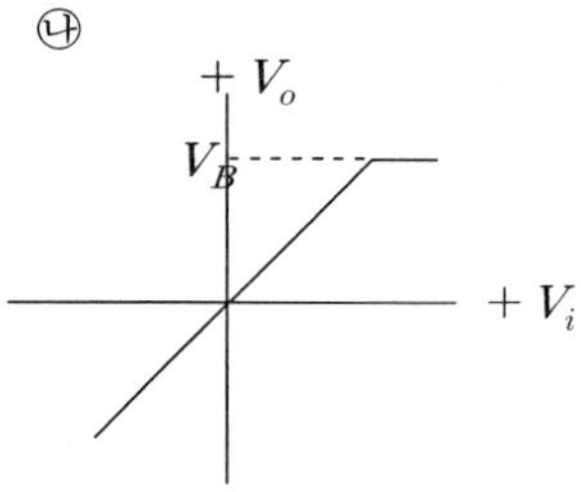

㉰

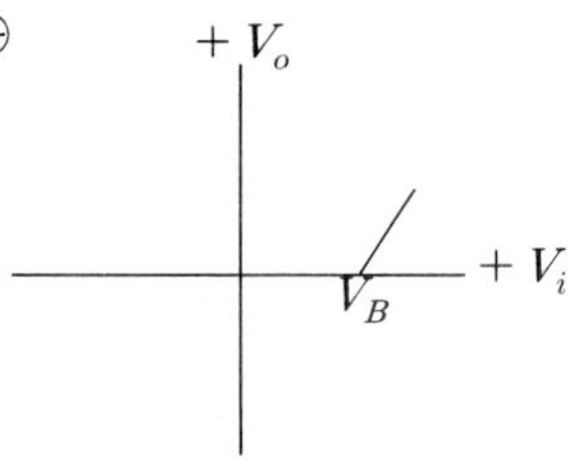

㉱

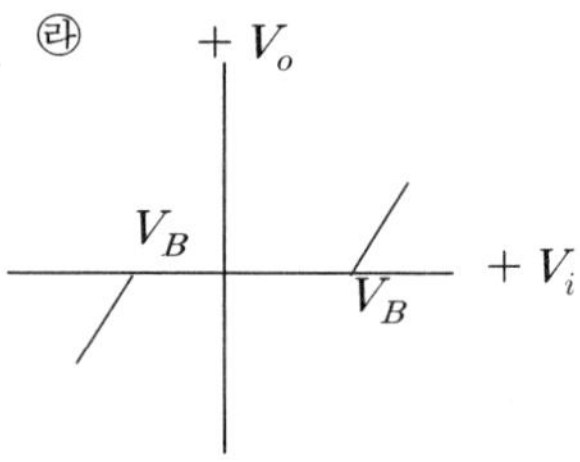

17 다음 중 평형 변조회로의 주 목적은?

㉮ 변조도를 크게 하기 위함

㉯ 직선성을 개선하기 위함

㉰ SSB파를 얻기 위함

㉱ 복조시 포락선 검파를 하기 위함

해설 평형 변조(BalancedModulation)

DSB-SC AM변조에서 반송파를 억압하여 2개의 측파대만을 얻는 변조기법으로 SSB파를 얻기 위해서 사용된다.

18 다음 중 수신기에서 포스트실리형 검파기와 관련 있는 것은?

㉮ AM　　㉯ FM　　㉰ DM　　㉱ PCM

해설 FM 검파회로에는 PLL 검파기, 복동조형 검파기, 포스트 실리형 검파기, 비 검파기가 있다.

19 출력이 140 [W] 되는 반송파를 단일 주파수로 30[%] 변동하였을 때 AM 상측파의 전력은 몇 [W]인가?

㉮ 3.15　　㉯ 6.34　　㉰ 73.75　　㉱ 146.3

해설 $P_m = P_c(1+\frac{m^2}{2})$ [W]

$140 = (1+\frac{0.3^2}{2})P_c$

20 출력 100 [W]의 반송파를 50 [%] 변조하였을 때의 양측파대의 전력은 몇 [W]인가?

㉮ 7.5 [W]　　㉯ 3.5 [W]　　㉰ 12.5 [W]　　㉱ 4.5 [W]

해설 양측파대 전 전력 $P_{DSB} = P_C\left(1+\frac{m^2}{2}\right)$

측파대 전력 $\frac{m^2}{2}P_C = \frac{0.5^2}{2}\times 100 = 12.5\,[\mathrm{W}]$

정 답	
	01 ㉮ 02 ㉮ 03 ㉯ 04 ㉯ 05 ㉮ 06 ㉯ 07 ㉰ 08 ㉰ 09 ㉮ 10 ㉰
	11 ㉮ 12 ㉱ 13 ㉯ 14 ㉱ 15 ㉮ 16 ㉮ 17 ㉰ 18 ㉯ 19 ㉮ 20 ㉰

* 과년도심화문제 *

01 15[kHz]까지 전송할 수 있는 PCM 시스템에서 요구되는 최소 표본화 주파수는?

① 10[kHz] ② 20[kHz] ③ 30[kHz] ④ 40[kHz]

해설 $f_s = 2f_m = 2 \times 15[kHz] = 30[kHz]$

02 $V_c = 20\cos\omega ct[V]$ 의 반송파를 $V_s = 20\cos\omega t[V]$의 신호파로 진폭변조했을 때 변조도(m) 는 몇 인가?

① 60[%] ② 70[%] ③ 80[%] ④ 90[%]

해설 $m = \dfrac{I_s}{I_m} = \dfrac{14}{20} \times 100 = 70[\%]$

03 PCM에서 미약한 신호는 진폭을 크게 하고 진폭이 큰 신호는 진폭을 줄이는 기능을 무엇 이라 하는가

① 프리엠퍼시스(Pre-emphasis)
② 압신(Companding)
③ 디엠퍼시스(De-emphasis)
④ FM복조시의 리미팅(Limiting)

해설 · 압신기(Compander)

1. 압신기는 압축기(compressor)와 신장기(expander)의 합성어이다.
2. PCM에서 송신측의 압축이란, 신호를 양자화하기 전에 미약한 신호는 진폭을 크게 하고 진폭이 큰 신호는 진폭을 작게 하는 기능을 한다. 수신측에서의 신장은 이와 반대 과정을 통해 신호를 본래대로 되돌린다. 비선형 양자화 특성을 얻는다.

3. 압신기는 전송 시의 레벨 범위를 좁게 함으로써 잡음이나 누화를 경감하기 위하여 사용한다.

04 다음 중 PCM에 관한 일반적인 설명으로 틀린 것은?

① S/N 비가 좋다.

② 넓은 주파수 대역을 차지한다.

③ 신호파를 표본화(Sampling)한다.

④ 잡음에 대해서 극히 약한 방식이다.

해설 · 펄스부호변조(PCM : Pulse Code Modulation)는 잡음에 강한 방식이다.

1. PCM은 신호파의 진폭을 표본화, 양자화하고 양자화 된 숫자를 2진법으로 표시하여 2진 부호에 따른 펄스를 출력하는 변조 방식이다.
2. PCM은 표본화, 양자화, 부호화의 3단계를 통해서 아날로그 입력신호가 디지털 출력신호로 변환된다.
3. PCM은 디지털 펄스변조방식으로, 아날로그방식에 비해 잡음에 강하다.

05 다음 중 음성 신호의 송신측 PCM 과정이 아닌 것은?

① 표본화 ② 부호화 ③ 양자와 ④ 복호화

해설 · PCM(Pulse Code Modulation)

1. PCM은 아날로그 입력신호를 디지털 신호로 변환시키는 A/D 변환기술이다.
2. PCM은 표본화(sampling), 양자화(quantizing), 부호화(encoding)의 3 과정을 통해 아날로그 신호를 디지털 신호로 변환 한다.

06 반송파의 위상과 진폭을 상호 직교하며 신호를 혼합하는 변조방식은?
① ASK ② FSK ③ PSK ④ QAM

해설 직교 진폭 변조 QAM (Quadrature Amplitude Modulation)는 제한된 주파수대역에서도 전송효율을 향상시키기 위해, (스펙 트럼효율) 반송파의 진폭과 위상을 동시에 직교 성 있게 결합시켜 변조.

07 다음 중 아날로그 변조 방식의 진폭변조(AM)에 대해 맞게 설명한 것은?
① 아날로그 정보 신호에 따라 반송파 신호의 진폭을 변화시키는 방식
② 반송파 신호에 따라 아날로그 정보 신호의 진폭을 변화시키는 방식
③ 아날로그 정보 신호에 따라 반송파의 진폭과 위상을 변화시키는 방식
④ 반송파 신호에 따라 아날로그 정보 신호의 위상을 변화시키는 방식

08 다음 중 누화, 잡음 및 왜곡 등에 강하고 전송 특성의 질이 저하된 전송로에도 사용가능한 다중 전송방식은?
① AM 주파수분할 다중 전송방식
② FM 주파수분할 다중 전송방식
③ PM 주파수분할 다중 전송방식
④ PCM 시분할 다중 전송방식

해설 PCM을 이용한 시분할 다중방식(TDM: Time Division Multiplexing) 은 디지털 다중 전송방식이다.

09 PCM 통신 방식에서 송신 과정으로 맞는 것은?
① 표본화 ⇒ 부호화 ⇒ 양자화 ⇒ 압축
② 표본화 ⇒ 양자화 ⇒ 부호화 ⇒ 압축
③ 표본화 ⇒ 부호화 ⇒ 압축 ⇒ 부호화
④ 표본화 ⇒ 압축 ⇒ 양자화 ⇒ 부호화

10 다음 중 슈미트 트리거(Schmitt Trigger) 회로의 출력에 나타나는 파형의 특성으로 옳은 것은?

① 백 스윙(Back-Swing) 현상　② 슈우트(Shoot) 현상
③ 히스테리시스(Hysterisis) 현상　④ 싱잉(Singing) 현상

해설 · 슈미트 트리거회로(Schmitt Trigger Circuit)는 교류 파형으로부터 일정 전압 레벨에서 갑자기 논리레벨 0 또는 1으로 변하게 하여 그 레벨크기 만큼의 펄스폭을 갖는 구형파를 만들어주는 회로이다.

1. 슈미트 트리거란 입력 신호의 진폭에 따른 2개의 안정 상태를 이루게 한 회로로, 쌍안정 멀티 바이브레이터의 변형된 형태이다.
2. 슈미트 트리거회로는 히스테리시스를 갖는 비교기이다.
3. 슈미트 트리거회로는 전압비교회로(voltage comparator), 쌍안정회로, 방형파 발생회로, A/D 변환회로 등에 응용되고 있다.
4. 히스테리스(Hysterisis)현상은 입력전압이 높은 값에서 낮은 값으로 변환할 때보다 낮은 값에서 높은 값으로 변할때 기준레벨 이 더 높아지는 현상이다.

11 FM 변조 방식을 사용하는 경우 아날로그 정보 신호의 기본주파수를 2[kHz], 최대 주파수 편이가 125[kHz]인 경우 Carson 법칙을 적용할 때 전송에 필요한 대역폭은?

① 127[kHz]　② 254[kHz]　③ 312[kHz]　④ 428[kHz]

해설 변조지수 $\Delta fcmf = fs$

대역폭 $B = 2fs(mf+1) = 2(\Delta f + f[Hz]B = 2(2+125)2 = 254[kHz]$

12 900[KHz]의 반송파를 5[KHz]의 신호주파수로 진폭 변조한 경우 피변조파에 나타나는 주파수 성분이 아닌 것은?

① 895[kHz]　② 900[kHz]　③ 905[kHz]　④ 910[kHz]

해설 $fc = 900[kHz]$, 상측파대 $f_c + f_s = 900[kHz] + 5[kHz] = 905[kHz]$

하측파대 $f_c - f_s = 900[kHz] - 5[kHz] = 895[kHz]$

13 변조도가 50[%]인 진폭변조 송신기에서 반송파의 평균 전력이 400[mW]일 때, 피변조 파의 평균전력은?

① 400[mW] ② 450[mW] ③ 500[mW] ④ 549[mW]

해설 $P_m = P_c(1+\frac{m^2}{2})$ 에서 $P_m = 400[mW](1+\frac{0.5^2}{2}) = 450[mW]$

변조도 $m = \frac{E_m}{E_c}$ 변조율 $m_0 = \frac{E_m}{E_c} \times 100$

14 반송파 전력이 60[kW]인 경우 92[%]로 진폭 변조하였을 때 피변조파 전력은 약 얼마인가?

① 85.4[kW] ② 93.5[kW] ③ 122.8[kW] ④ 145.2[kW]

해설 $P_m = P_c(1+\frac{m^2}{2})[W] = 60[kW] \times (1+\frac{0.92^2}{2}) = 85.39[kW]$

정 답 1 ③ 2 ③ 3 ② 4 ④ 5 ④ 6 ④ 7 ① 8 ④ 9 ② 10 ③ 11 ② 12 ④ 13 ② 14 ①

Digital electronic circuit

제 6 장
펄스회로

6.1 펄스회로(Pulse circuit)의 개요

일반적으로 파형은 정현파와 비 정현파(펄스, pulse)로 구분된다. 펄스(pulse)란 시간적으로 불연속적이고 한정된 기간 내에서 충분히 짧은 시간에만 존재하는 일정한 주기를 갖고 반복되는 파형이다.

1. 펄스의 개념

(1) 펄스의 파형

1) 이상적 펄스 파형

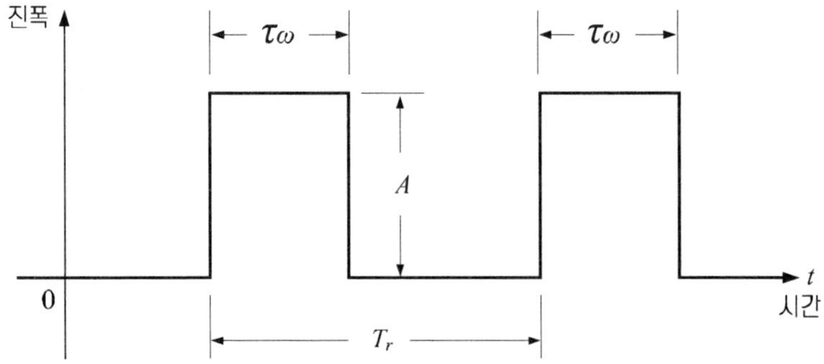

그림 6.1 이상적인 펄스 파형

① τ_w : 펄스 폭(pulse width)

② T_r : 펄스의 반복 주기(period)

③ A : 펄스의 진폭(amplitude)

④ 펄스의 반복 주파수(frequency) $f = \frac{1}{T_r}$ [Hz]

⑤ 펄스의 충격계수(duty factor) 또는 펄스의 점유율 $D = \frac{\tau_w}{T_r}$

예제 6.01

듀티 사이클(Duty cycle)이 0.1이고, 주기가 40[μs]인 펄스폭은 몇 [μs]인가?

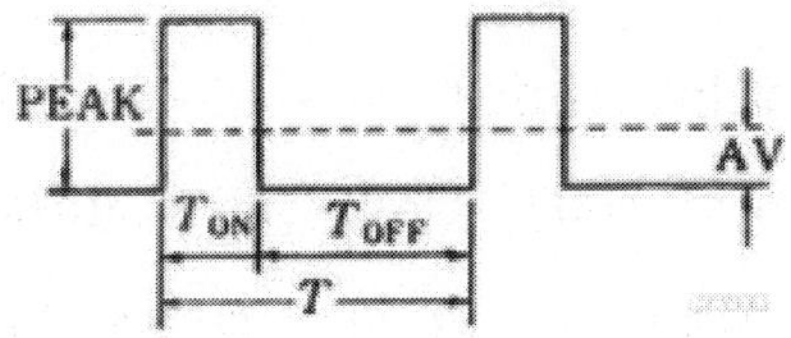

해설 충격계수란 1주기 동안 펄스가 점유하는 시간을 말한다. $D=\frac{\tau}{T}$가 된다.

$$D=\frac{\tau}{T},\ 0.1=\frac{\tau}{40[\mu\text{sec}]}\ \therefore \tau=4[\mu\text{sec}]$$

2) 실제적인 펄스 파형

임의의 전기회로에 구형 펄스파를 입력하면 불연속적인 펄스 파형이 출력된다.

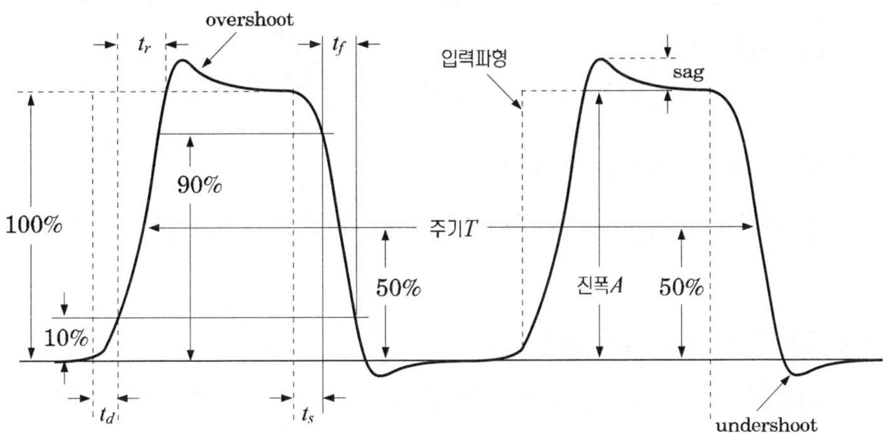

그림 6.2 실제의 펄스 파

① 상승 시간(t_r, rise time)

실제의 펄스가 이상적 펄스의 진폭 V의 10[%]에서 90[%]까지 상승하는데 걸리는 시간을 나타내며, 이상적인 펄스가 어떤 회로를 통과

할 때 그 회로의 시상수에 관련된다.

② 지연 시간(t_d, delay time)

이상적 펄스의 상승 시각으로부터 진폭의 10[%]까지 이르는 실제의 펄스 시간을 나타내며, 펄스가 어느 회로에 통과하는데 걸리는 시간을 뜻함.

③ 하강 시간(t_f, fall time)

이상적 펄스의 진폭 V의 90[%]에서 10[%]까지 내려가는데 걸리는 시간

④ 축적 시간(t_s, storage time)

이상적 펄스의 하강 시각에서 실제의 펄스가 V의 90[%]가 되기까지의 시간

⑤ 펄스 폭(τ_w, pulse width)

펄스파형이 상승 및 하강의 진폭 V의 50[%]가 되는 구간의 시간

⑥ 오버슈트(overshoot)

회로의 과도 응답 특성에 의하여 기준 파형보다 출력 파형의 하강부가 흔들리는 현상으로, 상승 파형에서 이상적 펄스파의 진폭 V보다 높은

부분의 높이 α를 말함.

오버슈트의 양은 $(\frac{\alpha}{V})\times 100[\%]$로 나타낸다.

⑦ 언더슈트(undershoot)

회로의 과도 응답 특성에 의하여 기준 파형보다 출력 파형의 하강부가 흔들리는 현상으로, 이상적 펄스파의 기준 레벨보다 아래 부분의 높이 d를 말한다.

언더슈트 양은$(\frac{d}{V})\times 100[\%]$로 표시된다.

⑧ 턴 온(t_{on}, turn−on) 시간

펄스의 동작시간으로 이상적 펄스의 상승 시각에서 최대 폭(V)의 90[%]까지의 상승하는 시간

$$\text{턴 온 시간 : } t_{on} = t_d + t_r$$

⑨ 턴 오프(t_{off}, turn−off) 시간

이상적 펄스의 하강 시각에서 펄스의 최대 폭(V)의 10[%]까지 하강하는 시간

$$\text{턴 오프 시간 : } t_{off} = t_s + t_f$$

⑩ 링깅(b, ringing)

펄스의 상승 부분에서 진동의 정도를 말하며, 높은 주파수 성분에 공진하기 때문에 생긴다.

⑪ 새그(s, sag) : 하강 속도 비

구형파 펄스에서 펄스의 상승 부분에 비하여 하강 부분의 낮아진 크기를 새그(sag)라고 하며, 비율을 새그율이라 한다.

$$Sag\text{율}(\frac{V}{C}) = \frac{\text{펄스의 하강크기}}{\text{펄스의 상승높이}}\times 100[\%]$$

예제 6.02

실제의 펄스가 이상적 펄스의 진폭의 10[%]에서 90[%]까지 상승하는데 걸리는 시간을 무엇이라 하느냐?

해설 상승시간(rise time)

실제의 펄스가 이상적 펄스의 진폭의 10[%]에서 90[%]까지 상승하는데 걸리는 시간을 상승 시간 이라 한다.

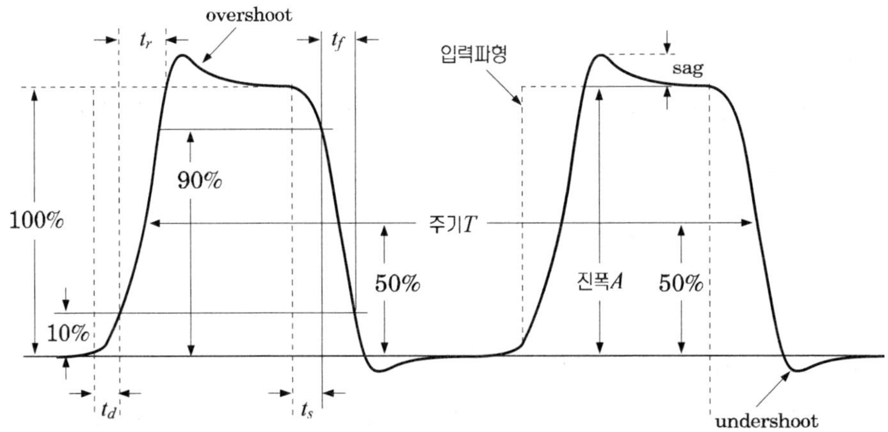

① 상승시간(rise time)

실제의 펄스가 이상적 펄스의 진폭의 10[%]에서 90[%]까지 상승하는데 걸리는 시간을 나타내며,

이상적인 펄스가 어떤 회로를 통과할 때 그 회로의 시상수에 관련 된다.

② 지연시간(delay time)

이상적 펄스의 상승 시각으로부터 진폭의 10[%]까지 이르는 실제의 펄스시간을 나타내며, 펄스가

어느 회로에 통과하는데 걸리는 시간을 뜻함

③ 하강 시간 (fall time)

이상적 펄스의 진폭의 90[%]에서 10[%]까지 내려가는데 걸리는 시간

④ 축적 시간(storage time)

이상적 펄스의 하강 시각에서 실제의 펄스의 90[%]가 되기까지의 시간

⑤ 펄스폭(pulse width)

펄스 앞쪽의 진폭 50[%]인 때부터 펄스 뒷쪽의 진폭이 50[%]인 때까지의 시간

⑥ 오버슈트(overshoot)

회로의 과도 응답 특성에 의하여 기준파형보다 출력파형의 하강부가 흔들리는 현상으로, 상승 파형에서 이상적 펄스파의 진폭 보다 높은 부분의 높이(a)를 말한다.

예제 6.03

다음 그림은 이상적인 구형 펄스를 나타낸다. 이 펄스의 충격계수(duty factor)는?

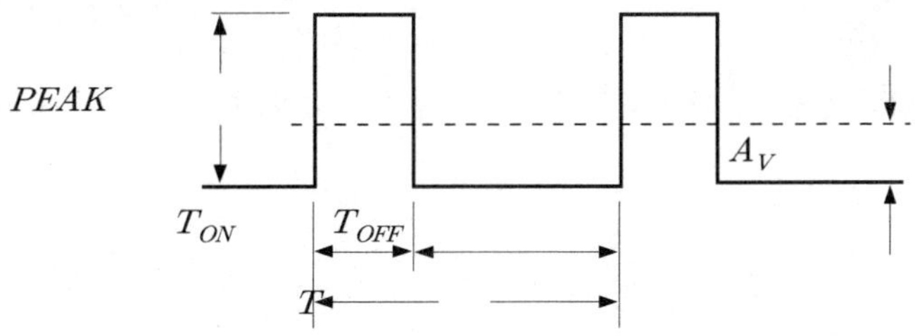

해설 충격계수란 1주기 동안 펄스가 점유하는 시간을 말한다. $D=\frac{\tau}{T}$가 된다.

예제 6.04

다음 그림과 같이 적분회로에서 입력 구형파에 대한 출력을 구하여라.
(단, $R = 10[\Omega]$, $C = 0.01\,[\mu\text{F}]$이다.)

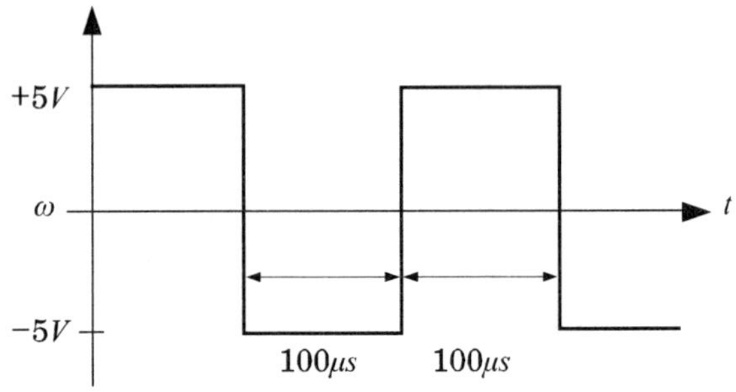

해설 ① $t = 0$에서 $100\,[\mu\text{s}]$까지 입력 전압의 크기 $+5[\text{V}]$

$$V_0 = -\frac{1}{RC}\int_0^t 5dt = -\frac{1}{(10[\text{k}\Omega])\,(0.01[\mu\text{F}])}\int_0^t 5dt$$
$$= -50t\,[\text{mV}/\mu\text{s}]$$

② $t = 100\,[\mu\text{s}]$에서 $200\,[\mu\text{s}]$까지의 입력 $-5[\text{V}]$

$$V_0 = -\frac{1}{RC}\int_{100\,[\mu\text{s}]}^t (-5)dt + V_0(100\,[\mu\text{s}])$$
$$V_0(100[\mu\text{s}]) = -5\,[\text{V}]$$
$$V_0(t) = (50[\text{mV}]/[\mu\text{s}])(t - 100[\mu\text{s}]) - 5\,[\text{V}]$$

예제 6.05

정전 용량(C)과 저항(R)으로 구성되어 있는 RC 회로의 시정수가 의미하는 것은 무엇인가?

해설 시정수는 응답의 상승 및 하강 속도를 좌우하며 RC 회로의 시정수 $\tau = CR$이 된다.

예제 6.06

코일(L)과 저항(R)으로 구성되어 있는 RL 회로의 시정수가 의미하는 것은 무엇인가?

해설 시정수는 응답의 상승 및 하강 속도를 좌우하며 RL 회로의 시정수 $\tau = \frac{L}{R}$ 이 된다.

6.2 펄스회로의 종류

1. 아날로그 펄스변조

① PAM(펄스 진폭변조): 펄스의 주기, 폭 등은 일정하고, 펄스폭의 진폭을 입력 신호에 전압에 따라서 변화시키는 방법이다.

② PWM(펄스폭변조): 펄스의 진폭, 주기 등은 일정하고, 펄스의 폭을 입력 신호에 따라서 변화시키는 방법이다.

③ PPM(펄스 위치 변조): 펄스의 진폭, 폭 등은 일정하고, 펄스의 위상(위치)을 입력 신호에 따라 변화시키는 방법이다.

2. 불연속 펄스 변조

① 펄스 수(number)변조 (PNM):펄스 변조 방식의 일종으로, 변조 신호의 크기에 따라서 진폭이나 폭이 일정한 단위 펄스를 일정 시간 내에 그 수를 변화시켜서 변조하는 방식이다. 이것은 펄스 주파수 변조(PFM)에 비해 펄스 상호간의 위치가 변화하지 않는 점이 다르다.

② 펄스 부호변조 (PCM,Pulse Code Modulation)

3. PCM 이론 제창 및 설계

① 1937년 프랑스의 A.H.Reeves가 이론적인 바탕을 마련하였으나 당시 기술적인 문제로 실용화되지 못하다가, 1962년 미국 벨연구소에서 PCM – TDM 방식의 24 채널을 다중화한 T1 캐리어 시스템을 개발함으로써 PCM 다중통신방식 장비들이 본격 등장하였다.

4. 표본화정리 (smpling theorem)

① 원 신호가 대역 제한되어 있다고 가정하면, 원 신호 대역폭의 2배 이상으로 표본화하면 원 신호를 완전히 재생할 수 있다는 정리이다.

② 샘플링 주파수 (sampling frequency, sampling rate) : A/D

변환을 위해 원 신호를 1초간에 몇 번 샘플링 하는가를 나타내는 수치를 말한다.

③ 나이퀴스트 주파수 (nyquist rate) = 최소 샘플링 주파수 표본화 정리에 따라 원래의 정보를 재생할 수 있도록 신호가 갖는 최고 주파수(fm)의 두 배가 되는 표본화 주파수(fs)를 말한다.

· $f_s \geq 2f_m, T_s \leq \frac{1}{2f_m}$, T_s 는 표본화 주기이다.

5. 데이터 변환기 (data converter)

① A/D 변환 (Analog-to-Digital Conversion) : 연속성 아날로그 신호를 표본화(sampling), 양자화(quantizing), 부호화(binary encoding)을 거쳐 이진 디지털 신호(binary digital Signal)로 변환시키는 과정

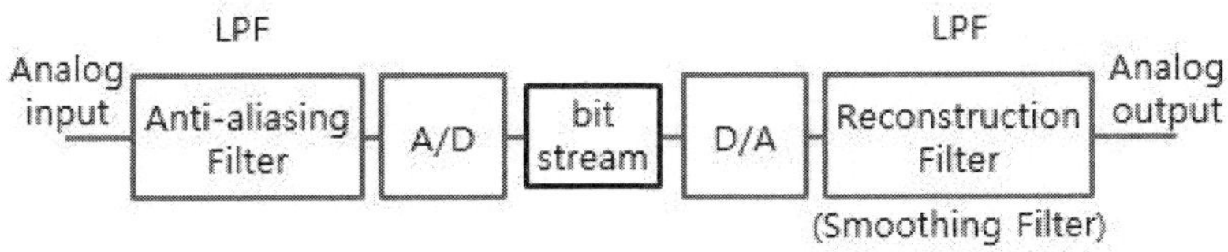

② D/A 변환 (digital-to-analog conversion)

예제 6.07

A/D 변환의 역변환 과정

$15[kHz]$까지 전송할 수 있는 PCM 시스템에서 요구되는 최소 표본화 주파수는?

① $10[kHz]$ ② $20[kHz]$

③ $30[kHz]$ ④ $40[kHz]$

해설 ③

· 표본화 (Sampling)는 연속신호를 일정간격(표본화주파수)으로 표본 추출하여 이산신호로 바꾸는 과정을 말하며 표본화 정리 는 원 신호가 대역 제한되어 있다고 가정하면, 원 신호 대역폭의 2배 이상으로 표본화하면 원 신호를 완전히 재생할 수 있다 는 정리이다.

1. 신호의 주파수 스펙트럼이 fm[Hz]로 제한되어 있을 때 이 신호를 1 2fm 초의 시간 간격으로 발췌(sampling)하여 전송하여도 신호를 연속적으로 전송하는 것과 동일한 효과를 가 진다.
2. 신호를 표본화할 때, 원래의 신호를 완전히 재현시키려면 신호파에 포함된 최고 주파수(fm) 의 2배 이상의 주파수(fs)로 표본 화해야 한다. fs ≥ 2fm 이므로 최소 표본화 주파수는 fs = 2fm = 2 × 15[kHz] = 30[kHz]

(1) 미분파와 적분파의 펄스회로

1) 미분회로

① 입력 측에 직사각형파(구형파) 펄스를 가하면 폭이 좁은 트리거(trigger)펄스가 출력된다.

② 회로

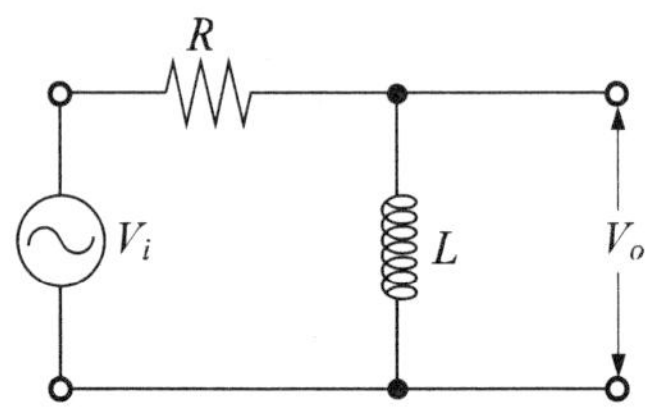

그림 6.3 미분회로

③ 미분회로에 시정수가 다른 구형파를 입력했을 때 출력 파형

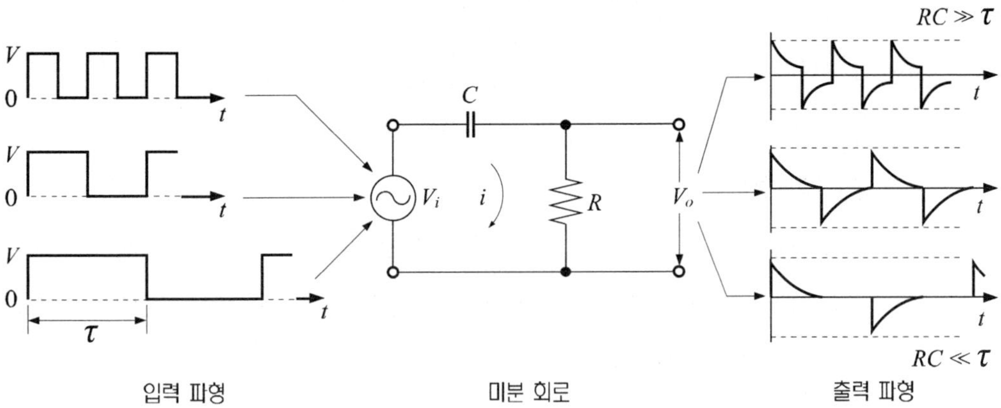

그림 6.4 미분회로에 시정수가 다른 구형파를 입력했을 때 출력 파형

④ 미분회로의 출력 전압

$$V_i = V_c + V_R = \frac{1}{C}\int idt + iR$$

이므로, 양변에 C을 곱하여 정리하면,

$$CV_i = \int idt + i \cdot CR,\ \ CR \ll \tau(\text{펄스 폭})$$

양변을 미분하면 전류$(i) = C\dfrac{dV_i}{dt}$이다.

$$\therefore V_o = V_R = i \cdot R = RC\frac{dV_i}{dt}$$

㉠ 콘덴서 C가 충전 시

$$V_o = V_R = i(t) \cdot R = \frac{V}{R}e^{-\frac{1}{RC}t} \cdot R = Ve^{-\frac{1}{RC}t}$$

㉡ 콘덴서 C가 방전 시

$$V_o = V_R = i(t) \cdot R$$

$$= -\frac{V}{R} e^{-\frac{1}{RC}t} \cdot R = -Ve^{-\frac{1}{RC}t}$$

2) 적분회로

① 입력 측에 직사각형파(구형파) 펄스를 가하면 시간에 비례하는 전압(또는 전류)파형, 즉 톱날파의 신호를 발생하거나 신호를 지연시키는 회로에 쓰인다.

② 회로

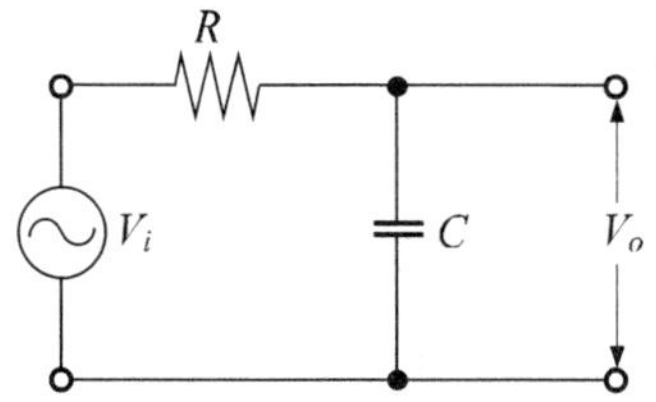

그림 6.5 *RC* 적분회로

③ 적분회로에 시정수가 다른 구형파를 입력했을 때 출력 파형

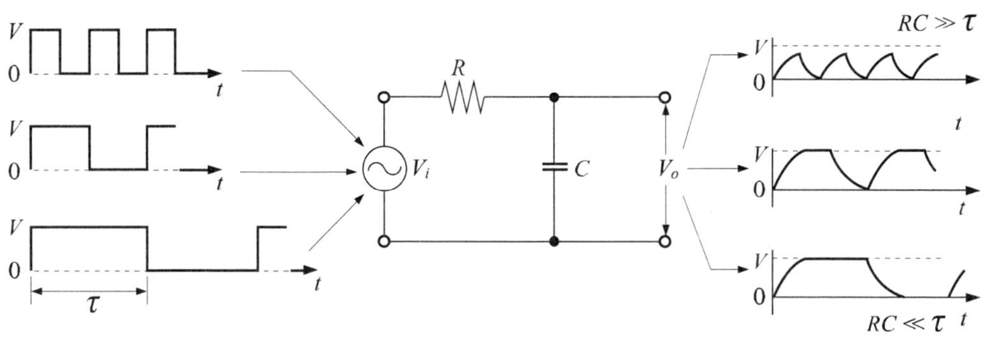

그림 6.6 파형의 정형과 변환 회로

④ 출력 전압

$$V_i = V_c + V_R = \frac{1}{C}\int idt + iR$$ 양변을 R로 나눈다.

$$\frac{V_i}{R} = \frac{1}{RC}\int idt + i,\ RC \gg \tau$$ 이라면 $i = \frac{V_i}{R}$ 이다.

$$\therefore V_o = V_C = \frac{1}{C}\int idt = \frac{1}{C}\int \frac{V_i}{R}dt = \frac{1}{RC}\int V_i dt$$

$RC \gg \tau$인 경우 구형파가 입력되면 출력 전압은 다음과 같다.

㉠ 콘덴서 C가 충전 시

$$V_o = V_C = V - V_R = V - Ve^{-\frac{1}{RC}t} = V(1 - e^{-\frac{1}{RC}t})$$

㉡ 콘덴서 C가 방전 시

$$V_o = V_C = -V_R = Ve^{-\frac{1}{RC}t}$$

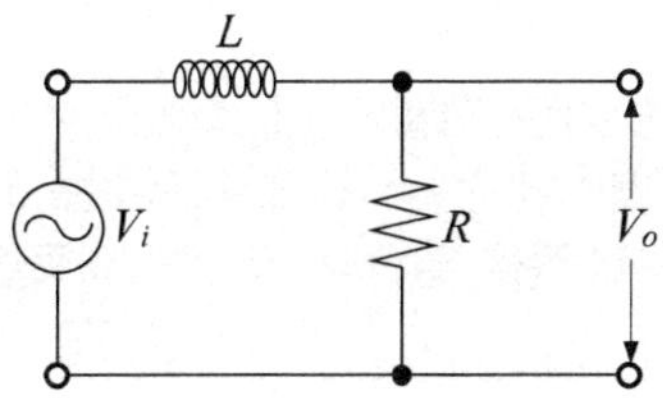

그림 6.7 *L-R* 적분회로

⑤ $L-R$ 적분회로

$L-R$ 적분회로에서 $V_i = V_L + V_R = L\frac{di}{dt} + i \cdot R,$

양변을 L로 나누면,

$$\frac{V_i}{L} = \frac{di}{dt} + i \cdot \frac{R}{L},\ \frac{L}{R} \gg \tau \text{라면},\ i = \frac{1}{L}\int V_i dt$$

$$\therefore V_o = V_R = i \cdot R = \frac{R}{L}\int Vidt$$

(2) 파형 변환 회로

임의의 파형에 대하여 필요한 출력 파형을 얻기 위하여 조작을 하는 회로 파형 변환의 대상으로는 파형의 진폭과 파형의 시간적 관계를 고려하여야 하며, 그 기본 작업을 분류하면 선택(selection), 비교(comparision), 변이(shifting)가 있다.

파형의 진폭과 파형의 시간적 관계의 기본 조작을 요약하면 다음과 같다.

표 6.1 진폭과 시간적 관계의 기본 조작

구 분	진 폭	시 간
선 택	입력파 중에 어느 특정 부분만을 빼내는 조작을 말한다. 여기에는 클리핑 회로, 슬라이싱 회로 등이 있다.	입력파 중에 어느 특정의 시간 부분만을 빼내는 조작을 말한다. 여기에는 게이트 회로가 있다.
비 교	입력파의 진폭을 기준 레벨과 비교하여 같은 레벨이 되는 시각에 펄스를 발생하는 조작을 말한다.	소정의 시각에 있어서 입력파의 진폭을 지시하는 조작을 말한다. 여기에는 시간 선택 회로를 그대로 또는 다소 변형하여 사용한다.
변 이	입력파의 파형을 그대로 두고 진폭 축상의 기준 레벨을 바꾸는 조작을 말한다. 여기에는 클램핑 회로가 있다.	입력파를 시간적으로 지연시키는 조작을 말한다. 여기에는 지연 회로, 단안정 멀티바이브레이터, 분주회로 등이 있다.

1) 클리핑 회로(Clipping circuit)

파형의 일정크기 이상 또는 이하를 잘라내어 출력 파형을 얻는 회로를 말하며 간단히 클리퍼(clipper)라고도 한다.

① Peak clipper

정(+)의 방향을 어떤 기준 레벨 이상되지 않도록 입력 파형의 윗 부분을 잘라내는 회로를 말한다.

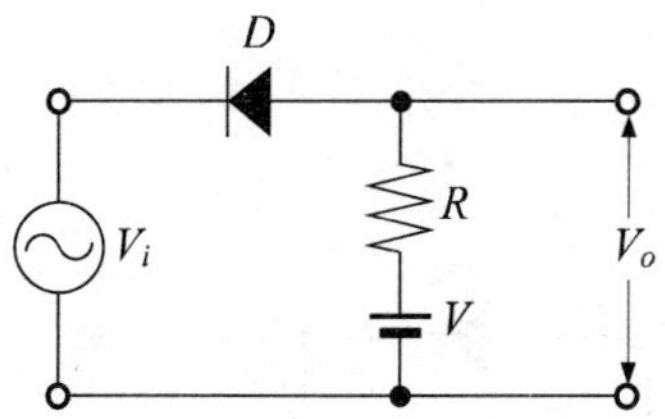

(a) 직렬형

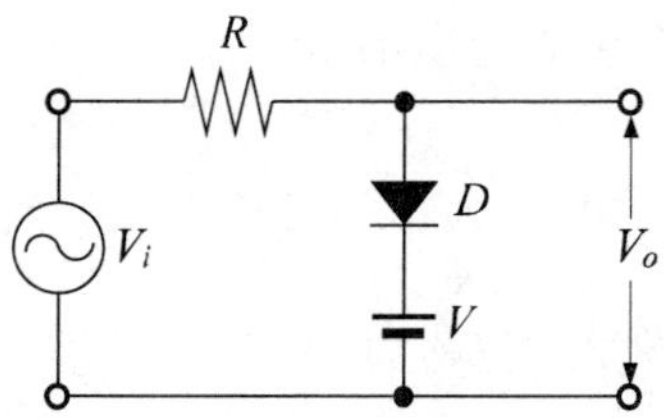

(b) 병렬형

그림 6.8 peak clipper

$v_i < V$일 때 D가 on 되므로 $v_o = v_i$ $-$①

$v_i < V$일 때 D가 off 되므로 $v_o = v_i$ $-$①′

$v_i > V$일 때 D가 off 되므로 $v_o = V$ $-$②

$v_i > V$일 때 D가 on 되므로 $v_o = V$ $-$②′

①식, ②식으로 파형을 그리면 직류 전압 V를 경계로 해서 윗 부분이 잘려나간 파형이 된다(①′식, ②′식도 동일한 파형이 된다).

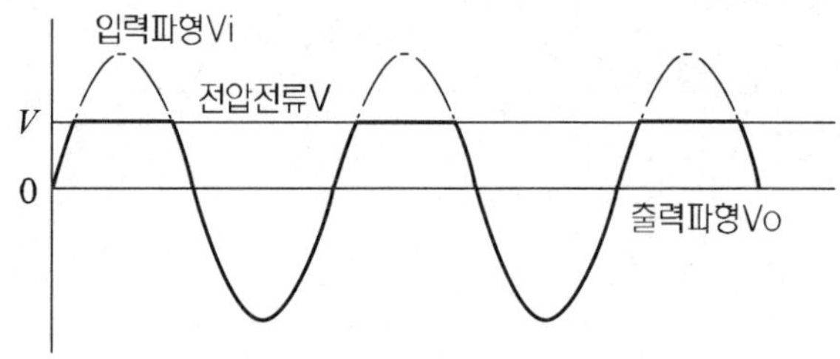

그림 6.9 peak clipper 동작 파형

② Base clipper

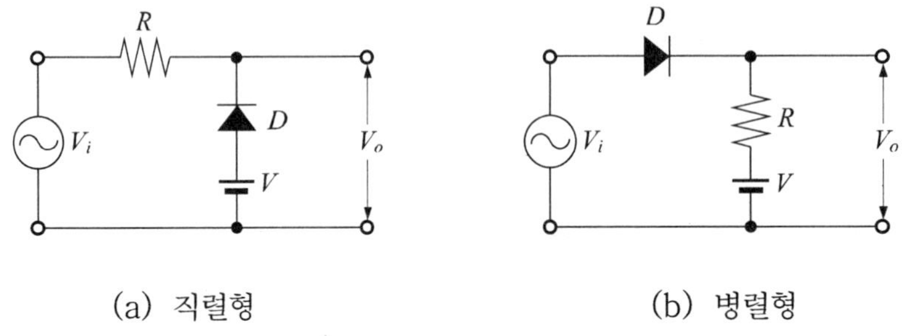

그림 6.10 Base clipper

$v_i < V$일 때 D가 off 되므로 $v_o = V$ －①

$v_i < V$일 때 D가 on 되므로 $v_o = V$ －①′

$v_i > V$일 때 D가 on 되므로 $v_o = v_i$ －②

$v_i > V$일 때 D가 off 되므로 $v_o = v_i$ －②′

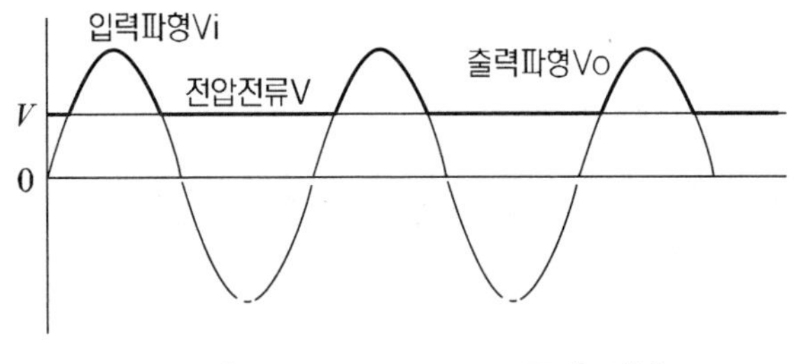

그림 6.11 Base clipper 동작 파형

①식, ②식으로 파형을 그리면 직류 전압 V를 경계로 해서 아래 부분이 잘려나간 파형이 된다(①′식 ②′식도 동일한 파형이 된다).

예제 6.08

다음과 같은 이상 클리퍼 회로의 출력 파형은?

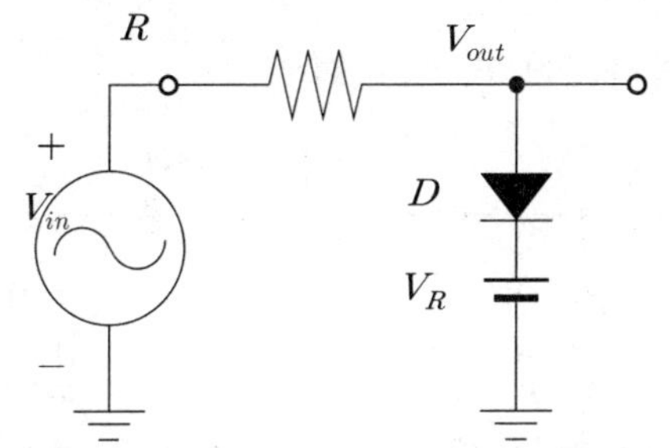

해설 병렬 다이오드형 클리퍼 회로로 $v_i < V_R$일 때 ON, $V_o = v_i$

$v_i > V_R$일 때 D는 OFF, $V_o = V_R$ 따라서 출력 파형은

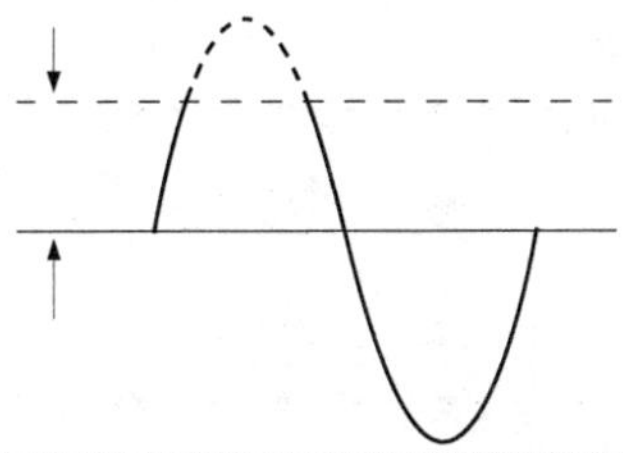

예제 6.9

다음과 같은 슬라이스 회로의 출력 파형은?

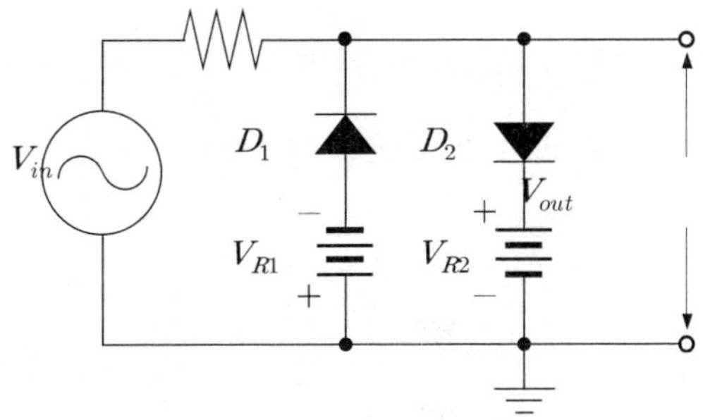

해설

	$v_i > V_{R1}$	$V_{R1} > v_i > V_{R2}$	$v_i < V_{R1}$
D_1	ON	OFF	OFF
D_2	OFF	OFF	ON
v_0	V_{R1}	v_i	V_{R2}

2) 리미터(Limiter)와 슬라이서(Slicer)

① 리미터 : 피이크 클리퍼와 베이스 클리퍼를 결합하여 입력 파형의 위 아래 양쪽을 잘라내어 버리는 회로

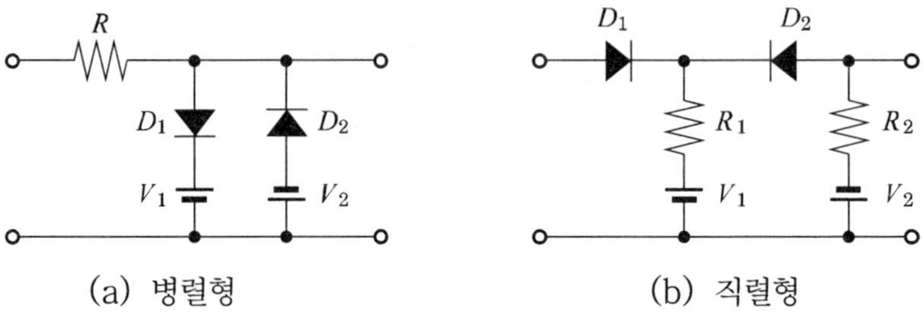

그림 6.12 진폭제한 리미터 회로

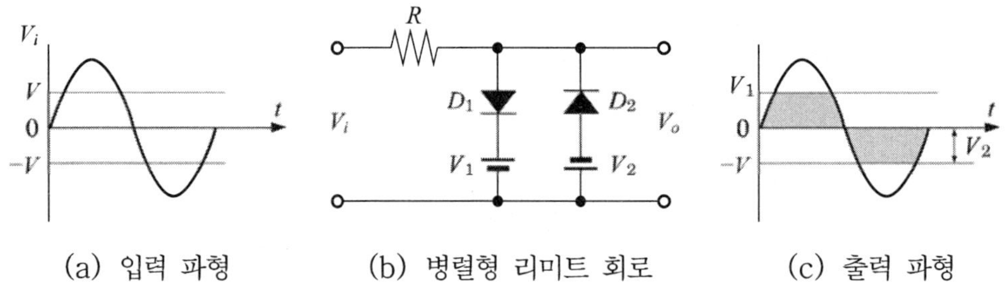

그림 6.13 병렬형 리미터 회로 파형

② 슬라이서 : 클리핑 레벨의 위 레벨과 아래 레벨 사이의 간격을 좁게 하여 입력 파형의 원하는 부분을 잘라내는 회로

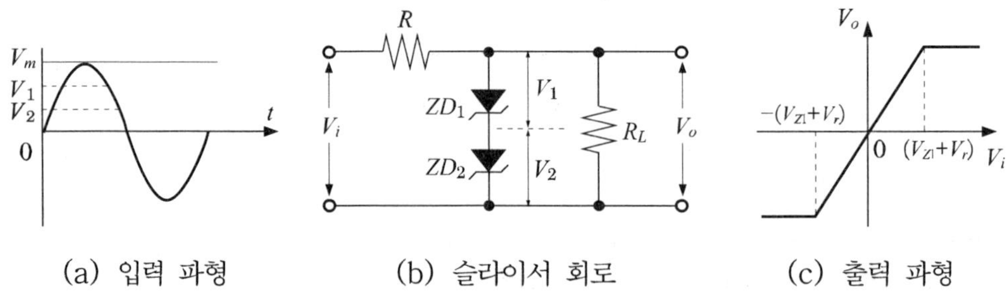

그림 6.14 슬라이서 회로 파형

3) 클램핑 회로(Clamping circuit)

입력 신호의 (+) 또는 (−)의 피이크를 어느 기준 레벨로 바꾸어 고정시키는 회로를 말하며, 클램퍼(clamper)라고도 한다. 이 회로가 직류 분을 재생하는 목적에 쓰일 때에는 직류 분 재생회로라고도 한다.

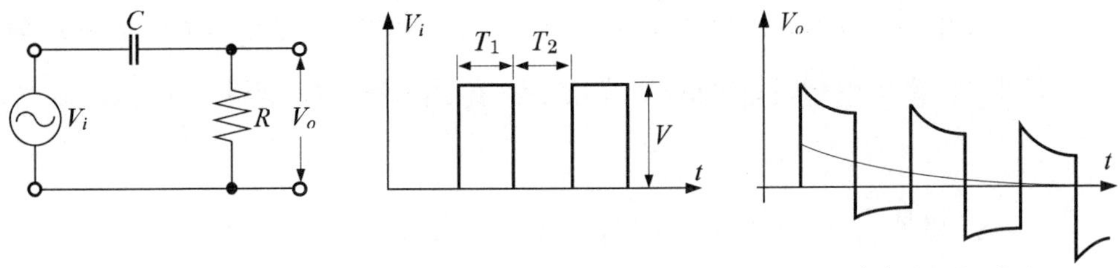

(a) 회로　　(b) 입력 파형　　((c) 출력 파형

그림 6.15 RC 회로의 기준 레벨 변화

표 6.2 여러 가지 클램핑 회로

회　로	출력 파형	설　명
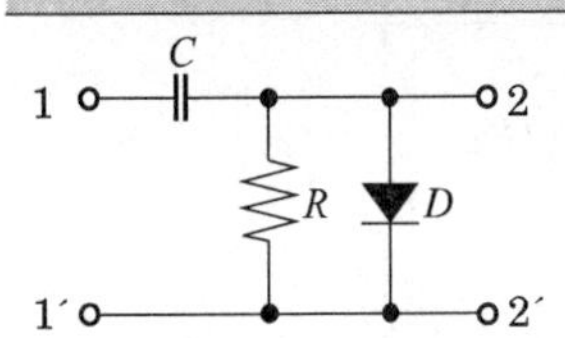		입력 파형의 (+)피이크를 0 [V] 레벨로 클램핑하는 회로
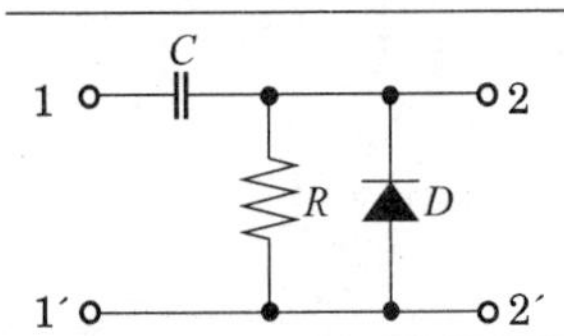	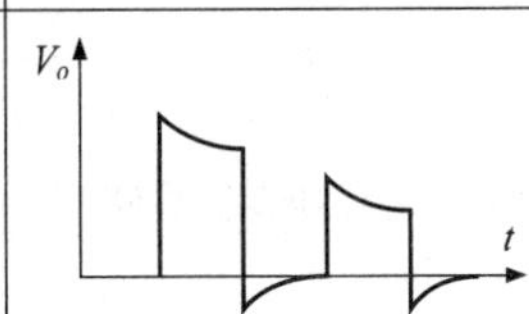	입력 파형의 (−)피이크를 0 [V] 레벨로 클램핑하는 회로
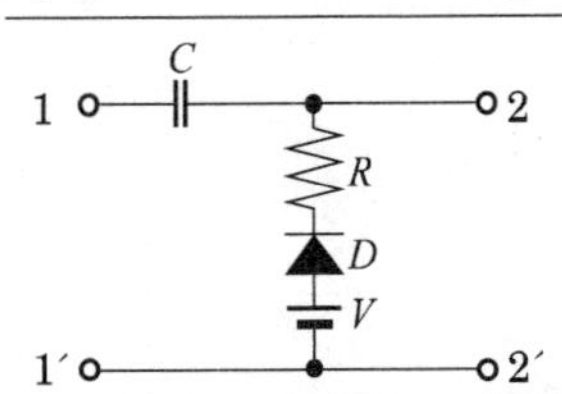	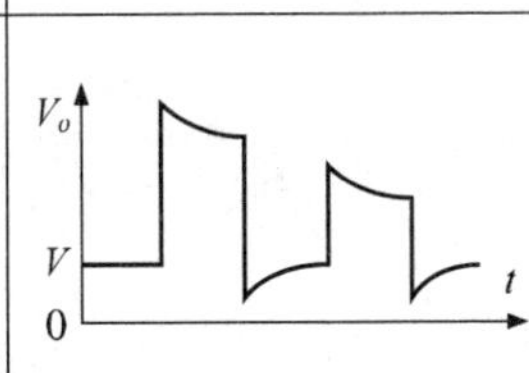	입력 파형의 (−)피이크를 V [V] 레벨로 클램핑하는 회로

(4) 펄스 발생회로

1) 비 안정 멀티바이브레이터(Astable multivibrator)

안정 상태가 없이 주기적으로 펄스를 만들어 내는 회로이며 외부의 입력이 없어도 자체적으로 펄스를 만들어 낸다. TR_1이 통전(on) 상태일 때는 TR_2가 차단(off) 상태로 되고 TR_1이 off 상태이면 TR_2가 on 상태로 되며 이 동작이 반복되므로 주기적으로 펄스를 만들어 낸다.

① 반복 주기 $T \fallingdotseq 0.7(C_1R_{b2} + C_2R_{b1})$ [sec]

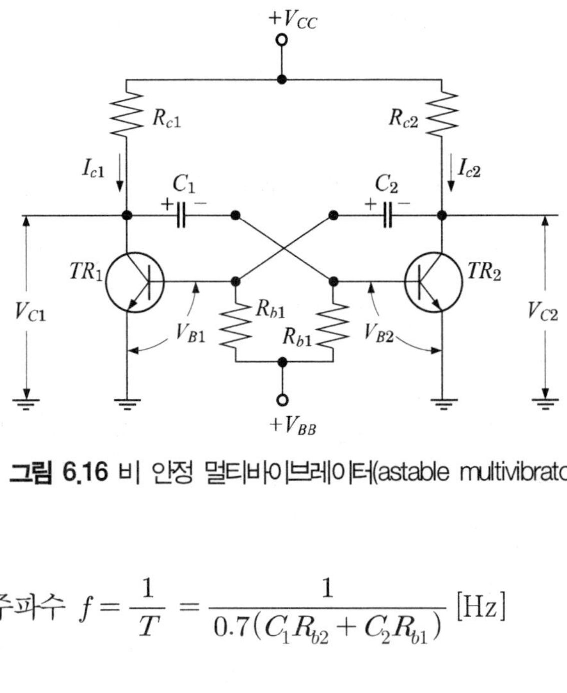

그림 6.16 비 안정 멀티바이브레이터(astable multivibrator)

② 반복 주파수 $f = \dfrac{1}{T} = \dfrac{1}{0.7(C_1R_{b2} + C_2R_{b1})}$ [Hz]

2) 단안정 멀티바이크레이터(Monostable multivibrator)

입력 단자에 펄스가 들어올 때마다 특정한 폭의 펄스를 만들어 내는 회로이다.

하나의 안정 상태와 하나의 준안정 상태를 가지며 동작 상태를 변화시키기 위하여 외부에서(−)의 트리거 펄스를 가하면 안정 상태에서 준 안정 상태로 되었다가 일정한 시간이 지난 뒤에 자동적으로 안정 상태로 돌아온다.

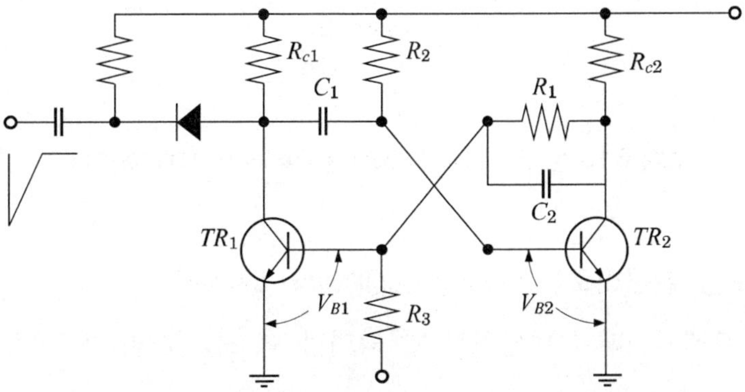

그림 6.17 단안정 멀티바이크레이터(monostable multivibrator)

① 반복 주기 $T \fallingdotseq 0.7 R_2 C_1$ [sec]

② C_2는 가속(speed−up) 콘덴서로서 스위칭의 속도를 빠르게 하고 동작을 정확하게 하는 작용을 한다.

3) 쌍안정 멀티바이브레이터(Bistable multivibrator)

스스로 발진하지 않고 2개의 정지 상태가 있어 외부로 펄스가 들어 올 때마다 그 정지 상태가 교대하는 2안정형. 플립플롭 회로(flip−flop circuit)라고도 한다.

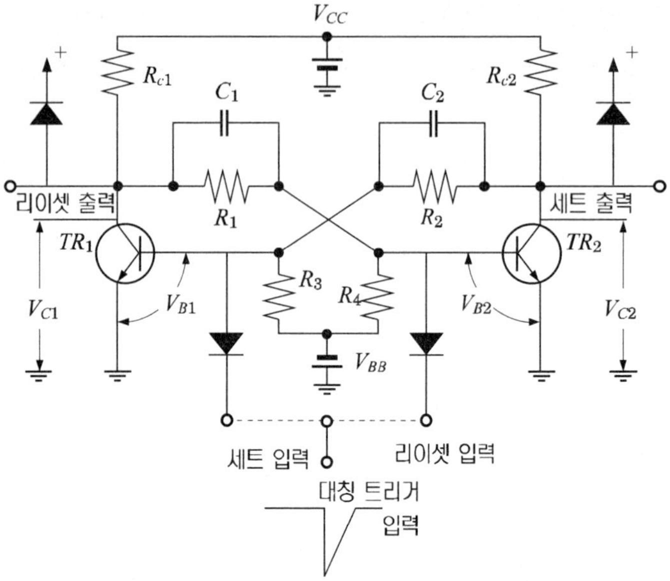

그림 6.18 쌍안정 멀티바이브레이터(bistable multivibrator)

4) 블로킹 발진회로(Blocking oscillation circuit)

1개의 트랜지스터와 변압기로 양 되먹임 회로를 구성하여 펄스를 발생시키는 회로이다.

블로킹 발진회로는 펄스의 상승 비율이 크며, 폭이 좁은 펄스를 얻을 수 있다. 또한 큰 전류 펄스를 쉽게 발생시킬 수 있다.

① 반복 주기

$$T = R_b \cdot C\,[\text{sec}]$$

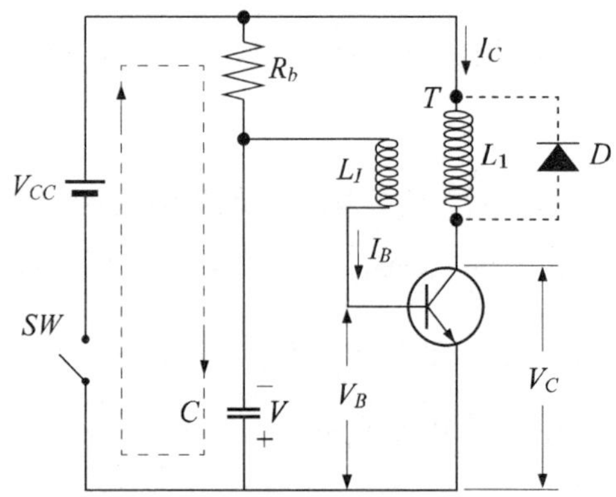

그림 6.19 블로킹 발진회로

5) 톱날파 발생회로

톱날파 발생회로에서 T_1을 스위프 시간(sweep-time), T_2를 귀선 시간(flyback time), T_r를 반복 주기(repetition)라 한다. 톱날파를 발생하는 회로에는 UJT, SCR, 스위칭 *TR*을 이용한 회로가 있다.

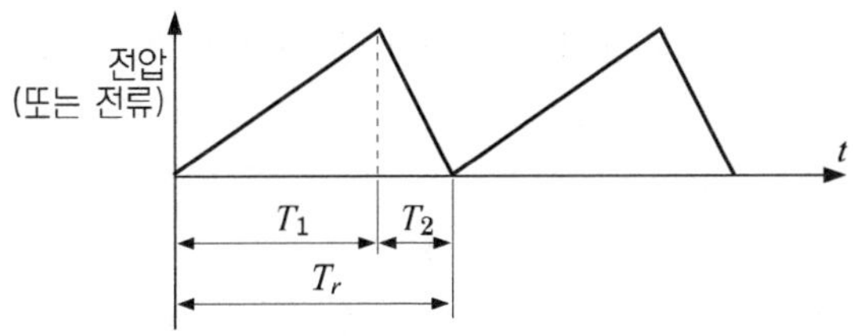

그림 5.20 블로킹 발진회로

① UJT(Uni junction transistor)를 이용한 톱날파 발생회로(비안정)

그림 6.21 회로에서 V_{EE}와 R값을 적절히 선택하면 부하선(load line)이 UJT 특성 곡선의 부저항 영역의 한 점을 지나게 할 수 있으며 이 때 이 회로는 비 안정 회로가 되며 톱니파를 주기적으로 발생시킬 수 있게 된다.

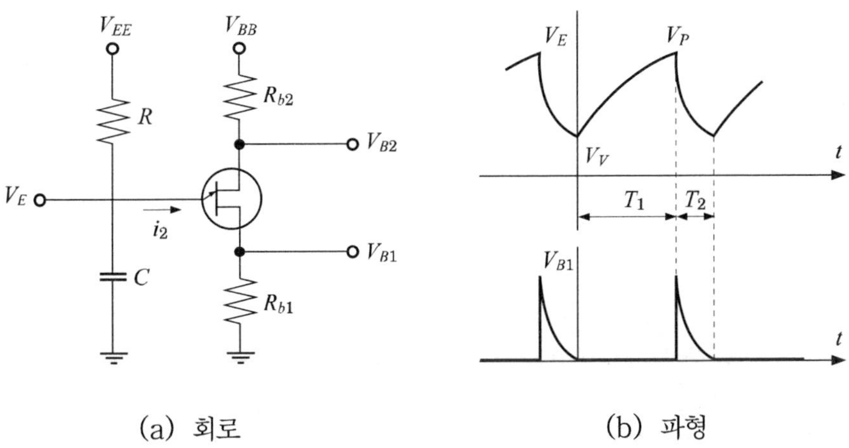

(a) 회로 (b) 파형

그림 6.21 UJT를 이용한 톱날파 발생회로(비 안정)

② 스위칭 TR을 사용한 톱날파 발생회로

그림 6.22(a)의 회로에서 입력으로 (b)와 같은 전압을 가하면 전압이 높을 때는 트랜지스터는 OFF되고 전압이 낮으면 ON이 된다. 트랜지스터가 OFF될 때는 전원으로 부터 R, C를 통해 C에 전하가 충전되고 V_C전압은 증가하게 된다. 트랜지스터가 ON되면 트랜지스터를 통해 전하가 방전되므로 (c)의 파형이 얻어진다.

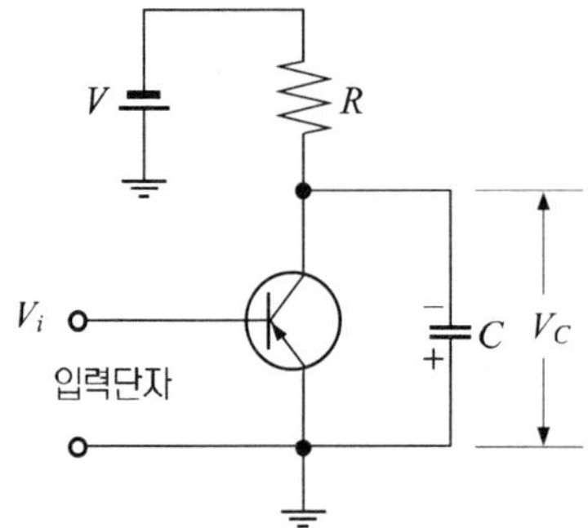

(a) 회로

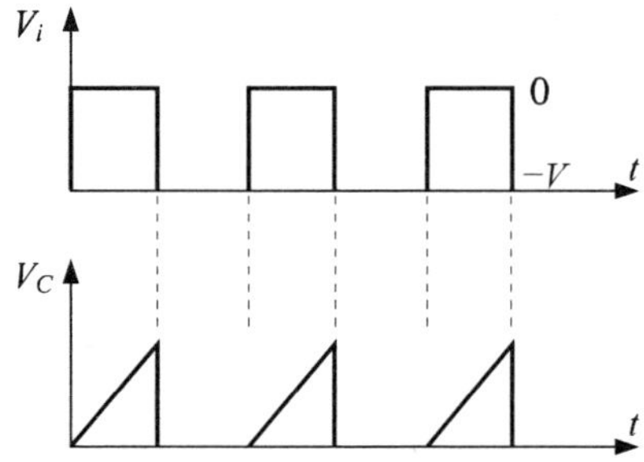

(b) 파형

그림 6.22 스위칭 TR을 사용한 톱날파 발생회로

연습문제

01 CR 충방전회로에서 상승 시간(rise time)이라 함은?

㉮ 출력 전압이 최종 값의 90[%]로부터 10[%]에 이르기까지 소요되는 시간을 말한다.

㉯ 스위치를 넣은 후 출력 전압이 최종 값의 10[%]에서 90[%]까지 소요되는 시간을 한다.

㉰ 스위치를 넣은 후 출력 전압이 최종 값의 10[%]에 달하는데 소요되는 시간을 말한다.

㉱ 스위치를 넣은 후 출력 전압이 최종 값의 90[%]에서 100[%]에 달하는 데 소요되는 시간을 말한다.

해설 실제의 펄스(pulse)가 이상적 펄스의 진폭 V의 10[%]에서 90[%]까지 상승하는데 걸리는 시간을 상승 시간(rise time)이라 한다.

02 저역통과 RC 회로에서 시정수가 의미하는 것은?

㉮ 응답의 상승 속도를 표시한다.

㉯ 응답의 위치를 결정해 준다.

㉰ 입력의 진폭 크기를 표시한다.

㉱ 입력의 주기를 결정해 준다.

해설 시정수란 입력 신호가 변화했을 때 출력 신호가 정상 상태에 도달하기까지의 과도 기간을 알기 위한 척도(최종 값의 63.2%)로서 입력 신호에 대한 응답의 상승 속도를 표시한다.

03 펄스 폭이 10 [μS] 이고 주파수가 1 [KHz] 일 때 충격 계수는?

㉮ 1　　㉯ 0.1　　㉰ 0.01　　㉱ 0.001

해설 펄스의 충격계수= $\frac{\text{펄스폭}}{\text{펄스의 반복주기}}$ 에서

$$D=\frac{\tau_w}{T_r}=\frac{\tau_w}{\frac{1}{f_r}}=\tau_w\cdot f_r=10\times10^{-6}\times1\times10^3=10^{-2}=0.01$$

04 펄스 폭이 0.5초, 반복 주기가 1초일 때 이 펄스의 반복 주파수는 얼마인가?

㉮ 2 [Hz]　　㉯ 1 [Hz]　　㉰ 0.67 [Hz]　　㉱ 0.5 [Hz]

해설 펄스의 반복 주파수= $\frac{1}{\text{반복주기}}$ 이므로 $f_r=\frac{1}{T_r}=\frac{1}{1}=1\,[\mathrm{Hz}]$

05 다음의 어느 회로를 플립플롭(flip-flop)회로라고 하는가?

㉮ 비안정 멀티바이브레이터　　㉯ 단안정 멀티바이브레이터

㉰ 쌍안정 멀티바이브레이터　　㉱ 블로킹 멀티바이브레이터

06 다음 중 펄스파에 가까운 파형을 얻는 발진기는?

㉮ 블로킹 발진기　　㉯ CR 발진기

㉰ 수정 발진기　　㉱ 자려 발진기

해설 블로킹(blocking) 발진기는 반복 주기가 짧은 펄스(pulse)의 발생회로로 사용된다.

정 답 01 ㉯ 02 ㉮ 03 ㉰ 04 ㉯ 05 ㉰ 06 ㉮

☘ 과년도문제 ☘

01 다음 중 병렬 클립핑 회로에서 클립핑 특성을 좋게 하기위하여 사용되는 저항 R의 조건으로 옳은 것은? (단 R_d는 다이오드의 순방향 저항이다.)

㉮ $R = R_d$　　㉯ $R = \frac{1}{R_d}$　　㉰ $R < R_d$　　㉱ $R \gg R_d$

02 스미트 트리거 회로의 출력 파형은?

㉮ 방형파　　㉯ 정형파　　㉰ 삼각파　　㉱ 펄스파

해설 슈미트 트리거 회로(Schmitt Trigger)는 교류 파형으로부터 일정 전압 레벨에서 논리 레벨 0 또는 1로 변하는 펄스를 만들어주는 회로로서 전압이 주어진 기준 수준을 넘었는지 안 넘었는지 판별하는 데 많이 사용한다.

03 펄스 폭이 10 [μs], 펄스 점유율이 50 [%] 인 펄스의 주파수는?

㉮ 50 [kHz]　　㉯ 20 [kHz]　　㉰ 10 [kHz]　　㉱ 5 [kHz]

해설 $D = \frac{\tau}{T} = \tau f$

$$f = \frac{D}{\tau} = \frac{0.5}{10 \times 10^{-6}} = 50\,[\text{kHz}]$$

04 스미트 트리거 회로의 특징으로 틀린 것은?

㉮ 단안정 멀티바이브레이터의 일종이다.

㉯ 출력은 구형파 형태이다.

㉰ 입력 전압 크기로서 회로의 On, Off를 결정한다.

㉣ 전압 비교회로 및 A/D 변환회로에 사용한다.

해설 스미트 트리거 회로는 쌍안정 멀티바이브레이터로 2개의 안정 상태를 갖는다.

05 하강 부분이 나아진 크기를 무엇이라 하는가?

㉮ 새그 ㉯ 링깅 ㉰ 언더슈트 ㉣ 오버슈트

06 쌍안정 멀티 바이브레이터 회로의 응용분야는?

㉮ 분주기 ㉯ 전압 분배기 ㉰ AD 변환기 ㉣ 전압 비교기

해설 쌍안정 멀티바이브레이터(bistable multivibrator) : 1를 의미하는 세트와 0을 의미하는 리셋의 안정된 두 가지 상태를 유지하는 회로이다. 일명 플립플롭(flip-flop)회로라 부르기도 하며 분주기 회로에 응용된다.

07 미분회로에 삼각파를 입력시켰을 때 나타나는 출력 파형은?

㉮ 정현파 ㉯ 톱니파 ㉰ 삼각파 ㉣ 구형파

해설 구형파를 입력할 시 삼각 파형이 나타난다. 삼각파를 입력시켰을 때 나타나는 출력 파형은 구형파이다.

08 다음 회로에서 출력 V_o가 옳은 것은?

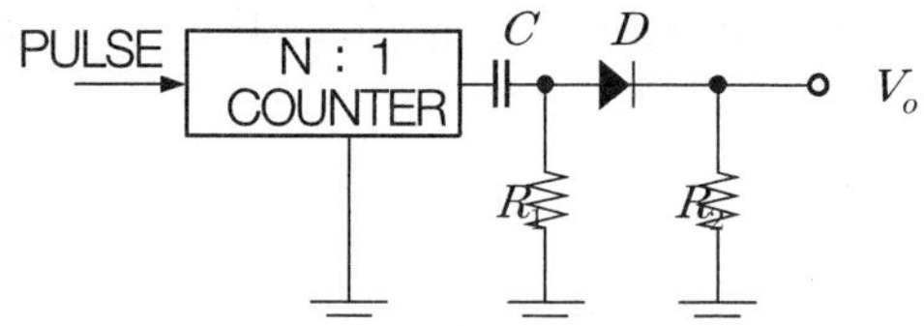

㉮ 양(+)의 펄스 ㉯ 음(−)의 펄스

㉰ 대칭 펄스 ㉣ 반파 대칭 펄스

09 다음 중 PLL을 구성하는 요소와 관련 없는 것은?

㉮ 위상비교기 ㉯ LPF ㉰ 인코더 ㉱ VCO

해설 위상동기회로(Phase-Locked Loop, PLL)는 입력 신호와 출력 신호에서 되먹임된 신호와의 위상차를 이용해 출력 신호를 제어하는 시스템을 말한다. 입력된 신호에 맞추어 출력 신호의 주파수 조절이 목적이다.

10 그림과 같은 비 안정 멀티바이브레이터의 설명으로 틀린 것은?

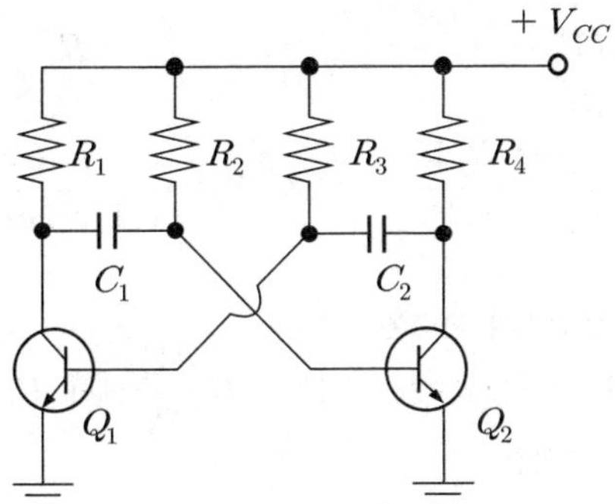

㉮ Q_1이 OFF일 때, Q_2는 포화 상태이다.

㉯ Q_1이 포화 상태일 때, Q_2도 포화 상태이다.

㉰ 구형파를 발진하는 회로이다.

㉱ C_1, C_2에 따라 주파수가 결정된다.

해설 비 안정 멀티바이브레이터(astable multivibrator) : 안정된 상태가 없는 회로이며, 직사각형파 발생회로 또는 시간 발생기로 사용한다. 세트 상태와 리셋 상태를 번갈아 가면서 변환 시키는 발진회로이다. TR1이 통전 상태이고, TR2가 차단 상태라면 TR2의 베이스 전압은 지속적으로 상승하여 TR2가 통전되도록 한다. 이때, C1를 통하여 TR1으로 전해지는 베이스 전압이 떨어지므로 TR1를 차단 상태로 만든다. TR1과 TR2가 번갈아 가면서 통전과 차단 상태를 반복함으로써 발진이 지속적으로 이루어지게 된다.

11 다음 이상적인 연산증폭회로의 출력 전압은?

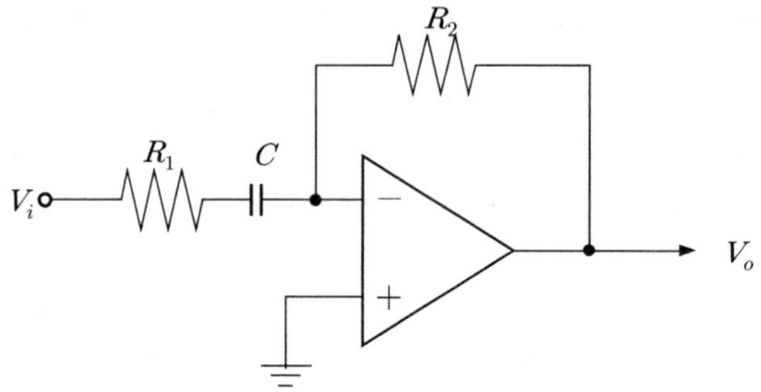

㉮ $V_0 = -RC\dfrac{dV_i}{dt}$ ㉯ $V_0 = -\dfrac{R_2}{R_1}C\int V_i dt$

㉰ $V_0 = -RC\dfrac{-j\omega CR_2 V_i}{1+j\omega CR_1}$ ㉱ $V_0 = \dfrac{-j\omega CR_1 V_i}{1+j\omega CR_2}$

해설 일반적인 미분연산기의 출력은

$V_0 = -i \cdot R$, C에 흐르는 전류 $i = C\dfrac{dV_i}{dt}$에서 $V_0 = -C\dfrac{dV_i}{dt} \cdot R$

회로에서 출력 전압은

$$V_0 = -i \cdot R_2 = -\frac{V_i}{R_1 + (\frac{1}{jwC})} \cdot R_2$$

$$V_0 = \frac{-jwCR_2 V_i}{1+jwCR_1}$$

12 다음 중 그림과 같은 구형파를 미분회로에 통과시킬 경우 출력 파형에 가장 가까운 것은?

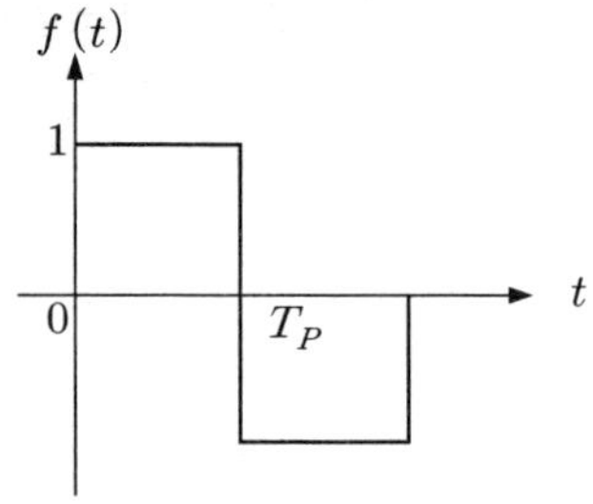

㉮

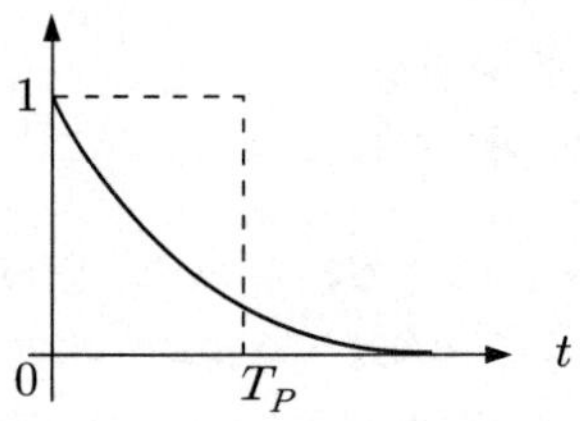

㉯

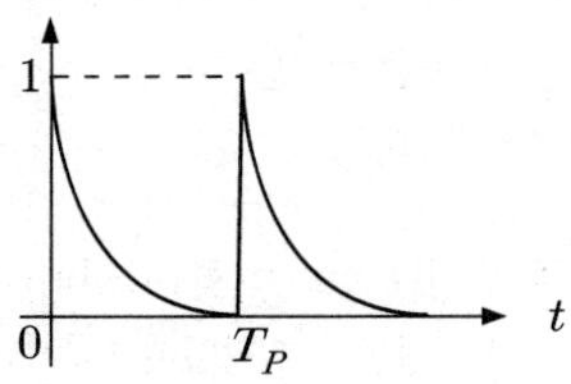

㉰

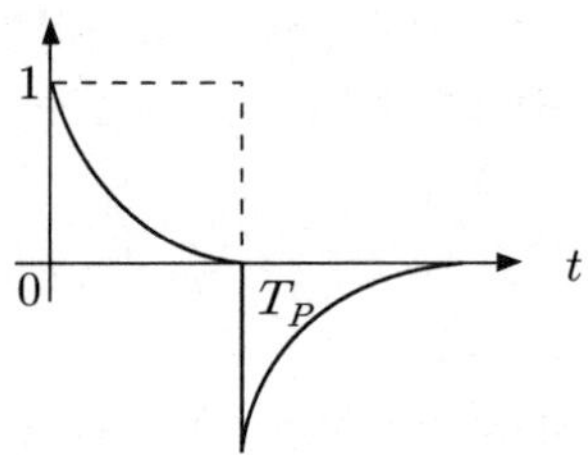

㉱

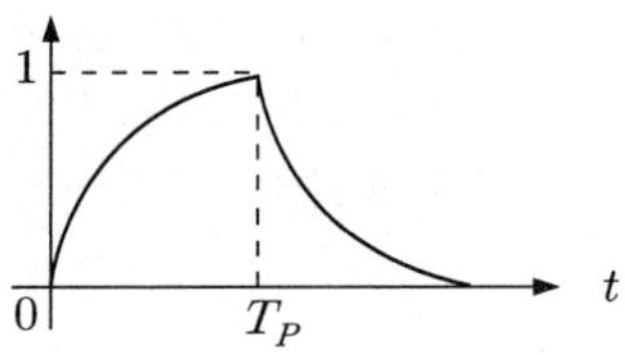

13 그림은 진폭 V_p가 3 [V], 펄스 폭 λ가 0.25 [ms], 주파수가 1 [kHz]의 펄스파이다. 평균치를 지시하는 계기로 측정하면 몇 [V]가 되는가?

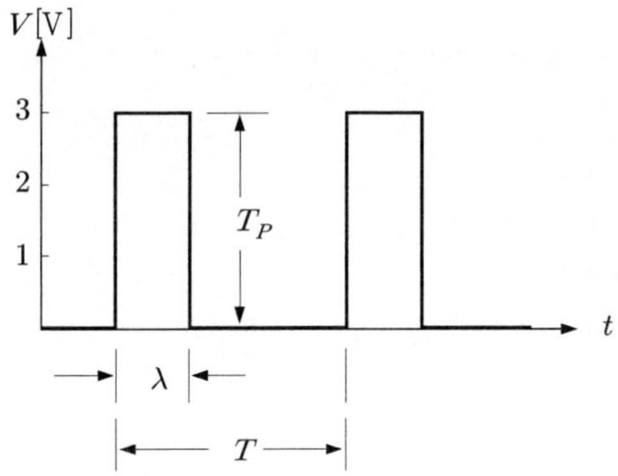

㉮ 0.75　　㉯ 1.5　　㉰ 2.2　　㉱ 3.5

해설 $T = \frac{1}{f} = \frac{1}{10^3} = 10^{-3}[\text{sec}]$

$D(\text{충격계수}) = \frac{\tau(\text{펄스폭})}{T(\text{주기})} = \frac{0.25 \times 10^{-3}}{1 \times 10^{-3}} = 0.25$

$V_{avg} = 0.25 \times 3\,[\text{V}] \equiv 0.75\,[\text{V}]$

14 다음 중 슈미트 트리거 회로의 응용이 아닌 것은?

㉮ 전압 비교 회로　　㉯ 구형파 발생
㉰ 쌍안정 회로　　㉱ 삼각파 발생

해설 슈미트 트리거 회로(Schmidt trigger circuit) : 안정된 두 가지의 상태를 가지고 있고, 쌍안정 멀티바이브레이터와 같이 상반된 두 가지의 동작 상태를 가지며, 파형 발생에 사용된다. 입력 전압 값에 따라 민감하게 동작하며, 낮은 트리거 전압(LTP : low trigger point)에서 동작하고, 트리거 신호는 서서히 변하는 교류 전압과 같다. 입력 파형은 서서히 변하는 사인 곡선과 같은 파형이고, 출력은 높고 낮은 두 개의 논리 상태를 형성하는 구형파이다.

15 다음 회로의 입력에 정현파가 인가될 경우 이 회로의 설명으로 옳은 것은?

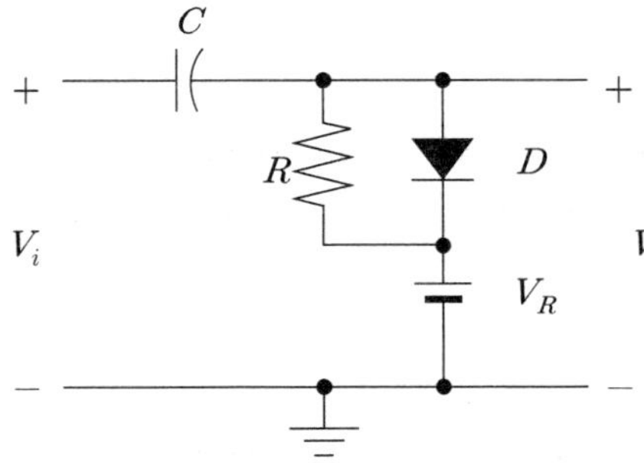

㉮ 클램프 회로이다.
㉯ 출력 신호의 하단 레벨은 일정하게 유지된다.
㉰ 반파 정류회로이다.
㉱ 클리퍼 회로이며 출력신호의 크기가 제한된다.

16 다음과 같은 회로에 구형파 입력 V_i를 인가하였을 때 출력 파형으로서 타당한 것은? (단, A는 이상적인 연산증폭기임.)

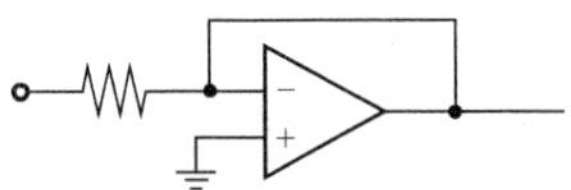

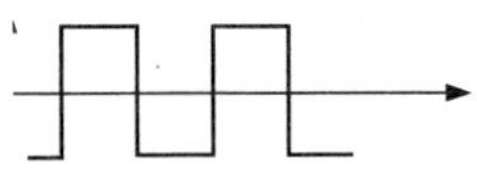

㉮

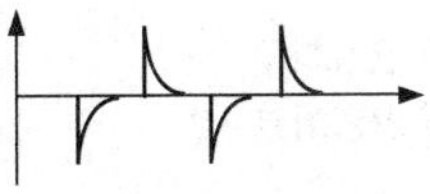

㉯

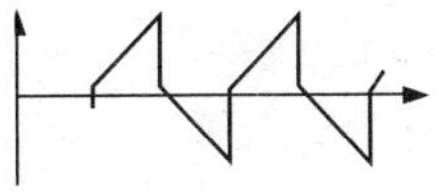

㉰

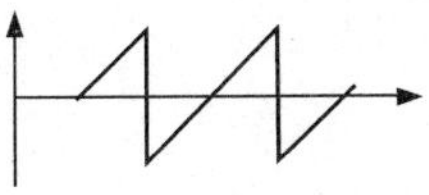

㉱

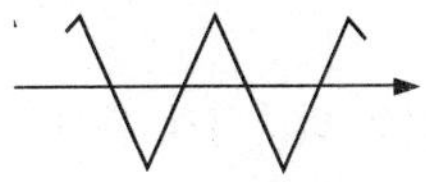

해설 적분이다. $I_R = \frac{V_i}{R}$, $I_C = -\frac{dV_i}{dt}$

$I_R = -I_C$, $V_o = -\frac{1}{RC}\int V_i dt$

17 다음 그림은 이상적인 구형 펄스를 나타낸다. 이 펄스의 충격계수는(duty factor)?

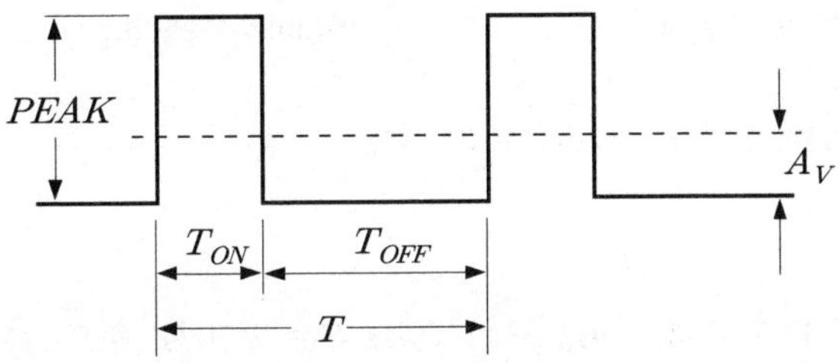

㉮ $D = \frac{A}{\tau}$ ㉯ $D = \frac{A}{T}$ ㉰ $D = \frac{\tau}{T}$ ㉱ $D = \frac{1}{\tau}$

해설 충격계수란 1주기 동안 펄스가 점유하는 시간을 말한다.

18 펄스 폭이 10 [μs] 인 펄스의 주파수가 1000 [Hz] 일 때 충격계수는?

㉮ 0.01 ㉯ 0.02 ㉰ 0.03 ㉱ 0.04

해설 $충격계수 = \frac{펄스폭}{반복주기} = 펄스폭 \times 반복주파수$

$= 10 \times 10^{-6} \times 1000 = 0.01$

19 적분회로로 사용할 수 있는 회로는?

㉮ 저역통과 RC 회로　　㉯ 고역통과 RC회로
㉰ 대역통과 RC 회로　　㉱ 대역소거 RC회로

20 다음 중 펄스 발생기가 아닌 것은?

㉮ UJT 발진기　　㉯ 자주 멀티바이브레이터
㉰ X'tal 발진기+슈미트회로　　㉱ CR 발진기

해설 CR 발진기는 저주파 발진에 사용된다.

21 다음 중 펄스 발생기가 아닌 것은?

㉮ 표준 신호 발진기　　㉯ 블로킹 발진기
㉰ 방전관 펄스 발진기　　㉱ 멀티바이브레이터

해설 표준 신호 발진기는 정현파 발진기이다.

22 연산증폭기의 FET 초퍼는 200 [Hz] 정도의 무슨 발진기를 주로 많이 사용하는가?

㉮ 단안정 멀티 바이브레이터
㉯ 비안정 멀티 바이브레이터
㉰ 쌍안정 멀티 바이브레이터
④ 수정 발진회로

23 단안정 멀티브레이터의 트리거 입력(t)에 트리거 신호를 주었을 때의 설명으로 적합치 않은 것은?

㉮ 출력 펄스의 폭 $T \fallingdotseq 0.69 C_1 R_1$ 이다.
㉯ C_1의 충전 전하는 R_1을 통해 방전한다.
㉰ Q_2는 OFF, Q_1는 ON이 된다.
㉱ 입력 펄스가 없을 때에는 Q_2는 OFF가 된다.

해설 입력 펄스가 없을 때 Q_2는 on 상태가 된다.

24 쌍안정 MV(멀티바이브레이터)에 대한 설명인 것을 골라라.

㉮ 어떤 폭과 주기의 반복 펄스 발생

㉯ 2개의 펄스가 들어올 때 1개의 펄스를 얻는다.

㉰ 입력 단자에 펄스가 걸릴 때마다 특정한 폭의 펄스를 만든다.

㉱ 입력 트리거 펄스 1개마다 1개의 출력을 얻는다.

해설 쌍안정 멀티바이크레이터(bistable multivibrator)는 일반적으로 플립플롭(flip-flop) 회로라고도 하는데, 입력 트리거 펄스 2개마다 1개의 출력 펄스를 얻어 낼 수 있으므로 분주기나 전자계산기, 계수 기억회로, 2진 계수회로 등의 디지털 기기들의 소자로 많이 사용된다.

정답	
	01 ㉱ 02 ㉮ 03 ㉮ 04 ㉱ 05 ㉮ 06 ㉮ 07 ㉱ 08 ㉮ 09 ㉰ 10 ㉯
	11 ㉰ 12 ㉰ 13 ㉮ 14 ㉱ 15 ㉱ 16 17 ㉰ 18 ㉮ 19 ㉮ 20 ㉱
	21 ㉮ 22 ㉮ 23 ㉱ 24 ㉯

✤ 과년도심화문제 ✤

01 다음 중 펄스신호에 대한 설명으로 틀린 것은?

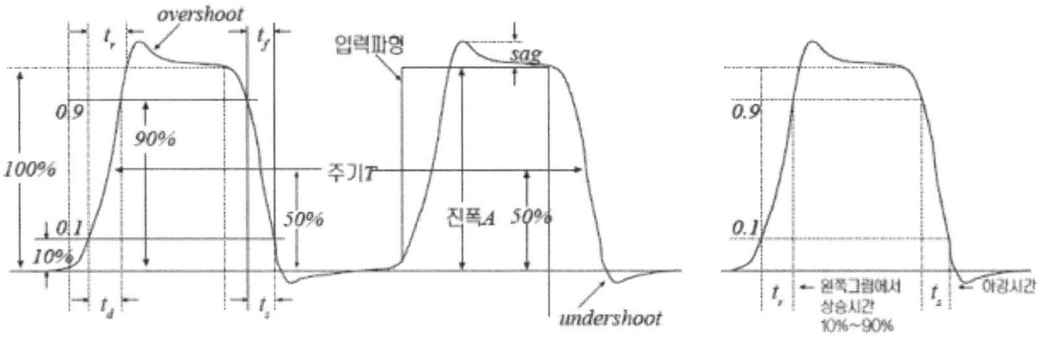

① 상승시간이란 펄스의 진폭의 10[%]에서 90[%]까지 상승하는 데 걸리는 시간을 말한다.

② 하강시간이란 펄스의 진폭의 90[%]에서 10[%]까지 하강하는 데 걸리는 시간을 말한다.

③ 펄스폭이란 펄스파형이 상승 및 하강의 진폭의 66.7[%]가 되는 구간의 시간을 말한다.

④ 오버슈트란 상승파형에서 이상적 펄스파의 진폭보다 높은 부분을 말한다.

02 그림 (a)의 회로에 그림(b)와 같은 파형전압을 인가할 때 출력되는 파형으로 가장 적합한 것은? (단 RC 〉 T)

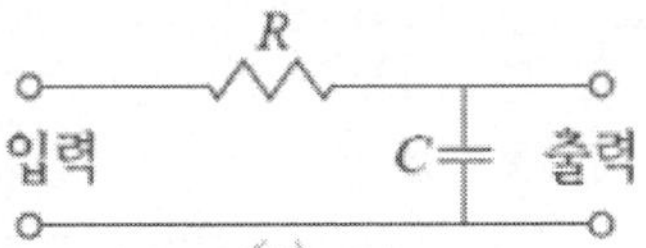

(a)

(b)

① 

② 

③ 

④ 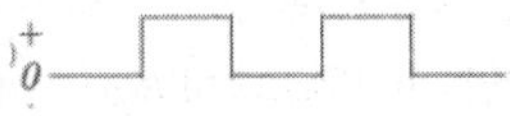

해설 적분회로 (Integration Circuit)는 신호에 대한 적분 연산을 전기 회로 적으로 수행하는 회로를 말하며, 입력 신호 파형의 시 간 적분에 비례하여 출력을 발생시킨다.

03 클리핑(Clipping)회로에서 입력이 Vi = 6sin(200t)[V]인 경우 출력전압 Vo의 최고치 전압은?

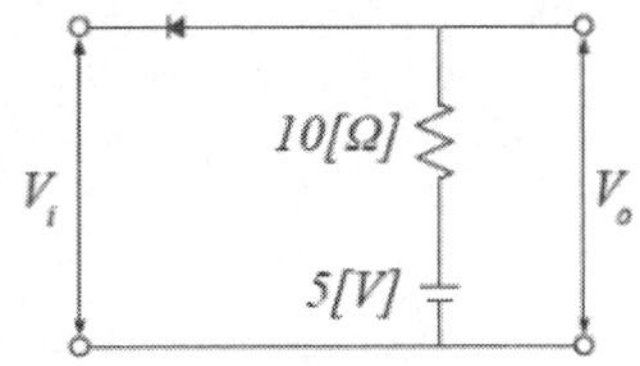

① 2[V] ② 3[V] ③ 4[V] ④ 5[V]

해설 직렬 형 클래퍼의 동작은

1. $V_i > VBB : D \to on \cdot V_o = V_i$
2. $V_i > VBB : D \to off \cdot V_o = VBB$

이므로, 출력파형의 최고 전압은 5[V]이다.

04 다음 중 슈미트 트리거회로의 응용으로 적합하지 않은 것은?

① 톱니파 발생회로　　② 구형파 발생회로

③ A-D 변환회로　　④ 전압 비교회로

해설 슈미트(Schmitt)트리거회로

1. 슈미트 트리거란 증폭기에 양(+)궤환을 걸어 입력신호의 진폭에 따른 2개의 안정 상태를 이루게 한 회로이다.
2. 입력이 어느 레벨이 되면 비약하여 방형파형을 발생하는 회로로, 이미터 결합 쌍안정 멀티 바이브레이터의 일종이다.
3. 전압 비교회로(voltage comparator), 쌍안정회로, 방형파 발생회로, A/D 변환회로 등에 응용되고 있다.
4. 톱니파 발생회는 시간에 비례하여 전압이 높아지고, 어느 전압에 이르면 갑자기 최저 전압으로 내려가는 변화를 일정 주기로 반복하는 발진회로 슈미트 트리거 회로에 적합하지 않다.

05 다음 그림과 같이 회로에 정현파가 인가됐을 때, 나타내는 출력파형은? (단, 다이오드 D_1 의 항복전압은 $V_{Z2}=5[V]$, D_2의 항복전압은 $V_{Z2}=6[V]$, 각 다이오드는 이상적이라고 가정한다.)

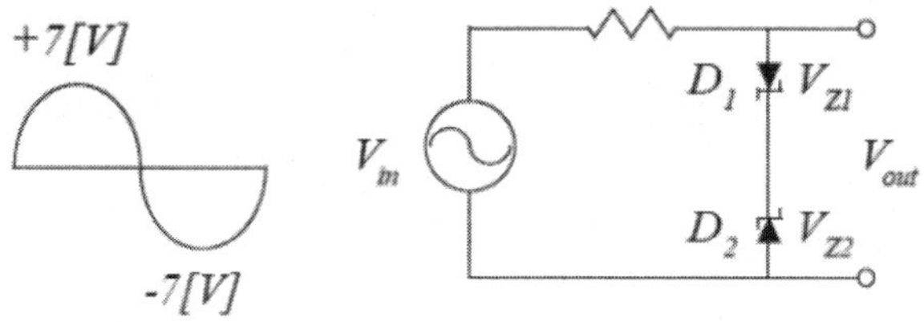

①

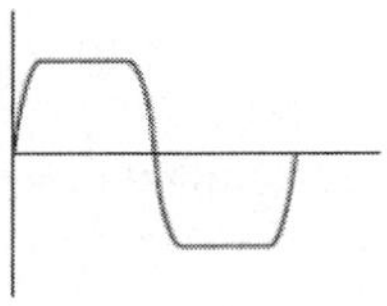

②

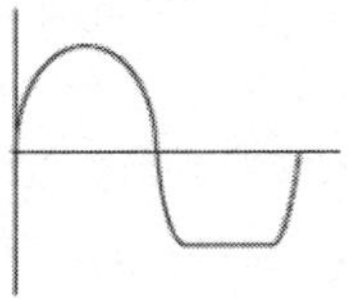

③

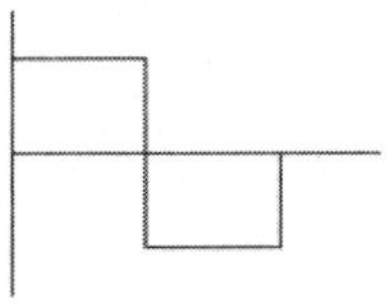

④

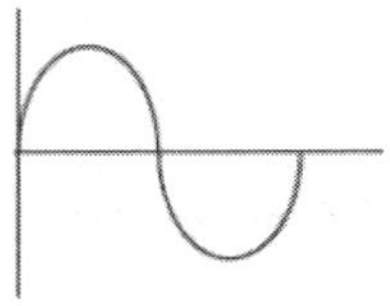

06 트랜지스터의 스위칭 시간에서 Turn-off 시간에 해당되는 것은?

① 하강 시간
② 축적 시간 + 하강 시간
③ 상승 시간 + 지연 시간
④ 축적 시간

07 다음 중 클램퍼 회로를 구성하는 부품이 아닌 것은?

① 다이오드　② 저항　③ 커패시터　④ 인덕터

08 듀티 사이클(Duty Cycle)이고 0.1 이고 주기가 30[ms]인 펄스의 폭은 얼마인가?

① 0.3[ms]　② 1[ms]　③ 3[ms]　④ 10[ms]

해설 $D=\frac{\tau}{T}$

$\tau=(0.1)\times 30ms=3[ms]$

09 다음 중 클리퍼(Clipper) 회로에 대한 설명으로 옳은 것은?

① 입력 파형을 주어진 기준전압 레벨 이상 또는 이하로 잘라내는 회로
② 일정한 레벨 내에서 신호를 고정시키는 회로

③ 특정 시각에 발진 동작을 시키는 회로
④ 안정 상태와 준안정 상태를 번갈아 동작하는 회로

해설 · 클리퍼회로: 클리핑회로라고도 하며, 클리퍼회로는 입력파형을 적당한 level로 잘라내는 파형변환회로의 일종이다.
· 클리퍼회로는 신호를 전송할 때 기준 값보다 높은 부분 또는 낮은 부분 등 원하는 부분만을 전송하기 위해서 사용한다.

10 다음 중 플립플롭(Flip-Flop)과 같은 동작하는 회로는?
① LC 발진기
② 수정 발진기
③ 쌍안정 멀티바이브레이터
④ 단안정 멀티바이브레이터

해설 1 비트 저장소자로 사용되는 쌍안정 멀티바이브레이터 래치와 플립플롭회로가 있다.
1. 입력 트리거 펄스 2개마다 1개의 출력을 얻을 수 있는 2개의 안정 상태를 갖는다.
2. 일반적으로 플립플롭회로라 한다.

11 다음 중 슈미트 트리거회로를 사용하여 변환할 수 없는 파형은?
① 정현파를 구형파로 변환
② 삼각파를 구형파로 변환
③ 삼각파를 펄스파로 변환
④ 구형파를 정현파로 변환

12 다음 멀티바이브레이터의 단안정회로와 쌍안정회로는 어떻게 결정되는가?
① 결합회로의 구성에 따라 결정된다.
② 출력 저압의 부궤환율에 따라 결정된다.
③ 입력 전류의 크기에 따라 결정된다.
④ 바이어스 전압 크기에 따라 결정된다.

13 펄스가 최대진폭의 10[%]에서 90[%]까지 상승하는 시간은?

① 지연시간 ② 선형시간

③ 축적시간 ④ 상승시간

정 답 1 ③ 2 ① 3 ④ 4 ① 5 ① 6 ② 7 ④ 8 ④ 9 ① 10 ③ 11 ④ 12 ① 13 ④

Digital electronic circuit

제 7 장 논리회로

7.1 기본 논리회로

1. 진법과 2진수 연산

수의 표기에는 변환 관계에 따라 정의를 내려 표현할 수 있다.

(1) 진법의 표시

1) 10진(decimal : D)법

0~9까지 10개의 숫자를 이용하여 표현하는 방법.

① 10진수($(6392.34 = 6\times10^3 + 3\times10^2 + 9\times10^1 + 2\times10^0 + 3\times10^{-1} + 4\times10^{-2}$)

② 10진수에서는 각 자리의 표시를 10의 거듭 제곱으로 나타낸다. 이때 10을 기수(base, radix)라 한다.

③ 10진수 $d_n d_{n-1} \cdots d_1 d_0 d_{-1} d_{-2} \cdots d_{-m}$을 일반식으로 표시하면

③ $= d_n \times 10^n + d_{n-1} \times 10^{n-1} + \cdots + d_1 \times 10^1 + d_0 \times 10^0$

③ $\quad + d_{-1} \times 10^{-1} + d_{-2} \times 10^{-2} + \cdots + d_{-m} \times 10^{-m}$

2) 2진(binary : B) 코드

① 0과 1의 2개의 숫자를 이용하여 표현하는 방법.

② 2진수의 각 자리를 bit(binary digit)라 한다.

3) 8진법

0~7까지의 8개의 숫자를 이용하여 표현하는 방법.

예제 7.01

8진수 $(325)_8$을 10진수로 변환하시오.

해설 $(325)_8 = (3 \times 8^2) + (2 \times 8^1) + (5 \times 8^0)$
$= 192 + 16 + 5 = (213)_{10}$

4) 16진법

0~9와 A~F까지의 16개의 숫자를 이용하여 표현.

(2) 2진수의 사칙연산

① 2진수의 가산(Addition)

10진수의 덧셈과 동일한 방법으로 계산한다.

0+0=0, 0+1=1, 1+0=1, 1+1=0 및 자리올림(carry) 1

② 2진수의 감산(Subtraction)

계산기에서는 뺄셈 연산을 직접 못하고 보수(Complement Number)를 사용하여 덧셈으로 계산한다.

0−0=0, 1−0=1, 1−1=0, 0−1=1 및 빌림 수(borrow) 1

③ 2진수의 곱셈

곱하는 수(승수)값 만큼 반복해서 계산한 다음 모두 더한다.

0×0=0, 0×1=0, 1×0=0, 1×1=1

④ 2진수의 나눗셈

직접 행하지 못하고 최상위 자리부터 비교하여 연산한다.

0÷1=0, 1÷1=1, 0÷0=불능, 1÷0=불능

(3) 진법 간의 상호 변환

1) R진수 → 10진수로 변환

① 2진수 → 10진수

㉠ 소수점이 없을 경우

$(10110)_2 = 1\times2^4 + 0\times2^3 + 1\times2^2 + 1\times2^1 + 0\times2^0 = (22)_{10}$

㉡ 소수점이 있을 경우

$(0.1011)_2 = 1\times2^{-1} + 0\times2^{-2} + 1\times2^{-3} + 1\times2^{-4} = (0.6875)_{10}$

㉢ 복합인 경우

$(10110.1101) = 1\times2^4 + 0\times2^3 + 1\times2^2 + 1\times2^1 + 0\times2^0 + 1\times2^{-1}$

$+1\times2^{-2} + 0\times2^{-3} + 1\times2^{-4} = 16+4+2+0.5$

$+0.25+0.0625 = (22.8125)_{10}$

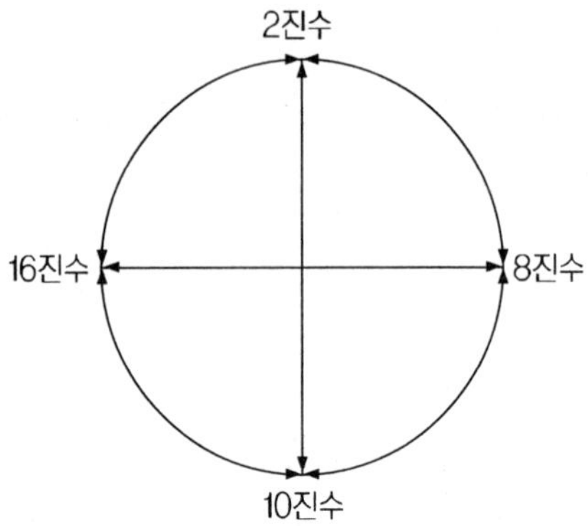

② 8진수 → 10진수

㉠ 소수점이 없을 경우

$(364)_8 = 3\times8^2 + 6\times8^1 + 4\times8^0 = (244)_{10}$

㉡ 소수점이 있을 경우

$(0.23)_8 = 2\times8^{-1} + 3\times8^{-2} = (0.296875)_{10}$

㉢ 복합인 경우

$(3457.24)_8 = 3\times8^3 + 4\times8^2 + 5\times8^1 + 7\times8^0 + 2\times8^{-1} + 4\times8^{-2}$

$= (1839.3125)_{10}$

③ 16진수 → 10진수

㉠ 소수점이 없을 경우

$(23)_{16} = 2\times16^1 + 3\times16^0 = (35)_{10}$

$(3B)_{16} = 3\times16^1 + B\times16^0 = (59)_{10}$

㉡ 소수점이 있을 경우

$(0.48)_{16} = 4\times16^{-1} + 8\times16^{-2} = (0.28125)_{10}$

복합인 경우

$(30A.C8)_{16} = 3\times16^2 + 0\times16^1 + A\times16^0 + C\times16^{-1} + 8\times16^{-2}$

$= (778.78125)_{10}$

예제 7.02

$(A2)_{16}$ 16진수를 10진수로 변환하시오.

해설 $(A2)_{16} = A \times 16^1 + 2 \times 16^0 = 10 \times 16 + 2 \times 1$
$= 160 + 2 = (162)_{10}$

2) 10진수 → R진수 변환

① 10진수 → 2진수로 변환

㉠ 소수점이 없을 경우

$(25)_{10} = (11001)_2$

$$\frac{25}{2} = 12 + \frac{①}{2}$$
$$\frac{12}{2} = 6 + \frac{⓪}{2}$$
$$\frac{6}{2} = 3 + \frac{⓪}{2}$$
$$\frac{3}{2} = 1 + \frac{①}{2}$$
$$\frac{1}{2} = 0 + \frac{①}{2}$$

동그라미 숫자를 아래에서 위로 쓸

㉡ 소수점이 있을 경우

$(0.6875)_{10} = (0.1011)_2$

$0.6875 \times 2 = ① + 0.3750$
$0.3750 \times 2 = ⓪ + 0.7500$
$0.7500 \times 2 = ① + 0.5000$
$0.5000 \times 2 = ① + 0.0000$

동그라미 친 숫자를 위에서 아래로 쓸 것

ⓒ 복합인 경우

$(23.8125)_{10} = (10111.1101)_2$

(정수부 계산)

$\frac{23}{2} = 11 + \frac{①}{2}$

$\frac{11}{2} = 5 + \frac{①}{2}$

$\frac{5}{2} = 2 + \frac{①}{2}$

$\frac{2}{2} = 1 + \frac{⓪}{2}$

$\frac{1}{2} = 0 + \frac{①}{2}$

$(23)_{10} = (10111)_2$

(소수부 계산)

$0.8125 \times 2 = ① + 0.6250$

$0.6250 \times 2 = ① + 0.2500$

$0.2500 \times 2 = ⓪ + 0.5000$

$0.5000 \times 2 = ① + 0.0000$

$(0.8125)_{10} = (0.1101)_2$

예제 7.03

$(25.625)_{10}$ 10진수를 2진수로 고치시오.

해설 $(25.625)_{10} \rightarrow (11001.101)_2$

② 10진수 → 8진수

㉠ 소수점이 없을 경우

$(66)_{10} = (102)_8$

$\frac{66}{8} = 8 + \frac{②}{8}$

$\frac{8}{8} = 1 + \frac{⓪}{8}$

$\frac{1}{8} = 0 + \frac{①}{8}$

㉡ 소수점이 있을 경우

$(0.1875)_{10} = (0.14)_8$

$0.1875 \times 8 = ① + 0.5000$

$0.5000 \times 8 = ④ + 0.0000$

㉢ 복합인 경우

$(49.21875)_{10}=(61.16)_8$

(정수부 계산)

$\frac{49}{8}=6+\frac{\textcircled{1}}{8}$

$\frac{6}{8}=0+\frac{\textcircled{6}}{8}$

$(49)_{10}=(61)_8$

(소수부 계산)

$0.21875\times8=\textcircled{1}+0.75000$

$0.75000\times8=\textcircled{6}+0.00000$

$(0.21875)_{10}=(0.16)_8$

예제 7.04

10진수 634를 8진수로 변환하여라.

해설 $(634)_{10}=(1172)_8$

```
8) 634
8)  79   ······2
8)   9   ······7   ↑
8)   1   ······1
     0   ······1
```

예제 7.05

10진수 79.21875를 8진수로 변환하여라.

해설 $(79.21875)_{10}=(117.16)_8$

③ 10진수 → 16진수

㉠ 소수점이 없을 경우

$(99)_{10}=(63)_{16}$

$\frac{99}{16}=6+\frac{\textcircled{3}}{16}$

$\frac{6}{16}=0+\frac{\textcircled{6}}{16}$

㉡ 소수점이 있을 경우

$(0.78125)_{10}=(0.C8)_{16}$

$0.78125\times16=\textcircled{12}+0.50000$

$0.50000\times16=\textcircled{8}+0.00000$

ⓒ 복합인 경우

$(567.1875)_{10} = (237.3)_{16}$

(정수부 계산)

$\frac{567}{16} = 35 + \frac{⑦}{16}$

$\frac{35}{16} = 2 + \frac{③}{16}$

$\frac{2}{16} = 0 + \frac{②}{16}$

$(567)_{10} = (237)_{16}$

(소수부 계산)

$0.1875 \times 16 = ③ + 0.00000$

$(0.1875)_{10} = (0.3)_{16}$

예제 7.06

10진수 99를 16진수로 변환하여라.

해설 $(99)_{10} = (63)_{16}$

```
16) 99
     6   ……3
```

예제 7.07

10진수 $(0.1875)_{10}$를 16진수로 변환하여라.

해설 $(0.1875)_{10} = (0.3)_{16}$

```
  0.1875
×     16
  3.0000
```

예제 7.08

10진수 $(99.1875)_{10}$를 16진수로 변환하여라.

해설 $(99.1875)_{10} = (63.3)_{16}$

3) 기타 변환

① 2진수 → 8진수

소수점을 중심으로 왼쪽과 오른쪽으로 각각 3bit씩 차례로 묶는다.

2진수 10 110 001 101 . 111 100 000

8진수 2 6 1 5 . 7 4 0

$\therefore\ (10110001101.111100000)_2 = (2615.740)_8$

② 8진수 → 2진수

8진수 자리수를 3bit의 2진수로 나열한다.

8진수 6 7 3 . 1 2 4

2진수 110 111 011 . 001 010 100

$(673.124)_8 = (110111011.001010100)_2$

예제 7.09

8진수 25를 2진수로 변환하여라.

해설 $(25)_8 = (010101)_2$

↙ ↘

010 101

예제 7.10

8진수 64.72를 2진수로 변환하여라.

해설 $(6\,4\,.\,7\,2)_8 = (110100.111010)_2$

↙ ↓ ↓ ↘

110 100 111 010

③ 2진수 → 16진수

소수점을 중심으로 2진수를 4개씩 묶는다.

2진수　11 0001 1010 . 1111 0100

16진수　3　1　A　.　F　4

$(1100011010.11110100)_2 = (31A.F4)_{16}$

④ 16진수 → 2진수

16진수 자릿수를 4−bit의 2진수로 나열한다.

16진수 $(1C7.F9)_{16} = (001)\ (1100)\ (0111)\ .\ (1111)\ (1001)$

$= (000111000111.11111001)_2$

예제 7.11

16진수 135를 2진수로 변환하여라.

해설　$(B5)_{16} = (10110101)_2$

1011 0101

(4) 보수(Complement)

1) 1의 보수(1's complement)

0을 1로, 1을 0으로 변환하면 얻을 수 있다.

㊞ 1001의 1의 보수는 0110이 된다.

2) 2의 보수(2's complement)

1의 보수를 구한 다음 가장 낮은 자리에 1을 더하면 얻을 수 있다(2의 보수 =1의 보수 +1).

㉮ 100100의 2의 보수는 우선 1의 보수를 구하면 011011가 되고 최하위 자리에 1을 더하면 011100이 된다. 즉 최초로 1이 나올 때까지는 변하지 않고 그 다음부터 변한다.

3) 컴퓨터 내부에는 감산을 위한 계산기가 없으므로 가산기와 보수 발생기를 이용하여 감산을 행하므로 보수가 필요하다.

4) 보수를 이용하여 뺄셈을 하는 방법에 대해서 알아보면 5에서 3을 빼는 과정에서 3의 10에 대한 보수 7을 더하여 10자리수를 없앤 것과 같이 된다.

$$\begin{array}{r} 5 \\ -\ 3 \\ \hline 2 \end{array} \qquad \begin{array}{r} 5 \\ +\ 7 \\ \hline (1)2 \end{array} \leftarrow \text{3의 10에 대한 보수}$$

↳없애면 결과 식이 동일함.

5) 2진수 뺄셈도 빼는 수의 보수를 써서 계산하면 101에서 011을 빼는 과정은 011에 대한 2의 보수를 더해주고 4째 자리의 수를 없앤다.

① 10진수 뺄셈 ② 2진수 뺄셈 ③ 보수를 이용한 뺄셈

$$\begin{array}{r} 5 \\ -\ 3 \\ \hline 2 \end{array} \qquad \begin{array}{r} 101 \\ -\ 011 \\ \hline 010 \end{array} \qquad \begin{array}{r} 101 \\ +\ 100 \\ +\quad 1 \\ \hline (1)010 \end{array} \begin{array}{l} \\ \leftarrow \text{011에 대한 1의 보수} \\ \leftarrow \text{011에 대한 2의 보수} \\ \\ \end{array}$$

↳ 없애면 결과식이 동일함.

2. 수의 코드화

(1) 2진화 10진 코드(Binary coded decimal, BCD code)

① 한 자리의 10진수를 4bit의 2진수로 표시한 코드.

② 8. 4. 2. 1의 무게를 가지고 있으므로 8421 코드라고도 한다.

예 $(396)_{10}$ → 0011 1001 0110

3 9 6

· $0011 = 0 \times 2^3 + 0 \times 2^2 + 1 \times 2^1 + 1 \times 2^0 = 3$

· $1001 = 1 \times 2^3 + 0 \times 2^2 + 0 \times 2^1 + 1 \times 2^0 = 9$

· $0110 = 0 \times 2^3 + 1 \times 2^2 + 1 \times 2^1 + 0 \times 2^0 = 6$

표 7.1 수의 코드화

10진수	8421 코드	Excess-3 코드
0	0000	0011
1	0001	0100
2	0010	0101
3	0011	0110
4	0100	0111
5	0101	1000
6	0110	1001
7	0111	1010
8	1000	1011
9	1001	1100

(2) 3초과 코드(Excess-3 code)

BCD 코드에 십진수3(2진수 0011)을 합하여 만든 코드.

예제 7.12

10진수 8+9를 BCD코드로 변환하여 계산하여라.

해설

```
   8          1000
 + 9   →    + 1001
 ----       ------
  17         10001
           + 0110   ← 올림수가 발생하였으므로 6(0100)을 더 한
            ------
             10111     다.
```

예제 7.13

10진수 49+25의 가산을 3초과 코드를 이용하여 변환하시오.

해설

```
  49          0111      0111
+ 25   →    + 0101      0101
----        -----------------
  74          1101      0100   (Carry 발생)
            − 0011    + 0011   (3초과 보정)
            -----------------
              1010      0111   (3초과 결과)
```

(3) 그레이 코드(Gray code)

비 가중 코드로써 2진 연산에 부적합 하지만 데이터의 전송, 입・출력장치, A-D변환기 등에 많이 사용된다.

예

```
Gray dode와 2진수 변환                 2진수(1101)을 Gray code변환
 Gray code :  1  0  1  1                   2진수 :  1  1  0  1
                +  +  +                               +  +  +
              ↓↗↓↗↓↗↓                               ↓↖↓↖↓↖↓
     2진수 :  1  1  0  1               Gray code :  1  0  1  1
```

예제 7.14

다음 2진수를 그레이 코드로 변환하여라.

해설 ① $(1001)_2 = (1101)$그레이코드
② $(0100)_2 = (0110)$그레이코드

예제 7.15

다음 그레이 코드를 2진수로 변환하여라.

해설 ① (1100)그레이 코드 $= (1000)_2$
② (0001)그레이 코드 $= (0001)_2$

(4) 패리티 비트(Parity bit)

디지털 신호는 통신 매체를 통하여 전송되는 과정 중 외부 잡음 등의 영향으로 0은 1로 1은 0으로 바뀌질 수 있다. 이것을 검출하기 위하여 패리티 비트를 사용하고 있다.

1) odd parity 방식 : 데이터 전체의 1의 합계가 홀수가 되도록 검출하는 방식
2) even parity 방식 : 데이터의 전체의 1의 개수가 짝수가 되도록 검출하는 방식

(5) 해밍 코드(Hamming code)

해밍 코드는 에러를 검출 및 정정 능력을 함께 가지고 있다.

$2^k \geq K+n+1$에서 data bits$=8$이면 $2^k \geq K+8+1$

$K=4$ $\therefore K \geq 4$ (K : 해밍 코드는 parity line bit 수–data line n–bit)

7.2 논리게이트 및 부울 함수

1. 부울 대수(Boolean algebra)

부울 대수는 논리 대수라고 하며, 참이나 거짓 등의 논리적인 판단을 하는데 사용하는 수학적인 한 기법이다.

(1) 부울 대수의 정리

1. 교환법칙	$A+B=B+A$, $A \cdot B=B \cdot A$
2. 결합법칙	$(A+B)+C=A+(B+C)$ $(A \cdot B) \cdot C=A \cdot (B \cdot C)$
3. 분배법칙	$A \cdot (B+C)=A \cdot B+A \cdot C$ $A+(B \cdot C)=(A+B) \cdot (A+C)$
4. 동일법칙	$A+A=A$, $A \cdot A=A$
5. 부정법칙	$(\overline{A})=\overline{A}$, $(\overline{\overline{A}})=A$
6. 흡수법칙	$A+A \cdot B=A$, $A \cdot (A+B)=A$
7. 기　타	$0+A=A$, $1 \cdot A=A$, $1+A=1$, $0 \cdot A=0$ $\overline{A}+A=1$, $\overline{A} \cdot A=0$ $A+\overline{A}B=A+B$, $A(\overline{A}+B)=A \cdot B$

(2) 드모르간의 정리(De Morgan's theorem)

$$(\overline{A+B})=\overline{A} \cdot \overline{B},\ (\overline{A \cdot B})=\overline{A}+\overline{B}$$

$$(\overline{X_1+X_2+X_3 \cdots + X_n})=\overline{X_1} \cdot \overline{X_2} \cdot \overline{X_3} \cdots \overline{X_n}$$

$$(\overline{X_1 \cdot X_2 \cdot X_3 \cdots X_n})=\overline{X_1}+\overline{X_2}+\overline{X_3}+ \cdots +\overline{X_n}$$

(3) 카르노도(Karnaugh map)

① 일정한 규칙에 따라 논리식을 최소화 하는 방법이다.

② 그림(a)는 2개의 변수 X, Y의 가능한 4가지 조합에 대응하는 최소항을 나타낸 것이고 그림 (b)는 이를 카르노도로 표시한다.

X	Y	최소항
0	0	$\bar{X}\,\bar{Y}$
0	1	$\bar{X}\,Y$
1	0	$X\,\bar{Y}$
1	1	$X\,Y$

(a) 3변수의 최소항

X \ Y	0	1
0	$\bar{X}\bar{Y}$	$\bar{X}Y$
1	$X\bar{Y}$	XY

(b) 2변수 카르노도

③ 그림(a)는 3개의 변수 X, Y, Z의 8가지 가능한 조합에 대응하는 최소항들을 나타낸 것이고 그림(b)는 이를 카르노도로 표시한 것이다.

X	Y	Z	최 소 항
0	0	0	$\bar{X}\,\bar{Y}\,\bar{Z}$
0	0	1	$\bar{X}\,\bar{Y}\,Z$
0	1	0	$\bar{X}\,Y\,\bar{Z}$
0	1	1	$\bar{X}\,Y\,Z$
1	0	0	$X\,\bar{Y}\,\bar{Z}$
1	0	1	$X\,\bar{Y}\,Z$
1	1	0	$X\,Y\,\bar{Z}$
1	1	1	$X\,Y\,Z$

(a) X, Y의 최소항

X \ YZ	00	01	11	10
0	$\bar{X}\bar{Y}\bar{Z}$	$\bar{X}\bar{Y}Z$	$\bar{X}YZ$	$\bar{X}Y\bar{Z}$
1	$X\bar{Y}\bar{Z}$	$X\bar{Y}Z$	XYZ	$XY\bar{Z}$

(b) 3변수 카르노도

※ 주의할 점

- 3변수 카르노도에서 가로축에 나타낸 변수 YZ의 값이 그레이 부호처럼 인접한 것 사이에 한 비트만 차이가 나도록 00, 01, 11, 10으로 되어 있다는 점.
- 같은 행에 있는 왼쪽 끝의 최소항과 오른쪽 끝의 최소항은 서로 하나의 변수만 다르므로 인접한 것으로 볼 수 있다는 점.

④ 4변수 카르노도

WX \ YZ	00	01	11	10
00	$\overline{W}\overline{X}\overline{Y}\overline{Z}$	$\overline{W}\overline{X}\overline{Y}Z$	$\overline{W}\overline{X}YZ$	$\overline{W}\overline{X}Y\overline{Z}$
01	$\overline{W}X\overline{Y}\overline{Z}$	$\overline{W}X\overline{Y}Z$	$\overline{W}XYZ$	$\overline{W}XY\overline{Z}$
11	$WX\overline{Y}\overline{Z}$	$WX\overline{Y}Z$	$WXYZ$	$WXY\overline{Z}$
10	$W\overline{X}\overline{Y}\overline{Z}$	$W\overline{X}\overline{Y}Z$	$W\overline{X}YZ$	$W\overline{X}Y\overline{Z}$

4변수 카르노도

예제 7.16

논리함수 $F = \bar{x}yz + \bar{x}y\bar{z} + x\bar{y}\bar{z} + x\bar{y}z$를 간단히 하라.

해설 논리함수 F를 카르노도로 표시하면 다음과 같다.

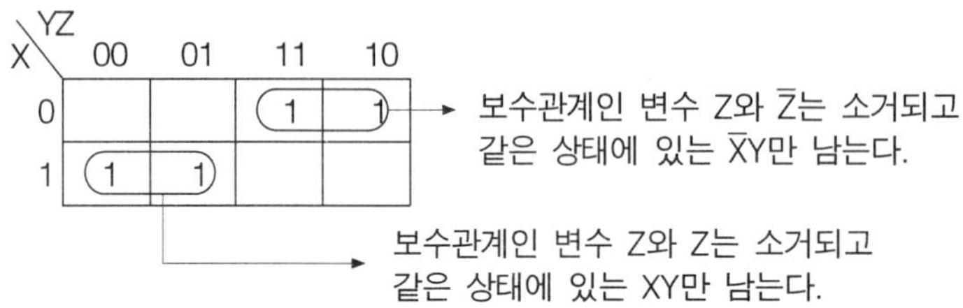

$\bar{x}yz + \bar{x}y\bar{z} = \bar{x}y(z + \bar{z}) = \bar{x}y$

$x\bar{y}\bar{z} + x\bar{y}z = x\bar{y}(\bar{z} + z) = x\bar{y}$

그러므로 논리함수 $F = \bar{x}y + x\bar{y}$이다.

예제 7.17

그림과 같은 논리회로의 출력 X는 ?

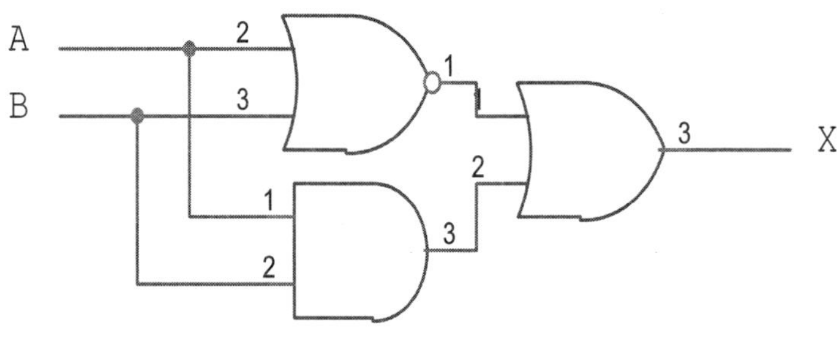

해설 논리함수 F를 카르노도로 표시하면 다음과 같다.

NOR 출력 ① $\overline{A+B}$ ② AND 출력 $A \cdot B$ ③ $\overline{A+B}$ 와 AB 입력되어 OR 게이트 $\overline{A+B} + (A \cdot B)$

2. 논리게이트(Logic gate)

(1) 기본 논리게이트

논리기능	논리식	논리기호	진리표 입력 A B	진리표 출력 X	논리회로(정논리)	논리동작	타이밍차트
AND (논리적)	A·B＝X	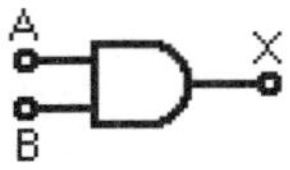	0 0 0 1 1 0 1 1	0 0 0 1	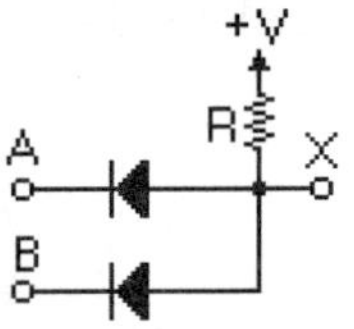	모든 입력이 1일 때 출력이 1이 된다.	
OR (논리화)	A＋B＝X	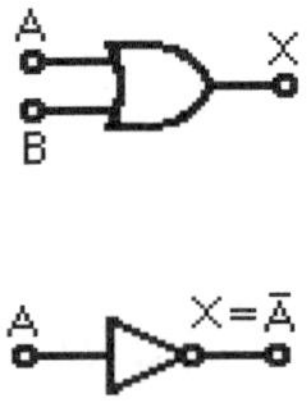	0 0 0 1 1 0 1 1	0 1 1 1	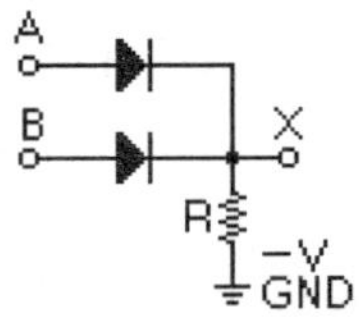	입력이 하나라도 1이면 출력이 1로 된다.	
NOT (부정) INVERT	$\overline{A}$＝X		A: 0 1	1 0	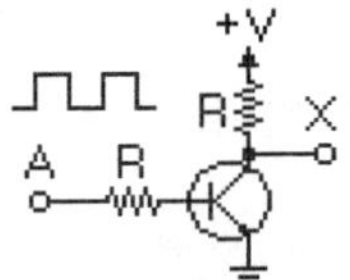	입력이 1이면 출력은 0, 입력이 0이면 출력은 1로 된다.	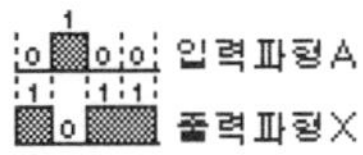
NAND	$\overline{A \cdot B}$＝X	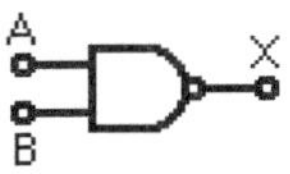	0 0 0 1 1 0 1 1	1 1 1 0	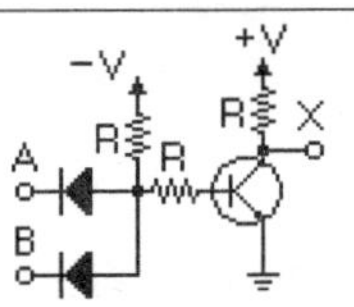	모든 입력이 1일 때 출력이 0으로 된다.	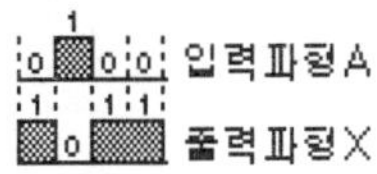
NOR	$\overline{A+B}$＝X		0 0 0 1 1 0 1 1	1 0 0 0	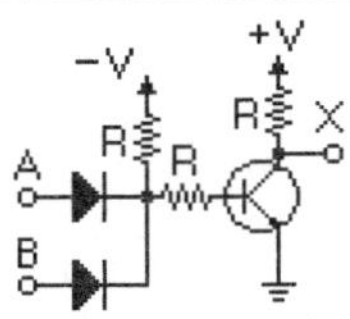	입력이 하나라도 1이면 출력이 0으로 된다.	
XOR (Exclusive OR)	$\overline{A} \cdot B + A\overline{B}$ ＝X X＝A⊕B		0 0 0 1 1 0 1 1	0 1 1 0	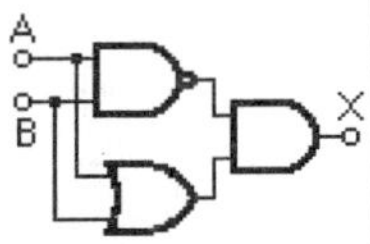	입력이 모두 같을 때 0으로 되고 다를 때는 1로 된다.	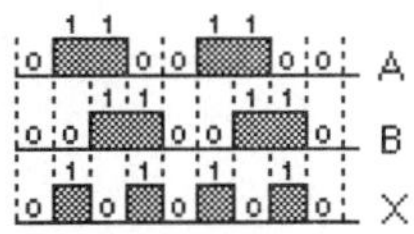
XNOR (Exclusive NOR)	$\overline{A} \cdot B + AB$ ＝X X＝A⊙B		0 0 0 1 1 0 1 1	1 0 0 1	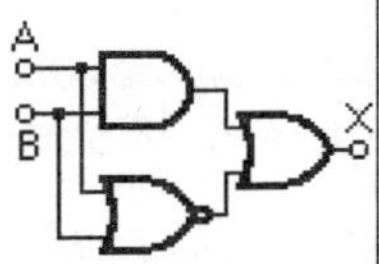	입력이 모두 같을 때 1로 되고 다를 때 0으로 된다.	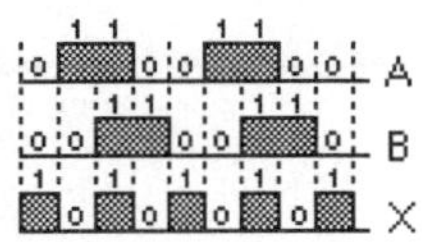

(2) 논리 연산과 스위치 회로

① AND 연산의 스위치 회로

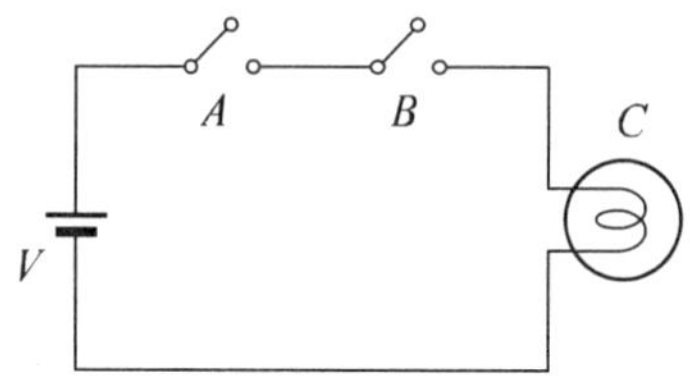

㉠ 두 스위치 A와 B가 모두 닫혀야만(A=1, B=1) 회로가 이어져 전등이 켜질 수 있다. (C=1)

㉡ 만일 2개의 스위치 중 하나라도 열려있다면 즉 A=0, B=1 또는 A=1, B=0 또는 A=0, B=0이면 C=0으로 전등은 꺼진 상태가 된다.

㉢ 그러므로 직렬 스위치는 AND 연산 C=A·B를 실현하는 회로이다.

② OR 연산 스위치 회로

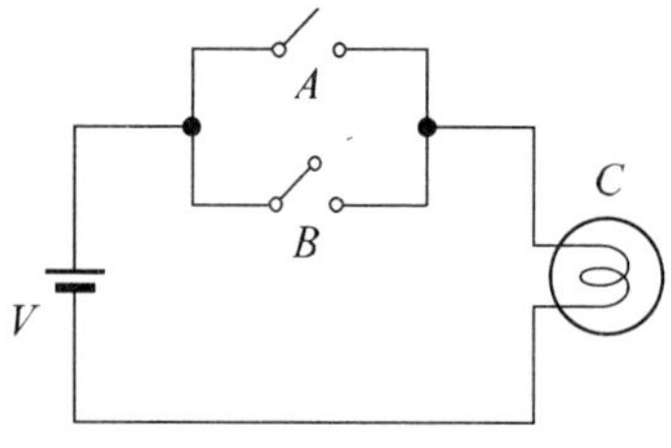

㉠ 스위치 A나 B중에서 어느 것이라도 하나만 닫히면 C는 켜진다.

㉡ 그러므로 병렬 스위치 회로는 OR 연산 C=A+B를 실현하는 회로

로서 스위치가 3개 이상일 때도 이러한 관계는 성립한다.

③ AND 연산과 OR 연산이 복합된 스위치 회로

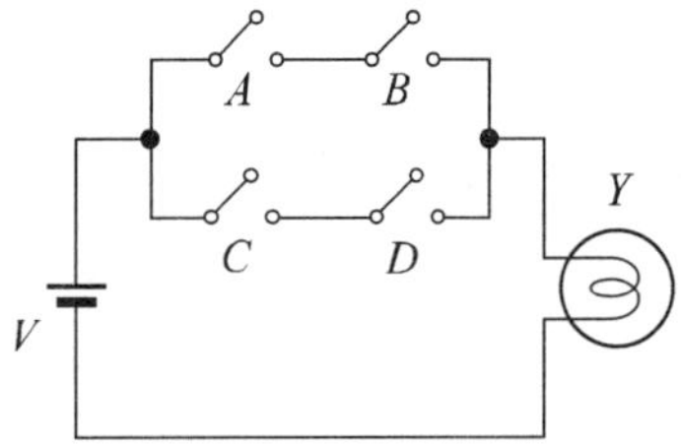

Y = AB + CD

(3) 전자논리 회로의 종류

① RTL(Resistor transistor logic)

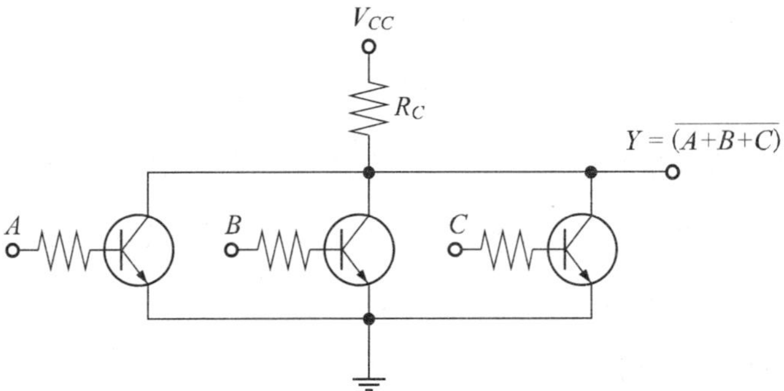

RTL의 NOR gate

저항과 트랜지스터를 조합한 논리회로이다.

㉠ 회로가 간단하며 경제적이다.

㉡ 팬 아웃(fan−out)이 적어 실용적이지 못하다.

㉢ 저속 동작 회로이다.

㉣ 전류 호킹 현상이 발생한다.

② DTL(Diode transistor logic)

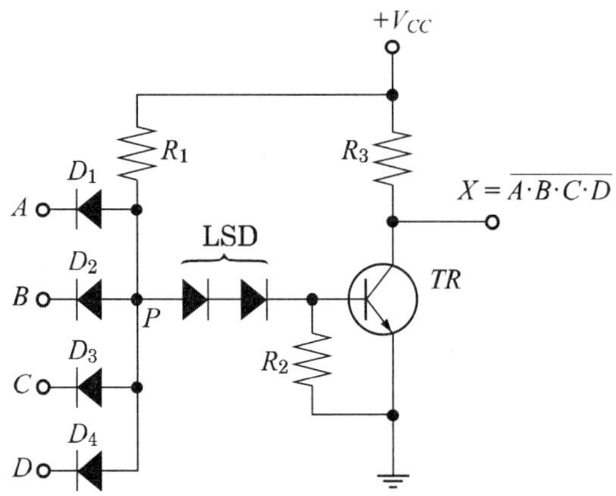

DTL의 NAND gate

㉠ 동작 : 다이오드의 AND회로와 트랜지스터의 NOT회로를 조합한 논리회로로서 입력의 어느 하나가 0 레벨이 되면 트랜지스터의 베이스에는 전류가 흐르지 않아 차단 상태가 되므로 출력은 V_{CC} 레벨이 되고 입력이 모두 V_{CC} 레벨로 되면 트랜지스터의 베이스에 전류가 흐르므로 트랜지스터는 통전(ON)되어 출력은 0 레벨로 된다.

㉡ 특징

㉮ 잡음 여유도가 크다.

㉯ 동작이 안정하다.

㉰ 사용하기가 편하다.

㉣ 회로의 수와 소비전력이 적다.

㉤ 온도의 영향을 많이 받는다.

㉥ 응답 속도가 느린 단점이 있다.

㉦ 팬 아웃이 비교적 크다.

③ TTL(Transistor transistor logic)

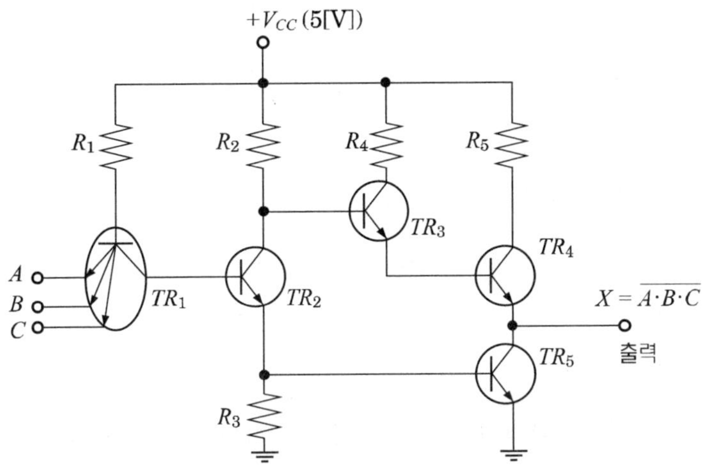

TTL의 NAND gate

㉠ DTL회로에서 다이오드 대신 multi emitter 트랜지스터를 사용한 회로이다.

㉡ 동작

입력이 다같이 V_{CC} level이 되면 TR_1의 베이스와 이미터 사이에 전류는 안 흐르고 베이스와 컬렉터 사이에는 diode와 같이 작용하여 V_{CC}로부터 TR_1의 베이스를 통해 컬렉터 방향으로 흘러 TR_5의베이스와 이미터를 순방향으로 바이어스 시키면 TR_5는 전류가 흐르게 된다. 동시에 TR_2의 전위가 낮아지므로 TR_3, TR_4는 차단 상태(cut off)가 되어 출력 X는 0 level이 된다.

입력 중 어느 한쪽, 또는 다같이 0 level이 되면 V_{CC}로부터 저항 R_1을 통해서 TR_1의 베이스와 이미터로 입력 전류가 흐르기 때문에 TR_2의 베이스 전류는 흐르지 않게 되어 출력 X는 V_{CC} level이 된다.

㉢ 특징

㉮ 동작 속도가 빠르다.

㉯ DTL과 같이 쓸 수 있다.

㉰ 소비전력이 작다.

㉱ 집적도가 높다.

㉲ 잡음 여유(noise margin)가 작다.

④ HTL(High threshold logic)

HTL은 DTL의 결점인 잡음 여유도를 개선한 것으로 잡음 여유도를 높이기 위해 전원 전압을 높이고 레벨 쉬프트(Level shift) 다이오드 D5에 약 6[V]의 제너 다이오드를 사용하여 게이트의 드레시홀드 전압을 높인 것이다. 용도로는 주위에 잡음 발생 원인이 많은 환경에서 동작 속도보다 잡음에 의한 오동작이 없이 확실한 동작이 요구되는 곳, 즉 공작기계의 추치제어, 교통신호기, 모터컨트롤장치 등에 사용된다.

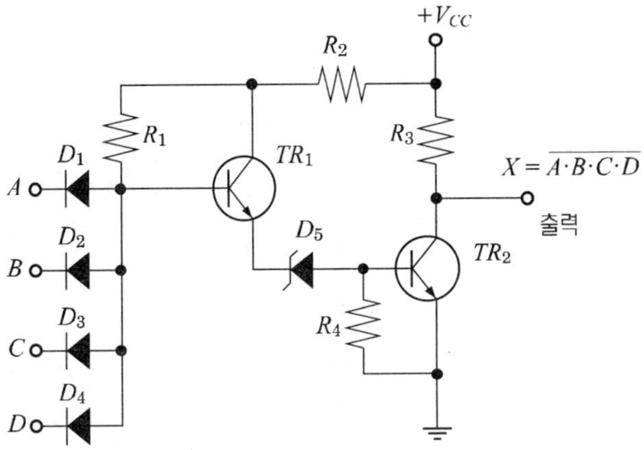

HTL의 NAND gate

⑤ ECL(Emitter coupled logic)

㉠ 논리게이트 중 속도가 가장 빠르다.

㉡ 상보관계의 출력 회로이다.

㉢ 출력 임피던스가 낮다.

㉣ 높은 fan-out이 가능하다.

㉤ 소비전력이 가장 크다.

㉥ 잡음 여유(마진)가 0.3[V]로 작다.

㉦ 용량성 부하가 fan-out을 제한한다.

㉧ 다른 논리회로와 혼용이 어렵다.

㉨ 평행 2선식 전송선에 의해 장거리 data 전송이 가능하다.

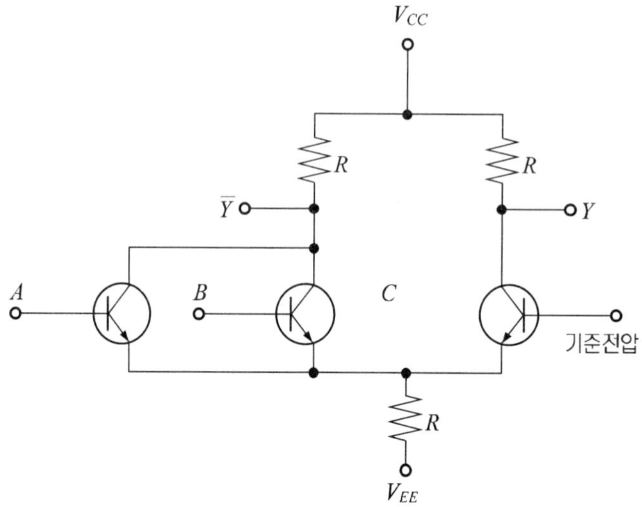

ECL OR/NOT gate

⑥ N 및 PMOS 논리회로

㉠ N채널 MOSFET : 정(+)의 게이트 전압에서 ON(도통 상태)

㉡ P채널 MOSFET : 부(−)의 게이트 전압에서 ON(도통 상태)

㉢ 고밀도 직접회로 설계가 용이하다.

㉣ 자체 전력 소모가 적다.

㉤ fan−out이 크다.

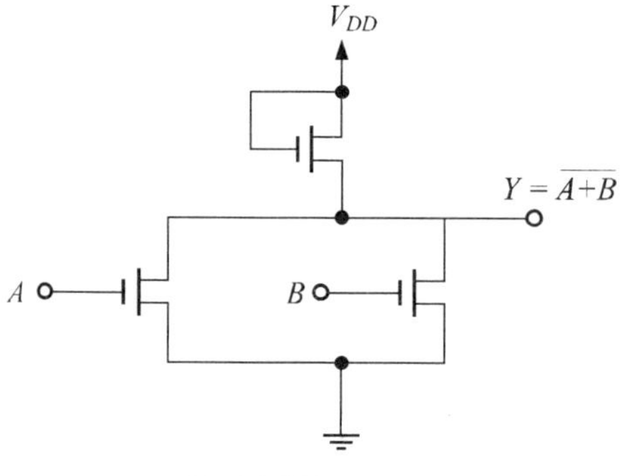

NMOS NOR gate

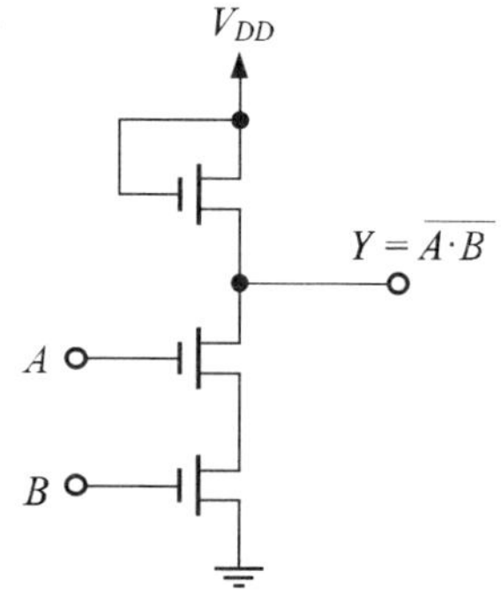

NMOS NAND gate

⑦ CMOS 논리회로

㉠ 낮은 소비전력 회로이다.

㉡ 단일 전원으로 TTL과 병용 가능하다.

㉢ 높은 잡음 여유를 갖는다.

㉣ 온도 안정성이 우수하다.

㉤ 속도가 느리다.

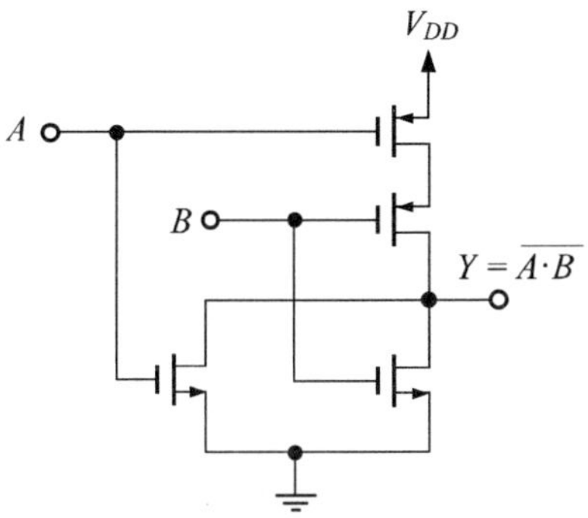

CMOS NAND gate

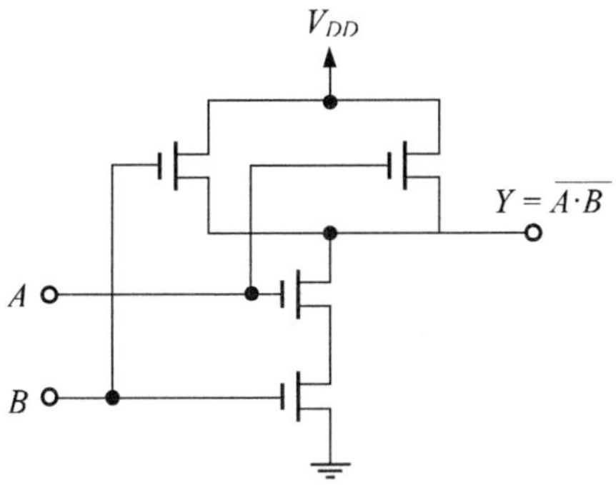

CMOS NOR gate

⑧ 전자 논리회로의 비교

구 분	RTL	DTL	HTL	TTL	ECL	MOS	CMOS
기본게이트 (정논리)	NOR	NAND	NAND	NAND	OR-NOR	NAND	NOR NAND
fan-out(최대)	5	8	10	10	25	20	50 이상
소비전력[mW]	12	8~12	55	12~22	40~55	0.2~10	0.01~1
잡음내성	보통	양호	우수	대단히 양호	양호	보통	양호
전달지연시간 (게이트당) [nS]	12	30	90	6~12	1~4	300	70
최대동작주파수 [MHz]	8	12~30	4	15~60	60~400	2	5
기능수	다수	대단히 다수	보통	극히 다수	다수	소수	소수

예제 7.18

논리 회로의 동작속도가 빠른 순서로 쓰시오?

해설 $HTL > C-MOS > TTL = DTL > RTL = ECL$

기본회로	TTL	C-MOS	ECL	HTL	DTL	RTL
기본게이트	NAND	NAND or NOR	OR/NOR	NAND	NAND	NOR
Fan-out	10	50	7	10	8	3
소비전력	$C-MOS < TTL < DTL < RTL < HTL < ECL$					
동작속도	$ECL(CML) > TTL > RTL > CMOS > HTL$					

7.3 플립 플롭(Flip-flop)회로

① 쌍안정 멀티 바이브레이터라고도 하며 2개의 안정 상태를 가지고 있어 입력 신호에 따라 2개의 안정 상태가 바뀌어 나오는 출력을 얻을 수 있다.

② 입력이 없으면 최종 입력 신호에 의하여 정해지는 현재 상태를 계속 유지하므로 기억 회로가 될 수 있다.

1. 플립 플롭의 종류 및 구성

(1) RS 플립 플롭

가장 일반적인 플립 플롭으로서 래치(latch)라고도 하며 set(S),

reset(R) 등 2개의 입력 단자를 가진다.

① NOR 게이트로 만든 RS 플립 플롭

㉠ 동작

㉮ 입력 R=0, S=0일 때 출력은 변하지 않고 그 상태 그대로 가지고 있다.

㉯ 입력 S에 1이 들어오면 출력 Q는 1에 세트(set)된다.

㉰ 다음 입력 R에 1이 들어오면 출력 Q는 0에 리셋(reset)된다.

㉱ 두 입력이 1이면 불확정 상태가 되므로 R=1, S=1을 넣어서는 안 된다.

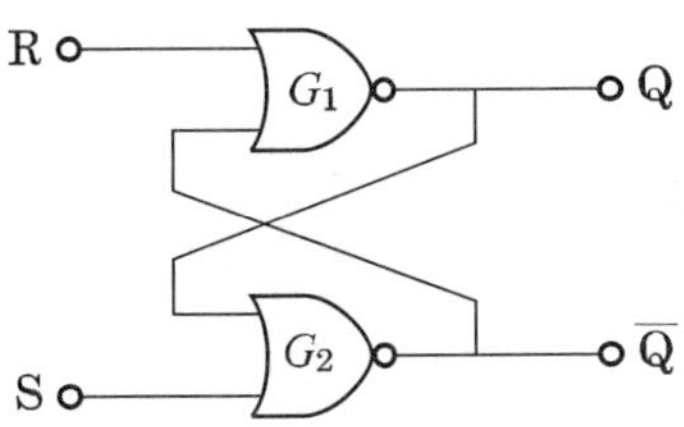

(a) 기본 회로

S	R	Q_{n+1}
0	0	Q_n
0	1	0
1	0	1
1	1	불확정

(b) 진리표

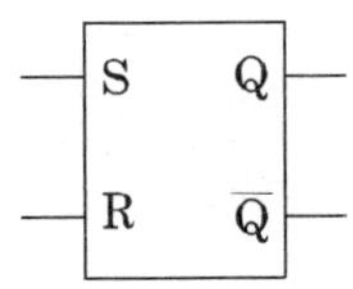

(c) 논리 기호

㉡ 플립 플롭은 2가지의 유용한 상태를 가지고 있다.

㉮ Set 상태 : Q=1, $\overline{Q}$ =0

㉯ Reset 상태 : Q=1, $\overline{Q}$ =1

㉢ Q_n과 Q_{n+1}의 정의

㉮ Q_n : S와 R입력이 가해지기 전의 플립 플롭의 상태(현재 상태)

㉯ Q_{n+1} : S와 R입력이 가해진 다음의 플립 플롭의 상태(다음 상

태)

㉣ R-S 플립 플롭의 타이밍 차트

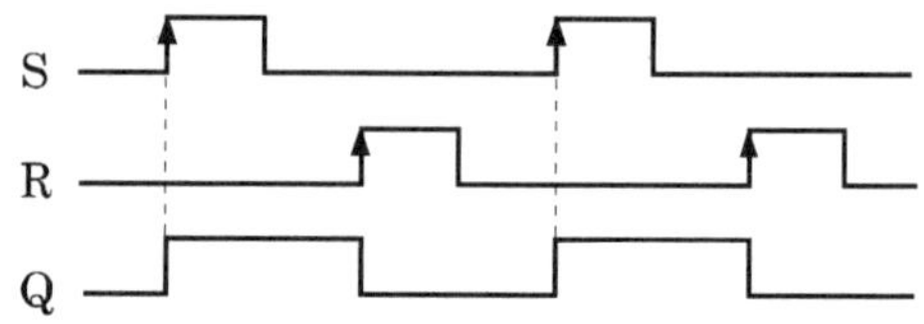

한 번 입력 핀에 전압이 가해지면 그 전압이 없어져도 1 또는 0으로 된 Q출력은 그대로의 상태를 유지한다. 즉 다음에 새로운 입력 전압이 S 또는 R에 가해지기까지는 변하지 않는다.

② NAND 게이트로 만든 RS 플립 플롭

NOR 게이트로 만든 RS 플립 플롭과 모든 동작이 동일하다.

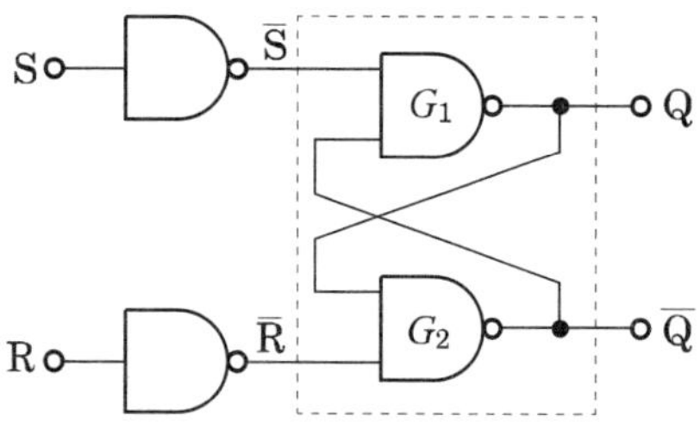

(a) 기본회로

S	R	$\overline{S}$	$\overline{R}$	Q_{n+1}
0	0	1	1	Q_n
0	1	1	0	0
1	0	0	1	1
1	1	0	0	불확정

(b) 진리표

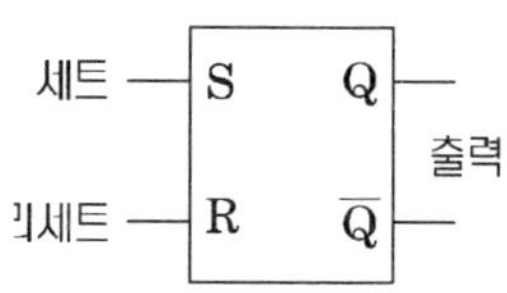

(c) 논리 기호

③ clock 입력을 가지는 RS 플립 플롭

㉠ RS 플립 플롭에 clock pulse 입력을 부가한 플립 플롭으로 입력은 R(reset), S(set), C(clock)로 3개이다.

㉡ 동작원리

㉮ 입력 C가 1(high) 레벨일 때에만 RS 플립 플롭과 같은 동작을 한다.

㉯ 입력 C가 0(Low) 레벨일 때에는 입력 R, S의 상태에 무관하여 주어진 앞의 상태를 계속 유지한다.

㉰ 동작 과정을 다음의 timing chart에 나타내었다.

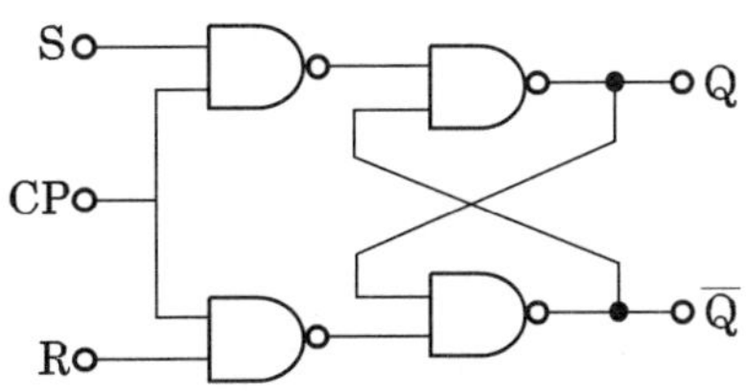

(a) 기본회로

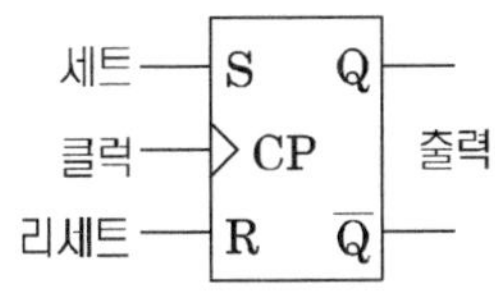

(b) 논리기호

입 력			출 력	동작
CP	S	R	Q_{n+1}	상태
⎍	0	0	Q_n	불변
⎍	0	1	0	레세트
⎍	1	0	1	세트
⎍	1	1	불확정	금지

(c) 진리표

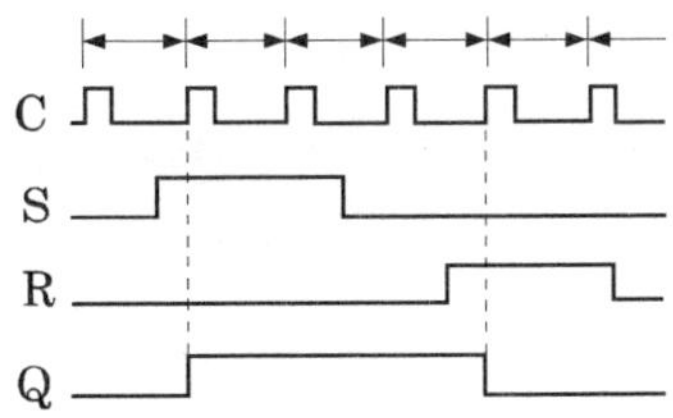

(d) 타이밍 차트

예제 7.19

다음 그림은 RS플립플롭의 기호이다. 입력 단자 R,S에 대한 FF의 상태에 대하여 설명하시오?

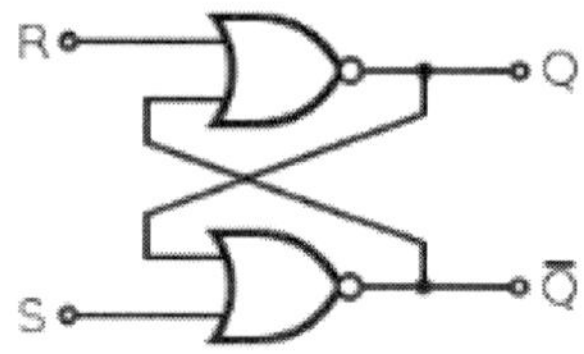

해설 RS 플립플롭 회로의 진리치표는 다음과 같다.

S R	Q_{t+1}
0 0	Qt
0 1	0
1 0	1
1 1	×

(2) D 플립 플롭(Data transfer flip-flop, delay flip-flop)

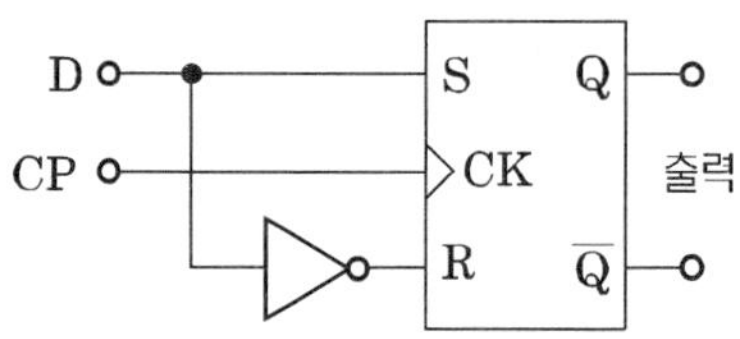

(a) 기본 회로

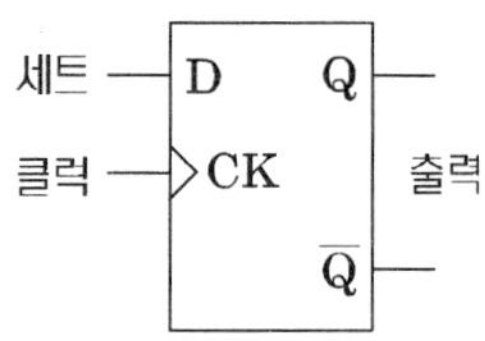

(b) 논리 기호

입 력		출 력
CP	D	Q_{n+1}
0	X	Q_n
1	1	1
1	0	0

(c) 진리표

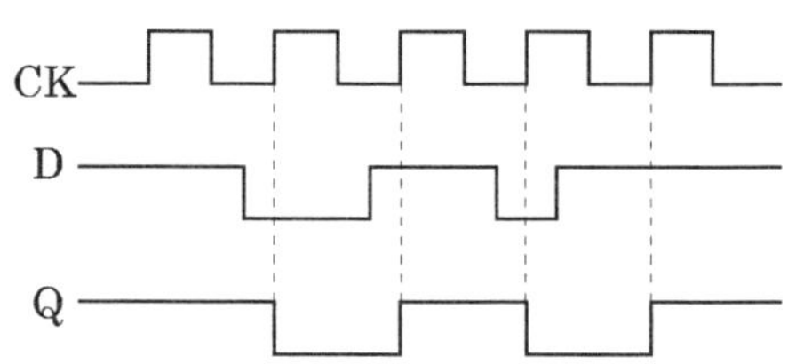

(d) 타이밍 차트

① 어떤 데이터의 일시적인 보존이나 디지털 신호의 지연 작용 등의 목적으로 사용되는 회로이다.

② R−S 플립 플롭에서 생길 수 있는 R, S가 동시에 1이 되는 것을 제거한 플립 플롭이다.

③ 동작

㉠ D입력이 0이면 C입력을 1로 했을 때 Q는 0으로 된다(리셋 상태).

㉡ D입력이 1이면 C입력을 1로 했을 때 Q는 1로 된다(세트 상태).

㉢ 즉 D입력의 1 또는 0의 상태가 C입력이 가해지는 순간 그대로 Q출력에 set 되는 것이며 이 Q는 C입력에 다음의 펄스가 가해지는 순간까지 그대로의 상태를 유지한다.

④ D 플립 플롭의 타이밍 차트

㉠ 시간 t_1에서는 D＝1이면 Q＝1

㉡ 시간 t_3에서는 D＝0이면 Q＝0

㉢ 시간 t_5에서는 D＝1이면 Q＝1

㉣ 시간 t_7에서는 D＝0이면 Q＝0

㉤ 시간 t_9에서는 D＝1이면 Q＝1

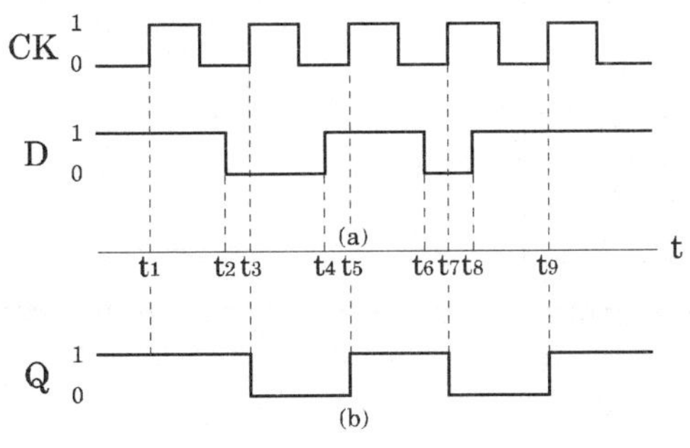

(a) 입력 파형　　　　(b) 출력 파형

예제 7.20

데이터의 전송에 있어 시간 지연을 만드는 플립 플롭 회로는 ?

해설 D 플립플롭

D형 플립플롭은 디지털 신호를 한 클록 주기 또는 수 클록 주기만큼 지연시킬 필요가 있을 때 사용한다.

(3) J-K 플립 플롭(J-K flip-flop)

① 2개의 입력이 동시에 1이 되었을 때 출력 상태가 불확정 되지 않도록 한 것으로 이때 출력 상태는 반전된다.

② RS 플립 플롭과는 달리 금지 입력이 없다.

③ 다른 모든 플립 플롭의 기능을 대용할 수 있으므로 응용 범위가 넓다.

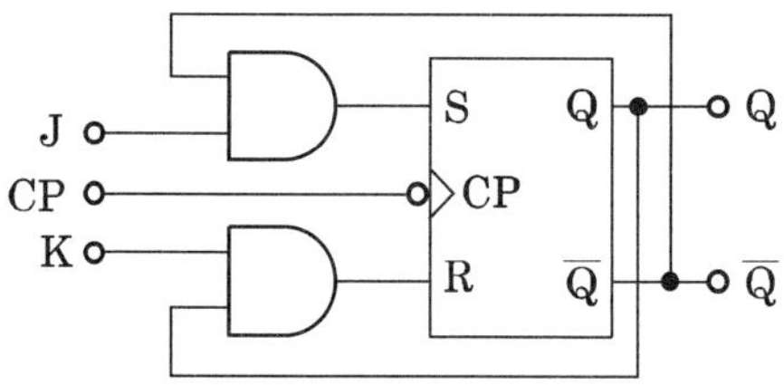

(a) 기본 회로

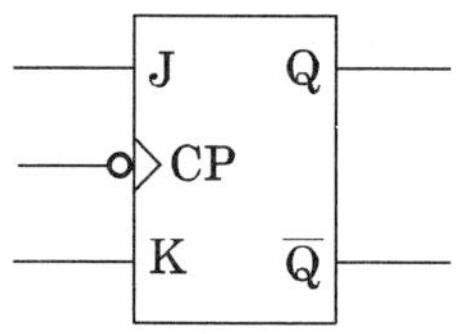

(b) 논리 기호

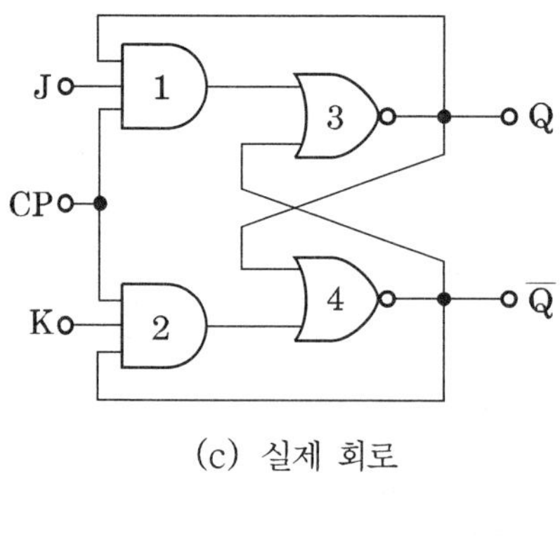

(c) 실제 회로

C	J	K	Q_{n+1}
0	X	X	Q_n
1	0	0	Q_n
1	0	1	1
1	1	0	0
1	1	1	$\overline{Q_n}$

(d) 진리표

④ 플립 플롭 하나로 만든 JK 플립 플롭은 J, K 두 입력이 동시에 1이고 시각 펄스가 1일 때 출력 상태가 반전되는데, 시각 펄스의 폭이 출력 상태가 되돌아오는 시각 폭보다 크면 여러 번 반전되어 출력 상태가 어떻게 될지 모른다. 이러한 현상을 레이싱(racing)이라 하는데, 마스터 슬레브 JK 플립 플롭으로 이러한 현상을 제거할 수 있다.

⑤ J－K 플립 플롭은 T 플립 플롭과 RS 플립 플롭을 함께 묶은 것과 같은 기능을 가지고 있다.

㉠ T－플립 플롭으로써의 동작

J＝K＝1일 때 CP에 의하여 출력이 토글(toggle)된다.

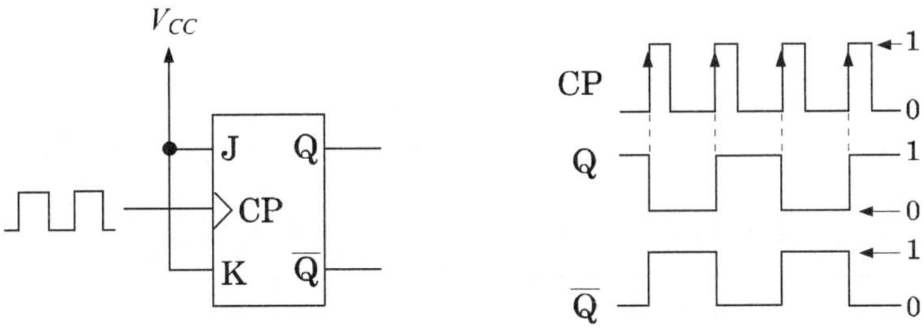

J＝K＝1일 때 T 플립 플롭과 똑같은 동작으로 CP입력에 펄스(clock)가 들어올 때마다 Q가 서로 반전한다.

㉡ R－S 플립 플롭으로서의 동작

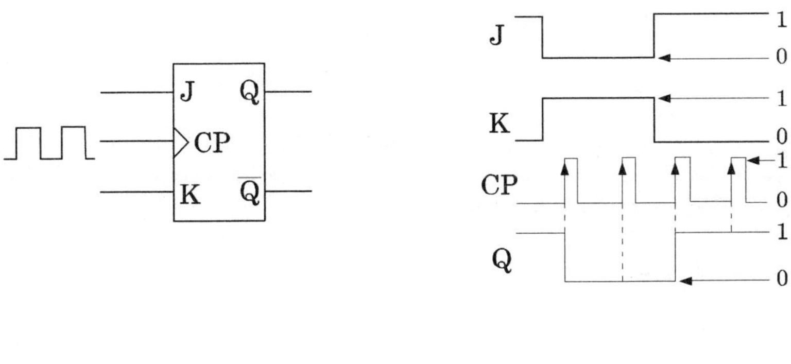

㉮ J＝0, K＝0일 때는 : 전 상태를 그대로 유지

㉯ J＝0, K＝1일 때는 : CP입력이 있으면 Q＝0, $\overline{Q}$ ＝1로 reset상태

㉰ J＝1, K＝0일 때는 : CP입력이 있으면 Q＝1, $\overline{Q}$ ＝0로 set상태

그러므로 어느 경우나 J와 K의 상태가 정해져 있기만 해가지고는 출력의 상태는 변화하지 않고 CP입력에 펄스(clock)가 들어가서 비로서 출력이 정해진다. 즉 CP입력이 있을 때 J값에 따른다.

예제 7.21

JK 풀립 풀롭에서 J=1,K=1로 입력 될 때 풀립 플롭은 어떤 변화를 갖는가?

해설 먼저 내용에 대한 complement로 된다.

J K	Q_{t+1}
0 0	Qt
0 1	0
1 0	1
1 1	$\overline{Qt}$

⑥ 마스터 슬레이브 JK－플립 플롭

㉠ 레이싱의 결합을 방지하기 위하여 2개의 플립 플롭 사이에 전달회로를 두고 이것을 시각 펄스로 제어한다.

㉡ 전단을 마스터(master) 플립 플롭, 후단을 슬레이브(Slave) 플립 플롭이라 한다.

㉢ 동작 원리

2개의 시각 펄스로 제어할 경우

㉮ 그림 7.1과 같이 전단을 마스터(master) FF(1), 후단을 슬레이브(slave) FF(2)라 하면 시간차를 가지는 2개의 시각 펄스를 두어 각 FF(1)과 FF(2)에 공급한다.

㉯ 입력이 동시에 1(J=K=1) 레벨일 때 FF(1)은 시각 펄스 C_1에 의해서 출력 상태를 반전 하고 FF(2)는 시각 펄스 C_2가 아직 0 레벨이므로 앞의 상태를 계속 유지한다.

㉰ 시각 펄스 C_2가 1 레벨이 되면 FF(2)는 FF(1)의 상태로 반전되나 FF(1)의 상태는 시각 펄스 C_1이 아직 0 레벨이므로 반전되지 않아 레이싱 현상이 발생하지 않는다.

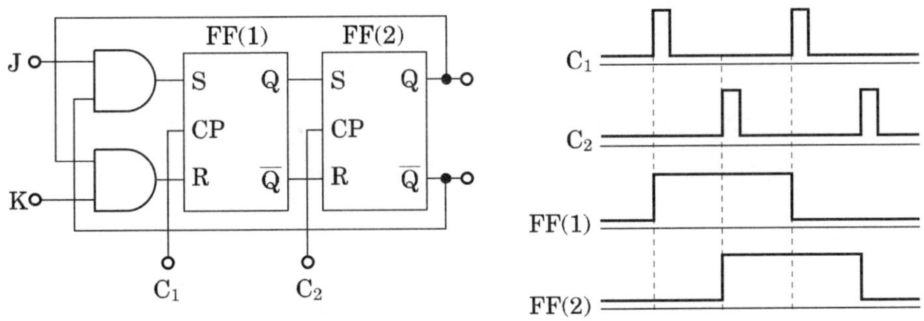

(a) 논리 회로 (b) 타이밍 차트

그림 7.1 마스터 슬레이브 JK 플립 플롭 논리회로와 타이밍 차트

(4) T 플립 플롭(Toggle flip flop)

① T 플립 플롭은 J-K 플립 플롭의 두 입력을 한데 묶어서 하나의 입력으로 만든 것이다.

② 동작

㉠ T = 0이면 J = K = 0인 JK 플립 플롭과 같이 동작하므로 출력 Q는 변하지 않는다. ($Q_{n+1} = Q_n$)

㉡ T = 1이면 J = K = 1인 JK 플립 플롭과 같이 동작하므로 출력 Q의 상태가 반전된다. ($Q_{n+1} = \overline{Q_n}$)

③ 그러므로 T 플립 플롭은 클럭 펄스가 가해질 때마다 출력상태가 반전된다(toggle).

④ 출력 파형의 주파수는 입력 주파수의 $\frac{1}{2}$이 되기 때문에 $\frac{1}{2}$분주 회로 또는 계수 회로에 많이 사용한다.

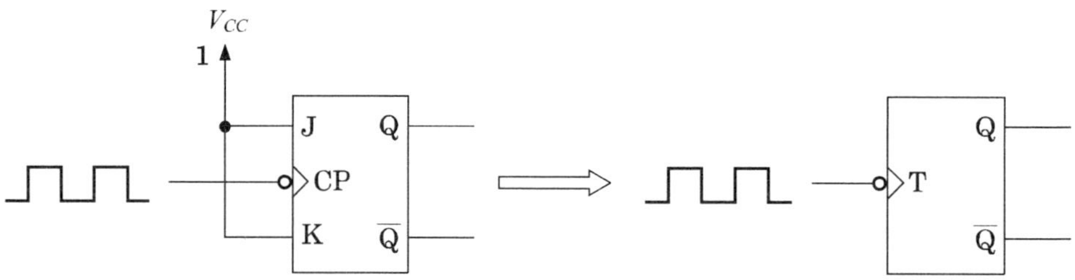

(a) 논리 회로

T	Q_{n+1}
0	Q_n
1	$\overline{Q_n}$

(b) 진리표

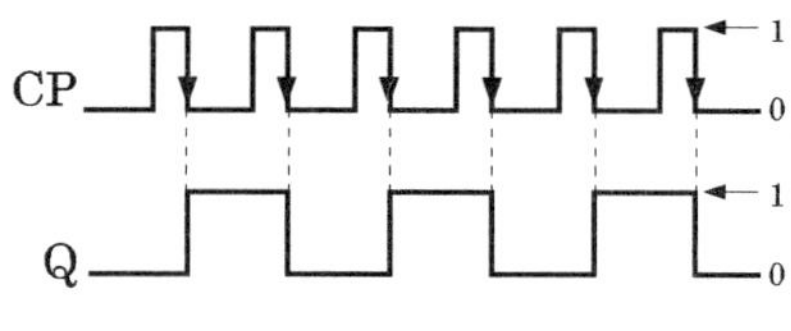

(c) 타이밍 차트

그림 7.2 T 플립 플롭 논리회로와 타이밍 차트

예제 7.22

그림과 같은 플립-플롭 회로를 3개 직렬접속한 후 입력에 1000Hz의 펄스를 가했다면 마지막 단 플립플롭에서 나타나는 신호의 주파수는 몇 Hz인가?

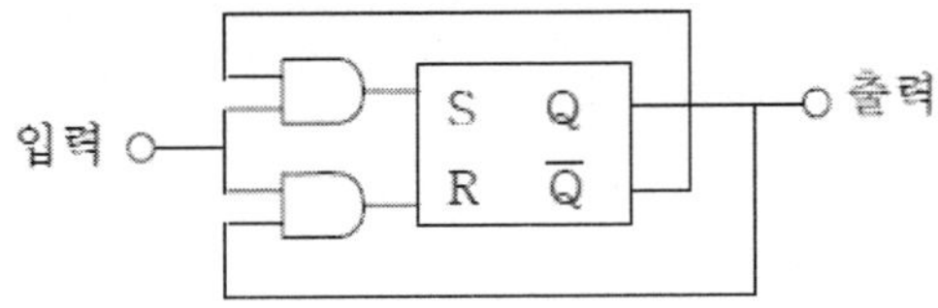

해설 플립 플롭 3개 : $2^3 = 8$

출력주파수 = 입력주파수÷ 2^3에서

$\frac{1000}{8} = 125[Hz]$

＊연습문제＊

01 2진법의 수 11011을 10진법의 수로 고치면?

㉮ 54　　㉯ 31　　㉰ 27　　㉱ 4

해설 $(11011)_2 = 1\times2^4 + 1\times2^3 + 0\times2^2 + 1\times2^1 + 1\times2^0 = 16+8+2+1$
$= (27)_{10}$

02 1010.011의 2진수를 10진수로 변환하면?

㉮ $(6.376)_{10}$　　㉯ $(14.254)_{10}$
㉰ $(10.375)_{10}$　　㉱ $(18.923)_{10}$

해설 $(1010.011)_2 = 1\times2^3 + 0\times2^2 + 1\times2^1 + 0\times2^0 + 0\times2^{-1} + 1\times2^{-2}$
$+ 1\times2^{-3} = (10.375)_{10}$

03 10진법의 31을 2진수로 고치면?

㉮ 11110　　㉯ 11001　　㉰ 11111　　㉱ 10101

해설 $\frac{31}{2} = 15 + \frac{①}{2}$

$\frac{15}{2} = 7 + \frac{①}{2}$

$\frac{7}{2} = 3 + \frac{①}{2}$

$\frac{3}{2} = 1 + \frac{①}{2}$

$\frac{1}{2} = 0 + \frac{①}{2}$　$(31)_{10} = (11111)_2$

04 16진수 AF_{16}을 10진수로 고치면?

㉮ 25 ㉯ 26 ㉰ 175 ㉱ 176

해설 $(AF)_{16} = A \times 16^1 + F \times 16^0$(여기서, A = 10, F = 15)

$= 10 \times 16 + 15 \times 1 = (175)_{10}$

05 다음은 2진법으로 표시된 수의 덧셈이다. 계산결과가 10진법의 수로 옳게 된 것은?

$1101 + 100101 = A$

㉮ 46 ㉯ 43 ㉰ 50 ㉱ 52

해설

$$\begin{array}{r} 100101 \\ +\ 1101 \\ \hline 110010 \end{array}$$

$\therefore (110010)_2 = 1 \times 2^5 + 1 \times 2^4 + 0 \times 2^3 + 0 \times 2^2 + 1 \times 2^1 + 0 \times 2^0 = (50)_{10}$

06 10110의 1의 보수 중 옳은 것은?

㉮ 01001 ㉯ 01010 ㉰ 0111 ㉱ 11011

해설 2진수의 1에 대한 보수는 0과 1을 바꾸어 놓은 결과로 된다. 그러므로 10110의 1보수는 01001이 된다.

07 2진수 1110의 2의 보수는?

㉮ 0001 ㉯ 1111 ㉰ 0010 ㉱ 0110

해설 2진수의 2의 보수는 1의 보수를 구한 다음 가장 낮은 자리에 1을 더하면 얻을 수 있다(2의 보수=1의 보수+1). 그러므로 1110의 1의 보수는 0001이 되고 여기에 1을 더하면 0010이 된다. 즉 최초로 1이 나올 때까지는 변하지 않고 그 다음부터 변한다.

08 다음 중 2진화 10진 코드는?

㉮ BCD 코드 ㉯ Exess 3 코드
㉰ Gray 코드 ㉱ 2-5 코드

해설 2진화 10진 코드는 한자리의 10진수를 4bit의 2진수로 표시한 것으로 10진수와의 변환이 간편하게 되도록 만든 수의 표현방법으로 BCD 코드 또는 8421 코드라고도 한다.

09 10진수의 5는 BCD 코드로 얼마인가?

㉮ 0101 ㉯ 1010 ㉰ 1001 ㉱ 0110

해설 10진수와 BCD 코드의 관계

10 진수	BCD 코드	10 진수	BCD 코드
0	0000	5	0101
1	0001	6	0110
2	0010	7	0111
3	0011	8	1000
4	0100	9	1001

표에 의해서 $(5)_{10} = (0101)_{BCD}$

10 다음 부울 대수식 중 성립하지 않는 것은?

㉮ $A + A = A$ ㉯ $A + 1 = 1$
㉰ $A + \overline{A} = 1$ ㉱ $A \cdot A = 0$

해설 $A \cdot A = A$

11 드모르간(De Morgan)의 정리를 옳게 나타낸 것은?

㉮ $\overline{A + B} = A + B$ ㉯ $\overline{A + B} = A \cdot B$
㉰ $\overline{A + B} = \overline{A} \cdot \overline{B}$ ㉱ $\overline{A + B} = \overline{A} + \overline{B}$

해설 드모르간(De Morgan)정리 $\overline{A + B} = \overline{A} \cdot \overline{B}$, $\overline{A \cdot B} = \overline{A} + \overline{B}$

12 $\overline{\overline{A+B}}$를 드모르간(De Morgan)으로 정리하면?

㉮ $A \cdot B$ ㉯ $\overline{A \cdot B}$ ㉰ $A+B$ ㉱ $\overline{A+B}$

해설 $\overline{\overline{A}}=A$이므로 $\overline{\overline{A+B}}=A+B$이다.

13 그림과 같은 Karnaugh도를 간소화한 함수는?

A \ B	0	1
0	1	1
1	0	0

㉮ $\overline{A}$

㉯ A

㉰ B

㉱ $\overline{B}$

해설 $X=\overline{A}B+\overline{A}\overline{B}=\overline{A}(B+\overline{B})=\overline{A}$

14 다음 진리표는 무슨 회로인가?

입력1	입력2	출력
1	1	1
1	0	1
0	1	1
0	0	0

㉮ AND 회로

㉯ OR 회로

㉰ NOT 회로

㉱ NAND 회로

해설 입력이 하나라도 1이면 출력이 1이 되는 OR 회로이다.

15 배타적(Exclusive) OR와 같은 논리 표현식은?

㉮ $A+B$ ㉯ $\overline{A+B}$
㉰ $AB+\overline{A}\,\overline{B}$ ㉱ $A\overline{B}+\overline{A}B$

해설 배타 논리합 회로(exclusive OR, EOR gate)는 2개의 입력을 가지는 경우, 그 입력이 모두 같을 때 논리 0이 되고 다를 때에는 논리 1이 된다. 즉 $X=A\oplus B=\overline{A}B+A\overline{B}$이다.

16 2진수 덧셈 101과 111의 합은 2진수로 얼마인가?

㉮ 1100 ㉯ 1110 ㉰ 1101 ㉱ 1001

해설
$$\begin{array}{r} 101 \\ +\ 111 \\ \hline 1100 \end{array}$$

17 다음은 2진법으로 표시된 수의 덧셈이다. 계산결과가 10진법의 수로 옳게 된 것은?
$(1101)_2+(100101)_2=(\mathrm{X})_{10}$

㉮ 46 ㉯ 43 ㉰ 50 ㉱ 52

해설
$$\begin{array}{r} 100101 \\ +\ \ 1101 \\ \hline 110010 \end{array}$$
$$(110010)_2=1\times2^5+1\times2^4+0\times2^3+0\times2^2+1\times2^1+0\times2^0=(50)_{10}$$

18 2진수 01010의 2의 보수를 만든 것 중 옳은 것은?

㉮ 10110 ㉯ 10101 ㉰ 11110 ㉱ 10100

19 $(396)_{10}$을 8421 코드를 사용하여 표시하면 옳은 것은?

㉮ 0011 1000 0110 ㉯ 0101 1111 1011
㉰ 0011 1001 0011 ㉱ 0011 1001 0110

해설 $(396)_{10}=(\frac{1101}{3}\ \frac{1001}{9}\ \frac{0110}{6})_{BCD}$

20 부울 대수식 $\overline{A+B}$ 와 같은 것은?

㉮ A ㉯ B ㉰ $\overline{A}+\overline{B}$ ㉱ $\overline{A}\cdot\overline{B}$

21 $\overline{(A+\overline{B})(\overline{A}+B)}$ 를 간단히 한 식을 구하면?

㉮ $\overline{A}B+A\overline{B}$ ㉯ AB ㉰ $\overline{A}B$ ㉱ $\overline{A}B+A$

해설 $\overline{(A+\overline{B})(\overline{A}+B)}=(\overline{A+\overline{B}})+(\overline{\overline{A}+B})=\overline{A}\cdot\overline{\overline{B}}+\overline{\overline{A}}\cdot\overline{B}=\overline{A}B+A\overline{B}$

22 부울 대수식 $X=AC+ABC$ 를 간소화 하면?

㉮ AC ㉯ AB ㉰ ABC ㉱ BC

해설 $X=AC+ABC=AC+ACB=AC(1+B)=AC1=AC$

23 다음 논리함수 $Y=AB+A\overline{B}+\overline{A}B$ 를 간소화 하면 옳은 것은?

㉮ $A+B$ ㉯ $\overline{A}+\overline{B}$
㉰ $(A+\overline{A})+(B+\overline{B})$ ㉱ $(AB+A\overline{B})(AB+\overline{A}B)$

해설 $Y=AB+A\overline{B}+\overline{A}B=A(B+\overline{B})+\overline{A}B=A+\overline{A}B=(A+\overline{A})(A+B)$
$=A+B$

24 다음 3변수 카르노우드가 나타내는 함수는?

AB \ C	0	1
0 0	0	0
0 1	0	0
1 0	1	0
1 1	1	1

㉮ $\overline{A}+A\overline{B}C$

㉯ $AB+A\overline{C}+C$

㉰ $AB+A\overline{C}$

㉱ $A\overline{B}C$

해설 $f=AB\overline{C}+\overline{A}\,\overline{B}\,\overline{C}+ABC=AB(\overline{C}+C)+A\overline{B}\,\overline{C}=A(B+\overline{B}\,\overline{C})$
$=A(B+\overline{C})=AB+A\overline{C}$

25 다음 중에서 배타적(exclusive) 오아게이트(OR gate)의 부울 대수식 표현방법 중 옳지 않은 것은?

㉮ $AB+\overline{A}\,\overline{B}$　　　　　　　㉯ $\overline{A}B+A\overline{B}$

㉰ $(A+B)\cdot(\overline{A}+B)$　　　　　㉱ $(A+B)(\overline{A\cdot B})$

해설 배타적 OR게이트는 $X=\overline{A}B+A\overline{B}$ 이다.

$(A+B)\cdot(\overline{A}+\overline{B})=A\overline{A}+A\overline{B}+\overline{A}B+B\overline{B}=\overline{A}B+A\overline{B}$

$(A+B)\cdot(\overline{A\cdot B})=(A+B)(\overline{A}+\overline{B})=\overline{A}B+AB$

정 답	01 ㉰ 02 ㉰ 03 ㉰ 04 ㉰ 05 ㉰ 06 ㉮ 07 ㉰ 08 ㉮ 09 ㉮ 10 ㉱ 11 ㉰ 12 ㉰ 13 ㉮ 14 ㉯ 15 ㉱ 16 ㉮ 17 ㉰ 18 ㉮ 19 ㉱ 20 ㉱ 21 ㉮ 21 ㉮ 22 ㉮ 24 ㉰ 25 ㉮

✲과년도문제✲

01 다음 그림과 같은 회로의 명칭은?

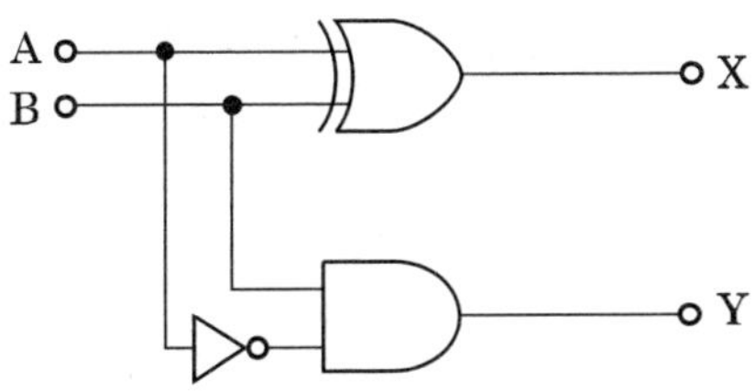

㉮ 가산기 ㉯ 감산기 ㉰ 반감산기 ㉱ 비교기

02 다음 반가산기의 구성요소로 알맞은 것은?

㉮ 베타적 OR게이트와 AND게이트

㉯ JK 플립 플롭

㉰ 2개의 OR게이트

㉱ RS 플립 플롭과 D 플립 플롭

해설 2개의 피 연산자(오퍼랜드, operand)를 더하는 가산기이다.

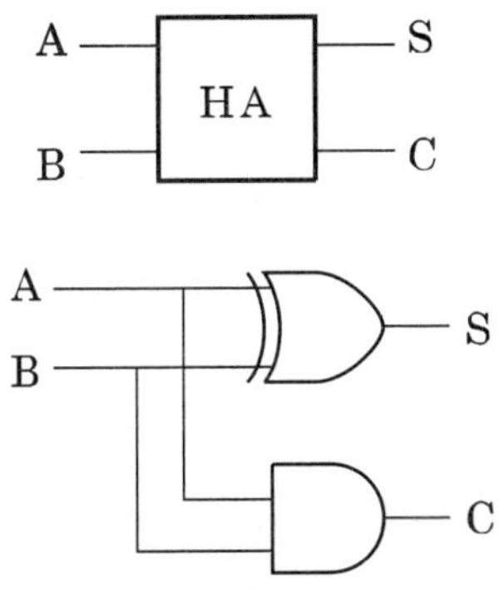

입 력		출 력	
A	B	S	C
0	0	0	0
0	1	1	0
1	0	1	0
1	1	0	1

$S=\overline{A}B+A\overline{B}=A\oplus B$

$C=AB$

03 347_{10}를 BCD 코드로 표시하면?

㉮ 0011 0100 0111 ㉯ 0001 0101 0010
㉰ 1010 1010 0110 ㉱ 0110 1101 1000

해설 $2^3 2^2 2^1 2^0$ $2^3 2^2 2^1 2^0$ $2^3 2^2 2^1 2^0$
3 = 0011, 4 = 0100, 7 = 0111로 변환하면 된다.

04 다음 중 드모르간의 법칙에 해당되는 것은?

㉮ $\overline{AB} = \overline{A} + \overline{B}$ ㉯ $AB = BA$
㉰ $A(B+C) = AB + AC$ ㉱ $A(A+B) = A$

해설 부울 대수의 법칙

$\overline{x_1 + x_2 + x_3 + \dots + x_n} = \overline{x_1} \cdot \overline{x_2} \cdot \overline{x_3} \cdots \overline{x_n}$

$\overline{x_1 \cdot x_2 \cdot x_3 \cdots x_n} = \overline{x_1} \cdot \overline{x_2}\,\overline{x_3} \cdots \overline{x_n}$

05 10진 BCD코드를 LED출력으로 표시하려면 어떤 디코더 드라이브가 필요한가?

㉮ BCD-10 세그멘트 ㉯ Octal-10 세그멘트
㉰ BCD-7 세그멘트 ㉱ Octal-7 세그멘트

06 다음 중 특정 비트 값을 무조건 0으로 바꾸는 연산은?

㉮ XOR연산 ㉯ 선택적-세트연산
㉰ 선택적-보수연산 ㉱ 마스크연산

07 다음 회로의 명칭은?

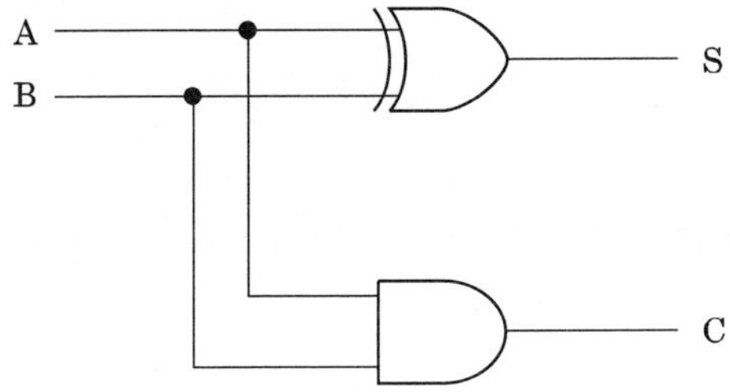

㉮ 반가산기 ㉯ 반감산기
㉰ 전가산기 ㉱ 전감산기

08 입력 주파수 512 [kHz]를 T 플립 플롭 7개 종속 접속한 회로에 인가했을 때 출력 주파수는 얼마인가?

㉮ 256 [kHz] ㉯ 8 [kHz] ㉰ 4 [kHz] ㉱ 2 [kHz]

해설 $2^7 = 128$, $\frac{512}{128} = 4$ [kHz]

09 8진수 $(67)_8$을 16진수로 바르게 표현한 것은?

㉮ $(43)_{16}$ ㉯ $(37)_{16}$ ㉰ $(55)_{16}$ ㉱ $(34)_{16}$

해설 먼저 (67)을 십진수로 고치면 $6 \times 8^1 + 7 \times 8^0 = 55$

55/16
3(몫) ⋯ 7(나머지)
$(37)_{16}$

10 다음 논리식을 최소화시킬 때 올바른 것은?

$F = (A + B)(A + \overline{B})$

㉮ A ㉯ $A + B$ ㉰ $A + \overline{B}$ ㉱ $A\overline{B}$

해설 $F = AA + A\overline{B} + AB + B\overline{B}$

$F = A + A(\overline{B} + B) + B\overline{B}$

$\overline{B} + B = 0$, $B\overline{B} = 0$

11 한 자리의 2진수 A, B를 입력으로 하여 출력 $S = B\overline{A} + A\overline{B}$를 취할 수 있는 회로를 무엇이라 하느냐?

㉮ 적산기　　㉯ 반감산기　　㉰ 반가산기　　㉱ 감산기

해설 반가산기 회로는 2개의 피 연산자(오퍼랜드, operand)를 더하는 가산기이다. 반가산기의 출력은 $S = B\overline{A} + A\overline{B}$이다.

12 1의 보수기에 대한 설명으로 적합한 것은?

㉮ 감산기를 이용하지 않고 감수의 보수를 이용하여 가산기만으로 뺄셈을 한다.

㉯ 감수의 보수를 이용하지 않고 피 감수의 보수를 이용하여 감산기만으로 뺄셈을 한다.

㉰ 감산기를 이용하지 않고 피 감수의 보수를 이용하여 가산기만으로 뺄셈을 한다.

㉱ 피 감수의 보수를 이용하여 감산기만으로 뺄셈을 한다.

13 다음 논리함수 $Y = AB + A\overline{B} + \overline{A}B$를 간소화 하면 옳은 것은?

㉮ $A + B$　　㉯ $\overline{A} + \overline{B}$

㉰ $(A + \overline{A}) + (B + \overline{B})$　　㉱ $(AB + A\overline{B}) + (AB + \overline{A}B)$

해설

	$\overline{A}$	A	
$\overline{B}$	0	1	
B	1	1	A
		B	

14 다음 보수 발생기를 필요로 하는 회로는?

㉮ 일치회로　　㉯ 가산회로　　㉰ 나눗셈회로　　㉱ 곱셈회로

해설 보수회로(complemente) : 입력 데이터로 표현되는 수의 보수를 출력 데이터로서 표현하는 회로. 하나의 보수를 만들려면 모든 비트의 0과 1을 반전시키면 된다. 2의 보수는 1의 보수를 만든 다음 최하위 자리에 1을 더하면 된다.

15 A, B를 입력으로 하는 반가산기에서 자리올림 신호 C의 논리식은?

㉮ $A-B$　　㉯ $\overline{A}+B$　　㉰ $A \oplus B$　　㉱ $A \cdot B$

해설 2개의 2진수 A와 B를 더한 합 S와 자리올림 C를 얻는 회로. 1자리의 덧셈을 하는 회로도이며 논리식은 $S=\overline{A}B+A\overline{B}=A \oplus B$, $C=A \cdot B$이다.

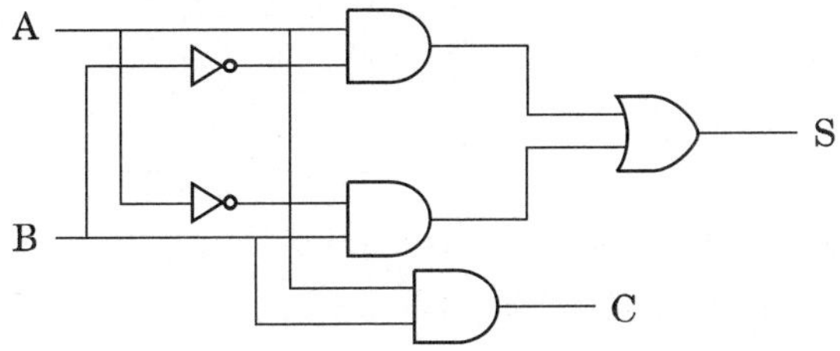

반덧셈기

16 부울대수 $R_L = A+\overline{B}C+C\overline{B}+\overline{A}$

㉮ 1　　㉯ A　　㉰ B　　㉱ C

해설 $R_L=(A+\overline{A})+\overline{B}C+C\overline{B}=1+C\overline{B}=1$

17 다음 논리식을 간단히 하면?

$\overline{\overline{A}+B}+\overline{\overline{A}+\overline{B}}$

㉮ A　　㉯ B　　㉰ AB　　㉱ $A+B$

해설 드모르간의 정리에 의하여
$\overline{\overline{A}+B}+\overline{\overline{A}+\overline{B}}=\overline{\overline{A}}\cdot\overline{B}+\overline{\overline{A}}\cdot\overline{\overline{B}}=A\cdot\overline{B}+A\cdot B=A(B+\overline{B})A$

18 4변수 카르노 맵이 그림과 같이 주어졌을 때 논리식으로 표현하면?

AB \ CD	00	01	10	11
00		1		1
01	1		1	
10		1		1
11	1		1	

㉮ $A \oplus B \oplus C \oplus D$ ㉯ $(A+B) \oplus (C+D)$
㉰ $(A \oplus B)+(C \oplus D)$ ㉱ $AB \oplus CD$

19 다음 카르노 맵의 함수를 간략화한 것은?

x_1x_2 \ x_3x_4	00	01	10	11
00	1			1
01		1	1	
10		1	1	
11	1			1

㉮ $F=\overline{x_1}x_2+x_2x_4+x_1\overline{x_2}$ ㉯ $F=\overline{x_1}\,\overline{x_4}+\overline{x_2}$
㉰ $F=\overline{x_1}\,\overline{x_4}+x_2x_2$ ㉱ $F=\overline{x_3}\,\overline{x_4}+x_2x_2$

20 K 플립 플롭의 동작에 관한 설명으로 옳지 않은 것은?

가. J = 0, K = 0일 때 변하지 않는다.
나. J = 0, K = 1일 때 Q가 0으로 된다.
다. J = 1, K = 0일 때 Q가 1로 된다.
라. J = 1, K = 1일 때 반전되지 않는다.

해설

J	K	Q	Q (t+1)	
0	0	0	0	변화없음
0	0	1	1	
0	1	0	0	리셋
0	1	1	0	
1	0	0	1	세트
1	0	1	1	
1	1	0	-	금지입력
1	1	1	-	

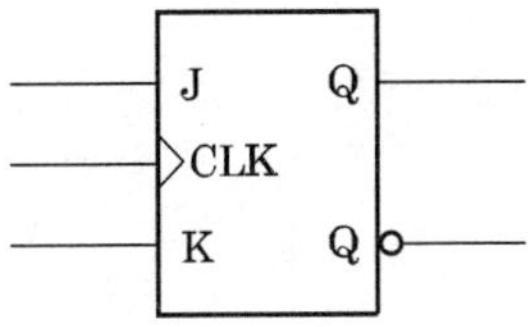

21 논리식 $\overline{A}BC+A\overline{B}C+AB\overline{C}+ABC$을 간단히 하면?

㉮ $B(A+C)$　　　　㉯ $AB+BC+AC$

㉰ $C(A+B)$　　　　㉱ $A+B+C$

22 B급 푸시플 증폭기의 출력 파형에 포함된 고조파는?

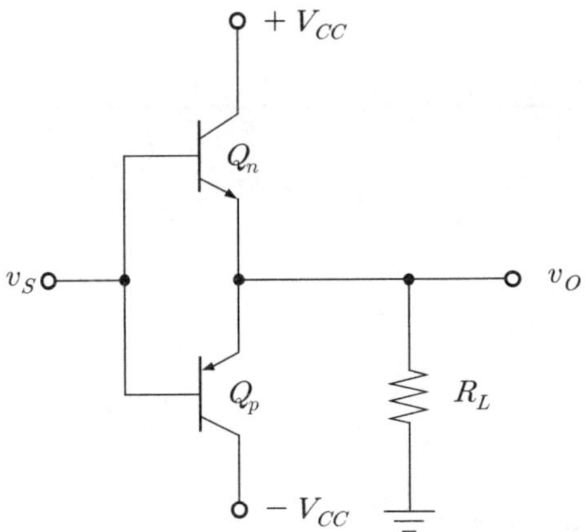

㉮ 기수 고조파　　　　㉯ 우수 고조파

㉰ 제2, 제3고조파　　　　㉱ 기수와 우수의 모든 고조파

해설 특성이 같은 2개의 트랜지스터 출력이 역 위상으로 동작하게 접속하여 정(+), q_n(−)의 반 주기씩을 각각의 트랜지스터로 증폭하여 출력에서 합성하는 방식

① 출력 신호 파형의 찌그러짐이 작아지는 주된 이유는 우수(짝수) 고조파 성부
니 상쇄되고, 기수(홀수) 고조파 성분만 출력되기 때문이다.

② 교차 일그러짐(Cross over distortion)이 생긴다.

23 다음 논리회로의 출력(X)이 옳은 것은?

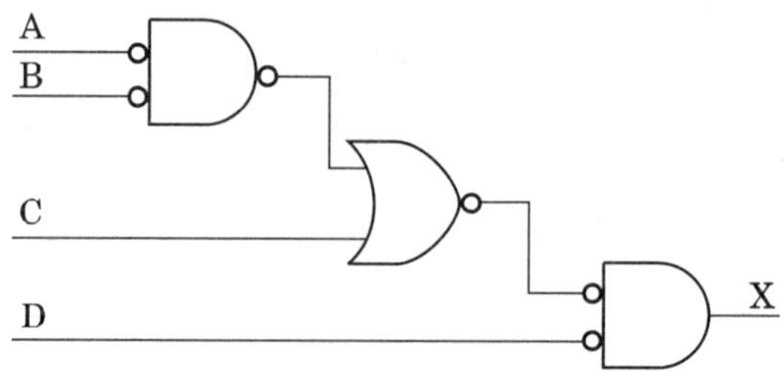

㉮ $(AB+C)\overline{D}$　　㉯ $A+B+C+D$
㉰ $(A+B+C)\overline{D}$　　㉱ $(AB+C\overline{D})$

24 다음 진리치표에 맞는 부울 대수로 맞는 것은?

AB \ C	0	1
00	0	0
01	0	0
11	1	1
10	1	0

㉮ $\overline{A\overline{B}C}$
㉯ $AB+A\overline{C}$
㉰ $AB+A\overline{C}+C$
㉱ $\overline{A}+A\overline{B}C$

25 다음 회로의 기능으로 옳은 것은?

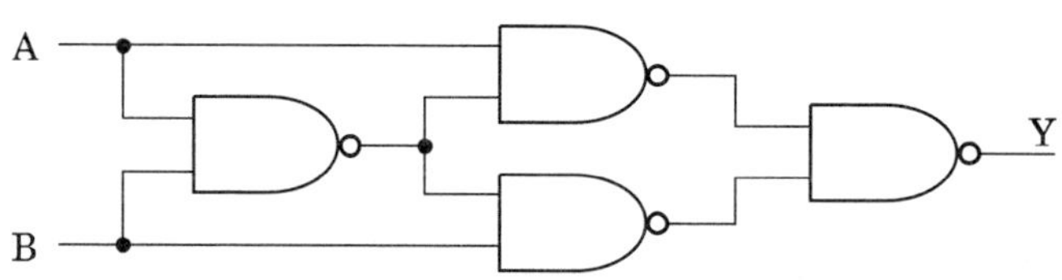

㉮ JK 플립 플롭　　㉯ T 플립 플롭
㉰ Ex-OR　　㉱ 가산기

해설

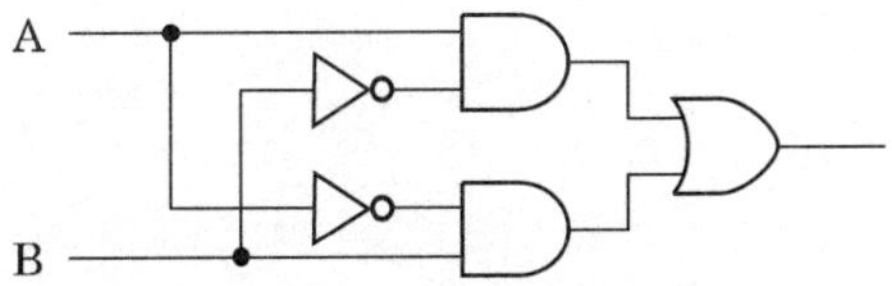

B	A	출력
0	0	0
0	1	1
1	0	1
1	1	0

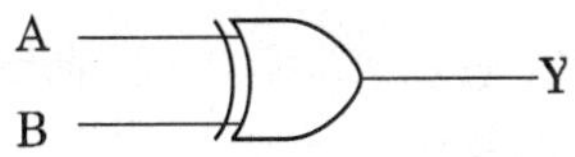

26 Ex-OR와 Ex-NOR에 해당하는 논리식의 상호 변환이 틀린 것은?

㉮ $(\overline{A}+B)(A+\overline{B})=A\oplus B$
㉯ $\overline{A}B+A\overline{B}=A\oplus B$
㉰ $(\overline{A}+\overline{B})(A+B)=A\oplus B$
㉱ $\overline{A}\,\overline{B}+AB=\overline{A\oplus B}$

27 다음 중 플립 플롭 회로를 활용할 수 없는 것은?

㉮ 주파수 분할기　　㉯ 주파수 체배기
㉰ 2진 계수기　　㉱ 기억 소자

28 다음 중 카르노도프를 간략화한 식은?

	$\overline{C}\,\overline{D}$	$\overline{C}D$	CD	$C\overline{D}$
$\overline{A}\,\overline{B}$	0	1	1	1
$\overline{A}B$	0	0	0	1
AB	1	1	0	1
$A\overline{B}$	1	1	0	1

㉮ $A\overline{C}$
㉯ $A\overline{C}+A\overline{B}D$
㉰ $\overline{AB}+AC+C\overline{D}$
㉱ $\overline{A}\overline{B}D+A\overline{C}+C\overline{D}$

해설 ① $\overline{A}\overline{B}D\,Y=\overline{A}\overline{B}D+A\overline{C}+C\overline{D}$
② $A\overline{C}$
③ $C\overline{D}$

29 다음 중 다양한 논리시스템을 설계할 수 있는 범용 논리게이트에 해당하는 것은?

㉮ AND 게이트 ㉯ OR 게이트
㉰ NOR 게이트 ㉱ Exclusiv OR 게이트

30 다음 논리회로와 같은 게이트 회로에 해당하는 것은? (단 A, B는 입력 단자, X는 출력단 자)

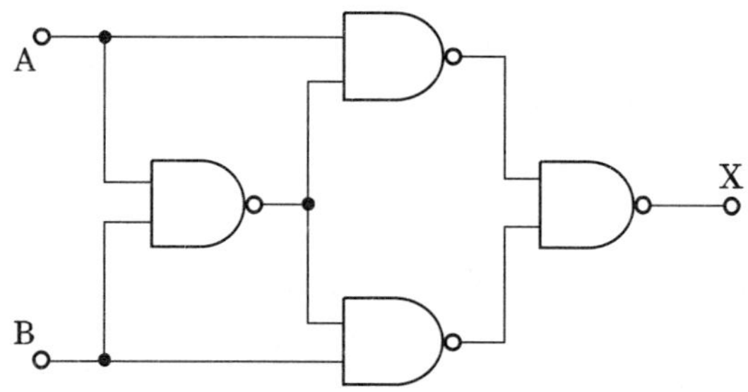

㉮ AND ㉯ OR ㉰ NOR ㉱ Exclusiv OR

31 10진수 4에 해당하는 그레이 코드는 얼마인가?

㉮ 0100 ㉯ 0111 ㉰ 1000 ㉱ 0110

해설 그레이 코드(Gray Code)는 수의 크기가 변할 때 인접한 수 사이에 2진수의 한 자리만 변하게끔(1bit씩만 변함) 만들어진 코드이다.

$4_{(10)}$→0100 그레이코드로 고치면 →→
0 1 0 0
0 1 1 0

32 다음 논리식 중 동작이 설립되지 않은 것은?

㉮ $A+\overline{A}BC=A+BC$

㉯ $AB+A\overline{B}=A$

㉰ $AB+\overline{A}C+BC=AB+\overline{A}C$

㉱ $A\overline{B}+\overline{A}B=(A+B)+(\overline{A}\,\overline{B})$

해설 $X_1=\overline{A\cdot B}=\overline{A}+\overline{B}$, $X_2=A+B$,
$X=(\overline{A}+\overline{B})\cdot(A+B)=\overline{A}B+A\overline{B}$

33 다음 회로와 같은 동작기능을 갖는 플립플롭은? (단, 회로에서 접지는 생략되어 있음.)

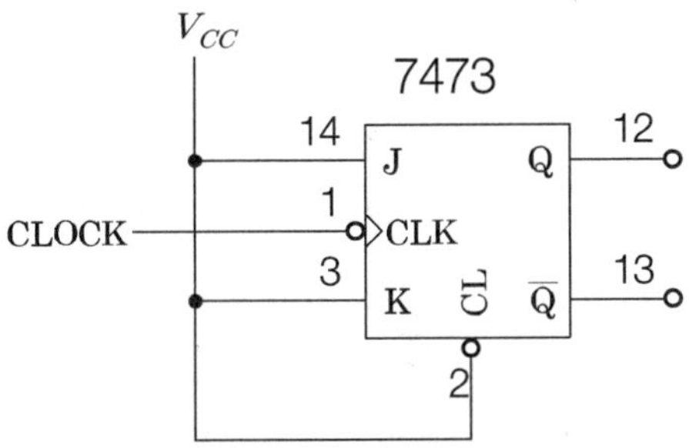

㉮ SR

㉯ JK

㉰ T

㉱ D

해설 ① T flip flop 토글은 클럭 펄스가 인가될 때 출력이 반전되는 플립 플롭
② T=0일 때 J=0, K=0 입력되어 출력 Q(t+1)은 전 상태를 유지하는 불변 상태
③ T=1일 때 J=1, K=1 입력되어 출력 Q(t+1)가 반전되는 토글 상태가 된다.

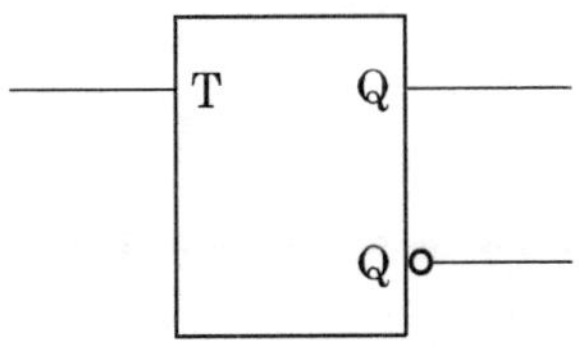

34 다음 그림의 논리회로와 등가인 회로는?

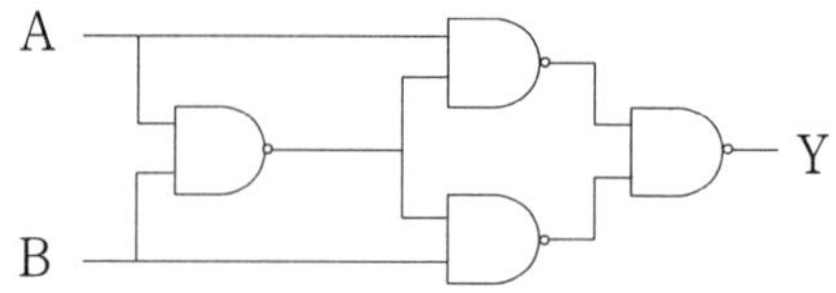

㉮ Half adder　　　㉯ Full adder

㉰ Exclusive OR　　㉱ Exclusive NOR

해설 $Y=\overline{\overline{A}+(A\cdot B)\cdot\overline{B}+(AB)}=A\cdot(\overline{A}+B)+B(\overline{A}+\overline{B})=A\overline{B}+\overline{A}B$

35 그림과 같은 다이오드 게이트의 출력 Y는 약 얼마인가?

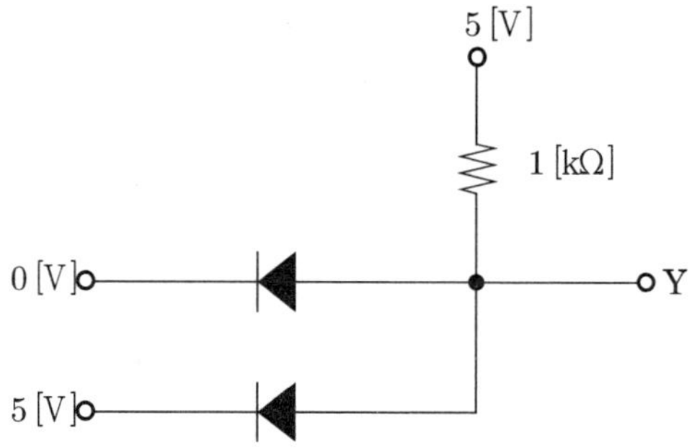

㉮ 0 [V]　　㉯ 5 [V]

㉰ 10 [V]　　㉱ 15 [V]

해설 AND회로이므로 Y = 0

정 답

01 ㉰ 02 ㉮ 03 ㉮ 04 ㉮ 05 ㉰ 06 ㉱ 07 ㉮ 08 ㉰ 09 ㉯ 10 ㉮

11 ㉰ 12 ㉮ 13 ㉮ 14 ㉰ 15 ㉱ 16 ㉮ 17 ㉮ 18 ㉮ 19 ㉰ 20 ㉱

21 ㉯ 22 ㉮ 23 ㉰ 24 ㉯ 25 ㉰ 26 ㉮ 27 ㉯ 28 ㉱ 29 ㉰ 30 ㉱

31 ㉱ 32 ㉱ 33 ㉰ 34 ㉰ 35 ㉮

☘과년도문제☘

01 2진코드 0011과 0100을 더하여 그레이코드(Gray Code)로 변환한 값은?

① 0100

② 0101

③ 0111

④ 1001

해설 · 2진 코드

1. $(0011)_2 + (0100)_2 = (0111)_2$

2. 그레이 → 2진수

그레이코드 0 1 0 0

2진수 0 1 1 1

2진수 → 그레이

2진수 0 1 1 1

↓ ↓ ↓ ↓

그레이코드 0 1 0 0

0, 0+1=1, 1+1 = 0, 1+1=0

최상위비트 0이 내려온다.

좌우간 비트를 더한다.

02 진리표가 다음과 같을 때 해당되는 게이트는?

A	B	Y
0	0	1
0	1	0
1	0	0
1	1	0

① AND

② OR

③ NAND

④ NOR

03 16진수 $(2AE)_{16}$16을 8진수로 변환하면?

① $(257)_8$ ② $(1256)_8$ ③ $(2557)_8$ ④ $(4317)_8$

해설 ① 16진수는 2진수 4자리로 표현되며, 8진수는 2진수 3자리로 표현된다.

② $(2AE)_{16}$

$\therefore A = 10, B = 11, C = 12, D = 13, E = 14, F = 15$

ⓐ 먼저 16진수를 2진수로 변환시킨다.

$2 \quad A \quad E$

0010 1010 1110

ⓑ 2지수로 변환된 수를 8진수로 바꾼다. $2^2 2^1 2^0$

001 010 101 110 (8진수)로 변환하면

001→1 ,010→2 ,101→5 ,110→6

04 다음과 같은 논리 함수를 구현할 때 최소의 게이트를 사용할 수 있도록 단순화시킨 것으로 맞는 것은?

$$V = \bar{A} \cdot C + \bar{A} \cdot B + A \cdot \bar{B} \cdot C + B \cdot C$$

① $V = \bar{B} \cdot C + B \cdot C + \bar{A} \cdot B \cdot \bar{C}$

② $V = C + \bar{B} \cdot C$

③ $V = A \cdot C + \bar{A} \cdot B + \bar{A} \cdot C$

④ $V = C + \bar{A} \cdot B$

05 다음과 같은 파형을 클록 (CP)형 T플립 플롭에 가하였을 때 출력 파형으로 맞는 것은 단, T 플립플롭은 상승 엣지(Edge)에서 동작하고 클록이 입력되기 전의 T플립플롭의 출력은 0이다.)

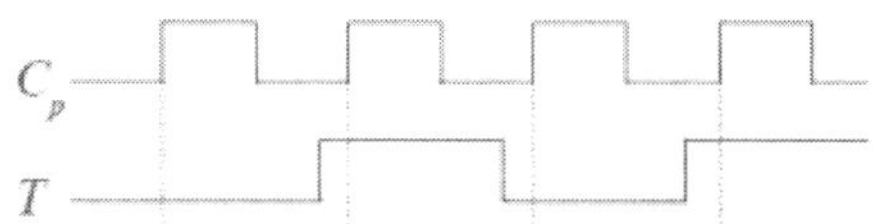

① 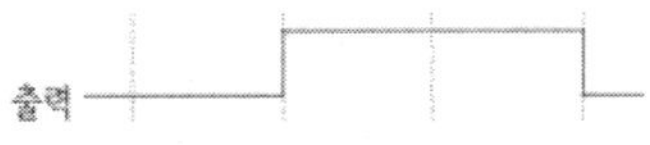

② 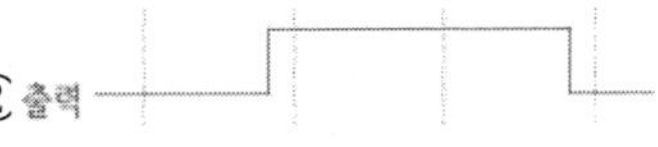

③ 

④ 

해설 T 플립플롭은 토글의 의미로써 클락 펄스가 인가될 때 마다 출력이 반전되는 플립플롭으로써, J-K입력을 한 개로 묶어서 하나의 입력신호 T를 이용하는 플립플롭으로 다음 출력 값이 입력 값의 반전되며, 카운터 구성에 자주 활용된다.

CP	*T*	*Q(t+1)*
0	*0*	*Q(t)*
0	*1*	

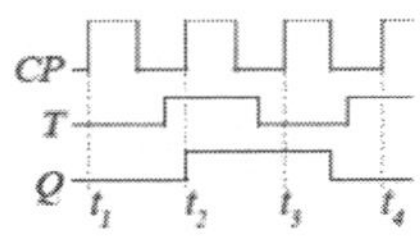

06 다음 그림과 같은 논리회로는 어떤 기능을 수행하는가?

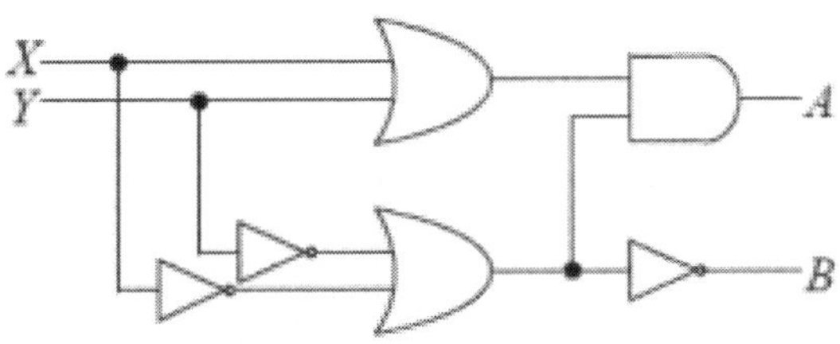

① 일치회로　　② 반가산기
③ 전가산기　　④ 반감산기

07 논리함수 $f(a, b, c) = a\bar{b} + \bar{a} + b$의 부정을 구한 것은?

① $a\bar{b}$　　② $\bar{a} + b$　　③ 0　　④ 1

해설 $\overline{a\bar{b} + \bar{a} + b} = \overline{a\bar{b}} \cdot \bar{\bar{a}} \cdot \bar{b} = (\bar{a} + \bar{\bar{b}}) \cdot a \cdot \bar{b} = (\bar{a} + b) \cdot a\bar{b} = \bar{a}a\bar{b} + a\bar{b}b$ 여기서 $x \cdot \bar{x} = 0$ 이므로

$\bar{a}a\bar{b} + a\bar{b}b = 0 \cdot \bar{b} + a \cdot 0 = 0$

08 다음 중 클리퍼(Clipper) 회로에 대한 설명으로 옳은 것은?

① 입력 파형을 주어진 기준전압 레벨 이상 또는 이하로 잘라내는 회로
② 일정한 레벨 내에서 신호를 고정시키는 회로
③ 특정 시각에 발진 동작을 시키는 회로
④ 안정 상태와 준안정 상태를 번갈아 동작하는 회로

해설 · 클리퍼회로: 클리핑회로라고도 하며, 클리퍼회로는 입력파형을 적당한 level로 잘라내는 파형변환회로의 일종이다.
· 클리퍼회로는 신호를 전송할 때 기준 값보다 높은 부분 또는 낮은 부분 등 원하는 부분만을 전송하기 위해서 사용한다.

09 8진수 666.6을 10진수로 변환한 값은 얼마인가?

① 430.75 ② 434.75
③ 438.75 ④ 442.75

해설 $(666.66)_8 = 6\times8^2+6\times8^1+6\times8^0+6\times8^{-1}$
$= 6\times64+6\times8+6\times1+6\times0.125 = (438.56)_{10}$

10 십진수 673을 16진수로 바꾸면?

① 2B1 ② 2A1 ③ 291 ④ 2C1

11 10진수 3의 BCD코드와 4의 BCD코드를 더한 3초과 코드로 맞는 것은?

① 0111 ② 1010 ③ 1011 ④ 0110

해설 · 3초과 코드(Excess-3 code)

1. 3초과 코드는 비 가중코드(unweighted code)의 대표적인 것으로, 이것은 8421 code에 (3) 또는 (0011) 을 더하여 만든 코드이다.
2. 8421 code에서 합계가 9를 넣으면 덧셈을 할 수 없게 되는 단점을 보환시키기 위한 코드이다.
3. $(3)_{10}+(4)_{10}\rightarrow(0011)BCD+(0100)BCD=(0111)BCD$

3초과 코드 $(0111)BCD+(0011)=(1010)$

12 10진수 8을 3초과 코드(Excess-3 code)로 맞게 변환한 값은?

① 1000 ② 1001 ③ 1011 ④ 1111

해설 · 3초과 코드(Excess-3 code)는 BCD 코드에 십진수3 (2진수 0011)를 합하여 만든 코드로서 각 digit의 자릿수가 일정한 값 (weight)을 갖지 않는 비가중치(unweighted code)이다.

810→(1000)8421→(1011)3초과

8을 2진수로 고치면 1000+0011(3)를 하면 1011이 된다.

정 답 1 ① 2 ④ 3 ② 4 ④ 5 ① 6 ② 7 ③ 8 ③ 9 ③ 10 ② 11 ② 12 ③

제 8 장
응용논리회로

8.1 계수기(Counter) 회로

입력 펄스가 들어올 때마다 미리 정해진 순서대로 플립 플롭의 상태가 변하는 것을 이용한 것으로 보통 여러 개의 플립 플롭과 논리 게이트의 조합으로 구성되며, 계수기 회로는 비동기형 계수기와 동기형 계수기가 있다.

시프트레지스터는 수를 기억할 수 있고, 한자리 씩 자리 이동을 하면서 펄스열을 출력시킬 수 있는 레지스터이다.

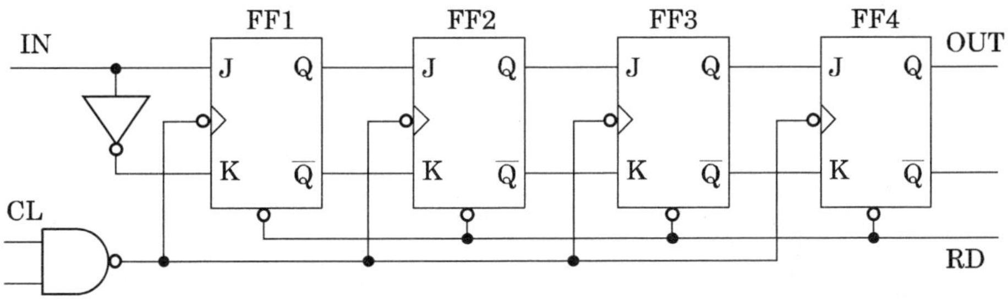

그림 8.1 시프트레지스터

1. 비동기식 카운터(Asynchronous counter) 회로

첫 번째 플립 플롭에만 클록 펄스가 인가되고 이후에는 전단의 클록을 입력으로 사용하는 것으로, 각각의 플립 플롭에 클록이 들어가는 시간이 일치하지 않는 계수기를 말한다.

(1) 2진 리플 카운터 회로

T 또는 JK F/F으로 구성하며, 이 계수기가 계수할 때 가질 수 있는 총 출력 상태는 n개의 F/F를 사용하면 2^n가지가 얻어진다.

(2) 비동기형 2^n진 카운터 회로

JK F/F n개를 연결하여 만든 카운터로 JK F/F를 사용하면 첫 번째 F/F은 외부에서 가하는 클록 입력에 의하여 트리거 되고, n번째 F/F의 출력은 (n+1)번째 F/F를 트리거 한다.

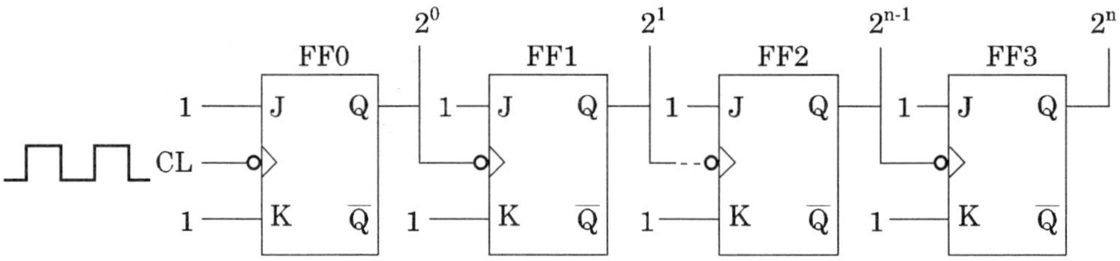

그림 8.2 비동기형 2^n진 카운터회로

(3) 비동기형 N진 카운터 회로

N진 계수기는 N개의 입력 펄스를 계수할 때마다 자리 올림 신호를 내는것을 의미하며, 그 구성은 2^n진 계수기를 기본으로 하여 적당한 게이트를 사용해서 N개가 계수 되도록 설계한다.

N진 계수기를 만들려면 N-1번째의 입력 펄스를 세어 계수 종료 상태를 검출하고, 이와 같은 조건이 만족되면 다음의 펄스로 앞단을 모두 "0"(리셋)상태가 되도록 논리 회로를 구성한다.

그림 8.3과 같이 2^n진 카운터의 다음에 게이트 또는 플립 플롭을 사용하면 2^n진 카운터가 2^n를 카운터 할 때 자리 올림 신호에 따라 마지막 플립 플롭은 1상태로 세트되고, 출력 $\overline{Q}$에 의해서 게이트 G_1이 닫히면서 1단째 입력을 금지시키고, 그 다음 입력 펄스로 게이트 G_2가 열리므로 플립 플롭을 리셋시킨다.

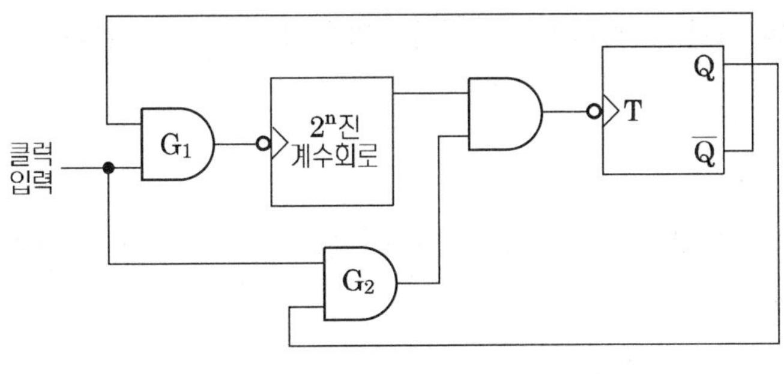

그림 8.3 비동기형 N진 카운터 회로

(4) 상향 카운터(Up counter) 회로

상향 카운터(up counter) 회로는 0000, 0001, 0010, ……, 1111로 입력 펄스 클록이 가해질 때마다 1씩 카운터 값이 증가하는 카운터 회로이다.

1) 구성

그림 8.4와 같이 J−K 플립 플롭의 J입력과 K입력에 논리값 1을 접속시켜 T형 플립 플롭을 구성하고 있다.

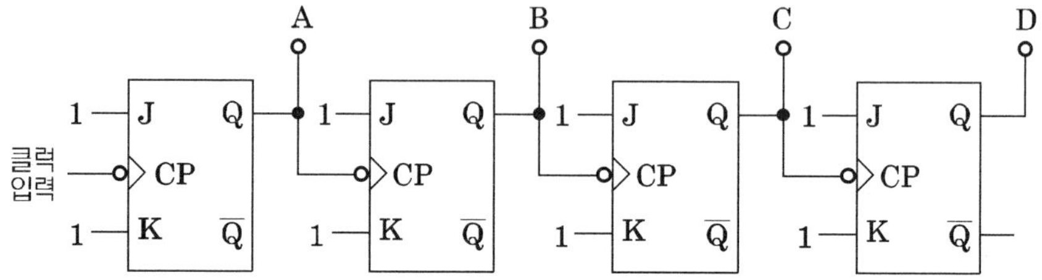

그림 8.4 상향 카운터 회로

(5) 하향 카운터(Down counter) 회로

1111에서 1110, 1101, ……, 0000 등으로 입력 펄스가 들어올 때마다 계수의 내용이 하나씩 감소되는 카운터 회로를 말한다.

1) 구성

상향 계수회로와 동일하나 다른 점은 모든 플립 플롭의 $\overline{Q}$출력으로 다음 단을 트리거 시킨다는 것이다.

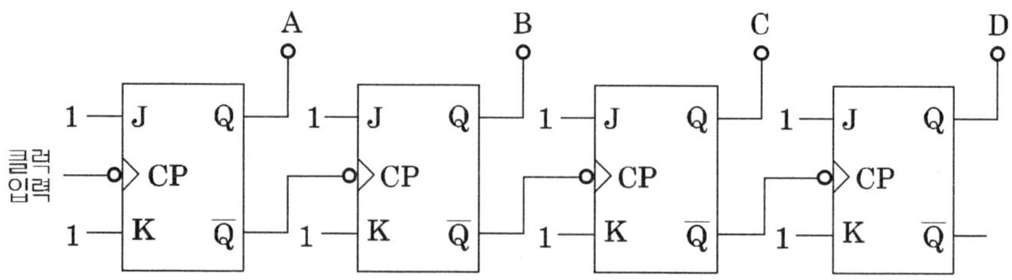

그림 8.5 하향 카운터 회로

2. 동기식 카운터(Synchronous counter)

하나의 공통된 클록 펄스에 의해 플립 플롭들이 트리거 되어 모든 플립 플롭의 상태가 동시에 변화하는 병렬 카운터로 카운터내의 모든 플립 플롭에 클록이 일시에 가해지고 출력 상태가 동시에 변화하는 것을 말한다.

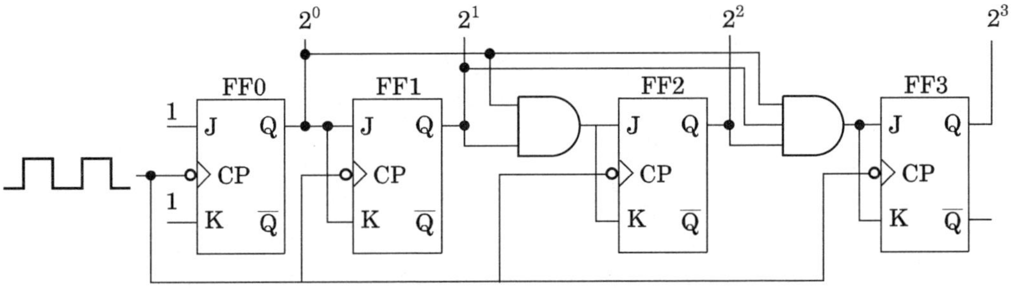

그림 8.6 동기형 16진 카운터 회로

예제 8.01

다음 Counter의 명칭은?

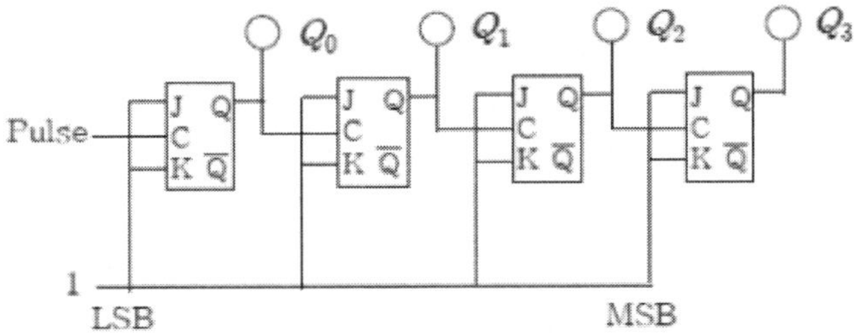

해설 리플 카운터(Ripple Counter)

① 비동기방식의 대표적인 회로이다.

② 플립플롭의 clock pulse 입력이 외부에서 인가되는 것이 아니고 전단의 출력이 Trigger 입력으로 들어온다.

예제 8.02

비동기식 계수기(Counter)와 동기식 카운터를 비교 설명하시오?

해설 1) 비동기식 카운터

① 비동기식 카운터는 리플 카운터라고도 한다.

② 전단의 F/F이 뒷단의 F/F에게 클록펄스를 공급하여 동작시키는 회로이다.

③ 회로가 단순하므로 설계가 쉽다.

④ 동작속도가 느리다

2) 동기식 카운터

① 병렬식 카운터라고도 하며, 각 단이 클록펄스가 인가되는 회로를 말한다.

② 동시에 트리거 입력이 인가되기 때문에 여러 단이 동시에 동작하므로 고속으로 동작한다.

③ 고속으로 동작하는 회로에 널리 이용된다.

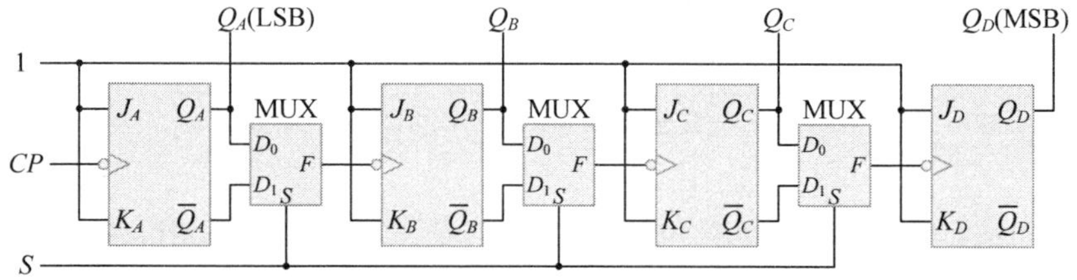

8.2 응용조합회로(Application combinational circuit)

1. 멀티플렉서(Multiplexer), 디멀티플렉서(De multiplexer)

(1) 멀티플렉서(Multiplexer : 선택기)

여러 개의 입력 라인에서 1개의 입력 라인만 선택하여 출력하는 회로로서 선택기라고도 한다. 단일 통로로 송신하는 장치로 4입력일 때 2개의 셀렉터(select) 단자가 필요하다.

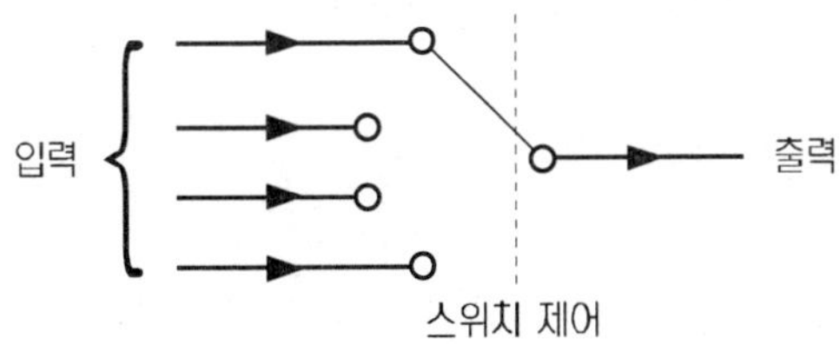

그림 8.7 멀티플렉서(Multiplexer : 선택기)

1) 4×1 멀티플렉서

S_0	S_1	Y
0	0	I_0
0	1	I_1
1	0	I_2
1	1	I_3

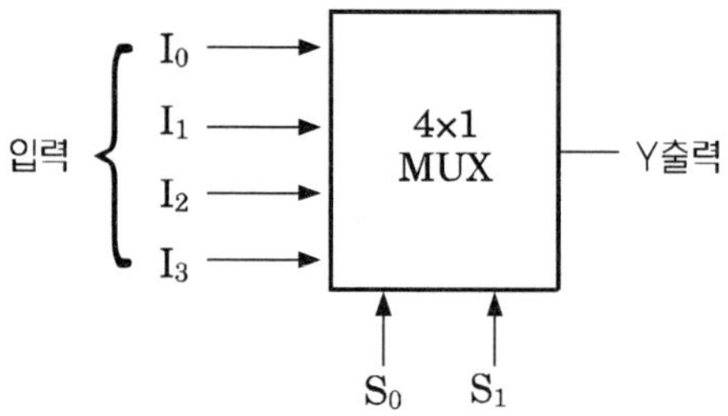

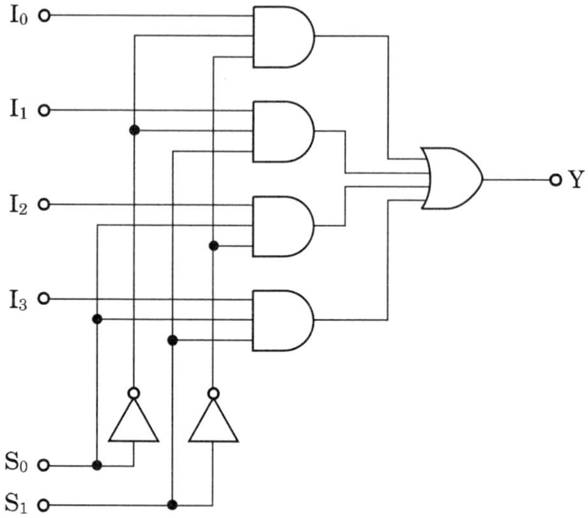

그림 8.8 4×1 멀티플렉서

2) 논리식

$$Y = \overline{S_0}\,\overline{S_1}\,I_0 + \overline{S_0}\,S_1 I_1 + S_0 \overline{S_1}\,I_2 + S_0 S_1 I_3$$

(2) 디 멀티플렉서(De multiplexer)

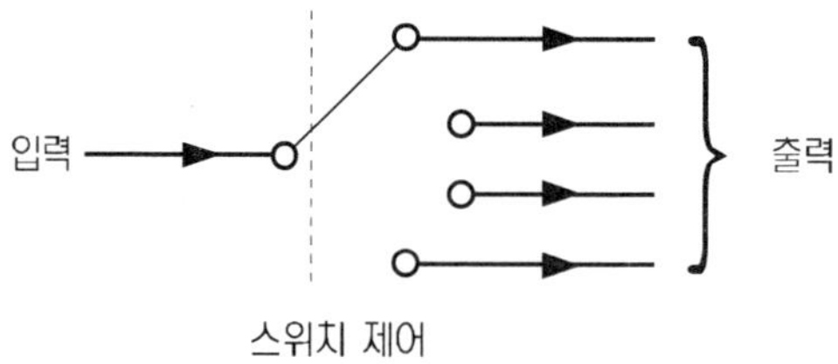

그림 8.9 디 멀티플렉서(De multiplexer)

멀티플렉서와 정반대의 동작을 하며 단일통로에서 얻은 신호를 여러 개의 출력 라인 중 하나를 선택하여 보내는 장치이다.

1) 1×4 디 멀티플렉서

S_0	S_1	D_0	D_1	D_2	D_3
0	0	0	0	0	0
0	1	0	0	0	0
1	0	0	0	0	0
1	1	0	0	0	0

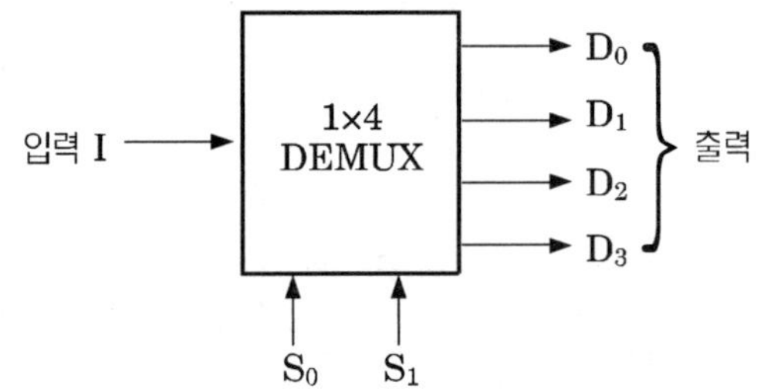

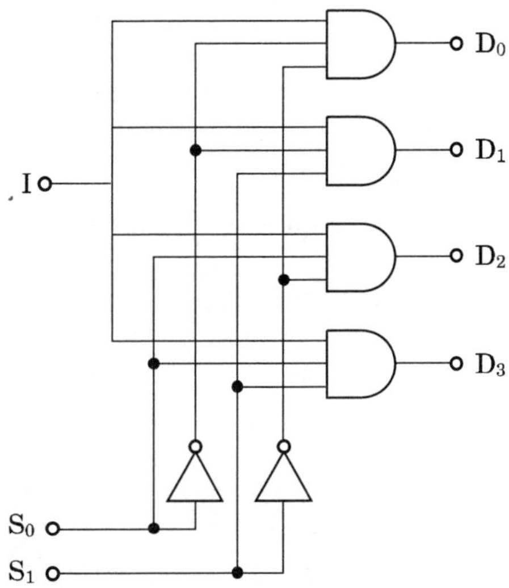

그림 8.10 1×4 디 멀티플렉서

2) 논리식

$$D_0 = \overline{S_0}\,\overline{S_1}\,I \qquad D_1 = \overline{S_0}\,S_1\,I$$

$$D_2 = S_0\,\overline{S_1}\,I \qquad D_3 = S_0\,S_1\,I$$

2. 인코더(Encorder : 부호기)와 디코더(Decorder : 복호기)

(1) 부호기(Encoder)

① 부호기는 입력 단자에 나타난 정보를 코드화하여 출력으로 내보내는 것으로 해독기와 정반대의 기능을 수행하는 조합 논리회로이다.

② 2^n개의 입력으로 n개의 출력 bit를 갖는다.

③ 8×2 부호기의 진리표

표 8.1 8×2 부호기의 진리표

D_0	D_1	D_2	D_3	D_4	D_5	D_6	D_7	X	Y	Z
1	0	0	0	0	0	0	0	0	0	0
0	1	0	0	0	0	0	0	0	0	1
0	0	1	0	0	0	0	0	0	1	0
0	0	0	1	0	0	0	0	0	1	1
0	0	0	0	1	0	0	0	1	0	0
0	0	0	0	0	1	0	0	1	0	1
0	0	0	0	0	0	1	0	1	1	0
0	0	0	0	0	0	0	1	1	1	1

④ 8×2 부호기의 논리식

$$X = D_4 + D_5 + D_6 + D_7$$

$$Y = D_2 + D_3 + D_6 + D_7$$

$$Z = D_1 + D_3 + D_5 + D_7$$

⑤ 8×2 부호기의 회로도

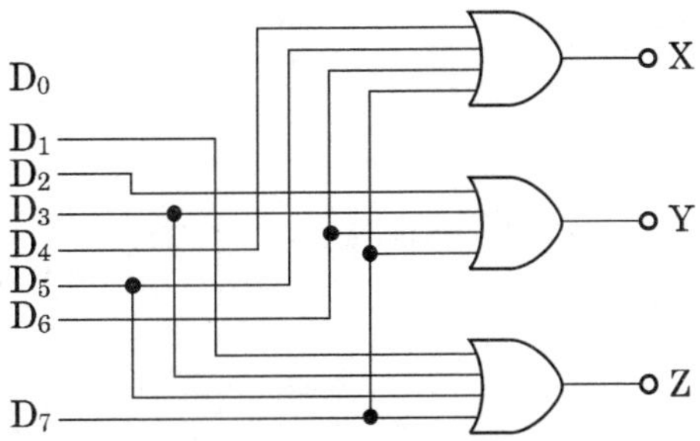

그림 8.11 8×2 부호기 회로도

(2) 해독기(Decoder)

① 해독기는 입력 단자에 나타나는 코드화된 2진 데이터로부터 정보를 찾는 조합 논리회로이다.

② n개의 입력으로 2^n 개의 출력 형태를 갖는다.

③ 2×4 해독기의 진리표

표 8.2 2×4 해독기의 진리표

A	B	X_0	X_1	X_2	X_3
0	0	1	0	0	0
0	1	0	1	0	0
1	0	0	0	1	0
1	1	0	0	0	1

④ 2×4 해독기의 논리식

$$X_0 = \overline{A} \cdot \overline{B},\ X_1 = \overline{A} \cdot B,\ X_2 = A \cdot \overline{B},\ X_3 = A \cdot B$$

⑤ 2×4 해독기의 회로도

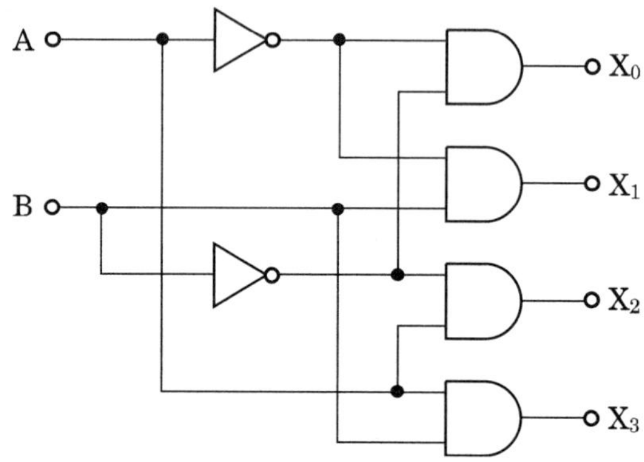

그림 8.12 2×4 해독기의 회로도

8.3 연산회로(Arithmetic circuit)

1. 가감승제 연산회로

(1) 가산기회로(Adder circuit)

1) 반 가산기(Half adder)

① 두 개의 한자리 2진 숫자 A와 B를 더하여 합 S(sum)과 자리 올림 C (carry)의 두 개의 출력을 얻는 회로이다.

② 논리식

합 $S = \overline{A} \cdot B + A \cdot \overline{B} = A \oplus B$

자리 올림 $C = A \cdot B$

③ 진리표

표 8.3 반 가산기 회로 진리표

입 력		출 력	
A	B	합(S)	자리올림(C)
0	0	0	0
0	1	1	0
1	0	1	0
1	1	0	1

④ 논리 회로

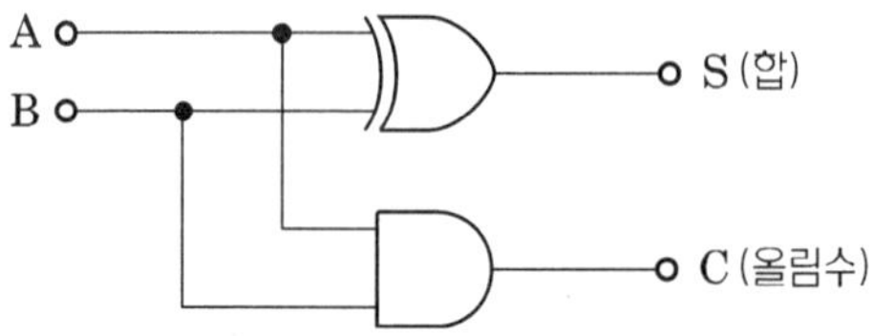

⑤ 블록도

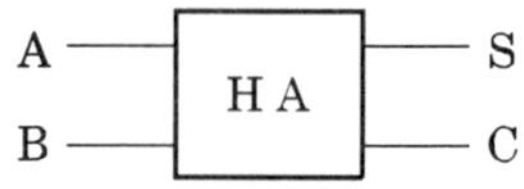

그림 8.13 반 가산기 논리 회로와 블록도

예제 8.03

반 덧셈기 회로에 대하여 설명하시오?

해설 반가산기회로는 두 개의 한자리 2진 숫자 A 와 B 를 더하여 합 S(sum)와 자리올림C(carry)의 출력을 얻는 회로가 반가산기 (반 덧셈기 half adder) 이다.

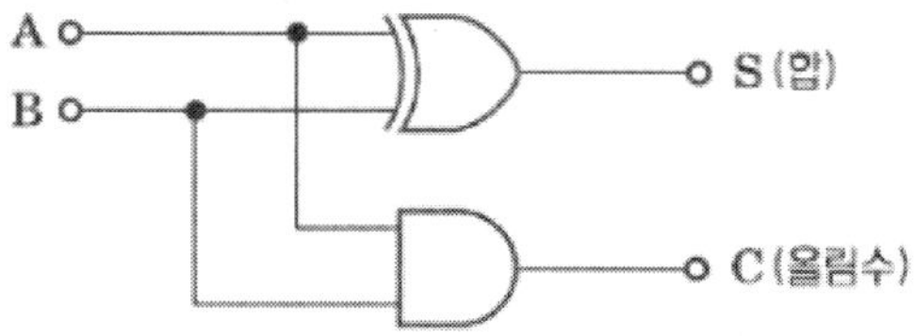

A	B	자리올림	합
0	0	0	0
0	1	0	1
1	0	0	1
1	1	1	0

① 1비트로 구성된 2개의 2진수를 더할 때 사용한다.

② 하위 자리에서 발생한 자리 올림 수를 포함하지 않고 덧셈을 수행한다.

③ 2개의 2진수 입력과 2개의 2진수 출력을 가진다.

④ 출력 변수는 합(S, sum)과 자리올림 수(Cout, Carry Out)가 있다.

2) 전 가산기(Full adder)

① 전 가산기는 두 자리 이상의 2진수를 더할 경우 입력의 가수, 피 가수 및 자리 올림 수가 더해지고 합과 자리 올림을 출력하는 회로이다.

② 진리표

표 8.4 전 가산기 회로 진리표

입 력			출 력	
A	B	C	합(S)	자리올림(Co)
0	0	0	0	0
0	0	1	1	0
0	1	0	1	0
0	1	1	0	1
1	0	0	1	0
1	0	1	0	1
1	1	0	0	1
1	1	1	1	1

③ 논리식

$$
\begin{aligned}
\text{합(Sum)} &= \overline{A}\cdot\overline{B}\cdot C+\overline{A}\cdot B\cdot\overline{C}+A\cdot\overline{B}\cdot\overline{C}+A\cdot B\cdot C \\
&= (\overline{A}\cdot\overline{B}+A\cdot B)\cdot C+(\overline{A}\cdot B+A\cdot\overline{B})\cdot\overline{C} \\
&= \overline{(\overline{A}\cdot B+A\cdot\overline{B})}\cdot C+(\overline{A}\cdot B+A\cdot\overline{B})\cdot\overline{C} \\
&= A\oplus B\oplus C
\end{aligned}
$$

자리 올림(C_O)

$$
\begin{aligned}
&= \overline{A}\cdot B\cdot C+A\cdot\overline{B}\cdot C+A\cdot B\cdot\overline{C}+A\cdot B\cdot C \\
&= (\overline{A}\cdot B+A\cdot\overline{B})\cdot C+A\cdot B\cdot(C+\overline{C}) \\
&= (A\oplus B)\cdot C+A\cdot B
\end{aligned}
$$

④ 논리 회로 ⑤ 블록도

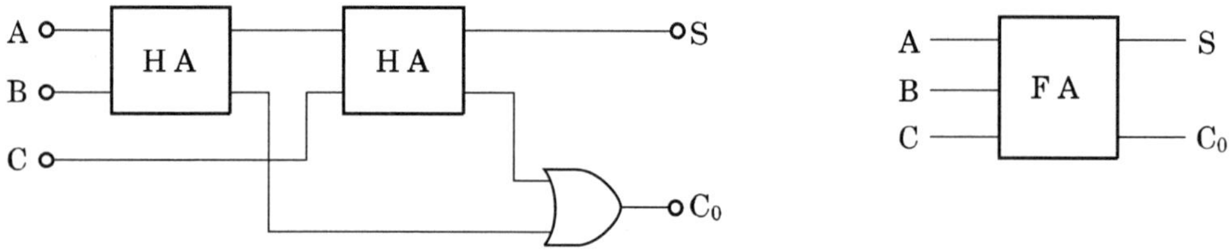

그림 8.14 전 가산기 논리 회로와 블록도

⑥ 실제 회로

$S = A \oplus B \oplus C \qquad C_O = (A \oplus B)CAB$

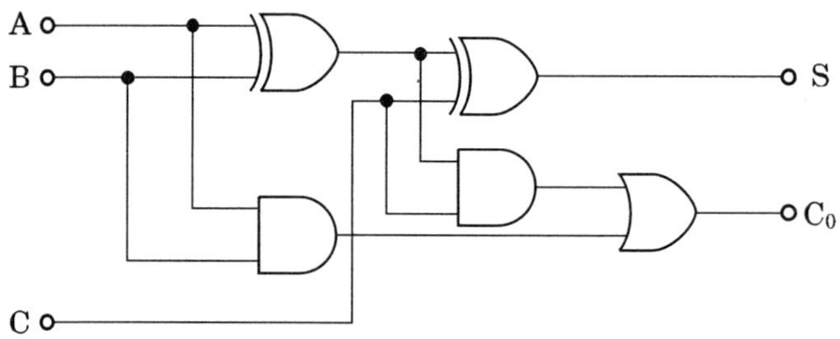

그림 8.15 전 가산기 논리 회로와 블록도

(2) 감산기회로(Subtracter circuit)

1) 반 감산기(Half subtracter)

각각 1-bit인 2개의 2진수 피 감수에서 감수의 차(difference)와 자리 내림(borrow)을 계산할 수 있는 회로이다.

① 진리표

표 8.5 반 감산기 진리표

입 력		출 력	
x	y	B	D
0	0	0	0
0	1	1	1
1	0	0	1
1	1	0	0

② 논리식

$D = x'y + xy' = x \oplus y,\ B = x'y$

D : (차비트 : difference bit)

B : (받아내림 : borrow)

③ 논리 회로

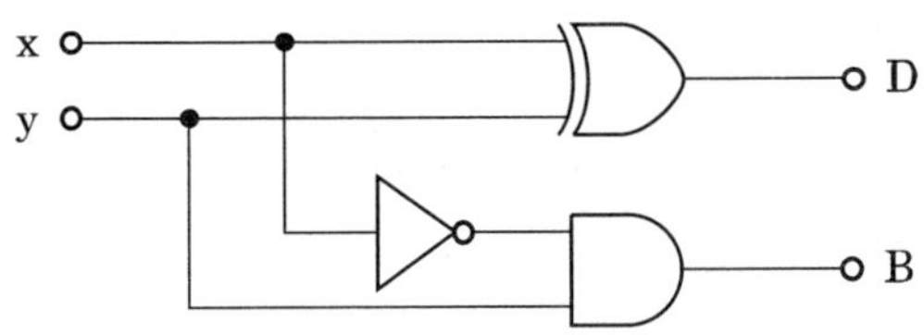

④ 블록도

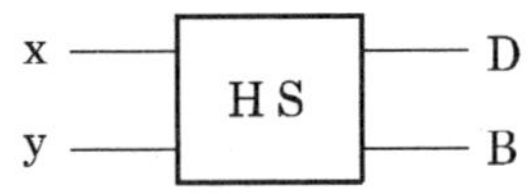

그림 8.16 반 감산기 논리 회로와 블록도

8.4 기억장치 회로(Memory circuit)

기억장치에는 주 기억장치와 보조 기억장치로 나눌 수 있다.

1. IC 기억장치

(1) ROM(Read only memory)

데이터 읽기 전용 메모리 소자로서 정보 내용은 제작 당시에 정해지며, 전원 공급이 끊어지더라도 기억 내용이 지워지지 않는 비 휘발성 소자로, ROM에 기억된 내용은 그대로 존재한다.

1) ROM의 종류

① masked ROM : 반도체 업체가 제조한 것이다.

② PROM(programmable ROM) : ROM를 만든 후에 사용자가 ROM의 내용을 단 1회에 한해서 써 넣을 수 있다.

③ EP ROM(Erasable ROM) : 자외선이나 높은 전압을 가함으로써 기억된 내용을 지울 수 있고, 몇 번이라도 필요한 정보를 지우고 새롭게 써넣을 수 있다.

(2) RAM(Random access memory)

RAM은 정보를 원하는 장소에 기억시키고 필요할 때 항상 일정한 시간

내에 꺼내 올 수 있는 기억장치이다.

1) RAM의 종류

① DRAM(Dynamic RAM) : 시간이 지나면 기억된 데이터가 지워지므로 소도가 느리고 주기적으로 데이터를 재 충전해 주어야만 한다.

② SRAM(Static RAM) : 전원이 켜져 있는 한 한번 저장된 기억 내용이 변하지 않으며, 속도가 빠르고 정보의 입·출력이 어느 때라도 가능하다.

2. 보조 기억장치

중앙처리장치와 직접 정보교환 할 수 없고 주 기억장치를 통해서만 정보교환이 가능하며 접근 방식에 따라 순차 및 직접 방식이 있다.

(1) 자기드럼 기억장치

원통 모양의 매체에 자성체를 입힌 것으로 원통을 중심으로 하는 트랙에 데이터가 저장된다.

(2) 자기디스크 기억장치

원반 모양의 매체에 자성체를 입힌 것으로 양쪽 면에 자성 물질을 칠해서 자기드럼과 같이 자화시키고, 그 내용을 헤드로 감지해 내는 장치로서 여러 디스크가 빠르게 회전한다.

(3) 자기테이프 기억장치

녹음테이프와 비슷한 형태로 폴리에스터 필름의 표면에 자화 물질을 입혀서 기억 내용을 판독 기억한다.

예제 8.04

DRAM(Dynamic RAM) 의 특징에 대하여 설명하시오.

해설 1) RAM(Random Access Memory)의 종류

① 정적인 RAM(SRAM) ② 동적인 RAM(DRAM)

③ RAM은 휘발성 메모리이다.

2) DRAM(Dynamic RAM)

① 정보를 전하의 충전시키는 형태로 출력시키는 장치이다.

② 일정 주기(2ms)마다 재충전(Refresh)이 필요하다

③ SRAM보다 고속이며 소비전력이 적다

④ 대용량에 사용된다.

3) SRAM(Static RAM)

① 각각 비트의 내용을 플립플롭에 보존한다.

② 비교적 적은 메모리에 사용된다.

4) DRAM 과 SRAM

DRAM	SRAM
.휘발성(소멸성)	.휘발성(소멸성)
.집적도가 높다	.집적도가 낮다
.제조가 간편하다	.제조가 어렵다
.Refresh 회로 필요	.Refresh 회로 불필요
.값이 싸다	.값이 싸다

* 연습문제 *

01 반 덧셈기의 설명 중 옳게 나타낸 것은?

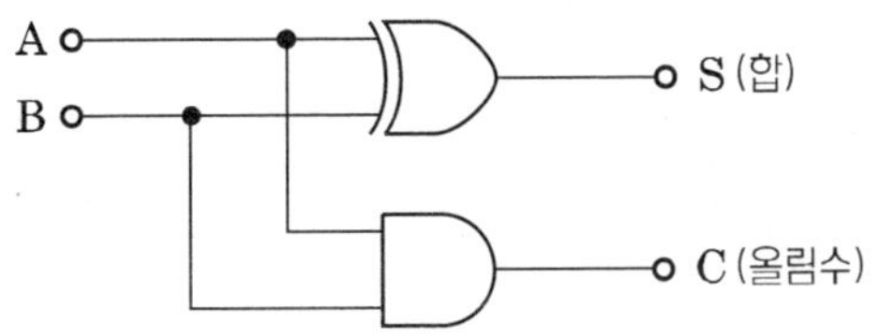

㉮ 배타 논리합(EOR)회로와 논리곱(AND)회로로 구성된다.

㉯ 합은 두 수 A, B의 논리이다.

㉰ 자리 올림 C_0는 두 수 A, B의 논리합이다.

㉱ 자리 올림 C_0는 두 수 A, B의 배타적 논리합이다.

해설 그림과 같이 두 개의 한자리 2진 숫자 A와 B를 더하여 합 S(sum)와 자리올림 C(carry)의 출력을 얻는 회로가 반 가산기(반 덧셈기, half adder)이다.

02 1bit 반 가산기에서 합과 자리 올림을 바르게 표시한 식은?

㉮ 합 $= A \oplus B$, 자리 올림 $= A \cdot B$

㉯ 합 $= \overline{A \oplus B}$, 자리 올림 $= A \cdot B$

㉰ 합 $= A + B$, 자리 올림 $= A \cdot B$

㉱ 합 $= A \cdot B$, 자리 올림 $= A \cdot B$

해설

A	B	자리 올림	합
0	0	0	0
0	1	0	1
1	0	0	1
1	1	1	0

합 $S = A \oplus B = \overline{A}B + A\overline{B}$

자리 올림 $C = A \cdot B$

03 2진 리플 카운터에서 T 플립 플롭을 3단으로 연결하였을 때 계수할 수 있는 가장 큰 수는?

㉮ 3　　㉯ 6　　㉰ 7　　㉱ 8

해설 2진 리플 카운터는 주로 T 플립 플롭으로 구성되며 이 계수기가 계수 할 때 가질 수 있는 독립된 출력 상태의 총수는 2^n개가 된다. 여기서 n은 사용된 T 플립 플롭의 개수이므로 $2^3 = 8$개의 계수를 할 수 있다.

04 다음 중에서 배타적(exclusive) OR gate의 부울 대수식 표현 방법 중 옳지 않은 것은?

㉮ $AB + \overline{A}\,\overline{B}$　　㉯ $\overline{A}B + A\overline{B}$

㉰ $(A+B) \cdot (\overline{A} + \overline{B})$　　㉱ $(A+B) \cdot (\overline{A \cdot B})$

해설 배타적 OR 게이트는 $X = \overline{A}B + A\overline{B}$이다.

$$(A+B) \cdot (\overline{A} + \overline{B}) = A\overline{A} + A\overline{B} + \overline{A}B + B\overline{B} = \overline{A}B + A\overline{B}$$

$$(A+B) \cdot (\overline{A \cdot B}) = (A+B)(\overline{A} + \overline{B}) = \overline{A}B + A\overline{B}$$

05 시프트 레지스터를 옳게 나타낸 것은?

㉮ FF에 기억된 정보를 다른 FF에 옮기는 동작을 하는 레지스터를 말한다.

㉯ FF에 기억된 정보를 소거시키는 레지스터를 말한다.

㉰ FF에 기억되는 것을 방해시키는 레지스터를 말한다.

㉱ FF에 clock 입력을 기억시키기만 하는 레지스터를 말한다.

해설 시프트 레지스터(shift resistor)는 계산기 등의 회로에 있어서 FF(레지스터)에 세트되어 있는 내용을 지정된 자리수만큼 좌측 또는 우측으로 자리 이동시키는 기능의 레지스터를 말한다.

06 마스터-슬레이브 JK-FF에 대한 설명이다. 옳지 않은 것은?

㉮ 레이싱(racing) 결합을 방지하기 위해서 고안된 것이다.

㉯ 클록 펄스가 H레벨인 시간이 걸려야 한다.

㉰ 입력이 동시에 1(J=K=1)일 때 FF는 클록 펄스에 의해서 반전된다.

㉱ 전단을 마스터 FF, 후단을 슬레이브 FF라고 한다.

해설 마스터-슬레이브 JK 플립 플롭은 레이싱(racing)의 결함을 방지하기 위하여 두 개의 JK 플립 플롭 즉, 전단을 마스터(master) 플립 플롭, 후단을 슬레이브(slave) 플립 플롭을 두고 이것을 시각 펄스로 제어하여 레이싱을 방지한다.

07 마스터 슬리브 JK-FF에서 클럭 펄스가 들어올 때마다 출력 상태가 반전되는 것은?

㉮ J = 0, K = 0　　㉯ J = 1, K = 0

㉰ J = 0, K = 1　　㉱ J = 1, K = 1

해설 ① JK 플립 플롭은 RS 플립 플롭과 T 플립 플롭을 결합한 것이다. 입력은 J, K 두 개로서, 각각 RS 플립 플롭의 S, R과 마찬가지의 역할을 한다.

② JK 플립 플롭에서는 T 플립 플롭에서처럼 J=K=1일 때 출력이 반전된다.

③ 회로도로부터 JK 플립 플롭이 A와 B의 마스터와 슬레이브로 구성되어 있다.

08 JK-FF에서 J입력과 K입력이 모두 1일 때 출력은 colck에 의해 어떻게 되는가?

㉮ 출력은 1　　㉯ 반전한다.　　㉰ 출력은 0　　㉱ 불확정

해설 J-K 플립 플롭은 T 플립 플롭과 RS 플립 플롭을 함께 묶은 것과 같은 기능을 가지고 있으며 J=K=1일 때는 클럭 C_r에 의하여 출력이 반전(toggle)하는 T 플립 플롭으로써 동작한다.

09 RS-FF에서 R=1, S=1일 때 출력은?

㉮ 리세트(reset) ㉯ 세트(set) ㉰ 불확정 ㉱ Q_n

해설 두 입력이 1이면 불확정 상태가 되므로 R=1, S=1의 입력은 금지된다.

10 플립 플롭 회로의 출력 Q 및 $\overline{Q}$는 리세트(reset)상태에서 어떠한 논리값을 가지는가?

㉮ $Q=0,\ \overline{Q}=0$ ㉯ $Q=1,\ \overline{Q}=1$
㉰ $Q=0,\ \overline{Q}=1$ ㉱ $Q=1,\ \overline{Q}=0$

해설 플립 플롭(flip-flop)의 상태를 결정해 주는 방법은 세트(set) 입력과 리세트(reset) 입력을 사용하는데, 이들 입력에 대한 플립 플롭의 응답 결과는 항상 다음과 같이 2가지의 유용한 상태를 가지고 있다.

① 세트 : Q 출력은 논리 1이 되고, $\overline{Q}$은 논리 0이 된다.
② 리세트 : Q 출력은 논리 0이 되고, $\overline{Q}$은 논리 1이 된다.

11 일반적으로 플립 플롭(filp-flop)회로라 하는 것은 어떤 회로인가?

㉮ 클리퍼 ㉯ 클램프
㉰ 비안정 멀티바이브레이터 ㉱ 쌍안정 멀티바이브레이터

해설 쌍안정 멀티바이브레이터는 플립 플롭이라고 한다. 입력 트리거 펄스 2개마다 1개의 출력 펄스를 얻어낼 수 있으므로 분주기나 전자계산기, 계수 기억회로 2진 계수회로 등에 많이 사용된다.

12 전 덧셈기(full adder)에 대한 설명 중 옳은 것은?

㉮ 입력 2개, 출력 4개로 구성된다.
㉯ 입력 2개, 출력 3개로 구성된다.
㉰ 입력 3개, 출력 2개로 구성된다.
㉱ 입력 3개, 출력 3개로 구성된다.

해설 전 덧셈기(전가산기, full adder)는 두 자리 이상의 2진수를 더할 경우, 입력의 가수, 피 가수 및 자리 올림수가 더해지고 합과 자리 올림을 출력하는 회로이다.

13 반 덧셈기는 어떤 회로의 조합인가? (단, EOR는 exclsive-OR이다.)

㉮ AND와 OR　　㉯ AND와 NOT

㉰ EOR와 AND　　㉱ EOR와 OR

14 다음 논리회로 중 FAN out이 가장 많은 회로는?

㉮ TTL gate　　㉯ RTL gate

㉰ DTL gate　　㉱ ECL gate

해설 팬 아웃(fan out)이 가장 많은 회로는 CMOS → ECL → MOS → DTL → RTL 순이다.

15 전자계산기의 기억 요소로 사용하는 장치가 아닌 것은?

㉮ DISK　　㉯ Register

㉰ Flip Flop　　㉱ Inverter

해설 Inverter는 기억 소자가 아니다.

16 메모리 내용을 보존하기 위하여 항시 재생용 refresh를 할 필요가 있는 메모리는?

㉮ PROM　　㉯ 마스크 ROM

㉰ 스태틱 RAM　　㉱ 다이나믹 RAM

해설 다이나믹 RAM

17 전 가산기 구조는?

㉮ 입력 2개, 출력 4개　　㉯ 입력 2개, 출력 3개

㉰ 입력 3개, 출력 2개　　㉱ 입력 3개, 출력 3개

18 반 가산기 구조는?

㉮ AND 게이트와 OR 게이트　　㉯ ND 게이트와 EOR 게이트

㉰ OR 게이트와 EOR 게이트　　㉱ OR 게이트와 NOR 게이트

19 다음 중 조합 논리회로에 속하지 않는 것은?

㉮ Encoder　㉯ Decoder　㉰ JK F-F　㉱ ROM

20 다음 16진수의 가산합은?

$72C + A3F = (\quad)_{16}$

㉮ 13C　㉯ A5C1　㉰ A5FB　㉱ 116B

해설 72C　$C+F=(27)_{10}=(1B)_{16}$

A3F　$7+A=(17)_{10}=(11)_{16}$

정답	
	01 ㉮ 02 ㉮ 03 ㉱ 04 ㉮ 05 ㉱ 06 ㉱ 07 ㉱ 08 ㉱ 09 ㉱ 10 ㉱
	11 ㉱ 12 ㉱ 13 ㉱ 14 ㉱ 15 ㉱ 16 ㉱ 17 ㉰ 18 ㉯ 19 ㉰ 20 ㉮

* 과년도문제 *

01 일정한 시간 동안 200개의 비트가 전송되고 전송된 비트 중 15개의 비트에 오류가 발생되면 비트 에러율은?

㉮ 7.5[%] ㉯ 15[%] ㉰ 30[%] ㉱ 40.5[%]

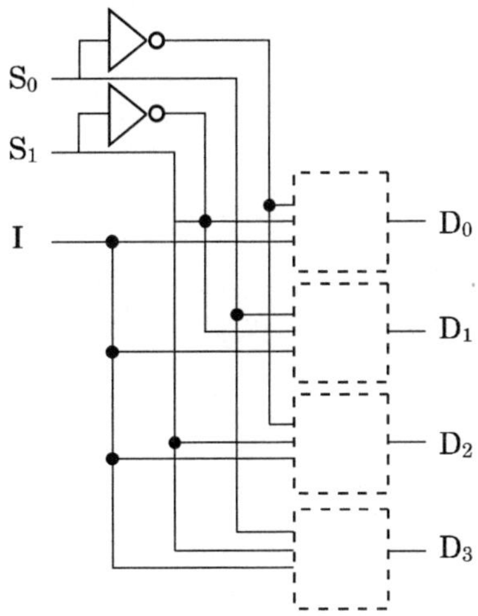

해설 BER : 비트 에러율은 통신 중 에러가 생긴 비트 수를 총 전송한 비트 수로 나눈 것

$$\frac{15}{200} \times 100 = 7.5[\%]$$

02 다음은 디 멀티플렉서 회로의 일부이다. 점선 안에 공통으로 들어갈 게이트는? (단 S_0, S_1 : 선택선, I : 데이터 입력)

㉮ OR 게이트 ㉯ AND 게이트
㉰ XOR 게이트 ㉱ NOT 게이트

03 다음 멀티플렉서 설명으로 잘못된 것은?

㉮ 멀티플렉서는 전환 스위치 기능을 한다.

㉯ N개의 입력데이터에서 1개 입력만 선택하여 단일 통로로 송신하는 것

㉰ 특정한 입력을 몇 개의 코드화된 신호로 출력하는 것

㉱ 4×1 멀티플렉서의 경우는 2개의 선택 신호가 필요하다.

해설 멀티플렉서란?

① 여러 개의 입력 중에서 하나를 선택해 출력해 주는 장치이다.

② 여러 개의 입력 중 하나를 선택하는 선택 입력이 있다.

③ 선택 입력은 2n개의 입력에 대해 n비트가 있어야 한다.

04 지연 시간 50[ns]의 플립 플롭을 사용한 4단의 리플 카운터가 있다. 카운터의 동작 최고 주파수는 얼마인가?

㉮ 1[MHz] ㉯ 4[MHz] ㉰ 5[MHz] ㉱ 10[MHz]

해설 $f = \frac{1}{T} = \frac{1}{50 \times 10^{-9}} = 0.02 \times 10^{9}\,[\mathrm{Hz}] = 20\,[\mathrm{MHz}]$

$\therefore \frac{20}{2^2+1} = 4\,[\mathrm{MHz}]$

05 다음 계수형 전자계산기의 기억장치 중 보조 기억장치가 아닌 것은?

㉮ 자기드럼 ㉯ 자기테이프 ㉰ 자기디스크 ㉱ 자기코어

06 4개의 플립 플롭으로 구성된 카운터의 모듈러스는 얼마인가?

㉮ 14 ㉯ 15 ㉰ 16 ㉱ 17

해설 $2^4 = 16$

07 n개의 입력으로 2진 2^n개의 독자적인 출력으로 변환이 가능한 것은?

㉮ 멀티플렉서 ㉯ 디코더 ㉰ 계수기 ㉱ 비교기

해설 ① 멀티플렉서(다중화)는 2n개의 입력 중에서 하나를 선택하여 하나의 출력 선으로 내보내기 위해서는 최고 n비트의 선택 입력이 필요하다. 이 n개의 선택 입력 조합으로 입력을 선택하게 된다.

② 역 다중화기 : 한 개의 선으로부터 입수된 정보를 받아들임으로써 n개의 선택 입력에 의해 2n개의 가능한 출력선 중의 하나를 선택하여 정보를 전송하는 조합 회로. 출력선의 선택은 선택 입력의 비트 조합에 의해 결정된다.

③ 디코더는 신호를 디지털 부호로 코드화해서 기억하거나 전송할 때 코드화 된 신호를 원래 형태로 되돌리는 회로로 역 다중화와 같이 n개의 입력을 받아 2n개의 출력을 결정한다.

08 비 동기식 카운터의 설명으로 틀린 것은?

㉮ 리플 카운터라 한다.

㉯ 고속 카운터에 주로 사용한다.

㉰ 전 단의 출력이 다음 단의 트리거 입력이 된다.

㉱ 매우 높은 주파수에 사용되지 않는다.

09 마스터 슬리브 JK-FF에서 클럭 펄스가 들어올 때마다 출력 상태가 반전되는 것은?

㉮ J = 0, K = 0 ㉯ J = 1, K = 0

㉰ J = 0, K = 1 ㉱ J = 1, K = 1

해설 ① JK 플립 플롭은 RS 플립 플롭과 T 플립 플롭을 결합한 것이다. 입력은 J, K 두개로서, 각각 RS 플립 플롭의 S, R과 마찬가지의 역할을 한다.

② JK 플립 플롭에서는 T 플립 플롭에서처럼 J=K=1일 때 출력이 반전된다.

③ 회로도로부터 JK 플립 플롭이 A와 B의 마스터와 슬레이브로 구성되어 있다.

10 시프트 레지스터에서 4로 나누려면 몇 비트 이동해야 하는가?

㉮ 오른 쪽으로 2비트 ㉯ 왼 쪽으로 2비트

㉰ 오른 쪽으로 4비트 ㉱ 왼 쪽으로 4비트

11 다음과 같은 JK 플립 플롭을 결선하면 이는 플립 플롭처럼 동작하는가?

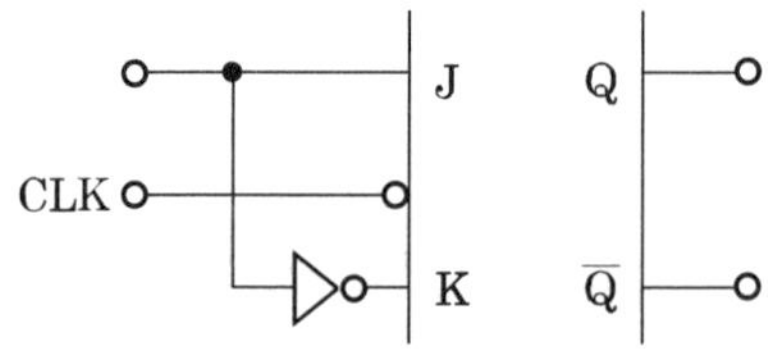

㉮ T ㉯ D ㉰ RS ㉱ M/S-JK

해설 T flip-flop은 JK의 입력을 1개로 만든 것이다. T=1이 되면 현재 상태의 보수를 취한다.

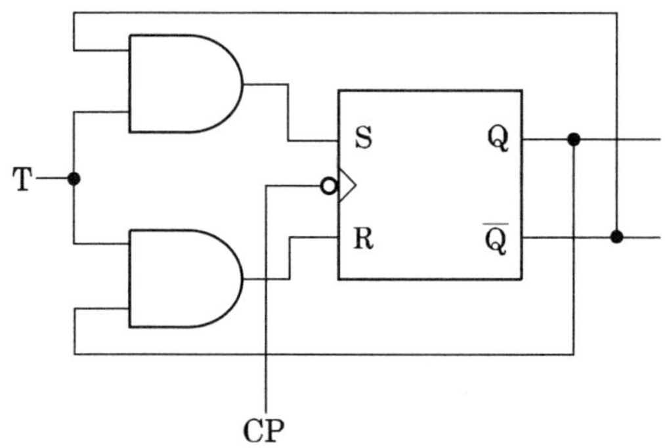

T	J	K	Q (t+1)	비고
0	0	0	Q(t)	변화없음
1	1	1	$\overline{Q}$(t)	보 수

12 다음 중 ECL회로의 특성이 아닌 것은?

㉮ TTL보다 소비전력이 크다.

㉯ 트랜지스터를 포함시키지 않고 사용할 수 있다.

㉰ CMOS보다 동작 속도가 빠르다.

㉱ 기본적으로 NOT 또는 NOR 게이트의 출력 단자를 갖는다.

해설 ECL은 전류 스위치에 Emitter follower를 추가시킨 형태라는 의미로 CSEF logic이라 한다.

	RTL	DTL	TTL	ECL
정논리 기본 gate	NOR	NAND	NAND	OR-NOR
최소 fan-out	5	8	10	25
gate당 소모전력(mW)	12	8	10	10
잡음 감응도	normal	good	very good	good
전달지연시간(ns)	12	30	10	2
flip-flop동작 최대 주파수(MHz)	8	12	15	60
기능상 분류	high	fairly high	very high	high

13 비 동기식 계수기의 일반적인 설명으로 거리가 먼 것은?

㉮ 리플 카운터라고도 한다.

㉯ 동작속도가 동기식보다 비교적 느리다.

㉰ 전 단의 출력이 다음 단의 입력이 된다.

㉱ 동작 속도가 동기식보다 고속이다.

해설 비 동기식 카운터

① 2진 카운터는 [바이너리 카운터(binary counter)]라고도 하며, 클럭이 들어갈 때마다 플립 플롭의 출력이 '0'→'1'→'0'…으로 변한다.

② D 플립 플롭에서는, 클럭이 상승할 때 입력 [D] 값(즉, 값)을 [Q]에 출력하는 것으로 반전 동작한다.

③ T 플립 플롭이나 JK 플립 플롭에서는 입력을 '1'로 한 후, 클럭이 상승할 때마다 반전 동작한다.

④ RS 플립 플롭에서는 [Q]가 '1'이면 [S]='0', [R]='1'이므로 클럭이 상승할 때 [Q]가 리셋되어 '0'이 되고, [Q]가 '0'이면 [S]='1', [R]='0'이므로 세트되어 [Q]='1'이 된다.

14 그림과 같은 T형 플립 플롭을 접속하고 첫 번째 플립 플롭 1000 [Hz]의 구형파를 입력하면 플립 플롭 최종 출력단의 주파수는?

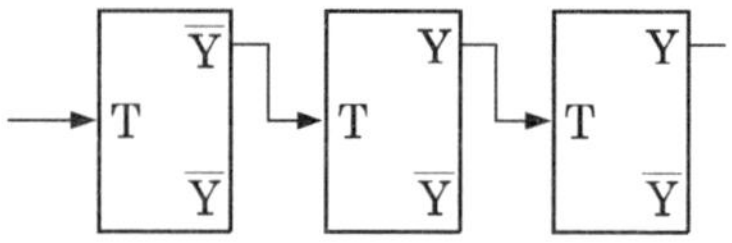

㉮ 1000　　㉯ 500　　㉰ 250　　㉱ 125

해설 $2^3=8,\ \dfrac{1000}{8}=125\,[\text{Hz}]$

15 그림과 같이 해독기에 BCD 입력이 가해지고 있다. 해독은 BCD 입력이 1001(ABCD)인 때만 출력이 1을 나타낸다고 할 경우 다음 중 출력 Y를 부울 대수식으로 표현하면?

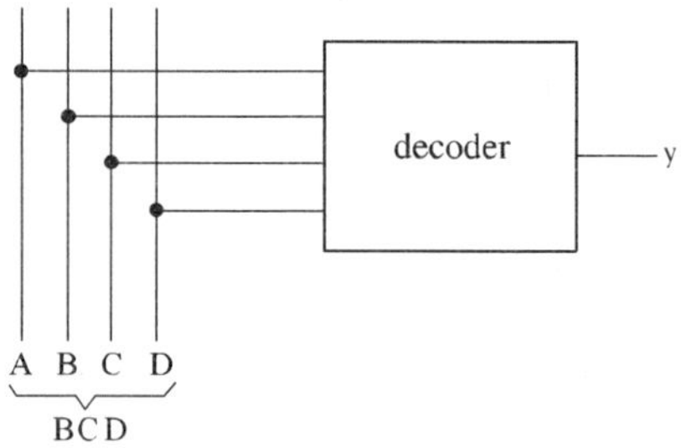

㉮ AD　　㉯ AB　　㉰ AC　　㉱ BCD

16 OR 게이트로 구성된 RS 플립 플롭에서 이전의 상태를 유지하기 위해서는 RS가 어떤 경우일 때인가?

㉮ RS = 01　　㉯ RS = 11　　㉰ RS = 10　　㉱ RS = 00

해설 2개의 NOR 회로의 출력을 서로 상대의 입력에 접속해서 [플립 플롭]을 구성. 입력이 R(reset]과 S(set)이고, 출력이 Q와 $\overline{Q}$

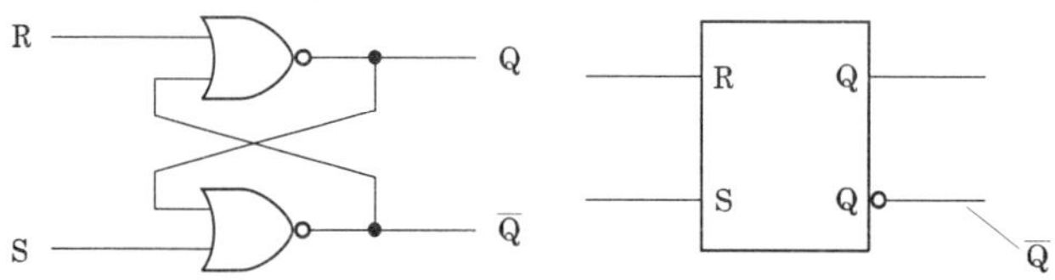

S	R	Q	Q(t+1)	
0	0	0	0	변화없음
0	0	1	1	
0	1	0	0	리셋
0	1	1	0	
1	0	0	1	세트
1	0	1	1	
1	1	0	-	금지입력
1	1	1	-	

17 JK 플립 플롭의 진리표에서 $J_n = 1$, $K_n = 0$에서 클릭 펄스를 인가할 때 출력 Q_{n+1}의 값은?

㉮ Q_n ㉯ 0 ㉰ 1 ㉱ 부정

해설

J	K	Q	Q(t+1)	
0	0	0	0	변화없음
0	0	1	1	
0	1	0	0	리셋
0	1	1	0	
1	0	0	1	세트
1	0	1	1	
1	1	0	1	반전
1	1	1	0	

18 다음 그림은 어떤 유형의 플립 플롭(FF)인가?

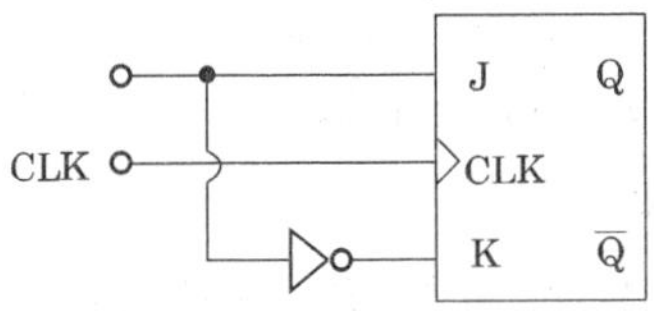

㉮ M/S FF ㉯ RS FF ㉰ JK FF ㉱ D FF

해설 D 플립 플롭(flip-flop)은 광범위하게 사용한다. D는 데이터(data) 또는 de-lay이다. D 플립 플롭은 입력 D의 값을 클럭의 엣지(edge)에서 캡처해서 Q에 반영한다. 엣지가 발생하지 않는 시간에는 Q가 변하지 않고 유지한다.

Clock	D	Q_{next}
상승 엣지(Rising edge)	0	0
상승 엣지(Rising edge)	1	1
엣지 없음	X	Q

D 플립 플롭 진리표

D	Q	Q (t+1)
0	0	0
0	1	0
1	0	1
1	1	1

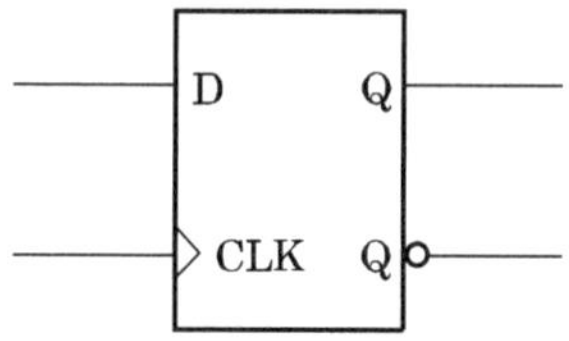

19 1 [MHz]을 입력으로 하는 분주 회로에서 출력을 250 [kHz]로 만들려면 몇 개의 T 플립 플롭이 필요한가?

㉮ 1　　㉯ 2　　㉰ 3　　㉱ 4

해설 T(Toggle)은 클럭 펄스가 인가될 때마다, 출력이 반전되는 플립 플롭으로서 JK 입력을 한 개로 묶어서 하나의 입력 신호 T를 이용하는 플립 플롭으로서 카운터 회로에 이용된다.

$\frac{1\times10^6}{250\times10^3}=4$ 따라서 $2^n=4$, $\therefore n=2$

20 다음 중 NOR 게이트로 구성된 R-S 플립 플롭에 대한 설명으로 틀린 것은?

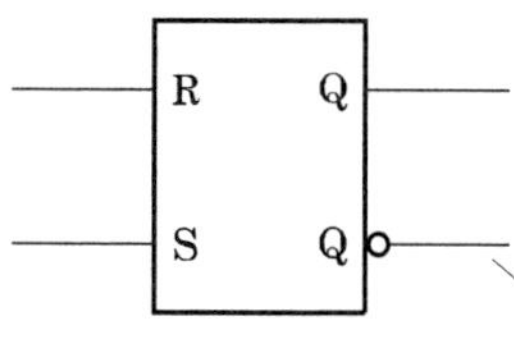

㉮ $S=R=0$일 때, $Q_n=0$이면 변화가 없고 처음 상태 유지, $Q_n=1$이면 Q_{n+1}은 0으로 된다.

㉯ $S=0$, $R=0$일 때 $Q_n=0$이면 변화가 없다.

㉰ $S=1$, $R=1$일 때 $Q_n=0$이면 $Q_{n+1}=1$로 되고, $Q_n=1$이면 변화가 없다.

㉱ $S=1$, $R=0$일 때 $Q_n=0$이면 1로 되고, $Q_n=1$이면 Q_{n+1}이면 변화가 있다.

해설 2개의 NOR 회로의 출력을 서로 상대의 입력에 접속해서 플립 플립을 구성한다. 입력이 R(reset)과 S(set)이고, 출력이 Q와 $\overline{Q}$

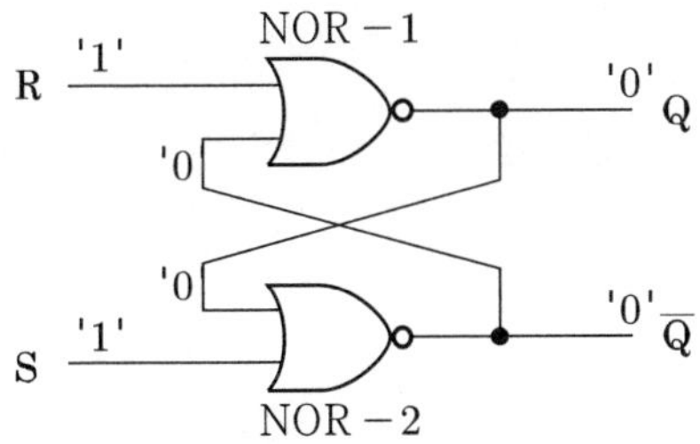

S	R	Q	Q (t+1)	
0	0	0	0	변화없음
0	0	1	1	
0	1	0	0	리셋
0	1	1	0	
1	0	0	1	세트
1	0	1	1	
1	1	0	-	금지입력
1	1	1	-	

정 답

01 ㉮ 02 ㉯ 03 ㉰ 04 ㉯ 05 ㉱ 06 ㉰ 07 ㉯ 08 ㉯ 09 ㉱ 10 ㉱
11 ㉮ 12 ㉱ 13 ㉱ 14 ㉱ 15 ㉮ 16 ㉱ 17 ㉰ 18 ㉱ 19 ㉯ 20 ㉰

☘ 과년도심화문제 ☘

01 레지스터(Register)의 기능으로 맞는 것은?

① 펄스신호의 발생　　② 데이터의 일시 저장

③ 카운터 대응　　④ 클록회로의 동기

해설 · 레지스터(Register)

1. 레지스터란 CPU가 컴퓨터를 작동시키는 데 필요한 정보를 임시로 저장하는 곳이다.

2. 레지스터의 종류는 많은데, 보통 데이터를 일시적으로 저장한 후 필요한 때 불러내어 쓸 수 있으며 각종 논리. 산술 연산결 과를 저장하거나 연산의 결과를 판단할 때 사용한다.

02 다음 중 카운터를 사용할 수 있는 응용 사례가 아닌 것은?

① Timer　　② 기본 펄스 주파수의 체배

③ 기본 펄스 주파수의 분주　　④ 펄스 진폭의 증폭

해설 · 계수회로(Counter)

1. 카운터는 펄스의 수를 세거나 제어장치에서 각종 회로의 동작을 제어하는 데 사용한다.
2. 카운터는 입력 펄스가 들어올 때마다 미리 정해진 순서대로 플립플롭의 상태가 변화하는 것을 이용한 것이다.
3. 카운터는 디지털회로의 대표적인 소자이며, 주파수의 분주, 제배 및 타이머 등에도 사용되어 대단히 응용 범위가 넓다.
4. 카운터 회로는 펄스진포의 증폭에는 사용할 수 없다.

03 여러 개의 입력신호 가운데 하나를 선택하여 출력하는 동작을 하는 것은?

① 디멀티플렉서 ② 멀티플렉서

③ 레지스터 ④ 디코더

해설 · 멀티플렉서는 여러 개의 입력 데이터 중에서 어느 하나의 데이터를 선택해서 출력하는 회로로서 선택기(Selector)라고도 한다.

04 다음 중 링 카운터에 대한 설명으로 틀린 것은?

① 입력신호를 받을 때마다 상태가 하나씩 다음으로 이동한 카운터이다.

② 각각의 상태마다 한 개의 플립플롭을 사용하는 카운터이다.

③ 디코딩게이트를 사용하지 않고 디코딩할 수 있다.

④ 특별한 순차를 만들고자 할 때 사용한다.

해설 · 링 카운터(Ring counter)

1. 링 카운터는 마지막 플립플롭의 값을 처음 플립플롭으로 시프트(shift)할 수 있도록 연결된 순환 시프트 레지스터이다.
2. 링 카운터는 플립플롭의 사용이 효율적이지 못함에도 불구하고, 디코딩 게이트를 사용하지 않고도 디코딩할 수 있기 때문에 많이 사용되고 있다.
3. 특별한 순차를 만들때는 시프트레지스터를 사용한다.

05 레지스터 A에 1011101, 레지스터 B에 1101100이 저장되어 있다. 두 수의 EX-OR 연산 결과는?

① 0110001

② 1001100

③ 1001110

④ 1111101

해설 레지스터 A와 레지스터 B의 EX-OR 연산을 한다.

A 1011101

B 1101100

EX-OR 0110001

06 다음 중 비교회로 (Comparator)에 대한 설명으로 틀린 것은?

① 2개의 입력을 비교하여 비교한 결과를 출력에 나타내는 회로이다.

② 출력의 종류는 3가지이다.

③ 2개의 입력이 같은 값일 때 출력은 배타적 NOR(XNOR)로 표시된다.

④ 2개의 입력이 다른 값일 때 출력은 배타적 OR(XOR)로 표시된다.

07 다음 중 비동기식 카운터의 플립플롭 구성에 대한 설명으로 틀린 것은?

① 플립플롭 2개를 사용하여 16진 카운터 계수를 나타낸다.

② T 플립플롭으로 구성한다.

③ J-K 플립플롭으로 구성할 때 입력 J = K = 1로 한다.

④ T 플립플롭으로 구성할 때 입력 T = 1로 하여 Toggle상태로 한다.

해설 · 비동기식 카운터는 리플(ripple) 카운터라고도 하며, 이 카운터는 전단에 있는 플립플롭 의 출력을 받아 순서대로 플립플롭 을 동작시키도록 연결되어 있는 것이다.

· 플립플롭의 수가 n이면 2n 진 카운터이다.

· 플립플롭 2개를 사용하면 4진 카운터가 된다.

08 다음 중 기억상태를 읽는 동작만 할 수 있는 메모리는?

① ROM

② Address

③ RAM

④ Register

해설 · 반도체 기억 소자

1. ROM(Read Only Memory) : 정보의 입력 내용은 보통 제작 당시에 정해져서, 그 내용을 변경할 수 없으며 읽기만 가능하다. 전원의 공급이 끊어지더라도 기억 내용은 지워지지 않고 그대로 존재한다.

2. RAM(Random Access Memory) : ROM과 달리 기억 내용을 자유자재로 읽거나 변경 할 수 있는 기억 소자

09 다음 그림의 회로에서 주파수가 1,024[kHz]인 디지털 신호가 입력되었을 경우 최종 출력 주파수 (FO)는 얼마인가

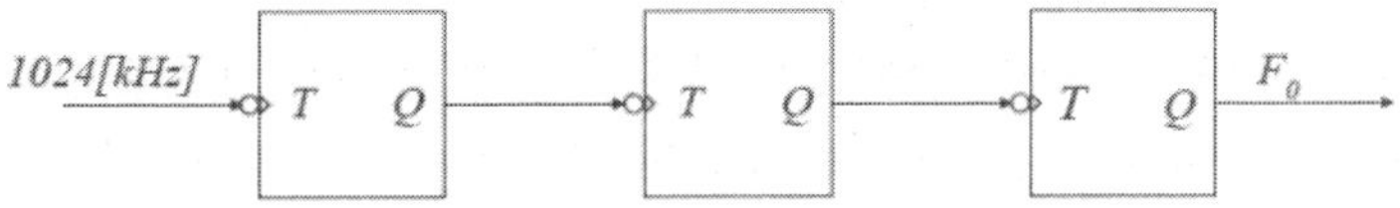

① 512[kHz]　② 256[kHz]　③ 128[kHz]　④ 64[kHz]

해설 T형 F/F이 3개 직렬로 연결되므로 8(23) 분주회로이다. 출력주파수=입력 주파수 ÷ 23 = 1024[kHz] ÷ 8 = 128[kHz]

10 다음의 논리회로도가 나타내는 플립플롭회로는 무엇인가?

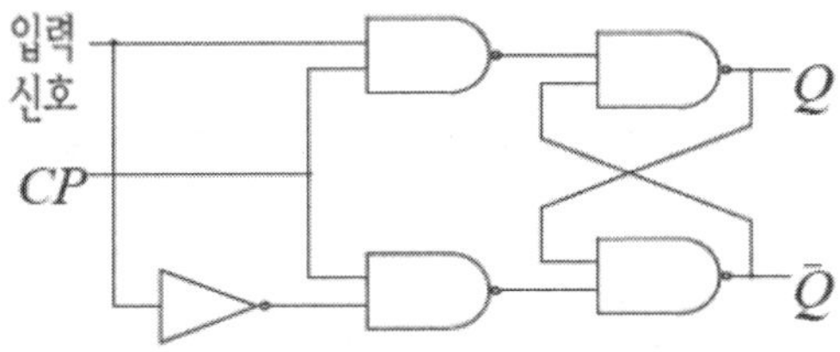

① T 플립플롭 ② D 플립플롭 ③ J-K 플립플롭 ④ S-R 플립플롭

11 다음 중 비동기식 카운터에 대한 설명으로 틀린 것은?

① 동기식 카운터에 비해 입력신호의 전달지연시간이 길다.
② 동기식에 비해 논리상의 오차 발생비율이 많다.
③ 구조상으로 동기식에 비해 회로가 간ㄷ나하다.
④ 같은 클럭펄스에 의해 트리거 된다.

해설 · 카운터는 각 플립플롭을 동작시키는 방법에 의해서 동기식 카운터와 비동기식 카운터로 나눈다.

1. 동기식 카운터

(1) 병렬식 카운터라고도 하며 각 플립플롭에 동시에 클록펄스가 인가되는 회로를 말한다.

(2) 여러 단이 동시에 동작되므로 고속으로 동작되는 회로에 널리 사용된다.

2. 비동기식 카운터

(1) 리플(ripple)카운터라고도 하며, 전단의 플립플롭의 출력을 받아 순서대로 플립플롭이 동작되도록 연결되어 있다.

(2) 전단의 출력이 후단에 전해지도록 되어 있으므로 캐리타임이 문제가 된다. 비동기식 카운터는 동기식 카운터에 비해 회로가 간단해 진다는 장점이 있으나 전달지연이 커져 장시간 사용하면 오차가 발생한다.

· 비동기식 카운터회로 전단의 클럭펄스에 의해 트리거된다.

12 2^n개의 입력 데이터를 n개의 스트로브 제어신호를 이용하여 입력 데이터 중 1개를 선택하 는 기능을 갖는 논리회로를 무엇이라고 하는가?

① 디멀티플렉서　　② 디코더
③ 인코더　　④ 멀티플렉서

13 연산 논리 장치라 하며, CPU 내에서 모든 연산이 이루어지는 곳을 무엇이라고 하는가?

① LSI　　② ALU
③ Accumulator　　④ Flag Register

14 기억된 정보를 보존하기 위해 주기적으로 리플래시(Refresh)를 해주어야 하는 기억소자는?

① Dynamic ROM
② Static ROM
③ Dynamic RAM
④ Static RAM

15 다음 중 순서 논리 회로에 대한 설명으로 틀린 것은?

① 입력 신호와 순서 논리 회로의 현재 출력상태에 따라 다음 출력이 결정된다.
② 조합 논리 회로는 사용할 수 없다.
③ 순서 논리 회로의 예로 카운터, 레지스터 등이 있다.
④ 데이터의 저장 장소로 이용 가능하다.

16 여러 개의 입력선 중에서 하나를 선택하여 출력선에 연결하는 조합 논리회로를 무엇이라 고 하는가?

① 멀티플렉서(Multiplexer)
② 인코더(Encoder)
③ 디코더(Decoder)
④ 채널(Channel)

해설 1. 멀티플렉서는 여러 개의 입력신호 가운데에서 하나를 선택하여 출력하는 회로로서 어떤 신호를 선택할 것인가는 선택신호 입력 에 의해서 결정된다.
2. 멀티플렉서는 데이터 선택기로서 여러 개의 데이터입력을 받아들여 한순간에 오직 하나의 데이터입력만을 출력으로 연결하는 스위칭회로이다.
3. 디멀티플렉서는 데이터 분배기라고도 하며 , 멀티플렉서와 반대의 기능을 한다.

17 다음 중 M×N 디코더(Decoder)에 대한 설명으로 틀린 것은?

① AND 회로의 집합으로 구성할 수 있다.
② 2진수를 10진수로 변환하는 회로이다.
③ 10진수를 BCD로 표현할 때 사용한다.
④ 명령 해독이나 번지를 해독할 때 사용한다.

18 다음 중 전원이 차단되었을 때 데이터가 지워지는 소자는?

① EPROM(Erasable Programmable Read Only Memory)
② EEPROM(Electrically Erasable Programmable Read Only Memory)
③ NVRAM(Non-volatile Random Access Memory)
④ SDRAM(Synchronous Dynamic Random Access Memory

해설 · 반도체 메모리는 그 방식에 따라 ROM과 RAM이 있다.
1. 롬(ROM: Read Only Memory)
(1) ROM은 회로 배선을 잇거나 끊어 데이터를 표시하는 반도체 메모리이다.
(2) 배선 자체를 바꾸므로, 전기 공급이 끊기더라도 데이터가 남아 있다는 장점이 있는 반 , 데이터의 수정이 불가능하다.
2. 램(RAM : Random Access Memory)

(1) 전자기적 상태를 통해 데이터를 표시하는 반도체 메모리이다.
(2) 전자기적 상태에 의존하므로 전기 공급이 끊기면 데이터가 사라지지만, 대용량의 데이터를 빠르게 읽고 쓸 수 있어, 컴퓨터의 주 메모리로 사용된다.

19 다음 그림과 같은 D형 플립플롭으로 구성된 카운터 회로의 명칭은?

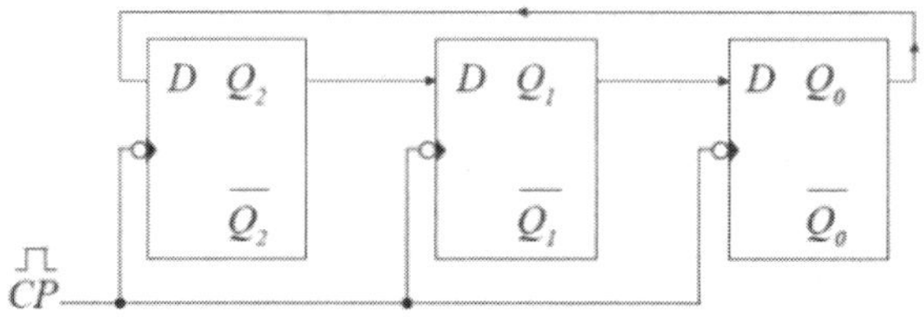

① 3진 링카운터
② 6진 링카운터
③ 8진 시프트카운터
④ 16진 시프트카운터

20 다음 중 BCD 부호를 10진수로, 2진수를 8진수나 16진수로 변환하기 위해 사용되는 회로는?
① 디코더(Decoder)
② 인코더(Encoder)
③ 멀티플렉서(Multiplexer)
④ 디멀티플렉서(DeMultiplexer)

21 16[bit] 데이터 버스와 10[bit] 주소버스를 갖고 있는 마이크로 프로세서에 연결될 수 있 는 최대 메모리 용량[byte]은?
① 1,024[byte] ② 2,048[byte]
③ 4,096[byte] ④ 8,192[byte]

22 다음 중 가중치 코드(Weighted Code)의 종류가 아닌 것은?
① 8421 코드

② 2421 코드
③ 그레이 코드(Gray Code)
④ 링카운터(Ring Counter) 코드

해설 · 가중치 방식 코드는 각 자리마다 가중치(자리 값)를 두어 10진 디지트를 얻게 한 코드로 8421 코드 (그냥 BCD 코드라고도 함) 가 있다. Gray code는 비가중치 코드(Un weighted Code)이다.

· 가중치 코드(Weighted Code)

1. 가중치 코드란 2진수를 코드화 했을 때 각각의 비트마다 일정한 크기의 값을 갖는 코드이다.
2. 종류 :8421 코드, 2121 코드, 5421 코드, 7421 코드 등

· 비가중치 코드(Un weighted Code)

1. 각 비트마다 일정한 값을 갖지 않는 코드이다.
2. 종류 :Gray code, Excess-3 코드, 시프트 카운터 코드(shift cornter code), 2-out-of-5코드 등

· 그레이 코드(Gray Code)는 비가중치 코드이다.

23 다음 중 링 카운터와 존슨 카운터의 구성상 차이점은 무엇인가?
① 구성상의 차이점이 없다.
② 최종 출력에서 초단 입력으로 궤환시킬 때 Q 또는 Q공급 방법이 다르다.
③ 두 개의 카운터 모두 클록신호를 Inverting 시킨다.
④ 두 개의 카운터 모두 각 단마다 Q와 Q를 교차하면서 다음 단 카운터에 공급한다.

해설 · 시프트 레지스터 카운터에는 링카운터와 존슨카운터가 있다.

· 링 카운터 (Ring Counter)는 플립플롭 중 단지 하나의 1 상태가 순환되는 형태로 처음 단 플립플롭 입력으로 단순 피드백 결 합되며, 존슨 카운터는 순환 시프트레지스터 카운터 로 최종 단 플립플롭 보수 출력(Q′)이 처음 단 플립플롭 입력으로 피드 백 결합된다. 링 카운터는 n 개의 플립플롭으로 n 개의 타이밍신호를 만들어 내는 반면에 , 존슨 카운터는 2n 개의 타이밍신 호를 만들어 낸다.

· 링 카운터(Ring counter): 마지막 플립플롭의 값을 처음 플립플롭으로 시프트 할 수 있도록 연결된 순환 시프트 레지스터이다. 링 카운터는 최종 출력이 다시 처음 단 입력으로 궤환 되는 고리(ring)형태로 구성 된다.

24 D플립플롭을 이용하여 26진 상향 비동기식 계수기를 설계하려고 한다. D플립플롭은 최 소 몇 개가 필요한가?

① 26개 ② 13개
③ 7개 ④ 5개

25 다음 디지털 IC의 종류 중 Fan-Out이 큰 순서로 옳은 것은?

① TTL〉RTL〉DTL〉C-MOS
② C-MOS〉TTL〉RTL〉DTL
③ TTL〉C-MOS〉RTL〉DTL
④ C-MOS〉TTL〉DTL〉RTL

26 디지털 IC의 정상 동작에 영향을 주지 않고 게이트 출력부에 연결할 수 있는 표준 부하의 숫자를 무엇이라고 하는가?

① 팬 아웃 ② 틸트
③ 잡음 허용치 ④ 전달 지연 시간

27 다음 중 M×N 디코더(Decoder)에 대한 설명으로 틀린 것은?

① AND 회로의 집합으로 구성할 수 있다.
② 2진수를 10진수로 변환하는 회로이다.
③ 10진수를 BCD(Binary Code Decimal)로 표현할 때 사용한다.
④ 명령 해독이나 번지를 해독할 때 사용한다.

해설 디코더는 (decoder,해독기)는 AND gate의 조합으로 이루어져 있고, Encoder는 OR gate의 조합으로 이루어졌다. 2진수로 표시된 입력 조합에 따라 출력이 하나로 동작된다.

· 디코더는 입력의 n비트 2진 코드를 2n개의 서로 다른 정보로 출력시킬 수 있는 논리소자이다.

28 다음과 같은 멀티플렉서 회로에서 제어입력 A와 B가 각각 1일때 출력 Y의 값은?

① 001 ② 0110

③ 1001　　　　　　④ 1010

해설 · 멀티플렉서는 데이터 선택기이다.
· 다수의 입력 데이터에서 1개의 입력만 선택하여 단일 통로로 송신하는 회로 이다.
· 2n개의 입력선 ,n개의 선택선, 그리고 한 개의 출력선으로 구성된다.
아래 진리치표에서 선택기 입력이 11 일 때 출력은 I3 → 1010이 된다.

29 JK 플립플롭에서 입력 J=0, K=1 이고, 클록 펄스가 인가되면 Qt+1(입력 후의 값)의 출력 상태는?

① 0　　　　　　② 1
③ 반전　　　　　④ 부정

30 다음 중 레지스터의 기능으로 옳은 것은?

① 펄스 방생기이다.
② 카운터의 대용으로 쓰인다.
③ 회로를 동기시킨다.
④ 데이터를 일시 저장한다.

해설 레지스터는 마이크로프로세서의 일부분으로서 아주 적은 데이터를 잠시 저장할 수 있는 공간이며, 하나의 명령어에서 다른 명령 어 또는 운영체계가 제어 권을 넘긴 다른 프로그램으로 데이터를 전달하기 위한 장소를 제공한다.

31 다음 중 비동기식 계수기에 관한 설명으로 틀린 것은?

① Ripple Counter는 비동기식 계수기이다.
② 전단의 출력이 다음 단의 트리거로 작용한다.
③ 각 단의 지연이 거의 없어 반응이 비교적 빠른 계수기이다.
④ 상향 또는 하향으로 설계할 수 있다.

해설 비동기식 카운터는 플립플롭의 출력이 다음 플립플롭의 클록으로 사용되어 동작하므로 리플 카운터라고도 한다. 비동기식 카운 터는 플립플롭들이 서로 다른 2개 이상의 신호에 의해 클럭 단자가 구동되며 동기식 카운터에 비해 회로가 간단하지만 글리치 현상(컴퓨터의 오동작) 및 비교적 느리다.

· 동기식 카운터는 모든 플립플롭이 하나의 공통 클록에 병렬로 연결되고 모든 플립플롭이 동시에 트리거 된다. 동기식 카운터는 불필요한 부분에 발생하는 노이즈 펄스로 인해 일어나는 컴퓨터의 일시적인 오동작인 글리치 현상이 나타나지 않는 장점이 있다.

정 답 1② 2④ 3② 4④ 5① 6④ 7① 8① 9③ 10② 11④ 12④ 13② 14④ 15② 16① 17③ 18④ 19① 20① 21① 22③ 23② 24④ 25④ 26① 27③ 28④ 29① 30④ 31③

핵심 기초부터 응용까지 쉽게 배우는

디지털 전자회로

2019년 2월 21일 초판 인쇄
2019년 2월 28일 초판 발행
지은이 | 오정균
발행인 | 윤용호
발행처 | 석학당 출판사
등 록 | 제 2001-000226호
주 소 | 서울시 마포구 토정로 222 한국출판콘텐츠센터 301호
전 화 | 02) 719-6116
팩 스 | 02) 719-6120
홈페이지 | http://www.shdbooks.co.kr
전자우편 | shd6116@chol.com

파본이나 잘못된 책은 교환하여 드립니다.

ISBN : 979-11-87621-29-4

가격 23,000원